卫星通信技术丛书

非地球静止卫星通信系统

［卢森堡］伊娃·拉古纳斯（Eva Lagunas）
［卢森堡］西米昂·查齐诺塔斯（Symeon Chatzinotas）编
安　康（Kang An）
［美］巴塞尔·F. 贝达斯（Bassel F. Beidas）
和　欣　等译

電子工業出版社
Publishing House of Electronics Industry
北京·BEIJING

内 容 简 介

本书主要介绍了非地球静止轨道（NGSO）星座的基本概念，梳理了依赖 NGSO 星座进行有效通信所面临的技术及监管挑战。同时，本书也介绍了当前 NGSO 通信系统的关键技术，如平面天线阵、载荷设计、射频（RF）损伤补偿、无线电资源和干扰管理、多址接入方案、星座设计、星间链路和大规模 MIMO 框架等。最后，本书讨论了 NGSO 网络的组织及管理策略，包括软件定义网络（SDN）技术的应用及如何将 NGSO 网络与地面 5G 网络集成等。

本书适合作为卫星通信相关工程技术人员的参考读物，也可作为高校卫星通信相关专业学生的扩展学习材料。

The right of Eva Lagunas, Symeon Chatzinotas, Kang An, and Bassel F. Beidas to be identified as the editors of the original English language edition has been asserted in accordance with sections 77 and 78 of the Copyright, Designs and Patents Act 1988.

Original English Language Edition published by The Institution of Engineering and Technology, Copyright The Institution of Engineering and Technology 2022, All Rights Reserved.

本书简体中文专有翻译出版权由 The Institution of Engineering and Technology 授予电子工业出版社。未经许可，不得以任何手段和形式复制或抄袭本书内容。

版权贸易合同登记号　图字：01-2024-0158

图书在版编目（CIP）数据

非地球静止卫星通信系统 /（卢森堡）伊娃·拉古纳斯（Eva Lagunas）等编 ；和欣等译. -- 北京 ：电子工业出版社，2025. 4. --（卫星通信技术丛书）. -- ISBN 978-7-121-49745-2

Ⅰ. TN927

中国国家版本馆 CIP 数据核字第 2025VW8411 号

责任编辑：米俊萍
印　　刷：三河市龙林印务有限公司
装　　订：三河市龙林印务有限公司
出版发行：电子工业出版社
　　　　　北京市海淀区万寿路 173 信箱　邮编：100036
开　　本：787×1092　1/16　印张：21.5　字数：485 千字　彩插：2
版　　次：2025 年 4 月第 1 版
印　　次：2025 年 4 月第 1 次印刷
定　　价：148.00 元

凡所购买电子工业出版社图书有缺损问题，请向购买书店调换。若书店售缺，请与本社发行部联系，联系及邮购电话：（010）88254888，88258888。

质量投诉请发邮件至 zlts@phei.com.cn，盗版侵权举报请发邮件至 dbqq@phei.com.cn。
本书咨询联系方式：mijp@phei.com.cn。

前　言

为了实现全球联通，一个可行的办法是，通过低轨卫星技术，提高那些铺设基础网络过于昂贵或不可行的偏远地区的通信覆盖率。由于航天器制造方面的最新进步，多家私营卫星公司都表示有兴趣快速发射通过流水线制造的卫星，以便在地球周围形成一个密集的"网"。根据相关研究，2018—2027 年，可能会发射 7000 颗小型卫星，用于各种任务，其中 82%与私营卫星公司（如 SpaceX）计划的星座部署有关[1]。

虽然数千颗新卫星的发射将为太空经济带来巨大的机遇，并有助于弥合数字鸿沟，但要实现非地球静止轨道（Non-Geostationary Orbit，NGSO）星座的成功，必须解决一些关键的技术问题并应对监管挑战。此外，为了充分发挥 NGSO 星座的潜力，利益相关者需要与现有生态系统，包括蜂窝通信网络和现有的天基通信系统实现无缝集成。

本书旨在梳理这些关键挑战，并阐明应对这些挑战的潜在技术解决方案。具体而言，本书包括以下三个主要部分，并在此之后给出总结与展望。

第一部分：NGSO 基本概念。本部分概述了 NGSO 卫星通信系统（以下简称 NGSO 系统）及其主要挑战，对频谱管理进行了概述，并讨论了 NGSO 在下一代无线蜂窝通信中的角色。本部分包括第 1～3 章。

第二部分：技术赋能。本部分详细介绍了 NGSO 发展的技术推动因素，如平面天线阵、载荷设计、射频（RF）损伤补偿、无线电资源和干扰管理、多址接入方案、星座设计、星间链路（Inter-Satellite Links，ISL）和大规模 MIMO 框架。本部分包括第 4～12 章。

第三部分：系统级运营。本部分讨论了应用于 NGSO 的软件定义网络（SDN）、网络安全方面的问题，以及正在进行的 3GPP 将非地面网络（NTN）集成到 5G 标准中，最后介绍了 5G 的 NTN 测试平台。本部分包括第 13～16 章。

近年来，NGSO 卫星通信因技术进步和私人投资及创业再度引起人们的关注。本书的撰写主要受最近十年 NGSO 卫星通信快速发展的推动。我们的主要目标是提供尽可能多的有用信息，着重于满足那些希望深入了解 NGSO 系统设计技术的研究人员、科学家或工程师的需求。

我们要感谢许多知名专家对本书的贡献。非常感激他们在技术上的贡献和为本书所付出的时间。

伊娃·拉古纳斯，西米昂·查齐诺塔斯，
安康，巴塞尔·F. 贝达斯

---

[1] Prospects for the Small Satellite Market (Euroconsult), 2018.

目 录

第 1 章 NGSO 系统介绍与挑战识别 ································· 1

1.1 引言 ··· 1
1.2 NGSO 系统的特征和分类 ·· 3
　　1.2.1 天基互联网提供商 ······································· 3
　　1.2.2 小型卫星任务 ··· 4
1.3 NGSO 系统部署挑战 ·· 4
　　1.3.1 监管和共存问题 ··· 5
　　1.3.2 星座设计 ··· 7
　　1.3.3 系统控制和运行 ··· 7
　　1.3.4 UE ·· 9
　　1.3.5 安全挑战 ·· 10
1.4 未来的研究挑战 ·· 11
　　1.4.1 开放无线接入网 ·· 11
　　1.4.2 空间飞行任务的宽带连接 ································ 12
　　1.4.3 边缘计算 ·· 13
　　1.4.4 天基云 ·· 13
　　1.4.5 通过 NGSO 卫星实现物联网 ······························ 13
　　1.4.6 NGSO 卫星上的缓存 ···································· 14
　　1.4.7 无人机/高空平台和 NGSO 协调 ··························· 14
1.5 结论 ·· 15
本章原书参考资料 ·· 15

第 2 章 NGSO 系统的频谱管理 ···································· 19

2.1 引言 ·· 19
2.2 卫星服务频谱管理的基础知识 ·································· 20
　　2.2.1 无线电规则介绍 ·· 20
　　2.2.2 国家许可 ·· 23
2.3 NGSO 系统在 FSS 中使用的频段汇总 ···························· 24
　　2.3.1 Ku 频段下行链路（10.7～12.7GHz） ······················ 25
　　2.3.2 Ku 频段上行链路（14.0～14.5GHz） ······················ 25

  2.3.3 Ka 频段下行链路 ……………………………………………………………………… 25
  2.3.4 Ka 频段上行链路 ……………………………………………………………………… 25
 2.4 频谱和轨道资源的有效使用：归档过程 …………………………………………………… 26
  2.4.1 卫星档案的首次提交 …………………………………………………………………… 26
  2.4.2 无线电通信局对档案的首次审查 ……………………………………………………… 26
  2.4.3 寻求其他行政当局的同意 ……………………………………………………………… 27
  2.4.4 在 MIFR 中记录 ………………………………………………………………………… 27
  2.4.5 投入使用 ………………………………………………………………………………… 27
 2.5 NGSO 系统和 GSO 网络之间的共享 ……………………………………………………… 28
  2.5.1 促进共存的技术缓解措施 ……………………………………………………………… 28
  2.5.2 Ku 频段和 Ka 频段的监管框架 ……………………………………………………… 28
  2.5.3 较高等级的监管框架 …………………………………………………………………… 30
  2.5.4 比较 ……………………………………………………………………………………… 30
 2.6 公开挑战 ………………………………………………………………………………………… 31
  2.6.1 处理聚合干扰 …………………………………………………………………………… 31
  2.6.2 准确模拟运行中的 NGSO 系统 ……………………………………………………… 31
  2.6.3 NGSO 系统的频谱监测 ………………………………………………………………… 31
 本章原书参考资料 …………………………………………………………………………………… 32

第 3 章 NGSO 系统在 5G 集成中的作用 …………………………………………………… 33

 3.1 3GPP 标准化 …………………………………………………………………………………… 35
 3.2 启用的服务 ……………………………………………………………………………………… 37
  3.2.1 宽带服务 ………………………………………………………………………………… 37
  3.2.2 回传通信 ………………………………………………………………………………… 37
  3.2.3 M2M/物联网 …………………………………………………………………………… 37
  3.2.4 关键通信 ………………………………………………………………………………… 38
 3.3 RAN ……………………………………………………………………………………………… 38
  3.3.1 直接用户接入链路 ……………………………………………………………………… 39
  3.3.2 基于 IAB 的用户接入 ………………………………………………………………… 41
  3.3.3 多连接 …………………………………………………………………………………… 43
  3.3.4 NR 适应挑战 …………………………………………………………………………… 44
 3.4 系统架构 ………………………………………………………………………………………… 45
 3.5 研发挑战 ………………………………………………………………………………………… 47
  3.5.1 结构设计 ………………………………………………………………………………… 47
  3.5.2 星座：分层设计 ………………………………………………………………………… 47
  3.5.3 资源优化：基础设施作为一种资源 …………………………………………………… 47
  3.5.4 动态频谱管理：共存和共享 …………………………………………………………… 48

3.5.5　无线电接入技术：灵活性和适应性 49
　　3.5.6　天线和以用户为中心的覆盖 49
　　3.5.7　AI：非地面动态特性的利用 49
　　3.5.8　安全 50
　本章原书参考资料 50

第4章　用于 NGSO 通信的平面天线阵 52

4.1　连通性、连通性还是连通性 52
4.2　NGSO 天线设计规格 53
　　4.2.1　频率和频段 53
　　4.2.2　瞬时带宽 54
　　4.2.3　最大扫描角度 55
　　4.2.4　切换架构 56
　　4.2.5　掩码合规性 56
4.3　平板阵列天线的类型 57
　　4.3.1　模拟无源相控阵 57
　　4.3.2　模拟有源相控阵 58
　　4.3.3　基带/中频和数字 BFN 阵列 60
4.4　结论：相控阵终于出现了吗 61
　本章原书参考资料 61

第5章　LEO 系统降低单比特成本的方法：RF 损伤补偿 63

5.1　介绍 63
5.2　RF 损伤的表征模型 65
5.3　RF 损伤的数字补偿 68
　　5.3.1　镜像抑制均衡 68
　　5.3.2　镜像消除 69
　　5.3.3　具有抗频率偏移能力的堆叠结构 70
　　5.3.4　参数的自适应计算 71
5.4　存在 RF 损伤时的频率偏移估计 72
5.5　数值研究 74
　　5.5.1　频率偏移估计 74
　　5.5.2　无噪声散点图 75
　　5.5.3　瞬态行为 77
　　5.5.4　性能比较 77
5.6　结论 78
　本章原书参考资料 79

第6章 有效载荷设计中的灵活性/复杂性权衡 ········ 82
6.1 引言 ········ 82
6.2 LEO 卫星有效载荷实例 ········ 84
6.2.1 具有静态资源分配的多个固定波束覆盖 ········ 86
6.2.2 具有 BH 能力的多波束覆盖 ········ 87
6.2.3 具有沿一个轴转向能力的多波束覆盖 ········ 87
6.2.4 基准测试中未考虑的其他架构 ········ 88
6.3 有效载荷模型 ········ 89
6.3.1 辐射模式 ········ 89
6.3.2 天线监测 ········ 89
6.3.3 HPA ········ 90
6.4 资源分配 ········ 91
6.4.1 用户分布场景生成 ········ 91
6.4.2 流量场景的分布特性 ········ 91
6.4.3 资源分配算法 ········ 93
6.4.4 典型资源分配算法的实现描述 ········ 94
6.5 结果 ········ 97
6.5.1 架构性能 ········ 97
6.5.2 具有实际流量的轨道分析 ········ 99
6.5.3 卫星分配容量与有效载荷复杂性之间的权衡 ········ 102
6.6 结论 ········ 103
本章原书参考资料 ········ 104

第7章 NGSO 通信中的新型多址接入技术 ········ 107
7.1 OMA ········ 107
7.2 基于 NOMA 的 NGSO 系统 ········ 111
7.2.1 NOMA 方案 ········ 111
7.2.2 NOMA 方案的要点 ········ 111
7.2.3 卫星网络中的 NOMA 方案 ········ 113
7.2.4 协同 NOMA 方案的应用 ········ 117
7.3 卫星网络中的增强型 ALOHA 协议 ········ 120
7.3.1 CRDSA ········ 121
7.3.2 IRSA ········ 121
7.3.3 CSA ········ 122
7.4 总结 ········ 123
本章原书参考资料 ········ 123

第 8 章 NGSO 的无线电资源管理 126

- 8.1 引言 126
- 8.2 问题陈述 128
  - 8.2.1 系统模型 128
  - 8.2.2 干扰缓解问题描述 130
- 8.3 基于博弈论的无线电资源分配方法 131
  - 8.3.1 博弈模型 131
  - 8.3.2 NE 点的存在性 132
- 8.4 NE 点迭代算法与实现 134
  - 8.4.1 所提出的迭代算法 134
  - 8.4.2 算法实际实现 134
  - 8.4.3 收敛性分析及其意义 135
- 8.5 仿真结果 136
- 8.6 总结 139
- 本章原书参考资料 140

第 9 章 NGSO 系统中的 ISL 143

- 9.1 引言 143
- 9.2 当前 NGSO 星座中 ISL 的现状 146
- 9.3 ISL 取得的成就 146
- 9.4 技术和运营挑战 148
- 9.5 用于 ISL 的实现技术 151
  - 9.5.1 引言 151
  - 9.5.2 RF 152
  - 9.5.3 光学技术 156
  - 9.5.4 对比 158
- 9.6 RF ISL 天线设计的案例研究 160
  - 9.6.1 案例研究介绍 160
  - 9.6.2 链路预算分析 160
  - 9.6.3 角度扫描需求分析 163
  - 9.6.4 ISL 天线的需求和候选技术 165
  - 9.6.5 ISL 天线技术选择和天线设计 167
  - 9.6.6 天线原型制造和测量 169
- 9.7 结论 171
- 本章原书参考资料 172

第 10 章　面向全球连接的 NGSO 星座设计 178

- 10.1　引言 178
- 10.2　NGSO 星座设计 180
- 10.3　通信链路 181
  - 10.3.1　GSL 184
  - 10.3.2　ISL 187
- 10.4　功能和挑战 189
  - 10.4.1　物理层 189
  - 10.4.2　频繁的链路建立和适应 193
  - 10.4.3　路由、负载均衡与拥塞控制 196
- 10.5　结论 199
- 本章原书参考资料 200

第 11 章　NGSO 的大规模 MIMO 传输 203

- 11.1　引言 203
- 11.2　系统模型 205
  - 11.2.1　模拟基带中的下行链路信号和信道模型 205
  - 11.2.2　下行链路卫星通信信道的统计特性 207
- 11.3　下行链路传输设计 208
  - 11.3.1　传输协方差矩阵的一阶秩性质 208
  - 11.3.2　最优线性接收机 209
  - 11.3.3　预编码向量设计 210
  - 11.3.4　低复杂度实现方法 210
- 11.4　用户分组 212
- 11.5　仿真结果 213
- 11.6　结论 214
- 本章原书参考资料 215

第 12 章　NGSO 系统中的物联网和 RA 217

- 12.1　NGSO 系统中的物联网 218
  - 12.1.1　工作频段 219
  - 12.1.2　NGSO 轨道力学效应 221
  - 12.1.3　移动信道特性 226
  - 12.1.4　UE 和卫星的频率参考确定 229
- 12.2　NGSO 网络 RA 的基本原理和挑战 230
  - 12.2.1　为何及何时在卫星网络中使用 RA 230

		12.2.2 从 ALOHA 到现代 NOMA 方案	232
		12.2.3 RA 信号处理	235
		12.2.4 拥塞控制	237
	12.3	NGSO RA 方案设计	237
		12.3.1 物联网前向链路设计	237
		12.3.2 物联网反向链路设计	239
		12.3.3 关键解调方面	240
		12.3.4 性能评估	242
	12.4	NGSO RA（标准和专有）解决方案及系统实现示例	246
		12.4.1 S 频段移动交互式多媒体	246
		12.4.2 VDE	246
		12.4.3 NB-IoT	247
		12.4.4 物联网通用网络	248
		12.4.5 在轨演示及后续	249
	本章原书参考资料		250

第 13 章 虚拟网络嵌入 NGSO-地面系统：并行计算和基于 SDN 的测试平台的实现 ... 255

	13.1	引言	255
	13.2	VNE	256
		13.2.1 关于 VNE 的研究	258
		13.2.2 VNE 解决方案	259
		13.2.3 问题初始化与表述	259
		13.2.4 模拟设置	261
		13.2.5 性能评估	262
	13.3	基于动态 SDN 的卫星-地面网络的新型 NV 方法	264
		13.3.1 SDN：网络切片技术的推动者	264
		13.3.2 针对 VN 的基于 SDN 的 TE 应用方法	265
	13.4	实现基于 SDN 的动态 VNE 测试平台	266
		13.4.1 实验测试平台	266
		13.4.2 操作验证	267
	13.5	结论	269
	本章原书参考资料		269

第 14 章 3GPP 融合 NGSO 卫星 ... 272

	14.1	5G 系统和 3GPP 流程	272
	14.2	5G NTN 的架构选项	273

14.2.1　回传 ·· 273
　　14.2.2　间接接入 ··· 274
　　14.2.3　直接接入 ··· 274
14.3　5G 中 NTN 的标准化 ··· 275
14.4　5G NR 物理层针对 NGSO 的增强内容 ················ 276
　　14.4.1　定时关系的增强 ···································· 277
　　14.4.2　上行链路时间同步与频率同步 ················ 280
　　14.4.3　极化信号 ··· 284
14.5　结论 ·· 284
本章原书参考资料 ·· 285

第 15 章　NGSO 系统的抗干扰解决方案 ·················· 287

15.1　卫星路由 ·· 287
15.2　NGSO 系统的抗干扰路由问题 ··························· 288
　　15.2.1　NGSO 系统的路由选择问题 ···················· 290
　　15.2.2　快速响应抗干扰问题 ······························ 290
　　15.2.3　抗干扰路由博弈 ···································· 291
15.3　NGSO 系统抗干扰方案 ····································· 292
　　15.3.1　DRLR 算法 ·· 292
　　15.3.2　FRA 算法 ··· 295
　　15.3.3　对所提方案的分析 ································· 296
15.4　实验与讨论 ·· 297
　　15.4.1　多目标路由代价函数的性能 ···················· 298
　　15.4.2　DRLR 算法的性能 ································· 298
　　15.4.3　FRA 算法的性能 ··································· 300
15.5　总结 ·· 303
本章原书参考资料 ·· 303

第 16 章　5G 及 B5G 的 NTN 测试平台 ····················· 306

16.1　最先进的 NGSO 测试平台 ································· 306
　　16.1.1　NGSO 测试平台概述 ······························ 306
　　16.1.2　硬件组件 ·· 308
　　16.1.3　软件堆栈 ·· 311
16.2　OAI 的修改 ··· 314
　　16.2.1　对 OAI 物理层/MAC 层的修改 ················· 314
　　16.2.2　OAI RLC/PDCP/RRC 层的修改 ················ 318
16.3　5G-SpaceLab 测试平台 ····································· 320

  16.3.1 概述 ……………………………………………………………… 320
  16.3.2 SnT 卫星信道模拟器 ………………………………………… 321
  16.3.3 案例研究："NTN 上的 RA 过程" …………………………… 323
 16.4 弗劳恩霍夫 5G 实验室 ……………………………………………… 324
  16.4.1 实验室环境 …………………………………………………… 324
  16.4.2 案例研究："使用仿真 LEO 卫星进行的 5G 实验室测试" … 326
  16.4.3 结论 …………………………………………………………… 327
 本章原书参考资料 ……………………………………………………… 327

第 17 章 总结与展望 ……………………………………………………… 329

第 1 章　NGSO 系统介绍与挑战识别

海德尔·阿尔–哈拉沙[1]，辛·舒格拉尼[1]，史蒂文·基塞勒夫[1]，
伊娃·拉古纳斯[1]，西米昂·查齐诺塔斯[1]

NGSO 卫星将支持不同行业的各种新通信应用。NGSO 系统以一系列标志性的特征闻名，如更低的传播延迟、更小的尺寸和更小的信号损失［与传统的地球同步轨道（Geosynchronous Orbit，GSO）卫星相比］，有望为延迟敏感型的应用提供服务。NGSO 系统有望显著提升通信速度，从而消除商业化利用 GSO 卫星的主要限制因素，以实现更广泛的利用。

然而，为了确保 NGSO 系统与 GSO 卫星系统（以下简称 GSO 系统）及地面网络（Terrestrial Networks，TN）的无缝集成，仍有许多 NGSO 系统部署方面的挑战需要解决。本章指出了这些前所未有的挑战，包括与 GSO 系统在频谱接入和监管、卫星星座和架构设计、资源管理和用户终端（User Equipment，UE）要求等方面的共存问题。此外，本章还提供了利用 NGSO 系统在多样化应用中推进卫星通信时得到的关于未来研究挑战的启发。

1.1　引言

卫星通信具有通过地面上最少的基础设施实现广泛的地理区域覆盖的独特能力，这使其无论是作为独立系统还是作为集成的卫星–地面网络[1]，都是一种有吸引力的解决方案，能够满足日益增长的各种应用和服务的需求。目前，随着一些网络运营商开始在信息回传设施中使用卫星进行连接并将卫星与 5G 系统集成，卫星通信在全球电信市场上引起了越来越多的关注[2]。

最近，随着开发小型卫星和新型低成本火箭的"新航天"产业迅速崛起，大量卫星运营商已经开始计划发射数千颗 NGSO 卫星，以满足全球范围内快速增长的宽带、高速、异构、高可靠和低延迟的通信需求。例如，新的 NGSO 卫星和超大型星座，如 SES O3b、OneWeb、Telesat 和 Starlink，具有每秒传输量达到太比特级的系统容量[3]。

近年来，利用大规模的 NGSO 卫星群，特别是低地球轨道（Low Earth Orbit，LEO）星座，从太空提供可靠、低延迟和高速的互联网服务的概念重新获得了人们的关注，相关产业取得了巨大的增长。鉴于过去 NGSO 星座的不幸经历，这一趋势令人惊

1　卢森堡大学安全、可靠和可信跨学科中心（SnT）。

讶，但现在看来，技术界和商业界都对 SpaceX、SES O3b 和 OneWeb 的成就持积极态度。事实上，2014—2016 年，一批新的大型 LEO 星座提议涌现，旨在提供全球宽带服务[4]。根据忧思科学家联盟（Union of Concerned Scientists）发布的卫星数据库，卫星发射数量已经大幅增加[5]。该数据库列出了目前围绕地球轨道运行的 4000 多颗卫星，其中 GSO 卫星和 NGSO 卫星的数量有很大的差异，如图 1.1 所示。具体而言，大约 90%的卫星都属于 NGSO 卫星。

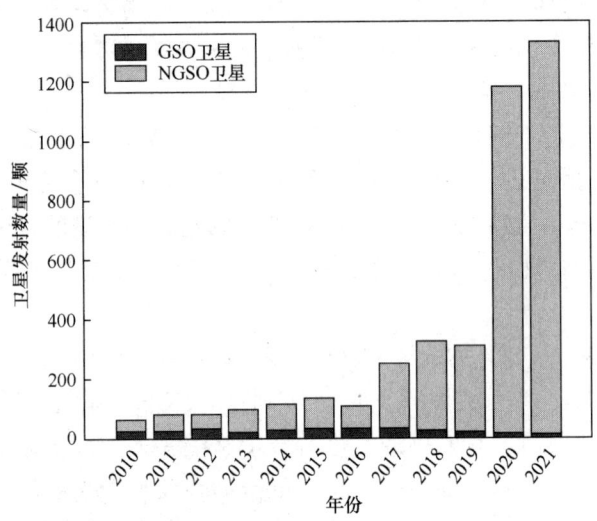

图 1.1　每年发射的 GSO 卫星和 NGSO 卫星的数量比较

NGSO 卫星轨道包括 LEO、中地球轨道（Medium Earth Orbit，MEO）和高椭圆轨道（Highly Elliptical Orbit，HEO），其轨道高度始终低于 GSO 卫星轨道，信号传播距离变短，因此其链路损耗相对较小，延迟相对较低[6]。除了较大的覆盖范围和快速部署能力，NGSO 系统的这些固有特性为高速互动宽带服务提供了一系列优势[7]。此外，NGSO 系统的最新发展使卫星能够管理可控窄波束，以覆盖相对较大的区域，这有利于在 UE 使用更小、更低成本的设备[8]。具体而言，通过利用高频段和频率增强技术（如频谱共享、协作网关分集、干扰缓解、用于分布式波束成形的大型天线阵列和空间复用），可以进一步提高 NGSO 卫星的能力[9-10]。

此外，卫星系统一直在航空、航海、军事、救援及灾害应对等多个领域为电信服务提供支持[11]。NGSO 系统被认为是未来 NTN 满足高吞吐量和全球性连接苛刻要求的有效解决方案[12]。在这方面，国际通信行业标准化组织 3GPP 一直在定义卫星通信网络的使用，以便将其与地面通信网络集成，从而支持未来的无线生态系统[13]。而且，通过利用卫星的地理独立性，无线连接可以延伸至电信服务能力不足甚至尚未覆盖的地区，其中 NGSO 系统可以成为部署 5G 及更高级别网络的高效解决方案。NGSO 卫星的普遍覆盖和连接能力也可为诸如飞机客舱、高速列车、远洋船舶和远离地面基站的地面交通工具等移动平台提供弹性与连续性服务[14]。

NGSO 系统除了在提供全球覆盖、低延迟通信和高速互联网接入方面的独特能力，在不久的将来可以从根本上改变卫星任务的设计和运营方式[15]。特别是，最近的技术进步使得通过流水线生产方式制造寿命较短的廉价 NGSO 卫星成为可能。卫星基础设施将更加频繁地升级，因此载荷设计在星载技术方面可以更具创新性。显然，NGSO 系统可以帮助弥合全球数字鸿沟，并为不同的企业垂直领域创造新的能力和服务[16]。然而，这也带来了一些关于其运营和发展方面的问题。本章接下来的部分将探讨 NGSO 系统的特征和分类、面临的关键挑战及未来可能的研究方向。

1.2 NGSO 系统的特征和分类

NGSO 卫星已经得到了许多应用，如应用于电信、地球和空间观测、资产跟踪、气象学和科学项目。根据所提供的服务，NGSO 系统可分为两类：天基互联网提供商和小型卫星任务。

1.2.1 天基互联网提供商

自 20 世纪 70 年代起，诸如 Hughes、Eutelsat、Viasat 和 Gilat 等多家公司开始向基础设施欠发达的地区提供天基互联网服务。然而，大多数现有系统利用的是距离地球 35786km 的 GSO 卫星，导致互联网连接速度慢且费用昂贵。因此，基于 GSO 的互联网系统仅限于能容忍延迟的应用。相比之下，新兴的 NGSO 大型星座将在较低的轨道高度运行，即距离地球 160～2000km，这降低了信号传播损耗和延迟，并减少了 UE 的硬件复杂度。一些私营卫星公司正计划在未来几年提供天基互联网服务，如 SpaceX、OneWeb 和 SES。它们已获得许可，发射了许多卫星并成功进行了初步测试。互联网巨头也预见了通过 NGSO 系统扩展服务的商业机会。例如，亚马逊推出了 Kuiper 项目，旨在为世界人民提供高速宽带连接。同样，谷歌投资了 Starlink 并支持 Loon 项目。

一般而言，天基互联网系统有三个主要组成部分：空间段、地面段和用户段（见图 1.2）。空间段可以是一颗卫星或卫星星座；地面段包括多个地面站/网关，用于在空间段和地面站之间中继互联网数据；用户段包括位于用户位置的小型天线，通常是带有发射接收机的甚小孔径终端（VSAT）天线。

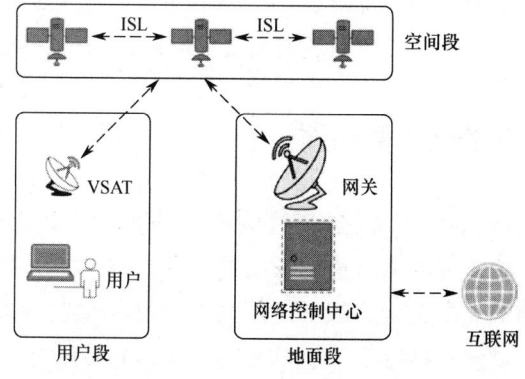

图 1.2　一种天基互联网系统的原理图

此结构中的其他关键实体包括网络管理中心（NMC）和网络控制中心（NCC）。集中式的网络管理中心是负责管理所有系统元素，如故障、配置、性能和安全管理的功能实体。网络控制中心是提供实时控制信令，如会话/连接控制、路由、对卫星资源的访问控制等的功能实体[17]。

1.2.2 小型卫星任务

电子设备的小型化促进了新型低成本小型卫星的出现，航天工业正在经历一场深刻的变革。卫星的小型化使太空比以往任何时候都更加容易进入且更加经济，这将使每个国家机构、初创公司甚至学校都能够在合理的时间内以其负担得起的方式进入太空。因此，这些发展扩展了卫星可执行的任务的范畴。特别是，在这方面最相关的小型卫星任务包括但不限于：

- 地球和空间观测：这是卫星星座在不同轨道上的众多应用之一，包括捕捉地球和外层空间的高分辨率图像、各种频率的遥感、RF 监测、全球导航卫星系统（GNSS）反射测量等。
- 资产追踪：用于资产追踪项目的卫星有效载荷含有配备通信组件的设备，可收集来自地面物体的信息并将其传输回地面站。
- 气象学：小型卫星能够在风暴探测及气候和天气模型开发方面发挥重要作用，从而提升天气预报能力。例如，美国国家航空航天局的 RainCube 项目已经进入测试阶段，用于定位、跟踪和分析全球范围内的降雨和暴风雪情况。
- 农业：作物监测是微纳卫星的一个潜在应用领域，使用微纳卫星可以更好地控制收成，提高农产品质量，发现作物病害及分析干旱的影响。
- 教育活动：在地球之外开展科学实验已成为小型卫星的一个常见应用，微纳卫星带来了无数可能性，为科学实验提供了前所未有的机会。
- 政府太空计划：这些政府计划的目标各不相同，包括国家安全和应急响应等。其他应用还包括通过检测森林火灾来保护环境、研究冰川融化的进展、对抗海洋污染、检测油污泄漏、监测海洋生物、控制荒漠化等。

考虑这些多样化的应用和快速发展，小型卫星在众多领域的任务无疑有着激动人心的前景，但未来合作分布式空间系统的发展需要高度的操作自主权。

1.3 NGSO 系统部署挑战

尽管由于 NGSO 系统能为多样化的应用场景提供高速普及连接，人们对 NGSO 系统的关注度不断提升，但在实现高质量通信的过程中，NGSO 系统在发展中仍面临许多重大挑战[18]。本节介绍了几个关键挑战（见图 1.3），包括监管和共存问题、星座设计、系统控制和运行、UE 及安全挑战。下面将讨论 NGSO 系统开发和集成的相关关键挑战，并重点介绍相关的解决方案。

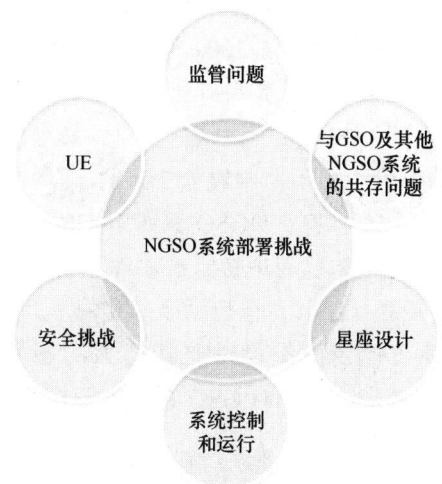

图 1.3 NGSO 系统部署面临的挑战

1.3.1 监管和共存问题

根据国际电信联盟（ITU）的规定，NGSO 系统不得降低 GSO 卫星的性能，也不得要求固定卫星业务（FSS）和广播卫星业务（BSS）中的 GSO 系统提供保护[6]。具体而言，在分配给 GSO 系统的频段内及从 GSO 卫星轨道可见的地球表面任何一点的等效功率通量密度（EPFD）不得超过 ITU 条例中预先确定的限值。虽然 NGSO 系统具有全球覆盖和高性能的特征，但它的许多管理规则是在近二十年前，根据当时 NGSO 卫星的技术特征制定的。从谱系共存的角度来看，这是非常具有挑战性的，它需要更灵活的系统。此外，与现有的 GSO 系统相比，NGSO 系统部署正经历显著的密集化，这导致了前所未有的卫星间共存挑战。较大的干扰不仅来自大量已运行的卫星，也来自可预见的 NGSO 系统的高度异质性。因此，必须仔细检查 GSO 系统和 NGSO 系统之间的相互干扰，以确保一致的混合部署环境。

最近有关 NGSO 星座使用的活动激增，推动了监管环境调整和规则扩展，以确保 NGSO 业务的安全和有效部署。国际监管机构面临一项具有挑战性的任务，即为所有卫星宽带运营商建立一个公平透明的竞争框架，同时优先考虑社会经济增长。具体而言，在 2015 年世界无线电通信大会（WRC-15）期间，不同国家的代表对越来越多的在 FSS 中运行的 NGSO 系统的请求表示担忧，这些请求受到《无线电规则》条款 22（RR No.22）中 EPFD 的限制和条款 9.7B 的约束。此外，全球卫星联盟在 WRC-19 期间商定为非政府组织卫星在 Q/V 频段运行确定一个管理框架。其还为 WRC-23 规划了一个新的议程项目，以进一步研究一些问题，包括与 ISL 有关的技术考虑，这对全球 NGSO 系统和混合 NGSO-GSO 系统网络很重要。此外，ITU 对 WRC-23 的愿景是，推动卫星行业与各国政府携手合作，共同塑造全球互联互通的视角，同时关注并满足国家和地区层面的具体需求。

需要在这个方向上进一步研究一些场景,下面列举一些场景并简要描述。

- NGSO 系统和 GSO 系统共存:自 2000 年以来,RR No.22 规定了 10.7～30GHz 频段内某些部分的 NGSO 卫星单入口功率通量密度(PFD)限值,其主要目标是保护在相同频段内运行的 GSO 系统。后来,随着 NGSO 卫星数量的快速增加,单入口 PFD 的限值不够了,导致 EPFD 的出现,其考虑了所有 NGSO 卫星的辐射总量。图 1.4 给出了多个 NGSO 系统对 GSO 接收机造成干扰的示例。在这方面,运营商和监管机构已应用特定的软件工具来检查某个 NGSO 卫星的这些限制[19]。欧洲航天局(ESA)也启动了一个独立的项目,以建立自己的模拟器[20]。此外,一种可能的解决办法是构建大的鉴别角,并且通常考虑设置 NGSO 系统的禁用区域来限制其对 GSO 系统的干扰[21]。

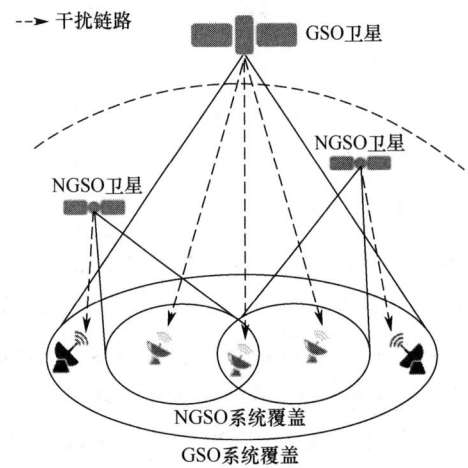

图 1.4 GSO 系统和 NGSO 系统卫星间的干扰

- NGSO 地面站运营:操作 NGSO 星座所需的地面基础设施比单个 GSO 卫星复杂得多。因此,多个 NGSO 地面站的部署必须经过精心设计,以保证其处于波束的覆盖范围,同时要确保其对共享频谱内的其他用户的影响最小。然而,从监管机构的角度来看,运营商一般可以采用干扰缓解技术来避免有害干扰,从而没有对地面站发放单独的许可证。例如,切换到替代频率,正如在美国联邦通信委员会(FCC)文件[22]中详细描述的。

- NGSO FSS UE:一般而言,除了高纬度地区,GSO FSS UE 在朝向高海拔方向具有显著增益,而在朝向地平线方向的增益有限,因为卫星通常位于所处区域的上方。最近,新一代 NGSO FSS 系统的倡导者已经寻求 FCC 当局更新相关法规,因此,FCC 已经提议更新 Ka 频段的某些频率分配、功率限制和服务规则,以促进这些新兴系统的发展[22]。

- 与其他 NGSO 系统的协调:鉴于星座和轨道拥挤的情况,大型 NGSO 星座很可能对其他 NGSO 系统造成干扰。然而,根据对 Ka 频段和 V 频段进行的初步干扰风险分析[23],这方面的风险相对较低,干扰缓解的需求可能有限。在出现无法接受的干扰情况时，应考虑文献[24]附录 1 中描述的干扰缓解技术，以实现不同 NGSO 系统之间的良好共享，但不排除使用其他技术的可能性。

1.3.2 星座设计

卫星轨道星座设计是直接影响系统整体性能的关键因素。关键星座参数包括轨道类型、轨道高度、轨道数量、每个轨道上的卫星数量及不同轨道平面之间的卫星相位因子[25]。一些早期的研究已经考虑了卫星的星座模式，如极地星座模式和 Walker Delta 星座模式[26]，这些模式是基于卫星在地心惯性系中的相对位置制定的。此外，文献[27]中提出了花形星座的概念，其将所有卫星置于地心地固坐标系中相同的 3D 轨道中。然而，这些设计方法没有考虑地球上的需求特性，因而在考虑地球应用的非均匀分布和不确定需求时，其显得比较低效。因此，一个更有竞争力的策略是将星座分阶段灵活部署，从而使系统适应需求的演变，并开始覆盖具有高预期需求的地区。

文献[28]中提出了另一种星座设计概念，可应用于 NGSO 系统，以构成可重构的卫星星座，其中卫星可以改变其轨道特性，以调整全球和区域观测性能。这个概念允许为不同的感兴趣区域建立灵活的星座。然而，引入具有重构功能的星座需要具有更高机动能力的卫星和更多的能量消耗，并且如果需要在整个生命周期多次连续地重新配置，可能会带来风险。文献[29]提出了一种混合星座设计，利用了多层圆形-椭圆形混合轨道，从而适应业务需求的不对称性和异构性。尽管如此，优化星座以适应不断增长的需求是一个具有挑战性的问题，它需要在集成整个混合模型的背景下解决。此外，一种考虑了时空流量分布，并优化了多个潜在场景下的全生命周期成本的综合框架可以成为克服星座设计障碍的初步可行方案。

由于成本高且无法灵活应对市场需求和管理问题造成的不确定性，传统的全球星座系统不再是 NGSO 系统的有效解决方案。因此，区域覆盖星座对于卫星运营商来说是一种有前景的解决方案，因为它们可以以灵活的方式应对经济和技术问题[30]。区域覆盖星座通过在系统中使用少量卫星来重点覆盖特定地理区域，并且在性能方面可以达到与全球星座系统相同或更好的水平。区域覆盖星座还可以通过部署多个 NGSO 卫星代替单个 GSO 卫星来提供足够的冗余性，因此运营商可以将流量切换到避免波束重叠和干扰的卫星上[31]。然而，设计最佳的区域覆盖星座是一个复杂的过程，需要在考虑非对称星座模式的同时优化轨道特性（如高度和倾角），特别是针对复杂的时空变化的覆盖需求。这个领域在开放文献中尚未得到很好的研究，因此需要针对不同的轨道特性和 NGSO 环境量身定制新的复杂方法来设计最佳的星座模式。

1.3.3 系统控制和运行

卫星系统是复杂的物理网络系统，由于与卫星设备的距离较远，卫星系统控制起来非常困难。基本上，GSO 卫星可以单独管理，因为每颗卫星占据特定的轨道位置，并在特定的覆盖区域提供服务。该操作通常分为两个主要功能：网络管理和网络控制[17]（见图 1.5）。这两个功能紧密相连，并且它们之间有严格的协调程序，特别是当必须重新配置通信有效载荷时（例如，载波切换、功率控制）。此外，网络管理和网络控制的相关软硬件通常在全球多个相距遥远的地点进行备份部署，以避免地面上的单点故障。

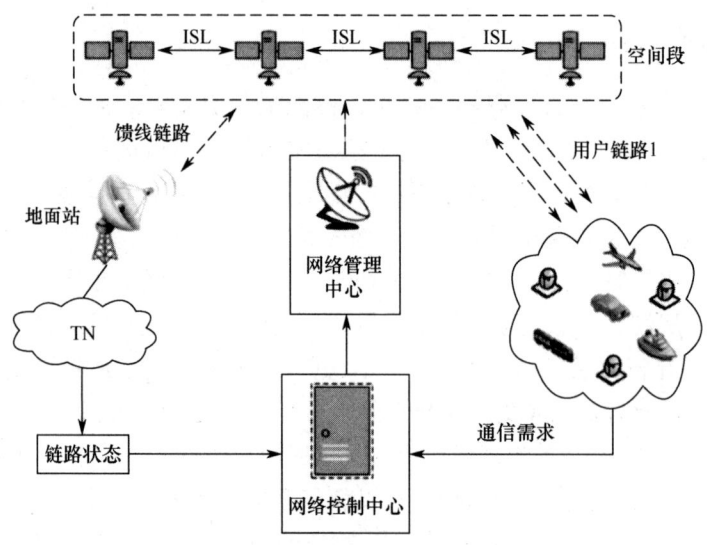

图1.5 卫星通信系统的结构图

很显然，对于 NGSO 系统，网络管理与网络控制由于两个主要因素变得更加复杂：①需要大量网关；②必须联合操作/配置多个卫星，才能在星座运行时对通信服务的性能进行优化。前一个因素构成了目前部署巨型卫星星座的主要资本支出，但可以通过部署 ISL，在空间环境对数据进行路由转发来减少网关数量。后一个因素主要是星座和 UE 之间的相对运动，以及与用户的地理位置相关联的数据业务/需求的不平衡性造成的，这需要在资源分配方面不断重新配置。

控制和运行机制是 NGSO 卫星的基本问题。这些问题可以通过集中式或分布式运行 NGSO 系统来解决。在集中式体系结构中，可以实现高效的网络管理，但这是以显著增加的复杂性和运营支出（OPEX）为代价的。具体地，集中式体系结构中的网络控制器通常在位于 TN 的服务器中运行。除了资源分配负担，控制器和每个节点（卫星或地面站）之间的控制信道需要额外的带宽资源。而在分布式体系结构中，每颗 NGSO 卫星独立地调整其功率分配和拓扑管理等运行参数。对于这种体系结构来说，关键是开发能够在卫星的星载单元中运行的高效、低延迟的分布式算法，以便将卫星与其邻居卫星之间需要交换的消息数量降至最少。然而，在分布式体系结构下，很难实现全局最优控制和运行策略。

除了技术方面，天文学界还提出了 NGSO 运行方面的其他挑战/担忧。一些粗略估计表明，在不久的将来，地球轨道上可能共增加超过 5 万颗卫星，这将使我们的星球周围布满卫星。因此，一些专家对大型星座公司的计划感到震惊，并特别对报废的卫星和较小的空间碎片提出了许多担忧。此外，天文学家已经表达了对大量可见卫星造成的光污染的担忧，其可能会影响他们对宇宙的科学观测。下面将简要讨论这些问题。

- 光污染：高度低于 2000km 的低轨卫星的扩散将危及从地球表面观测、发现和分析宇宙的能力。天文学界声称，可见卫星的数量将超过可见恒星的数量，它们在光学和无线电波长上的亮度将显著影响天文学家的科学研究[32]。商业卫星座的一个主要问题是它们在地面上的可见度，而卫星星座造成光污染的主要影响因素是卫星的大小。目前有一些方案可以缓解这些问题，这些方案在文献[33]中给出。例如，使卫星尽可能小，最大限度地减小卫星的反射率，提供最准确的卫星轨道，为天文观测构建按时间或位置划分的观测"避开区"。Venkatesan 等人[34]称这个问题是一个"不幸的讽刺"，几个世纪以来对轨道和空间电磁辐射的研究成果反而成了阻止天文学界进一步探索宇宙的力量。为此，国际天文学界一直在积极寻求在决策会议上的一席之地，以降低巨型卫星星座对天文研究的影响。
- 空间碎片：自从 NGSO 卫星的商业化进入技术可行性阶段以来，由于将数千颗卫星送入轨道所产生的长期影响及卫星碰撞的风险，人们提出了许多与轨道碎片相关的问题。此外，大型 NGSO 星座的出现，使目前关于分离式航天器飞行任务对轨道碎片传播的长期影响的辩论更加激烈。因此，研究轨道碎片的领域正在不断发展，以便分析可能的碎片减缓战略。例如，文献[35]中的工作研究了大型卫星星座对轨道碎片环境的影响，并使用 OneWeb、SpaceX 和波音公司的建议作为案例研究。Kelly 和 Bevilacqua[36]研究了如何回收及重新定位大型碎片，并将其放置在 GSO 上方的"墓地"轨道上，以此作为缓解轨道碎片拥挤的一种方法。其基于李雅普诺夫控制理论，结合变分法推导了一个解析解。还有一种减少轨道碎片的低成本的方法是，在地球上使用高功率脉冲激光系统，在碎片上产生等离子体射流，使它们略微减速，重新进入大气层并在大气层中燃烧。

1.3.4 UE

降低卫星系统中的传播延迟只能通过使卫星更靠近地球来实现，所以，与 GSO 卫星相比，低空 NGSO 卫星能够提供延迟更低的服务。卫星放置得越近，地球上的 UE 就能越快地感知到它的移动，这对 UE 设备提出了额外的挑战，因为它必须能够跟踪卫星移动并执行从一个卫星到另一个卫星的切换。UE 的复杂性对其成本有影响，这已被确定为 NGSO 系统商业成功的潜在障碍。以前，宽带 LEO 网络需要使用由机械万向架天线组成的昂贵 UE，这使得它的应用仅限于企业市场内具高购买力的客户[4]。因此，需要研究新一代的天线和终端技术，这种技术应当是价格实惠的、易于使用的，并且能够适应日益复杂的空间生态系统。换句话说，能够跟踪 LEO 卫星的廉价 UE 是系统能够广泛应用的重要因素，对 NGSO 系统的商业成功至关重要。在这种情况下，AST & Science 计划建立一个基于空间的蜂窝宽带网络，其可通过标准智能手机访问，用户将能够自动从 TN 漫游到空间网络[38]。

传统的抛物面天线以昂贵的机械转向为代价来提供良好的指向性[39]。获得连续的窄波束指向是一项具有挑战性的任务，这促使地面设备开发者在技术创新的战场上进行激烈竞争。通过天线阵列实现的电子波束指向技术，目前主要用于军事领域，但在 NGSO 卫星和其他移动平台上的应用也越来越受重视[40]。低成本和高性能的波束跟踪天线被认为是卫星界的游戏规则改变者，几家公司正处于将其产品推向市场的最后阶段，如 C-ComSat Inc、Kymeta 和 ViaSat。其他天线制造商正在开发先进的硅芯片，其可用作智能数字天线的构建模块，以开发电控多波束阵列天线[41]。例如，初创公司 Isotropic Systems 一直致力于开发模块化的天线系统，该系统能够使用单个天线同时跟踪多颗卫星，这将实现应用的多轨道运行，并通过将其产品合并到单个集成终端中而无须额外的电路来降低成本[42]。

抛物面天线很难安装、配置和操作，但它们仍将在政府机构和游轮等大型移动平台中占据主导地位。然而，电控平板天线是一项势在必行的地面段创新，它提供了一种更灵活、更实惠和可扩展的天线产品，能够执行与抛物面天线相同的功能，为小型 UE 打开了接受 NGSO 服务的大门。此外，用户移动性也是使用廉价天线需应对的一个挑战。有趣的是，制造可以安装在各种移动产品上的小型、低成本的天线似乎可以采用电控平板天线。地面设备可以受益于具有更大灵活性和星载能力的卫星，卫星可以在某些区域或位置上产生高功率窄波束，这将改变利用空间段资产来促进地面上的用户进行广泛连接的应用前景。

此外，卫星行业与 3GPP 合作，致力于将卫星网络整合进 5G 生态系统，使得通过合理的卫星波束布局，由 LEO 卫星和 GSO 卫星在 S 频段为手持终端用户提供服务。另外，拥有高发射和接收天线增益的其他用户［如 VSAT 和适当的相控阵天线（PAA）］可以在 S 频段及 Ka 频段同时利用 LEO 卫星和 GSO 卫星获取服务[13]。这也要求 5G 功能需考虑 NTN 中的高传播延迟、大多普勒频移及移动小区等问题，并改进定时和频率同步。此类 UE 的特点在文献[13]中有详细说明。具体来说，VSAT UE 配备了一个具有圆形极化的定向天线（PAA），其等效口径直径为 60cm；而手持 UE 则配备了一个全向天线元件（如偶极子天线），采用线性极化。

1.3.5 安全挑战

适当的安全机制对于 NGSO 系统是必不可少的，因为它们容易受到诸如窃听、干扰和欺骗之类的安全威胁。例如，任何装备足够精良的对手都可以向卫星发送虚假命令，并获得对卫星和数据的完全访问权，能够造成严重破坏。除了盲干扰[43]，可以使用基于通信协议的智能干扰[44]。在该框架中，卫星辅助的大规模非协调接入的应用由于缺少协调而非常容易受到智能干扰，即增加了与接收信号结构有关的不确定性。需要提供额外安全措施的另一个潜在恶意活动示例与拒绝服务攻击有关，这可以由对手通过向卫星发送大量虚假消息来进行[45]。因此，受到这种攻击的卫星将在虚假消息上花费大量的计算处理能力和时间，这降低了合法用户的服务质量（QoS）。由于计算能力相当有限，NGSO 卫星可能特别容易受到这种攻击，使得卫星容易因处理太多任务而过载，并且可能无法在较短的时间窗口内提供所请求的服务。

传统上卫星通信的安全性是通过上层的密码学技术来提供的。这些技术的缺点是它们的计算复杂性较高。因此，文献[46-48]中提出了来自量子密钥分发（QKD）、区块链和物理层安全等领域的更有效和更复杂的方法。量子密钥分发提供了检测传输是否被窃听或修改的手段。该方法采用量子相干或纠缠，基于发射器和接收机之间的唯一连接保障安全性。这种方法的缺点是需要交换密钥，这可能需要时间，因为需要产生和发送纠缠粒子。由于卫星快速通过，这种方法可能并不总适合 NGSO 卫星，特别是 LEO 卫星。然而，自由空间光（FSO）通信技术由于可以提供大带宽和高数据传输速率而成为 RF ISL 的可行替代方案，其中光学技术据称是使用量子密钥分发的超宽带安全通信的关键因素。

地面站与 NGSO 星座之间的通信需要对活动和非活动空间设备进行分散式跟踪及监测。此外，还需要通过不同轨道上的多个异构卫星节点对空间环境进行评估。在这方面，区块链方法可用于保护卫星通信及认证 NGSO 星座与地面站之间的空间交易[47]。区块链方法的关键功能是通过卫星和空间信息网络的配置或重新配置等历史记录来认证卫星的身份、地面站的身份或通信模式的有效性。因此，区块链方法可以有效地保护卫星通信免受拒绝服务攻击、分布式拒绝服务攻击和内部攻击。然而，区块链方法存在的风险也不可忽视，如其数据库集中存储了网络中所有卫星节点的分布及配置，易被对手攻击、窃取。

物理层安全是实现必要等级安全性的有效方法，且不会因数据加密/解密产生额外的计算复杂性[49]。这种方法在 TN 中非常流行，其中空间信息过滤器的设计不仅要考虑用户的需求，还要考虑针对部分已知或未知位置的窃听者的防护。然而，星地通信链路通常没有足够的空间分集能力来区分预期用户和窃听者。有趣的是，在具有重叠覆盖区域的多个 NGSO 卫星上的联合预编码可以在某些条件下解决这个问题，因为可以利用与相邻卫星的天线相关联的空间分集来增强保密性能。物理层安全方法可以作为 NGSO 卫星的附加防御层引入，但需要在这一领域进行更多的研究工作，以进一步发展。

1.4 未来的研究挑战

显然，NGSO 系统将成为未来无线通信网络的重要组成部分。它将与其他无线系统融合，实现无处不在的覆盖、混合连接和高容量。卫星技术正不断发展，以更高的能力和成本效益满足当代商业及政府系统快速变化的需求。NGSO 系统的颠覆性潜力不仅在于其能够为连接质量较差的地区提供服务，其还有望在数字创新方面开辟新的领域。因此，本节将提出一些受 NGSO 系统启发的未来研究方向，探索如何在各种应用中充分利用 NGSO 系统的潜力。

1.4.1 开放无线接入网

开放无线接入网（ORAN）将无线接入网（RAN）分成多个功能部分，从而提供了独立于供应商现有硬件的互操作性、软件和接口的开放性。此外，ORAN 的发展有效促进了由组件之间的标准化通信和控制接口实现的分解 RAN 架构，其目标是增强创新能力、增强安全性和提高可持续性。ORAN 联盟[50]正积极推动这些举措。

所有这些方面对卫星通信系统都是非常有益的。相比之下，目前的卫星网络主要依赖单个制造商的实施。这个唯一的制造商通常提供所有必要的网络组件，这些组件在系统内"硬连线"，没有任何重新配置的可能性。因此，这种依赖供应商的卫星网络缺乏灵活性和适应性，特别是对于服役超过 10 年的卫星，因为这些卫星的硬件组件难以更换，软件难以更新。另外，业务需求的持续增长和多样化，要求网络配置及时更新。在这种情况下，ORAN 可以轻松地使用更先进的组件替换原有组件，或者通过整合额外的基础设施来扩展网络。此外，ORAN 架构还提出了一种新的网络管理策略，即在网络管理中由人工智能（AI）和机器学习（ML）驱动策略生成和资源管理[51-52]。这种策略使基于 AI/ML 的解决方案能够执行计算密集型任务并能够由网络本身触发决策制定。

对于 NGSO 卫星网络（以下简称 NGSO 网络）来说，ORAN 的重新配置能力和供应商的独立性是特别重要的，因为它们允许通过添加更多的卫星或用非卫星专有的产品来替换它们的硬件和软件以灵活扩展星座，从而未来可以更有效地工作。在这种情况下，还存在各种挑战，因为不同硬件的兼容性可能存在问题，需要仔细地系统设计。特别是，需要考虑数据的可获得性及不同卫星处理数据的方式。ORAN 应用中最有影响力的可能是资源管理、运营商规划和网络适配。此外，多层巨网星座可能是对这种架构要求最高的应用场景。需要对这些用例进行分析，以确定为增强 ORAN 的灵活性需付出的代价。

1.4.2　空间飞行任务的宽带连接

天基互联网系统通过大量低轨或中轨卫星提供了互联网接入的解决方案。该系统除了在提供全球覆盖、低延迟通信和高速互联网接入点方面的独特能力，还可以在不久的将来显著改变卫星任务的设计和运行方式。更具体地说，用于地球观测、遥感和物联网（IoT）收集等空间应用的低轨小型卫星星座的数量不断增加。目前，地面的操作者在很大程度上依赖分布在地球各地的地面站网络，以便通过遥测和遥控将数据下发并控制小型卫星。因此，未来空间任务的关键挑战之一是提供真实的实时不间断连接。由于所需地面网关网络的规模和成本巨大，这在当前卫星系统基础设施中是相当不可行的。尽管最近出现了一些关于 TN 共享的创新概念，如 Amazon AWS 地面站[53]和 Microsoft Azure Orbital[54]，但地面访问会话的数量和持续时间大多数时候是有限的，从而阻止了真实的实时操作和连续的高吞吐量下行数据。

假设用于地面应用的小卫星可以通过更高轨道上的天基互联网提供商直接访问互联网，则小卫星可以不间断连接到网络，而不依赖私有的地面站或共享分布式网络[55]。这肯定会改变未来卫星飞行任务的设计和运行方式，因为通信链路必须指向天空而不是地球。天基互联网提供商也可采用这种办法，以实现空间网络拓扑结构的更大程度的连通性。此外，这种结构可以减少所需地面站的数量，从而实现成本更低和更可持续的空间系统，同时实现真实的实时和可靠的空间通信。在这种情况下，利用天基互联网系统可以协调多个星座，并了解每个对应系统的运行特点。此外，天基互联网系统将使卫星通过在小型卫星终端和地面卫星控制中心之间传输遥测、跟踪和命令数据而发挥战略性作用。然而，预期的连接性改善将以更高的复杂性为代价来实现，这需要卫星链路之间负载平衡并找到具有最低端到端（E2E）传播延迟的路径，同时需要处理节点的动态性（例如，高的相对速度和频繁的翻转），这在文献中是尚未探索的领域。

1.4.3 边缘计算

一般来说，卫星尤其是 NGSO 卫星运行的主要挑战之一是星载处理器的信息处理能力非常弱[56]。因此，复杂的处理任务，如资源分配策略的在线优化、地球观测应用的数据处理、物联网的数据聚合等，很难用一个卫星处理器来执行，通常通过中央单元推送，以分布式方式进行处理。例如，从对地静止轨道（Geostationary Orbit，GEO）卫星（可看作中央单元）推送到边缘 NGSO 卫星[57-58]。文献[59]提出了在各种项目中通过 NGSO 卫星来分担算力的案例。此外，边缘计算已经成为通过将处理和存储资源部署得更靠近用户来缓解高延迟问题的一种有效解决方案，特别是对于资源匮乏和对延迟敏感的应用。因此，可将边缘计算集成到 NGSO 网络中，并通过提供近距设备处理能力来提高卫星网络的性能。在该系统中，用户产生的大量数据可以通过 NGSO 卫星来处理，而不是将其重定向到其他服务器，这将减少网络流量负载并降低处理延迟。虽然这一应用似乎非常有前途，但其实际限制和要求尚未得到充分理解，因为它近几年才开始引起研究人员的注意。

1.4.4 天基云

不同于以往将卫星仅作为中继设备，基于空间的云的概念已经让 NGSO 卫星成为数据存储的有前途和安全的范例，特别是在大数据技术应用的背景下[60]。天基数据存储的主要优点是完全不受地球上发生的自然灾害的影响。此外，利用 NGSO 卫星进行数据存储可以为一些云网络提供更大的灵活性，这些云网络旨在在全球范围内传输数据，而无须考虑地理边界和地面障碍[61]。例如，位于全球范围内不同地点的大型企业和大型组织可以通过基于空间的云共享大数据。与传统的地面云网络相比，天基云具有更快的数据传输速率，特别适合对延迟敏感的服务。

一家名为 Cloud Constellation 的初创公司正计划建立一个名为 SpaceBelt 的基于太空的数据中心平台，其通过 LEO 卫星和连接良好的 TN 提供安全的数据存储。在这种基础设施中，数据存储系统建立在多个配备数据存储服务器的分布式卫星上。然而，地面站和 NGSO 卫星之间的通信窗口是零星的，并且卫星中的功率预算也是有限的。因此，这种基础设施对开发用于从位于空间的数据中心节能地下载文件，以满足用户在时变信道条件下的动态需求的调度算法提出了重大挑战。此外，现有用于地面云计算中心的任务调度算法并不适用于基于空间的云基础设施[62]。

1.4.5 通过 NGSO 卫星实现物联网

NGSO 卫星的灵活性和可扩展性使它们在物联网生态系统中的应用更具吸引力，其可以塑造新的架构，提升大量应用和服务之间的互操作性[25]。因此，利用 NGSO 星座较短的传播距离，物联网终端可以被设计得体积小、寿命长、功耗低，这是物联网运营的理想选择。此外，与 GSO 卫星相比，NGSO 卫星的运营成本较低，资本支出较少，这使它成为在广大地理区域部署高效物联网服务的有效促进者[63]。因此，NGSO 卫星的这些特殊功能可以充分释放物联网的潜力，有助于建立一个拥有全球数十亿互联设备的通用网络。

在这个方向上，3GPP 在其 Rel.17 规范[64]中研究了通过卫星支持窄带物联网（NB-IoT）的必要变化，其中就包含了 GSO 系统和 NGSO 系统。其目标是确定一组功能和适应性改进方法，使 NTN 结构内的 NB-IoT 操作具有卫星接入的选项。在这种情况下，一些项目已经开始在 NGSO 系统的约束下调整和评估原有协议，特别是针对终端相对卫星运动带来的问题[65]。尽管如此，这一工作仍处于起步阶段，需要更多的研究工作来实现无缝集成，特别是在将 NGSO 卫星连接到移动的或固定的物联网设备，以及支持高可靠的低延迟通信方面。

1.4.6 NGSO 卫星上的缓存

受益于高容量回传链路和无处不在的覆盖，NGSO 卫星可使内容更接近最终用户，因此，这些卫星可以被视为数据缓存的一种节点。NGSO 卫星还具有多播数据和快速更新不同位置的缓存内容的能力。此外，可以利用卫星和地面电信系统之间的共生关系来创建混合一体化内容递送网络，这将大大改善用户体验。因此，将 NGSO 卫星集成到未来的互联网中，实现内部网络缓存，使得用户对相同内容的需求能够容易地被满足，而无须多次传输，从而降低了传输延迟，节省了频谱资源。还有一个有前途的策略是将缓存与 NGSO 卫星上的边缘计算相结合，以便无缝集成和协调数据处理、内容分析、缓存。然而，NGSO 卫星上时变的网络拓扑和有限的星上资源使得在设计缓存放置算法时，必须考虑其快速收敛性和复杂性。

1.4.7 无人机/高空平台和 NGSO 协调

低成本的无人机（UAV）作为飞行移动基站的使用案例正在迅速增加，以扩大覆盖范围并提高无线网络的容量。将地面、高空和卫星网络集成到一个无线系统中，可以提供全面且有效的服务。此外，无人机和高空平台（HAP）提供了高度的移动性与很大的视距（LoS）连接机会，这使它们成为卫星-地面链路的完美移动中继。使用 NGSO 卫星，特别是 LEO 卫星似乎非常有前途，因为与 GSO 卫星相比，其延迟要低得多，这是 UAV 正常运行和自主操作的必要条件。

通过将 UAV 引入天地一体化综合系统，一些新型网络的设想被提出[66]，如 UAV 辅助的卫星-地面网络[67]、作为未来 6G 系统一部分的无蜂窝卫星-地面 UAV 网络[68]等。以上都是具有多个卫星轨道的大规模集成网络，包含 NGSO 巨型星座及多个 UAV 和 HAP。这种网络对协调、导航和同步提出了许多挑战。在此环境中要考虑的一些典型损害是大多普勒频移、指向误差和过时的信道状态信息（CSI），以及需要考虑这种动态网络的拓扑控制和多跳信号路由。

1.5 结论

由于 NGSO 卫星具有较小的自由空间衰减、低剖面天线、低传播延迟和较低的单星入轨成本，近年来部署 NGSO 卫星已经成为一种趋势。NGSO 系统的成功实现是由于新技术的不断发展及日益增长的关注和投资，这确实将卫星通信的潜力推向了更高的高度，需要加以探索，以支持各种天基应用和服务的迅速发展。此外，NGSO 系统可用于支持 TN，并通过增加所提供的覆盖范围和网络容量来匹配快速的 5G 生态系统演进。

本章介绍了 NGSO 系统领域的新兴技术和研究前景，以及将 NGSO 卫星集成到全球无线通信网络的关键技术挑战。具体地，首先，本章通过探索 NGSO 天基互联网提供商和小型卫星任务的属性，讨论了 NGSO 系统的最新技术；其次，本章研究了与 GSO 系统共存产生的限制，还探索了星座设计和资源管理挑战及 UE 要求；最后，本章讨论了为各种应用提供高可靠和高效的全球卫星通信的若干未来研究方向。

本章原书参考资料

[1] Perez-Neira A.I., Vazquez M.A., Shankar M.R.B., Maleki S., Chatzinotas S. 'Signal processing for high-throughput satellites: challenges in new interference limited scenarios'. IEEE Signal Processing Magazine. 2019, vol. 36(4), pp. 112-131.

[2] Giambene G., Kota S., Pillai P. 'Satellite-5G integration: a network perspective'. IEEE Network. 2019, vol. 32(5), pp. 25-31.

[3] Su Y., Liu Y., Zhou Y., Yuan J., Cao H., Shi J. 'Broadband LEO satellite communications: architectures and key technologies'. IEEE Wireless Communications. 2019, vol. 26(2), pp. 55-61.

[4] del Portillo I., Cameron B.G., Crawley E.F. 'A technical comparison of three low earth orbit satellite constellation systems to provide global broadband'. Acta Astronautica. 2019, vol. 159, pp. 123-135.

[5] UCS satellite database 2021 [online]. Bethesda (MD): Union of Concerned Scientists. 2021.

[6] 'Simulation methodologies for determining statistics of short-term interference between co-frequency, co-directional non-geostationary-satellite orbit fixed-satellite service systems in circular orbits and other non-geostationary fixed-satellite service systems in circular orbits or geostationary-satellite orbit fixed-satellite service networks'. ITU-R S. 1325-3. 2003.

[7] Guidotti A., Vanelli-Coralli A., Conti M, et al. 'Architectures and key technical challenges for 5G systems incorporating satellites'. IEEE Transactions on Vehicular Technology. 2019, vol. 68(3), pp. 2624-2639.

[8] Guan Y., Geng F., Saleh J. H. 'Review of high throughput satellites: market disruptions, affordability-throughput map, and the cost per bit/second decision tree'. IEEE Aerospace and Electronic Systems Magazine. 2019, vol.34(5), pp. 64-80.

[9] Al-Hraishawi H., Maturo N., Lagunas E., Chatzinotas S.'Scheduling design and performance analysis of carrier aggregation in satellite communication systems'. IEEE Transactions on Vehicular Technology. 2021, vol. 70(8), pp.7845-7857.

[10] Kibria M.G., Lagunas E., Maturo N., Al-Hraishawi H., Chatzinotas S.'Carrier aggregation in satellite communications: impact and performance study'. IEEE Open Journal of the Communications Society.

2020, vol. 1, pp. 1390-1402.

[11] Al-Hraishawi H., Lagunas E., Chatzinotas S. 'Traffic simulator for multi-beam satellite communication systems'. 2020 10th Advanced Satellite Multimedia Systems Conference and the 16th Signal Processing for Space Communications Workshop (ASMS/SPSC); Graz, Austria, 2020. pp. 1-8.

[12] Giordani M., Zorzi M. 'Non-terrestrial networks in the 6G era: challenges and opportunities'. IEEE Network. 2021, vol. 35(2), pp. 244-251.

[13] '3GPP TR 38 821 V16 0 0. 3rd generation partnership project; technical specification group radio access network; solutions for NR to support non-terrestrial networks (NTN)'. 3rd Generation Partnership Project. 2019, vol. 16.

[14] Di B., Song L., Li Y., Poor H.V. 'Ultra-dense LEO: integration of B satellite access networks into 5G and beyond'. IEEE Wireless Communications. 2019, vol. 26(2), pp. 62-69.

[15] Babich F., Comisso M., Cuttin A., Marchese M., Patrone F. 'Nanosatellite-5G integration in the millimeter wave domain: A full top-down approach'. IEEE Transactions on Mobile Computing. 2020, vol. 19(2), pp. 390-404.

[16] Latio R.G.W. 'Social and cultural issues: the impact of digital divide on development and how satellite addresses this problem'. Online Journal of Space Communication. 2021, vol. 2(5), pp. 1-17.

[17] ETSI TS 101 545-3. DVB-RCS2 higher layer satellite specification European Telecommunications Standards Institute. 2020.

[18] Al-Hraishawi H., Chatzinotas S., Ottersten B. 'Broadband non-geostationary satellite communication systems: research challenges and key opportunities'. IEEE International Conference on Communications Workshops (ICCWorkshops); Montreal, QC, 2021. pp. 1-6.

[19] Functional description to be used in developing software tools for determining conformity of non-geostationary-satellite orbit fixed-satellite service systems or networks with limits contained in article 22 of the radio regulations. International Telecommunication Union-Recommendation (ITU-R)S.1503-3; 2018.

[20] European Space Agency (ESA). CONSTELLATION-Simulator for managing interference between NGSO constellations and GSO. 2019.

[21] Higgins R. P., Boeing C. Method for limiting interference between satellite communications systems. US Patent No. 6, 866, 231. 2005.

[22] Federal Communications Commission. Updated rules to facilitate non-geostationary satellite systems. 2017.

[23] Tonkin S., De Vries J.P. 'NewSpace spectrum sharing: assessing interference risk and mitigations for new satellite constellations'. SSRN ElectronicJournal. 2018, pp. 1-108.

[24] Methods to enhance sharing between NGSO FSS systems (except MSS feeder links) in the frequency bands between 10-30GHz. International Telecommunication Union-Radiocommunication (ITU-R) S.1431; 2020.

[25] Qu Z., Zhang G., Cao H., Xie J. 'LEO satellite constellation for internet ofthings'. IEEE Access. 2017, vol. 5, pp. 18391-18401.

[26] Walker J.G. 'Satellite constellations'. Journal of the British Interplanetary Society. 1984, vol. 37, pp. 559-572.

[27] Mortari D., Wilkins M.P., Bruccoleri C. 'The flower constellations'. The Journal of the Astronautical Sciences. 2004, vol. 52(1-2), pp. 107-127.

[28] Paek S.W. 2012. Reconfigurable Satellite Constellations for GEO-spatially Adaptive Earth Observation Missions. [dissertation]. Massachusetts Institute of Technology.

[29] Chan S., Samuels A., Shah N., Underwood J., de Weck O. 'Optimization of hybrid satellite constellations using multiple layers and mixed circular-elliptical orbits'. 22nd AIAA International Communications Satellite Systems Conference & Exhibit (ICSSC); Monterey, CA, Reston, Virigina, 2004. pp. 1-15.

[30] Lee H.W., Shimizu S., Yoshikawa S., Ho K. 'Satellite constellation pattern optimization for complex regional coverage'. Journal of Spacecraft and Rockets. 2004, vol. 57(6), pp. 1309-1327.

[31] Lee H.W., Jakob P.C., Ho K., Shimizu S., Yoshikawa S. 'Optimization of satellite constellation deployment strategy considering uncertain areas of interest'. Acta Astronautica. 2018, vol. 153, pp. 213-228.

[32] McDowell J.C. 'The low earth orbit satellite population and impacts of thespacex starlink constellation'. The Astrophysical Journal. 2018, vol. 892(2), L36.

[33] Constance W., Jeffrey H., Lori A, et al. 'Impact of satellite constellations on optical astronomy and recommendations toward mitigations'. Bulletin of the AAS. vol. 52(2). n.d.

[34] Venkatesan A., Lowenthal J., Prem P., Vidaurri M. 'The impact of satellite constellations on space as an ancestral global commons'. Nature Astronomy. 2018, vol. 4(11), pp. 1043-1048.

[35] Foreman V.L., Siddiqi A., De Weck O. 'Large satellite constellation orbital debris impacts: case studies of oneweb and spacex proposals'. AIAA SPACE and Astronautics Forum and Exposition; Orlando, FL, Reston, Virginia, 2018.

[36] Kelly P., Bevilacqua R. 'An optimized analytical solution for geostationary debris removal using solar sails'. Acta Astronautica. 2019, vol. 162, pp.72-86.

[37] Phipps C.R., Baker K.L., Libby S.B., et al. 'Removing orbital debris with lasers'. Advances in Space Research. 2019, vol. 49(9), pp. 1283-1300.

[38] AST mobile space: transforming connectivity eliminating coverage gaps for billions. AST and Science. 2021.

[39] Cheng Y., Song N., Roemer F, et al. 2012 IEEE first AESS European conference on satellite telecommunications (ESTEL); Rome, Italy, 2019. pp. 1-7.

[40] Guidotti A., Vanelli-Coralli A., Foggi T, et al. 'LTE-based satellite communications in LEO mega-constellations'. International Journal of Satellite Communications and Networking. 2019, vol. 37(4), pp. 316-330.

[41] Sadhu B., Gu X., Valdes-Garcia A. 'The more (antennas), the merrier: A survey of silicon-based mm-wave phased arrays using multi-IC scaling'. IEEE Microwave Magazine. 2016, vol. 20(12), pp. 32-50.

[42] Isotropic Systems Inc. The world's first multi-service high throughput terminals.

[43] Lichtman M., Poston J.D., Amuru S, et al. 'A communications jamming taxonomy'. IEEE Security & Privacy. 2016, vol. 14(1), pp. 47-54.

[44] Lichtman M., Reed J.H. 'Analysis of reactive jamming against satellite communications'. International Journal of Satellite Communications and Networking. 2016, vol. 34(2), pp. 195-210.

[45] Roy-Chowdhury A., Baras J.S., Hadjitheodosiou M., Papademetriou S.'Security issues in hybrid networks with a satellite component'. IEEE Wireless Communications. 2016, vol. 12(6), pp. 50-61.

[46] Bonato C., Tomaello A., Da Deppo V., Naletto G., Villoresi P. 'Feasibility of satellite quantum key distribution'. New Journal of Physics. 2009, vol. 11(4), 045017.

[47] Xu R., Chen Y., Blasch E., Chen G. 'Exploration of blockchain-enabled decentralized capability-based access control strategy for space situation awareness'. Optical Engineering. 2019, vol. 58(4), p. 1.

[48] Zheng G., Arapoglou P.D., Ottersten B. 'Physical layer security in multibeam satellite systems'. IEEE Transactions on Wireless Communications. 2011, vol. 11(2), pp. 852-863.

[49] Al-Hraishawi H., Baduge G.A.A., Schaefer R.F. 'Artificial noise-aided physical layer security in underlay cognitive massive MIMO systems with pilot contamination'. Entropy. 2017, vol. 19(7), p. 349.

[50] Alliance O. 'ORAN: towards an open and smart RAN'. White Paper. 2018.

[51] Gavrilovska L., Rakovic V., Denkovski D. 'From cloud RAN to open RAN'.Wireless Personal Communications. 2020, vol. 113(3), pp. 1523-1539.

[52] Alliance O. 'ORAN working group 2: AI/ML workflow description and requirements'. Technical Report. 2019.

[53] AWS ground station. Amazon.Com. 2021.

[54] Azure orbital. Microsoft.Com. 2021.

[55] Al-Hraishawi H., Minardi M., Chougrani H., Kodheli O., Montoya J.F.M.,Chatzinotas S. 'Multi-layer space information networks: access design andsoftwarization'. IEEE Access. 2020, vol. 9, pp. 158587-158598.

[56] Lovelly T.M., Bryan D., Cheng K, et al. 'A framework to analyze processor architectures for next-generation on-board space computing'. IEEE Aerospace Conference, 2014. pp. 1-10.

[57] Zhang Z., Zhang W., Tseng F.H. 'Satellite mobile edge computing: improvingqos of high-speed satellite-terrestrial networks using edge computing techniques'. IEEE Network. 2019, vol. 33(1), pp. 70-76.

[58] Li C., Zhang Y., Xie R., Hao X., Huang T. 'Integrating edge computing into low earth orbit satellite networks: architecture and prototype'. IEEE Access.2021, vol. 9, pp. 39126-39137.

[59] Tang Q., Fei Z., Li B., Han Z. 'Computation offloading in LEO satellite networks with hybrid cloud and edge computing'. IEEE Internet of Things Journal. 2021, vol. 8(11), pp. 9164-9176.

[60] Jia X., Lv T., He F., Huang H. 'Collaborative data downloading by using inter-satellite links in LEO satellite networks'. IEEE Transactions on Wireless Communications. 2017, vol. 16(3), pp. 1523-1532.

[61] Huang H., Guo S., Wang K. 'Envisioned wireless big data storage for low-earth-orbit satellite-based cloud'. IEEE Wireless Communications. 2018, vol. 25(1), pp. 26-31.

[62] Huang H., Guo S., Liang W., Wang K., Okabe Y. 'CoFlow-like online data acquisition from low-earth-orbit datacenters'. IEEE Transactions on Mobile Computing. 2020, vol. 19(12), pp. 2743-2760.

[63] Bacco M., Cassara P., Colucci M., Gotta A. 'Modeling reliable M2M/IoT traffic over random access satellite links in non-saturated conditions'.IEEE Journal on Selected Areas in Communications. 2018, vol. 36(5), pp. 1042-1051.

[64] Liberg O., Lowenmark S.E., Euler S, et al. 'Narrowband internet of things for non-terrestrial networks'. IEEE Communications Standards Magazine. 2020, vol. 4(4), pp. 49-55.

[65] Chougrani H., Kisseleff S., Martins W.A., Chatzinotas S. 'NB-IoT random access for non-terrestrial networks: preamble detection and uplink synchronization'. IEEE Internet of Things Journal. 2021, pp. 1-1.

[66] Hosseini N., Jamal H., Haque J., Magesacher T., Matolak D.W. 'UAV command and control, navigation and surveillance: A review of potential 5G and satellite systems'. IEEE Aerospace Conference; Big Sky, MT, 2019. pp. 1-10.

[67] Hua M., Wang Y., Lin M., Li C., Huang Y., Yang L. 'Joint comp transmission for UAV-aided cognitive satellite terrestrial networks'. IEEE Access. 2019,vol. 7, pp. 14959-14968.

[68] Liu C., Feng W., Chen Y., Wang C.-X., Ge N. 'Cell-free satellite-UAV networks for 6G wide-area internet of things'. IEEE Journal on Selected Areas in Communications. 2021, vol. 39(4), pp. 1116-1131.

第 2 章　NGSO 系统的频谱管理

赫苏斯·阿尔诺[1]

2.1　引言

近几年来，人们目睹了多个 NGSO 星座的兴起与发展，它们旨在提供全球范围内的宽带覆盖服务，既可用于专业通信领域，也可为家庭用户提供直接的互联网接入服务[1-3]。NGSO 星座总共由几千颗卫星组成，所有卫星都在 GSO 卫星网络（以下简称 GSO 网络）已经使用的频段上运行。本章旨在探讨目前国际上针对 NGSO 星座频谱使用的既有规定，并特别关注这些 NGSO 星座如何与 GSO 网络共享频谱这一问题。

卫星通信具有国际性质，因此需要对其在无线电频谱的使用上进行全球监管。履行这一监管职能的是 ITU 的 RR[4]，其基本原则是，签署该规则的成员国必须在不对其他成员国的无线电服务造成有害干扰的前提下运营无线电台（无论其目的如何）。

RR 规定了卫星服务必须遵循的程序，以使其计划使用的频率和轨道资源获得国际认可。根据 ITU 先到先得的原则，向 ITU 提出申请，即可获得此类认可。对于包括 NGSO 系统在内的若干类型的卫星服务来说，可以通过与相关管理机构进行成功的谈判（通过协调协议）获得国际承认。

此外，根据 RR，除非另有说明，NGSO 系统不得对 FSS 和 BSS 中的 GSO 网络造成不可接受的干扰，也不得要求其提供保护（见 RR No.22.2）。尽管两国总是可以达成双边协议，允许一方对另一方的服务造成更多的干扰（在这种情况下，两国仍然需要根据 RR 保护第三国的服务），但 RR 还是规定了量化这种干扰的方法。

本章将介绍 NGSO 系统的频谱管理。虽然 NGSO 系统可以在移动卫星服务（MSS）中运行，但本章的范围仅限于在 FSS 中运行的 NGSO 系统的相关规定，这些特定系统主要使用 Ka 频段和 Ku 频段进行链接。我们也将简要地介绍 NGSO 系统计划使用的更高频段。

本章其余部分的结构如下。第 2.2 节介绍了卫星服务的国家和国际监管的基本方面，包括对 RR 的介绍。第 2.3 节总结了一些主要 NGSO FSS 卫星系统的频谱使用和特性。第 2.4 节更详细地解释了 NGSO 系统获得频率分配国际认可的过程。第 2.5 节进一步详细介绍了 NGSO 系统和 GSO 网络共享频谱的方式。第 2.6 节列出了 NGSO 系统频谱管理中的一些公开挑战。

---

1 英国通信管理局频谱组，本章所表达的观点是作者的观点，不一定反映其雇主的观点。

2.2 卫星服务频谱管理的基础知识

就性质而言，卫星服务是最国际化的无线电通信服务之一。如果使用全球天线波束，一颗 GSO 卫星的信号几乎可以覆盖地球的三分之一，而由一组 NGSO 卫星组成的星座的信号则能够覆盖整个地球。因此，卫星系统的国际协调至关重要。此外，卫星运营商希望在几个国家设置地面站，并有权在特定频段发射和接收信号。换句话说，卫星运营商需要让空间段（卫星）和地面段（UE 和网关）使用的频谱获得许可，具体如下。

对于空间段，卫星运营商需要获得国际上对其计划使用的频率和轨道资源的许可。这些都是通过向 ITU 提交一份卫星申请，以先到先得的方式获得的。这种许可是有条件的，必须符合 RR 的某些要求。获得许可的频率会被记录在《国际频率登记总表》（Master International Frequency Register，MIFR）中。

对于地面段，卫星运营商需要从各个国家获得许可证，除非有明确的豁免。许可证为卫星运营商在一个国家内使用某些频率提供了国家承认。地面站只有满足与其他基站共存的要求，才能获得许可证。因此，从国家频谱管理的角度来看，许可证具有重要意义。

图 2.1 给出了上述 NGSO 系统不同部分的管理框架。

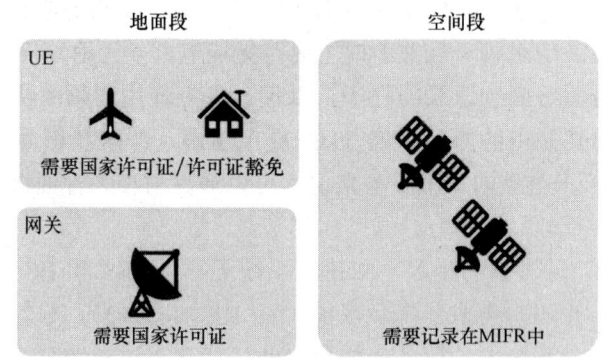

图 2.1 NGSO 系统不同部分的管理框架

2.2.1 无线电规则介绍

无线电通信中的一个常见说法是，无线电波不会在国家边界停止。正因为如此，无线电频谱的使用需要一个全球条约来进行规范。如前所述，RR[4]是履行这一职能的全球条约。

RR 是一个对 ITU 成员国具有约束力的国际条约。ITU 的管理机构和其成员国大约每四年举行一次 WRC，并在此期间对 RR 进行修订。RR 共四卷，分别为条款、附录、决议和建议[5]。

这些规则的基本原则在其序言中都有概述。例如，成员国应铭记，无线电频率和卫星轨道是有限的自然资源，必须合理、有效和经济地加以利用。另外，成员国必须在不对其他成员国的无线电服务造成有害干扰的前提下运营其无线电台。

2.2.1.1 条款 5

RR 的关键部分之一是条款 5 给出的频率分配表，该表目前涵盖 8.3kHz～275GHz 的无线电通信频谱。它详细说明了在每个频段和每个 ITU 区域可以运行哪些服务（见 RR No.5.2），以及在哪些条件下运行。无线电通信服务涉及用于特定电信目的的无线电波的发射、传输或接收（见 RR No.1.19）。

（1）使用"大写字符"[1]的服务是主服务。如果几个服务在同一频段中具有主分配，则它们被称为共同主服务。除非另有说明，否则共同主服务以平等的权利共享频段。有时可以有一个脚注，说明共同主服务之一必须保护另一个服务，在这种情况下，我们会说受保护的服务是超级主服务。

（2）使用"普通字符"的服务是次服务。次服务站无论是在何时被分配的，都不得对主服务站造成干扰或要求主服务站的保护。次服务站只能向其之后分配的辅助服务站申请保护。

（3）形式为 5.XXX 的数字指的是表格中的脚注编号。脚注至关重要，当它们紧挨着服务条目出现时，会涉及影响该服务的基本规定；若作为单独一行出现在表格底部，则表示它们与整个频段有关。此外，脚注还可指出在特定国家存在的额外的频谱分配情况。

应当注意的是，分配是针对无线电通信服务的，而不是针对应用或技术的：RR 在技术上是中立的。然而，有时可以看到某些频段已被标识或指定用于特定用途。这些概念并未被明确定义，也没有明确的法规含义，但表达了管理机构对未来将该频段用于特定技术或应用的一些兴趣或意图。一个常见的例子是 No.5.516B，它为 FSS 中的高密度应用标识了几个频段[2]；另一个例子是 WRC-19 为有意部署国际移动通信（IMT）地面组件的管理机构指定了几个频段，包括 24.25～27.5GHz、42.5～43.5GHz、47.2～48.2GHz、45.5～47GHz 和 66～71GHz。

同样重要的是，如果行政当局违反频率分配表（或 RR 的其他规定）为电台分配频率，那么其必须明确地在无干扰、无保护的基础上运行该电台，以避免干扰其他符合规定的电台（见 No.4.4）。因此，每个成员国对本国领土内的无线电频谱拥有主权，但须遵守 RR。各行政当局利用其主权，根据 RR 建立自己的国家频率分配表，如美国的频率分配表[6]、英国的频率分配表[7]和法国的频率分配表[8]。并且，欧洲通信办公室保留了欧洲大陆 48 个国家的频率分配表的链接[9]。

2.2.1.2 条款 9

该条款详细说明了与其他管理机构进行协调或取得其同意的程序。本章稍后将更详细地介绍这一协调过程。

---

1 在 ITU 的六种语言中，这适用于英文、法文、俄文和西班牙文版本；在阿拉伯文和中文版本中，使用了粗体字符。

2 根据第 143 号决议（WRC-19 修订版），HDFSS 系统的特点是灵活、快速和无处不在地部署大量采用小型天线并具有共同技术特性的成本效益优化的地面站。

2.2.1.3 条款 11

条款 11 也是 RR 的关键部分之一，该条款涉及频率分配的通知和记录。通知流程至关重要，因为各管理机构应向无线电管理局（Bureau）通知所有可能对其他管理机构的任何服务造成有害干扰的频率分配（见 RR No.11.3）。此外，各管理机构还可选择通知其希望获得国际承认的任何其他频率分配（见 RR No.11.7）。收到通知后，无线电管理局将根据 RR 相关的规定检查通知是否符合相关规定，并对符合规定的频率分配进行记录。获得肯定审查结果的频率分配会被记录在 MIFR 中。根据 RR No.8.3，任何在 MIFR 中获得肯定审查结果的频率分配都有权获得国际认可。也就是说，其他国家或地区的管理机构在进行自己的频率分配时，必须将这些已记录的分配纳入考量，以避免产生有害干扰。

2.2.1.4 条款 21

该条款规定了地面和空间服务在它们共同使用的某些频段中应遵守的功率限制，以促进共存。在频率分配得到国际承认之前，应根据 RR No.11 的有关规定对这些限制进行审查。

2.2.1.5 条款 22

就本章而言，该条款特别有意义，因为它专门讨论空间服务。具体而言，条款 22 的第二部分详细说明了空间服务应如何控制对 GSO 系统的干扰，并且规定 NGSO 系统不得对 FSS 和 BSS 中的 GSO 系统造成不可接受的干扰，也不得向其寻求保护（见 RR No.22.2）。我们将在 2.4.2 节和 2.5 节中更详细地探讨。

2.2.1.6 附录

RR 的附录给出了应用 RR 所需的补充规定和资料。部分与卫星通信有关的附录如下：

- 附录 4，定义了在申请频率分配时必须向 ITU 提供的数据。
- 附录 5，界定根据条款 9 何时需要进行协调。
- 附录 7，包含确定地面站周围协调区域的方法。
- 附录 8，给出了确定两颗 GSO 卫星之间是否需要协调的方法。
- 附录 30、30A 和 30B，描述了 BSS 和 FSS 的规则。这些规则完全不同，从而适用于某些特定的频段。在计划的频段内，轨道位置和频率资源被分成配额，并在成员国之间公平分配。计划频段内的服务受到保护，即使目前没有运营，也不会受到其他网络的有害干扰，从而确保成员国能够在未来使用。更多信息见文献[10]。

2.2.1.7 决议

决议可视为 WRC 通过的一种决定，可用于邀请 ITU 无线电通信组或无线电通信局采取某些行动，如确定下一届 WRC 的议程。这方面的一个例子是 2019 年 WRC 的第 811 号决议，该决议确定了 2023 年 WRC 的议程。

更常见的是，决议用于规定管理机构在使用某些频段或服务时应遵守的规则。例如，第 750 号决议（WRC-19 修订版）涉及地球探测卫星服务（无源）和相关有源服务之间的兼容性，并确定了为确保这种兼容性而不应超过的推荐的最大有害发射功率。与 NGSO 系统相关的其他例子如下：

- 第 32 号决议（WRC-19 修订版），关于短期 NGSO 任务的管理程序。
- 关于 NGSO 星座部署里程碑的第 35 号决议（WRC-19），见 2.4.5 节。
- 第 76 号决议（WRC-15 修订版），关于保护 GSO 网络免受来自 NGSO 系统在 Ku 频段和 Ka 频段的聚合干扰，将在 2.5.2 节中更详细地讨论。
- 第 769 号决议（WRC-19），关于保护 GSO 网络免受来自 NGSO 系统在 Q/V 频段的聚合干扰，将在 2.5.3 节中更详细地讨论。
- 第 770 号决议（WRC-19），关于保护 GSO 网络免受来自 NGSO 系统的 Q/V 频段的单次入侵干扰，详见 2.5.3 节。

2.2.1.8 《议事规则》

《议事规则》[11]是一个单独的文件，由一个独立实体——无线电规则委员会批准。《议事规则》对特定规则的应用做了详细说明，并且为了妥善应用 RR，还拟定了所需的实用程序。管理机构和无线电通信局应该根据《议事规则》使用 RR。

2.2.1.9 建议

ITU 无线电通信组（ITU-R）的建议书不是 RR 的一部分，但有时可以引用这些文件。建议书就一系列问题提供了建议，包括如何对无线电传播和天线辐射模式进行建模，以及进行某些计算的最佳方法，或某些链路在设计时应容忍的干扰或衰减量。

下面列出了一些对 GSO 系统和 NGSO 系统有意义的建议：

- ITU-R P.618，包含了地面–空间通信系统设计所需的传播数据和预测方法。
- ITU-R S.465，包含了 FSS 地面站天线的参考辐射模式，用于 2~31GHz 频率范围内的协调和干扰评估。
- ITU-R S.1323，推荐了在低于 30GHz 的情况下，其他同向 FSS 网络对 FSS 卫星网络造成的最大允许干扰水平。
- ITU-R S.1325，描述了用于确定某些 NGSO 系统和 GSO 网络之间短期干扰的统计数据的仿真方法。
- ITU-R S.1432，包含了 30GHz 以下的时不变干扰对 FSS 假设参考数字路径的允许误差性能影响。
- ITU-R S.1503，包含了用于开发软件工具的功能描述，以确定 NGSO FSS 系统是否符合 RR No.22 中的某些限制，将在 2.5.2.2 节和 2.6.1 节中更详细地介绍。

2.2.2 国家许可

无线电许可证代表在一个国家内使用某些频率的国家许可。它限制了相关无线电台的技术和操作特性,以便其可以与其他频谱用户共存。

根据 RR No.18.1 规定,所有由私人或企业建立或经营的无线电发射站必须获得其所在国政府或其代表的许可。RR No.18 其他规定涉及许可证持有人的基本责任,并就可能跨越行政管辖区域的移动台许可问题提供了指导。如果转换成国家术语,RR No.18.1 意味着运营地面发射站需要具备以下条件之一:

- **个人许可证**。例如,如果某个行政区域在某一频段部署了两个并行的主服务,通常需要借助单独的许可来确保对干扰进行管理。
- **网络许可证**。它可以适用于某些地理区域或整个国家。例如,移动站(地面的或卫星)通常以这种方式得到许可。
- **许可证豁免**。也就是说,国家决定允许在无任何形式的许可下进行无干扰操作,但前提是设备必须符合某些技术参数,以限制其可能造成的干扰。Wi-Fi 和蓝牙设备就是这样的例子。

许可证通常需要付费,并且根据其复杂程度及是否可以自动化处理,行政部门需要一段时间来办理[12]。

值得再次指出的是,各国对其领土上的无线电频谱拥有主权,但须遵守对其有约束力的 RR。

2.3　NGSO 系统在 FSS 中使用的频段汇总

如 2.1 节所述,在本章中,我们将重点讨论在 Ku 频段和 Ka 频段的 FSS 中运行的 NGSO 系统。在更详细地解释国际监管框架之前,我们在表 2.1 中提供了其中一些系统的特性及其使用的频段。

表 2.1　一些系统特性及其使用的频段

	频段/GHz		卫星数量/颗	高度/km
	馈线链路	用户链路		
Kuiper	↓17.7~18.6, 18.8~20.2 ↑27.5~29.1, 29.5~30.0		3236	590610630
OneWeb	↓17.8~18.6, 18.8~19.3	10.7~12.7	650	11001200
Starlink	↑27.5~29.1, 29.5~30.0	14.0~14.5	4408	590540570
Telesat	↓17.8~18.6, 18.8~19.3, 19.7~20.2 ↑27.5~29.1, 29.5~30.0		298	10151325

来源:文献[13-14]和其中的参考文献。

值得一提的是,其中一些系统还计划在未来演进中使用更高的频段(约 50GHz 和 40GHz)。虽然这超出了本章的范围,但我们将在 2.5.3 节中介绍围绕这些频段的 NGSO 系统的监管框架。最后,还值得注意的是,在其他无线电通信服务(如 MSS)中运行的 NGSO 星座也在其他频段上运行。

表 2.1 显示了现有和规划的卫星星座如何瞄准 Ka 频段中的大部分 FSS 分配,有时

也针对 Ku 频段中的 FSS 分配。从监管的角度来看，这些频段具有不同的特征，我们将在后面解释。

2.3.1 Ku 频段下行链路（10.7～12.7GHz）

在该频段中，FSS 与地面固定和移动的服务共同作为主服务。10.7～11.7GHz 部分在所有区域都有 FSS 分配，但 11.7GHz 以上的情况并非如此（例如，11.7～12.5GHz 部分的区域 1 中没有 FSS 分配，参见 RR No.5.2）。

2.3.2 Ku 频段上行链路（14.0～14.5GHz）

在该频段内，在 14.0～14.25GHz 部分，FSS 仅与无线电导航服务共同作为主服务。但是，无线电导航服务应按照 RR No.5.504 的规定保护该频段的 FSS。

2.3.3 Ka 频段下行链路

- 17.7～18.6GHz。在该频段中，FSS 与地面固定和移动的服务共同作为主服务。这意味着，根据每个国家的使用情况，运营商可能需要协调其地面站与固定链路，或者接受来自它们的干扰。
- 18.6～18.8GHz。表 2.1 中没有显示这个频段，因为它仅限于远地点轨道大于 20000km 的系统。
- 18.8～19.3GHz。在该频段中，FSS 与地面固定和移动的服务共同作为主服务。在这一范围内，NGSO 系统须与 GSO 网络进行协调，即 RR No.22.2 不适用。
- 19.3～19.7GHz。在该频段中，FSS 与地面固定和移动的服务共同作为主服务。
- 19.7～20.2GHz。在这个频段中，只有 FSS 和 MSS 具有主分配，这使得运营商通常更容易放置地面站。整个频段被确定用于所有区域的高密度应用（参见 RR No.5.516B）。

2.3.4 Ka 频段上行链路

- 27.5～29.1GHz。在该频段中，FSS 与地面固定和移动的服务共同作为主服务。这意味着，根据每个国家的使用情况，运营商可能需要协调其地面站与固定链路。在这一频段内，28.6～29.1GHz 频段的 NGSO 系统须与 GSO 网络进行协调，RR No.22.2 不适用。
- 29.1～29.5GHz。表 2.1 中没有显示这个频段，因为 NGSO 系统仅限于 MSS 中运行的馈线链路。
- 29.5～30GHz。与 19.7～20.2GHz 类似，在该频段中，只有 FSS 和 MSS 具有主分配，这使得运营商通常更容易放置地面站。该频段被确定用于所有区域的高密度应用。

2.4 频谱和轨道资源的有效使用：归档过程

无线电通信频谱被认为是一种稀缺资源，轨道资源也是如此，特别是 GSO 上的轨道槽位。这就是为什么根据 RR，成员国必须铭记无线电频率和卫星轨道是有限的自然资源，并努力合理、有效和经济地加以利用，使各国能够公平地利用这两种资源（见 RR No.0.3）。

如 RR No.2.2 所述，通过向 ITU 提交卫星申请，可以获得卫星频率分配的国际承认。简化一点儿，其过程如下：

（1）申请者通过行政部门提交文件。

（2）无线电通信局检查备案是否符合现行规定。如果符合，申请者需要酌情与以前提交的系统进行协调。

（3）将该申请记录在 MIFR 中。

（4）申请必须在某一截止日期之前投入使用，以保持其承认。

下面将详细描述这些步骤。请注意，为了便于说明，我们必须省略一些细节。参见文献[15-16]以获得更全面的说明。

2.4.1 卫星档案的首次提交

卫星档案是对卫星网络频率分配的描述，包括轨道参数、空间站发射和接收参数（包括频段、发射带宽、功率、天线增益和接收机的噪声温度）、地面站参数、服务类型和服务区域[15]。申请只能由成员国的行政部门提交给 ITU，而不能由私人公司直接提交。

2.4.2 无线电通信局对档案的首次审查

当无线电通信局收到档案文件时，它将根据 RR 和《议事规则》对其进行审查。NGSO 系统的相关申请必须符合 RR，这意味着它必须满足以下条件：

- 与国际频率分配表保持一致（见 RR No.5）。
- 遵守卫星辐射强度限制，确保在适用情况下对同频段地面服务的保护（见 RR No.21）。
- 在 Ku 频段和 Ka 频段，除了 18.8~19.3GHz 和 28.6~29.1GHz 这两个频段需要通过协调来保护地面站及空间站中的 GSO 网络，其他频段均需遵守 EPFD 限制，以确保对同轨道卫星网络的保护（见 RR No.22）。
- 在 Q/V 频段，应遵守一组假设的 GSO 参考链路上规定的最大降级限值（见 RR No.22 和第 770 号决议）。

上述最后两个条件在我们的论述中非常重要。如前所述，RR No.22 规定，除非另有说明，NGSO 系统不得对根据 RR 运行的 FSS 和 BSS 中的 GSO 网络造成干扰，或要求保护。这一原则导致与 Q/V 频段相比，Ku 频段和 Ka 频段的情况略有不同。然而，在这两种情况下，运营商都必须采取技术缓解措施，以确保对 GSO 网络的保护。

NGSO 系统和 GSO 网络之间的共存是当今频谱管理中的一个关键话题，我们将在 2.5 节重新讨论这一问题。在此重申，RR No.22.2 不适用于 Ka 频段的两个部分，一个在上行链路，一个在下行链路，NGSO 系统和 GSO 网络必须以先到先得的方式完成协调。我们将在后面更详细地介绍协调原则。

2.4.3 寻求其他行政当局的同意

根据所请求的频段是计划内的还是非计划内的，归档的处理方式有所不同。

对于受计划约束的频段，通过预先规划来确保公平获取频谱。例如，创建具有特定轨道位置和技术参数的分配，并确保无论分配是否在使用中，都对其进行保护。

对于不受计划约束的频段，按照先到先得的原则获得承认。更具体地说，国际承认是通过与受影响的行政当局成功谈判，即通过达成协调协议而获得的。本章所讨论的 NGSO 系统就是这种情况：在 FSS 中运行的 NGSO 系统需要寻求与以前提交的在相同频段运行或计划运行的 NGSO 系统的协调协议。此外，正如已经解释的那样，FSS 中的 NGSO 系统和 GSO 网络必须在 18.8～19.3GHz 和 28.6～29.1GHz 频段内达成协调协议。

协调使各方能够讨论和找到使其卫星系统共存的解决办法。这通常需要使用技术缓解方法，但也可能达成超出技术参数的协议[17]。

协调旨在允许公平获取频谱和轨道资源，同时保护现有系统。然而，完成协调需要时间和努力，特别是在拥挤的频段中，现有网络列表可能非常长。此外，协调还可能给商业计划带来不确定性，因为它引入了无法在提交流程开始时准确预测的操作约束。

2.4.4 在 MIFR 中记录

对于已经完成协调的 NGSO 系统，申请者会获得通知，这也意味着该系统被记录在 MIFR 中。在这一登记表中进行记录可使系统获得国际认可，此后申请者就可以对其所申报和协调的参数具有监管信心。在监管方面，这种国际认可意味着其他行政当局在制定自己的任务时应考虑这些任务，以避免有害的干扰（见 RR No.8.3）。

即使与某些先前系统的协调没有完成，频率分配仍然可以记录在 MIFR 中，但重要的是，它们不应对那些没有实现协调的先前系统造成干扰或要求保护。

应当指出，通知程序并不排除空间服务的频率分配。根据 RR，各行政当局应将可能对另一行政当局的任何服务造成有害干扰的所有频率分配通知该局（RR No.11.3）。行政当局也可以选择通知它们希望获得国际认可的任何其他频率分配（RR No.11.7）。

2.4.5 投入使用

在 MIFR 中进行记录以获得国际认可是有条件的，它取决于以下几个方面。首先，频率分配必须在规定的管理时限内投入使用，即能够使用这种频率分配的站点必须在某个截止日期之前就位。设立启用期限有助于防止频谱囤积现象，并提高频谱分配和使用的整体效率。

例如，对于 GSO 系统，期限为收到申请之日起 7 年。这一概念最近也应用于 NGSO

系统：在过去，只需将一颗卫星送入轨道就能启用一个由数百颗卫星组成的完整卫星星座，但现在，根据 WRC-19 第 35 号决议的规定，启用一个完整的卫星星座需要完成一系列的建设里程碑。

特别是，运营商的部署必须达到以下几个要求：
- 在 7 年期满后的 2 年内，达到卫星总数的 10%或以上。
- 在 7 年期满后的 5 年内，达到卫星总数的 50%或以上。
- 在 7 年期满后的 7 年内，达到卫星总数的 100%。

值得注意的是，即便 NGSO 系统已记录在 MIFR 中，也可能受到其他变更的影响。例如，所有 NGSO 系统对 GSO 网络造成的性能下降程度是受限制的。倘若这些限制被突破，相关管理机构应当通过适当修改其系统来纠正这种情况[4]［见第 76 号决议（WRC-15 修订版）和第 769 号决议（WRC-19 修订版）］。

2.5 NGSO 系统和 GSO 网络之间的共享

如前所述，NGSO 系统和 GSO 网络之间的共存是频谱管理中的一个关键问题。基本原则是，除非另有说明，NGSO 系统不得对根据 RR 运行的 FSS 和 BSS 中的 GSO 网络造成干扰或寻求保护。为了实现这一点，NGSO 系统需要采取几种类型的缓解技术，以使这种共存成为可能。此外，这一原则导致了不同频段的不同实现方式，具体介绍如下。

2.5.1 促进共存的技术缓解措施

NGSO 系统需要采用不同的缓解技术，以便能够与其他 NGSO 系统和 GSO 网络共享频谱[18-19]。最基本的技术是频率规划和覆盖设计，这些技术可以感知其他频谱用户，但其他更复杂的选择也很常见。例如，地面站可以利用卫星分集，只与需要指向远离 GSO 弧的卫星通信。卫星还可以改变它们的参数，例如，在通过 GSO 卫星链路的主波束时停止传输，或通过倾斜卫星增加辨别力。

2.5.2 Ku 频段和 Ka 频段的监管框架

2.5.2.1 说明

正如 2.4.3 节中所解释的那样，在 Ku 频段和 Ka 频段，NGSO 系统应遵循 RR No.22 中规定的 EPFD 限制，但在 18.8~19.3GHz 和 28.6~29.1GHz 这两个频段内，NGSO 系统则需采取协调机制。符合这些限值的 NGSO 系统被视为符合 RR No.22，也就是说，它被认为不会对 GSO 网络（包括未来的网络）造成有害干扰。如前所述，在一些已经达成协议的国家领土上，可以超过这些 EPFD 限值。这些限值适用于每个 NGSO 系统，但也规定了所有同频 NGSO 系统的总限值。

EPFD 被定义为，由 NGSO 系统中的所有卫星站在地球表面某一点或在 GSO 上产生的 PFD 和（视情况而定）：

$$\mathrm{epfd} = 10\log_{10}\left(\sum_{l=1}^{N} 10^{\frac{P_l}{10}} \cdot \frac{G_\mathrm{t}(\theta_l)}{4\pi d_l^2} \cdot \frac{G_\mathrm{r}(\phi_l)}{G_\mathrm{r,max}}\right)$$

式中，P_l 是第 l 个卫星站的发射功率，d_l 是第 l 个卫星站到所考虑点的距离，$G_\mathrm{t}(\theta_l)$ 是发射站在接收站方向上的天线增益，$G_\mathrm{r}(\phi_l)$ 是发射站方向上的接收天线增益，$G_\mathrm{r,max}$ 是同一接收站的最大增益。

2.5.2.2 实施框架

为了确定 NGSO 系统是否符合 RR No.22 中的单个 EPFD 限值，ITU 使用 ITU-R S.1503[20]中描述的方法在申请阶段进行检查。这种方法在评估 NGSO FSS 系统是否满足 Ku 频段、Ka 频段及 C 频段部分的 EPFD 限制方面发挥着至关重要的作用；同时，它也是评估 NGSO FSS 系统是否满足更高频段存在的不可用性和吞吐量限制的方法的一部分，我们将在 2.5.3 节中对此进行解释。

ITU-R S.1503 中的方法以 ITU 提交文件中规定的 NGSO 系统的特性作为输入。这些参数中的每一个都应该是可以衡量的，从而使行政当局能够核实它们是否得到遵守。这些参数也应该被视为限制条件，即 NGSO 系统应在它们所描述的范围内运行，并且在运行过程中不得超过这个范围。然而，在不超过上述限值的前提下，NGSO 系统可以修改其运行特性。

ITU-R S.1503 确定了导致短期最大 EPFD 的几何形状，并将其用于所有计算。这被称为最坏情况几何。如果几个几何形状产生相同的短期 EPFD，则最坏情况的几何形状是具有最高可能性的几何形状，通常是 GSO 地面站出现最小仰角的几何形状。利用这个最坏情况下的几何形状，该算法进一步计算 EPFD 的统计分布，并将其与 RR No.22 中的限值进行比较。

上述程序处理的是单个 NGSO 星座发射的情况，但如何确保和验证所有同频 NGSO 星座的总发射值不超过 RR No.22 的总限值呢？请注意，从 GSO 链路的角度来看，总发射量非常重要。

RR 第 76 号决议给出了处理总发射量的规则，该决议规定，在 Ku 频段和 Ka 频段运营或计划运营 NGSO FSS 系统的行政当局应采取一切可能的步骤，包括如有必要，修改其系统，以确保在这些频段内同频运行的此类系统对 GSO FSS 和 GSO BSS 网络造成的总干扰不超过该决议中规定的水平。

如何在实践中落实这一点在很大程度上有待商榷，目前 ITU 正在讨论这一问题。但找到解决方案具有挑战性：如果许多同频 NGSO 系统被送入轨道，第一个到达的系统随后可能需要在新系统投入使用时被限制运营，以确保遵守总限值。

然而，值得注意的是，根据技术研究，至少需要三个系统才能产生较小的聚合干扰风险（见第 76 号决议中的考虑 d，该决议指出，RR 中的单次进入限制是在假设最大有效数量为 3.5 个同频 NGSO 系统的情况下得出的）。这一定程度上是因为，为了正常运行，NGSO 星座内部已有避免相互干扰的措施，因此其具有一定的内在灵活性，可以在必要时进行调整，以减少聚合干扰的可能性。

2.5.3 较高等级的监管框架

2.3 节中提到 NGSO 星座计划在不久的将来开始使用更高的频段。为此，WRC-19 通过了管理规定，以促进 NGSO 系统和 GSO 网络在 37.5~39.5GHz 和 39.5~42.5GHz 频段（空间到地面方向），以及 47.2~50.2GHz 和 50.4~51.4GHz 频段（地面到空间方向）的共存。这些被认为是 Q/V 频段的一部分。

这些频段下框架的基础思路与 Ku 频段和 Ka 频段略有不同。在这种情况下，NGSO 系统必须遵守一系列限制，这些限制涉及其可能导致 GSO 链路不可用性增加和平均吞吐量减少的一系列假设（见 RR No.22.5M）。简单来说：

- 一个单一入口增加了 3%的 GSO 链路的不可用性。
- 一年内平均频谱效率最多减少 3%。

对于每个频率，只有其原始可用性在一定范围内（享有一定范围的链路余量）的参考 GSO 链路才被考虑保护并用于计算。当然，这些计算需要考虑降雨衰减的影响，这在 Q/V 频段是至关重要的。

除上述限值外，频段内所有 NGSO 系统的总发射量不得使任何参考链路的不可用性增加 10%以上，也不得使平均频谱效率降低 8%以上（见 RR No.22.5L）。对于一组所谓的补充链路，RR 也规定了总限值，尽管这些补充链路尚未得到完全定义——我们将在后续章节中再次讨论这个问题。

与 Ku 频段和 Ka 频段一样，当收到申请时，ITU 通过计算机计算检查其是否符合单一入口限制[1]。

也像在 Ku 频段和 Ka 频段中一样，ITU-R S.1503 中的方法用于获得由 NGSO 卫星生成的 EPFD 的统计数据。关键区别在于，在 Ku/Ka 频段，EPFD 统计数据直接与 RR No.22 中的限值进行比较；而在 Q/V 频段，则利用这些统计数据来计算一组假设参考 GSO 链路上的两个其他指标（不可用性增加量和频谱效率降低量）。

Ku/Ka 频段遵守总限值的情况也不同，在这种情况下，必须举行协商会议。目前的法规文本对发射总量超过限值时应采取的步骤也有更多的规定。此外，正如所解释的，还必须检查第二组链路（称为补充链路）是否符合总限值，补充链路的确切形式尚未定义；我们在 2.6.1 节中将再次谈到这一点。

2.5.4 比较

Ku/Ka 频段和 Q/V 频段的共享框架在其考虑的基础指标及环境方面都有所不同。在 Ku/Ka 频段，NGSO 系统不得超过从 GSO 弧可见的任何位置的 EPFD 限值，ITU-R S.1503 中的方法用于确定这一点。在 Q/V 频段，通过检查 NGSO 系统对一组假设参考

---

1 ITU 目前尚未针对 Q/V 频段开发出此类软件，因此对于所有得到提交申请国支持的请求，ITU 会暂时给出一个有利的意见（称为"有条件有利意见"）。

GSO 链路可能造成的性能下降来评估 NGSO 系统，这种性能下降是根据频谱效率的降低量和不可用性的增加量来测量的。值得一提的是，在 Q/V 频段，降雨衰减直接计入计算中。

2.6 公开挑战

本节总结了 NGSO 系统频谱管理中的一些公开挑战。

2.6.1 处理聚合干扰

我们已经描述了在实践中考虑总干扰限值可能会遇到的实际困难。

在 Ku 频段和 Ka 频段，没有明确规定确保不超过总限值的程序。另外，对于 Q/V 频段，RR 规定在受影响的管理机构之间建立定期协商会议，以确保所有同频 NGSO 系统的总发射不会对 GSO 网络造成不可接受的干扰。

正如我们所提到的，对于 Q/V 频段，引入补充链路的概念来验证聚合限制。补充链路将由行政当局直接提供，并应代表真实的 GSO 业务链路。该工作仍在进行中，以确定链路应满足哪些条件才能被视为具有代表性和值得保护，以及是否应该有不同的检查，以适用于假设的参考链路。这项工作的结果将对这些频段内非政府卫星运行的灵活性与 GSO 保护之间的平衡产生重大影响。

2.6.2 准确模拟运行中的 NGSO 系统

现代 NGSO 系统往往具有灵活的有效载荷，这使它们能够随时间和空间的推移调整其发射特性。由于这一点，卫星运营商不仅要适应不同的服务需求，而且要通过实施干扰缓解技术来适应不同的干扰环境。

重要的是，监管框架能够反映这种干扰缓解技术，同时仍然为频谱的其他用户提供有效的保护。

这方面的一个示例是 ITU-R S.1503 中描述的软件。这种软件不应低估 NGSO 系统产生的干扰量，但也应允许模拟其真实的操作和干扰缓解技术。正因为如此，ITU-R S.1503 经常受到审查，以更好地模拟 NGSO 系统。

2.6.3 NGSO 系统的频谱监测

由于使用小的点波束和上述有效载荷的灵活性，NGSO 系统的发射特性在地理上不是均匀的。因此，如果发生干扰，它可能只发生在某些地区，也可能随时间的推移而迅速波动。

这种情况对频谱监测和干扰报告处理有直接影响，由于远距离测量点（如位于国际频谱监测站）获取的数据未必能准确反映受害站点处的实际干扰状况，因此在未来，管理机构及相关利益方可能需要增强自身的监测能力，确保尽可能接近受害站点进行测量。

本章原书参考资料

[1] Harris M. 'Tech giants race to build orbital internet [news]'. IEEE Spectrum. 2018, vol. 55(6), pp. 10-11.

[2] del Portillo I., Cameron B.G., Crawley E.F. "A technical comparison of three low-Earth orbit satellite constellation systems to provide global broadband".Proceedings of 69th International Astronautial Congress (IAC); Bremen, Germany, Oct 2018. n.d.

[3] Kodheli O., Guidotti A., Vanelli-Coralli A. 'Integration of satellites in 5G through Leo constellations'. IEEE Global Communications Conference(GLOBECOM 2017); Singapore, 2017.

[4] ITU-R Radio regulations. Geneva: International Telecommunications Union; 2020.

[5] Restrepo J. "ITU radio regulations", presentation during the ITU world radiocommunication seminar. 2020.

[6] Federal Communications Commission. FCC online table of frequency allocations.

[7] Ofcom. United Kingdom frequency allocation table. 2017 Jan.

[8] Agence nationale des fréquences, "Tableau national de répartition desbandes de fréquences". 2021 May.

[9] European communications office, list of national frequency tables.

[10] Wang J. Introduction to BSS & FSS plans. presentation during the ITU World Radiocommunication Seminar. 2020.

[11] ITU-R Rules of procedure. Geneva: International Telecommunications Union; 2021.

[12] ITU-R Handbook on national spectrum management. Geneva: International Telecommunications Union; 2015.

[13] ITU Satellite Webinars. Episode 2: non-geostationary satellite systems: entering into the era of broadband service delivery. 2020 Oct.

[14] Ofcom. Non-geostationary satellite systems: licensing updates [public consultation document]. 2021 Jul.

[15] Ofcom. Procedures for the management of satellite filings. 2016 Mar.

[16] Sakamoto M. Overview of coordination and notification procedures (non-planned space services [presentation during the 29th World Radiocommunication Seminar]. 2020 Dec.

[17] Tham D. Satellite coordination meetings, presentation during the ITU regional radiocommunication seminar for Asia. 2014.

[18] Sharma S.K., Chatzinotas S., Ottersten B. 'In-line interference mitigation techniques for spectral coexistence of Geo and NGEO satellites'. International Journal of Satellite Communications and Networking. 2016, vol. 34(1), pp.11-39.

[19] Tonkin S., De Vries J.P. 'New space spectrum sharing: assessing interference risk and mitigations for new satellite constellations'. SSRN ElectronicJournal Presented at TPRC46: Research Conference on Communications, Information and Internet Policy, Washington DC, USA, October 2018. n.d.

[20] ITU-R S.1503 Functional description to be used in developing software tools for determining conformity of non-geostationary-satellite orbit fixed-satellite service systems or networks with limits contained in article 22 of the radio regulations. Geneva: International Telecommunications Union; 2018 Jan.

第3章 NGSO系统在5G集成中的作用

亚历山德罗·吉多蒂[1]，亚历山德罗·瓦内利–科拉利[2]

在过去的几年里，人们对改善宽带连接、接近零延迟服务及超可靠异构通信的需求达到了前所未有的程度。这种趋势预计在不久的将来会进一步增长，预计到2023年，将有53亿个互联网用户和147亿个机器到机器（M2M）连接[1]。5G向超五代移动通信技术（B5G）和6G网络的演进，旨在满足我们生活中各个领域对无处不在的持续连接服务的日益增长的需求：从教育到金融，从政治到健康，从娱乐到环境保护。

在这种情况下，多方面的应用和服务提出了各种各样的要求，它们需要一个灵活、适应性强、有弹性和性价比高的网络，能够为具有不同能力和约束的异构设备提供服务。如今，众所周知，只有一个集成了地面固定、无线及非地面等多种接入方法的网络，能够满足上述需求[2-24]。在5G网络基础设施的展望中，航空和航天节点的重要性预期在未来变得更为关键。正如ITU和5G基础设施公私合作项目（5G-PPP）初步设想的那样，LEO星座将在6G生态系统中发挥至关重要的作用[25-26]。非地面组件能够在可能没有地面基础设施的农村或偏远地区和实际可用容量受限的人口密集地区扩展及补充TN。非地面无线系统在3GPP中受到的关注证实了这一点；事实上，为所有平台、轨道、频段和设备定义一个基于5G的全球标准，包括NTN在内，可以成为将非地面无线组件顺利集成到5G生态系统中的关键推动因素。预计5G中卫星和空中接入网络的整合将带来多方面的好处[3-9]：①补充服务不足或未覆盖区域的5G服务；②提高5G服务的可靠性和连续性，这对于M2M或物联网设备，以及关键任务服务至关重要；③通过用于数据递送的高效多播/广播资源来实现5G网络的可扩展性。从Rel.15发布以后，随着5G NTN关于部署场景定义和技术挑战的初步研究项目的开展，两个工作项目（WI）被批准用于Rel.17中，实现非地面无线组件在5G架构中的实际集成，旨在[10]：①整合初步性能评估和对物理层与媒体访问控制（MAC）层的潜在影响；②分析与第2层和第3层相关的方面，包括切换和双连接（DC）；③识别上层的潜在要求。此外，在Rel.17中，NB-IoT也进入了规范化阶段。2017年（首次启动相关研究提案）至2021年（撰写本章之时），针对NTN已经有单独定义的17项工作项目和研究项目（SI）。这些项目的开展，使得大量的文档被提交至RAN和服务与系统方面（SA）会议，具体情况如图3.1所示。

---

1 意大利博洛尼亚大学研究部全国大学间电信联盟（CNIT）。
2 意大利博洛尼亚大学电气、电子和信息工程系。

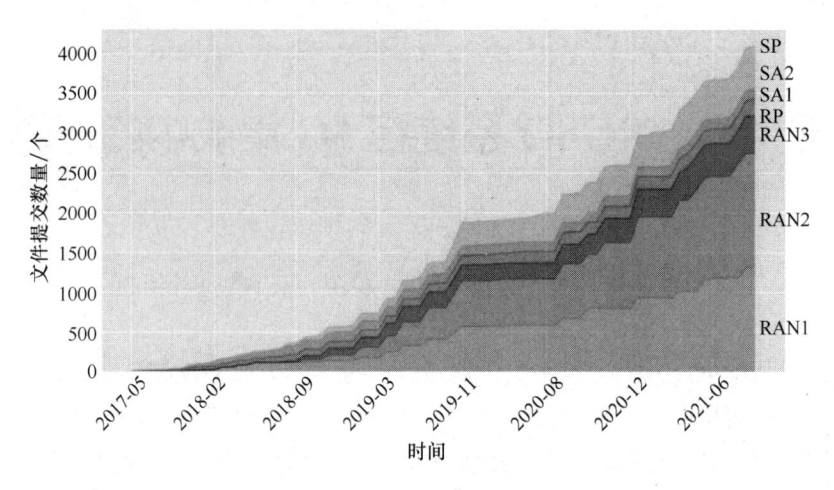

图 3.1 提交给 3GPP 会议的 NTN 相关文件数量[1]

在上述背景下，NGSO 系统正受到越来越多的关注，这主要是因为许多具有严格低延迟要求服务的出现，如关键任务通信、汽车通信、远程医疗等新兴服务。此外，卫星有效载荷小型化技术的创新也为纳米卫星、皮米卫星和立方体卫星的发展铺平了道路。值得强调的是，关于延迟，与 TN 相比，LEO 系统和甚低地球轨道（very Low Earth Orbit，vLEO）系统在长距离通信时可能提供更有利的条件。事实上，电磁波在空间中以光速传播，而在光纤中，它们以大约 65%～70%的光速传播[11-12]。除此之外，NGSO 节点还可以轻松连接到地面上任何类型的终端，从固定专用地面站到新无线电（NR）gNode-B（gNB），从船舶或飞机上的移动平台到物联网设备。这是可能实现的，因为与 GSO 系统相比，NGSO 系统具有多方面的优点：①路径损耗小，特别是对于 LEO 系统或 vLEO 系统；②对于固定的天线尺寸和配置，NGSO 节点在地面上产生更小的覆盖区，允许增加频率复用并最终增加系统吞吐量；③更容易接入频谱，因为 Ku/Ka 频段频谱可以在没有请求的情况下在次级基础上接入，即 NGSO 系统运营商不能要求得到 GSO 系统的保护，且需要保证 NGSO 系统的运营不会影响 GSO 系统；④节点和 UE 之间的几何形状随时间变化而变化，即 NGSO 系统提供路径分集，这在城市场景中特别有帮助；⑤NGSO 节点被 UE 看到的仰角与传统的 GEO 系统相比通常较大。应当注意，我们将 NGSO 系统空间段中的飞行单元称为 NGSO 节点。实际上，这些系统由通信节点组成，这些节点在空间或空中的不同高度飞行，它们之间可以通过节点间链路进行通信，并且在需要时也可以与 TN 进行通信。

为了提供真正的全球覆盖，确保在任何时间、任何地点至少有一个节点能够覆盖任何给定的终端，我们需要大量的 NGSO 节点。在当前的新太空时代，工业和商业领域正在积极努力实现 NGSO 大型星座，比如 SpaceX 的 Starlink、亚马逊的 Kuiper、OneWeb 和 Telesat 等，这些都是其中的佼佼者。在这一框架下，出现了许多不同的技术挑战，包

---

[1] 图中报告的数值是通过网络抓取技术获取的，这些数据来源于 2021 年 10 月 28 日在 3GPP 官方网站上可公开获取的信息。

括但不限于星座管理、先进的资源管理技术和网络编排。在本章中，我们将回顾 NGSO 系统在 5G 生态系统中的架构和相关服务，并着重强调主要的研发挑战。

3.1 3GPP 标准化[1]

截至 2021 年撰写本章时，3GPP 的主要活动旨在完成 Rel.17 规范，并确定是否应将某些技术和网络增强功能纳入 Rel.18 中。Guidotti 等人的研究[10]概述了直至 Rel.17 的 3GPP 活动状态，以下是对其的总结。

Rel.15。两个研究项目于 2017 年开始：①"关于 NR 支持 NTN 的研究"，由 RAN 全会作为负责小组，在 RAN1（物理层）的支持下进行；②"关于在 5G 中使用卫星接入的研究"，由 SA1（服务）监督。前者旨在[4]：定义部署场景及相关系统参数，识别和评估 NR 的潜在关键影响领域，并确定 3GPP 信道模型对 NTN 所需的调整；基于这些分析的结果，提出针对 RAN 协议和架构中已确定的关键影响的潜在解决方案。至于后者，该项目虽于 2017 年启动，但后来移至 Rel.16，并与下面讨论的"在 5G 中集成卫星接入"的工作项目相关联。它主要关注 NR 中集成卫星组件的一系列用例的定义，同时识别潜在的服务，并根据服务连续性、普遍性和可扩展性对用例进行分类[5]。

Rel.16。在这一框架内，开展了以下活动：①在 SA2（架构）下，开展了"5G 中使用卫星接入的架构研究"的研究项目[6]；②在 SA1 的监督下，开展了"在 5G 中集成卫星接入"的工作项目[27]；③在 SA5（管理）下，开展了"5G 网络中集成卫星组件的管理和协调方面的研究"的研究项目[7]。这些研究确定了与将非地面无线组件集成到 NR 中相关的受影响区域，以及针对以下两个特定用例的一组潜在解决方案：地面与卫星网络之间的漫游，以及支持卫星的 NR-RAN 与 5G 核心之间的 5G 固定回传。此外，Rel.16 还讨论了与 RAN 和核心网络（Core Network，CN）之间交互相关的问题。TS 22.261 中针对 NR 系统的要求，在多种接入技术和连接模型方面进行了扩展，加入了卫星组件，并增加了针对 NTN 的特定关键性能指标（KPI）。最后，Rel.16 还讨论了与 NTN 的管理和编排有关的问题，特别是确定在 NR 网络中引入卫星组件时最关键的问题（和可能的解决方案）。在接入技术方面，RAN3（接口）领导了"NR 支持 NTN 的解决方案研究"这一研究项目，该研究已于 2019 年年底完成。此研究项目基于 Rel.15 在 TR 38.811 中取得的成果，讨论了一组必要的适应措施，使 NR 技术和操作能在 NTN 环境下实现。这些适应措施涵盖了 RAN1、RAN2（第 2 层和第 3 层）和 RAN3（接口）等多个方面的问题。特别是，在包括 GEO 卫星和 LEO 卫星的场景中，在系统和链路级别上提供了 NR 的性能评估，以及在第 2 层和第 3 层 NR 自适应的一组初步潜在解决方案。应注意的是，TR 38.811 在一些架构方面做了修改，从这个角度来看，TR 38.821[8]取代了 TR 38.811。

Rel.17。2019 年年底，针对 NTN，正式启动了两个工作项目：①RAN 2（第 2 层和

---

1 为了与本书英文版保持一致，本书中关于 Rel.15、Rel.16、Rel.17、Rel.18 相关进展的介绍截至 2022 年，最新进展请读者自行查阅。

第 3 层）活动下的"NR 支持 NTN 的解决方案"，但涵盖 RAN1、RAN2 和 RAN3 技术；②SA2 下的"5G 架构中卫星组件的集成"。前一个工作项目的活动集中在：①整合 TR 38.821 中提供的性能评估及物理和 MAC 级别的潜在影响；②分析与第 2 层和第 3 层相关的方面，如切换和双连接；③基于所考虑的架构识别上层的潜在需求。后一个工作项目旨在扩展 TR 23.737 中提供的分析，涉及：①识别 NR 系统中卫星通信集成的影响区域，特别是旨在将其最小化；②分析与 RAN 和 CN 之间的交互相关的问题；③确定上述两个用例（地面与卫星网络之间的漫游和 5G 固定回传）的解决方案。

2021 年 6 月，RAN 内部就 Rel.18 举办了一次研讨会，并提交了几份与 NTN 相关的会议文件。下面介绍初步确定的 Rel.18 NTN 研究感兴趣的技术：

- **覆盖范围增强**。这被认为是低数据传输速率服务的关键项目，如商业智能手机服务的消息传递和语音。这些活动将集中在以下方面：①相关信道的重复和分集技术［包括物理随机接入信道（PRACH）和实现全功率上行链路传输与减少极化损耗的技术］；②CSI 老化减轻；③解调参考信号（Demodulation Reference Signal，DMRS）物理信号的配置；④在低链路预算场景中改进低码率编解码器的性能，包括减少 RAN 协议开销（初始工作应在 RAN1 和 RAN2 中进行，必要时可与 SA2 和 SA4 联络）；⑤研究 NTN 中上下行链路信噪比（SNR）低和波束/小区切换引起的分组中断的缓解方法。

- **10GHz 频段以上的 NR-NTN 部署**。支持 VSAT 和移动地面站（ESIM）NTN 终端。总体建议是，工作应侧重于与 FR2（24.25～52.6GHz）中的时分双工（TDD）和频分双工（FDD）频段中的 NTN 操作相关的常规挑战，以及 7～24GHz 频段的处理。此外，以下是目前被认为相关的具体技术项目清单。研究和确定 NTN 频段：①分析 TN 的规章、相邻信道共存和未来防干扰保护；②规定不同 VSAT/ESIM UE 类别的接收/发送要求（不仅是 TR 38.821 中的 60cm 孔径的天线）；③根据需要调查并指定 UE 定时和频率预补偿精度要求；④指定一致性测试；⑤指定无线电资源管理要求；⑥定义物理层参数，如用于同步信号块和数据信道的子载波间隔；⑦NTN 中的波束管理和带宽部分的操作/切换，考虑卫星波束的特性（例如，大波束覆盖区、每颗卫星多个波束及用于 FR2 的 FDD）。

- **NTN-TN 及其移动性和服务连续性的增强**。相对于先前的版本，需要进一步增强移动性，特别是当涉及以下内容时：①切换中断、切换信令开销和随机接入信道（RACH）拥塞；②针对不同接入类型/点/节点之间的不同延迟或网络拓扑的无线电链路故障减少；③NTN-PSTN 和 NTN-PSTN 测量/移动性及服务连续性增强；④针对 NTN 的多连接（Multi-connectivity，MC）。

- **基于网络的 UE 定位**。RAN1 在 RAN2、RAN3 和 RAN4 的支持下，专注于满足受监管服务的监管要求（例如，合法拦截、紧急通信和公共警告服务），以及在执法适用的情况下，处理网络应当能够提供"可靠"UE 位置（网络验证的或网络提供的）的要求。其他一些公司希望将此主题作为第二优先事项。一般的建议是，从一项研究项目开始 Rel.18 的工作，以确定网络如何能够在不依赖 UE GNSS 测量或支持的情况下确定 UE 的位置。

总之，在关于 Rel.18 的概述中，与再生载荷、峰值平均功率比降低、异步多连接和双连接解决方案相关的方面也被认为具有重要意义，并将在接下来的会议中进行探讨和解决。

3.2 启用的服务

如上所述，卫星，特别是 NGSO 星座，在随时随地为全球固定和移动用户提供 5G 连接方面起着至关重要的作用。基于 5G 技术定义的 NTN 全球标准可以促进旨在实现一致服务连续性、可靠性和可用性的新服务能力的发展。此外，得益于 5G 生态系统的规模经济效应，预计网络基础设施和设备的整体成本将有所下降。下面将概述针对基于 NGSO 系统的 5G 和 B5G 系统设想的最重要的服务类别：宽带服务、回传通信、M2M/物联网及关键通信。

3.2.1 宽带服务

虽然 GEO 系统通常是首要选择，但当目标是提供全球范围内的宽带接入时，NGSO 星座因其特定优势而获得了越来越多的关注。如前所述，这些优势源于较低轨道所提供的特性。SpaceX Starlink、OneWeb、亚马逊 Kuiper、Telesat 和 LeoSat 等的努力就是这一趋势的有力证明。此外，光学 ISL 的可用性将在不久的将来进一步提高可实现的通信容量。在这种背景下，智能运输网络和互联交通工具（如汽车、船舶和飞机）的支持将使 NGSO 节点成为关键参与者之一，它们在必要时补充 TN，在地面基础设施不可用（如海上和航空通信），或者在经济不可行（如农村地区）的情况下，甚至是唯一可行的候选方案。特别是，由大规模 NGSO 节点组成的星座有望最终为具有数字鸿沟地区的用户提供宽带连接服务；事实上，在欧洲，20%的公民从未使用过互联网，而 72%的人每周至少使用一次互联网[2]。在这种情况下，可以预见两种类型的宽带接入服务：①固定宽带，服务于家庭和场所；②移动宽带，服务于户外用户、步行者或移动平台上的用户。

3.2.2 回传通信

得益于更低的延迟和全球覆盖范围，NGSO 星座能够为高速服务回传或众多物联网设备产生的聚合流量提供高效解决方案。在此背景下，NGSO 节点可以作为一个集中式的单一回传节点，用于流量卸载、边缘处理和资源共享，尤其是在那些无法实施或缺乏地面基础设施的地区。在这种框架下，通过 ISL 互联的 LEO 网络可以实现混合地面-卫星路由算法，或者在地面基础设施拥堵或暂时/局部不可用时，采用仅卫星的路由方案[25]。

3.2.3 M2M/物联网

如上所述，预计在未来几年内，与机器类型通信相关的市场将显著增长。此类应用可预见地将在多个垂直市场中发挥作用，包括制造业、军事、航海、航空等领域。据预测，大部分此类服务将在 S 频段和 L 频段提供，而 Ka 频段和 Ku 频段则将用于回传由物联网设备产生的聚合流量。

资产跟踪是这类服务的一个例子，几乎可以应用于任何垂直市场。搭载特定资产的移动平台应持续受到监控，但很可能发生的是，在其朝向目的地的行程期间，其将通过不存在地面通信基础设施的区域（由于运营商在该地收益较低或由于物理不可行，如在海上或空中）。例如：①货运航班将能够在地面上连接到 TN，但不能在飞行期间连接到 TN；②火车或车辆将穿过没有人或人口有限的农村地区，那里可能不支持地面移动网络运营商（MNO）部署基础设施；③当船舶停泊或靠近港口时，船舶可以连接到 TN，但不能离岸太远。在这一框架内，依赖一个或多个管理 NGSO 星座的卫星网络运营商（SNO）提供的卫星接入实际上可以保证服务连续性。在这种情况下，5G 系统应该通过地面和卫星无线电接入技术（RAT）来提供连接。当两个选项都可用时，可以实现高级管理技术，以便将流量路由到性能最佳的网络或实现双连接。值得一提的是，在后一种情况下，当来自同一网络运营商的多个卫星可见时，也可以实现双连接。然而，双连接是一种旨在增强提供给 UE 容量的技术；在这种情况下，我们正在考虑智能良好跟踪，其通常需要每个 UE 有限量的业务，因此可能没有必要运用高级技术。即使假设车辆上的单个网络元件在通过 MNO 或 SNO 发送数据之前收集了全部流量，预期的容量需求也不能证明实施先进且更复杂的技术是合理的。

3.2.4 关键通信

当发生自然或人为（恐怖袭击或失误）灾难时，RAN 或 CN 的一部分可能变得不可用。因此，通过受损地面基础设施运行的一个或多个 MNO 提供的所有服务将无法得到保障。尤其值得注意的是，在受灾区域恢复通信基础设施对民众至关重要，特别是对于第一响应者来说，其需要依赖电信基础设施协调救援工作，并向指挥中心报告救援行动的进展。类似的需求也出现在极度拥挤的大型活动中，比如奥运会或音乐会，大量人群集中在有限区域内，仅依靠网络密集化往往不足以确保为所有用户提供高速数据连接。相反，用户的通信需求必须通过用高空平台和卫星平台补充地面基础设施来满足。这些平台的存在不仅是为了向整个网络引入更多容量，更是提供有效卸载技术的基础，以防止网络拥堵事件的发生。此外，由 NGSO 节点组成的一系列卫星星座也是监控关键基础设施的理想解决方案，特别是在 TN 不可用（如海上环境）或过于拥堵的情况下。

3.3 RAN

基于 Rel.15 和 Rel.16 中的研究分析，3GPP 为涵盖 GSO 系统和 NGSO 系统的 NTN 定义了一组架构选项[8]。NTN 环境对地面 NR 系统开发技术的影响与其所考虑的场景和架构紧密相关，包括节点类型及其功能、星座构成及应用场景。此外，这种影响不仅取决于用户段、空间段和地面段的具体实现方式，还取决于这些部分如何相互连接及如何映射到 5G 网络元素。从空间段的角度来看，已经确定了两大类别：天基，即基于卫星的通信平台，以及空基，即高空平台系统（High-Altitude Platform Systems，HAPS）设备。

针对 NTN，3GPP 定义了多种架构选项，可以根据以下两个主要方面进行广义分类：①有效载荷的类型，透明的或再生的，如果是再生有效载荷，在实现功能分割解决方案的情况下，节点可以包含完整的 gNB 或其一部分；②用户接入链路的类型，直接的或基于中继的，在基于中继的接入方式中，UE 通过集成接入与回传（IAB）节点间接连接到卫星，而非直接连接。最后，关于 UE 类型，无论是手持设备还是专用卫星设备（如 VSAT），都可以考虑在以下描述的架构中使用。

3.3.1 直接用户接入链路

在直接用户接入链路的情况下，RAN 架构既可以基于透明有效载荷设计，也可以基于再生有效载荷设计。而且，当考虑再生有效载荷时，还可以实现功能分割解决方案，具体如下。

图 3.2 展示了基于透明节点的架构，也就是说，有效载荷仅执行频率转换、滤波和放大功能。由于有效载荷不具备高级处理能力，基本上相当于一个 RF 中继器，因此，从概念上讲，gNB 位于系统网关（NTN GW）处。为了与 5G 标准完全兼容，馈线链路和用户（服务）链路都需要通过 New Radio-Uu（NR-Uu）空中接口实现，这是因为携带透明有效载荷的卫星无法终止 NR-Uu 程序，也无法管理 QoS 流。因此，如图 3.2 所示，RAN 由 gNB 和远程射频单元（RRU）组成，其中 RRU 由 NTN GW 和透明有效载荷构成。需要注意的是，由于 NR-Uu 空中接口专门针对地面系统设计，因此深入评估卫星信道缺陷对物理层和 MAC 层程序的影响至关重要，这一点自 Rel.15 和 Rel.16 以来已在 TR 38.811[3]和 TR 38.821[8]中进行了详尽讨论。至于连接到数据网络的方向，其等效于完全的地面系统：下一代（Next Generation，NG）空中接口连接 gNB 和下一代核心网络（Next Generation Core Network，NGC），然后按照 TR 38.801[14]中定义的 N6 空中接口标准[1]，将 NGC 连接到数据网络。

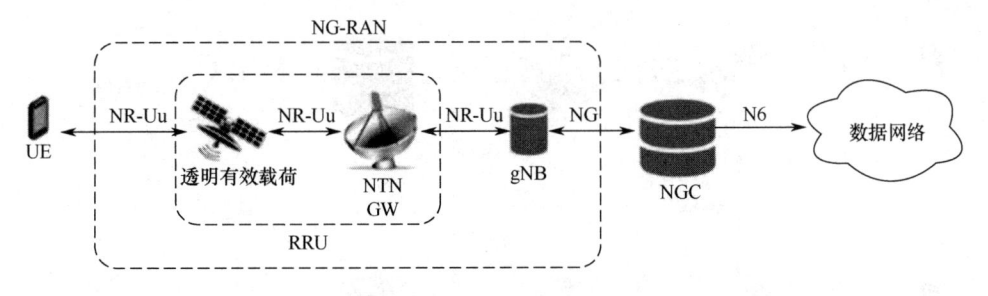

图 3.2 采用透明有效载荷的基于 NTN 的 RAN 架构

图 3.3 给出了具有再生有效载荷的 RAN 解决方案。在这种情况下，gNB 完全在卫星平台上实现，并且因此，NR-Uu 协议在有效载荷中终止，而网关充当传输网络层节

---

1 根据 3GGP 规范，N6 是用户平面功能与任何其他外部或内部数据网络或服务平台之间的接口。

点,终止并支持所有传输协议。就要使用的空中接口而言,这意味着用户(服务)链路仍然通过 NR-Uu 接口来实现,而馈线链路可以通过下一代接口来操作。应当注意,下一代接口是逻辑空中接口,即它可以用任何现有的卫星无线电接口(SRI)实现,只要保证特定的信令操作即可[13]。这意味着可以用地面空中接口的修改版本来实现馈线链路,或者甚至借助用于卫星通信的最先进的解决方案,如 DVB-S2[15]、DVB-S2X[16] 或 DVB-RCS[17] 空中接口,前提是满足 NG 接口提出的要求。值得注意的是,该解决方案允许显著降低 NR 物理和 MAC 过程的延迟,从而减少 NTN 可能需要的适配。然而,它也更复杂,并且增加了有效载荷的成本。

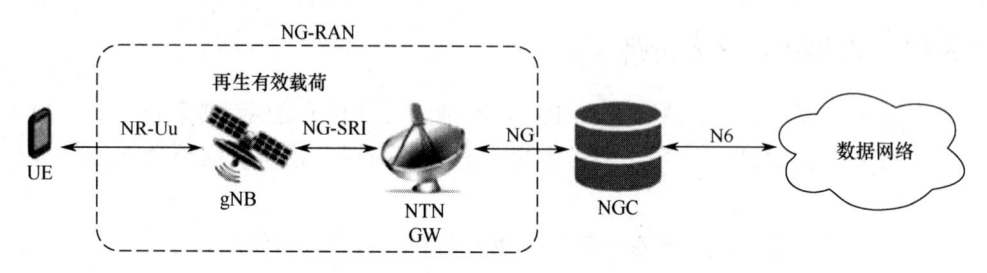

图 3.3 采用再生有效载荷的基于 NTN 的 RAN 架构

在图 3.4 中,我们展示了带有再生有效载荷的另一种选择,其可以在两个或多个节点之间实现 ISL。ISL 是飞行节点之间的传输链路,可以通过 3GPP NR 标准化中的另一个逻辑接口——Xn 空中接口来实现,该接口允许不同 gNB 之间互连。因此,它可以通过任何 3GPP 或非 3GPP 解决方案如同 NG 接口一样来实现。需要注意的是,图 3.4 虽然显示了两个星载 gNB 分别连接到两个独立的地面网关和两个独立的 NGC,但实际上,这两个 NGC 可以是相同的。一旦考虑 ISL,值得指出的是,NR 协议需要应对的延迟不仅与用户接入链路和馈线链路有关,而且还至少与一条 ISL 有关。因此,根据飞行节点之间的跳数,可能需要调整协议的定时器设置。

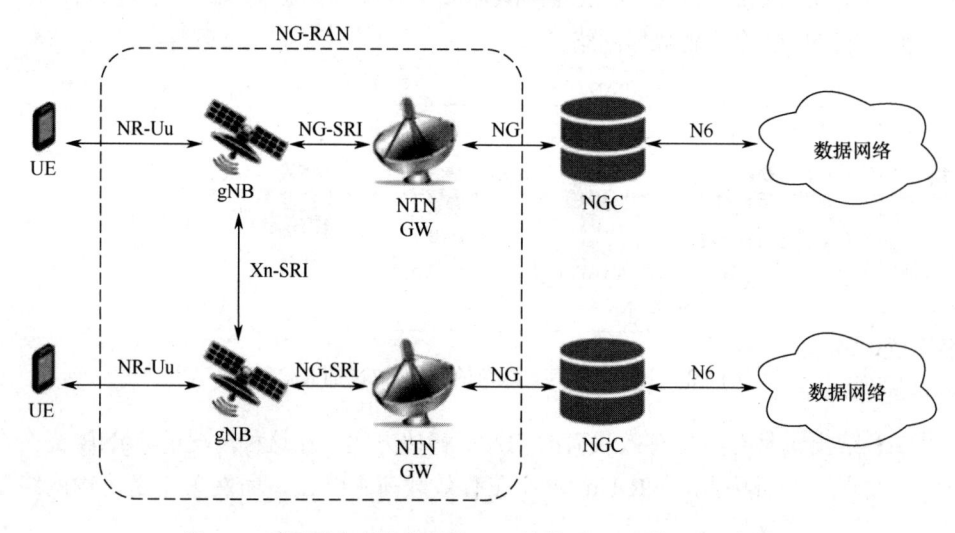

图 3.4 采用再生有效载荷及 ISL 的基于 NTN 的 RAN 架构

图 3.5 显示了具有直接访问和再生有效载荷的架构,其中应用了功能分割的概念。功能分割使得解决方案具有可扩展性,能显著适应不同的应用场景和垂直服务,并在负载和网络管理方面提高了性能表现;此外,它是网络功能虚拟化(NFV)和 SDN 的基础。显然,这种解决方案也增加了整个系统的成本。如 TS 38.401[18]中所提供的:①gNB 可以被划分为集中式单元(gNB-CU)和一个或多个分布式单元(gNB-DU);②gNB-DU 可以仅连接到一个 gNB-CU;③gNB-CU 与 gNB-DU 之间使用的空中接口是 F1 空中接口;④F1 接口与 NG 接口一样,也是一种逻辑接口,即只要确保特定的信令操作,它就可以通过任何现有的标准来实现[19]。CU 和 DU 之间的划分可以在不同层实现,甚至在给定层内实现,如文献[14]中详细描述的;然而,NR 中考虑最多的选项(也是目前针对 NTN 考虑的选项)如下:①物理、MAC 和无线电链路控制(RLC)在 DU 中实现;②用于用户平面(UP)的分组数据汇聚协议(PDCP)和服务数据应用协议(SDAP)或用于控制平面的无线电资源控制(RRC)在 CU 中实现。最后,值得强调的是,还可以设想中间解决方案:除了 CU 和受控 DU,可以存在中间单元,该中间单元进一步将 gNB 分成三个实体并控制若干 DU。在 NTN 系统的当前状态下,尚未考虑这一选项。

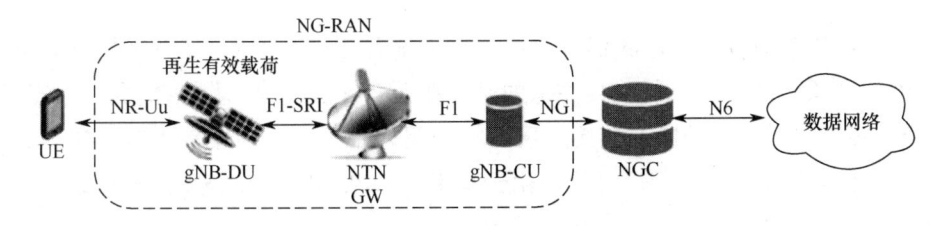

图 3.5 采用再生有效载荷及功能分割技术的基于 NTN 的 RAN 架构

3.3.2 基于 IAB 的用户接入

目前,3GPP 正在考虑对间接接入方式进行进一步研究,这种接入方式允许平台通过地面 IAB 节点提供用户接入链路。尽管如此,出于完整性考虑,这里有必要介绍这种架构,因为它可以为基于 NTN 的回传和传输网络提供可行的解决方案。在这种架构中,UE 与 IAB 节点相连,因此,从用户角度来看,这个系统等同于一个完全的地面 5G 网络。IAB 作为一种新型无线回传元素,随着 5G 的引入,旨在解决密集部署场景的问题,灵感来源于其 LTE 前代产品——中继节点,该内容在 TR 38.809[20]和 TR 38.874[21]中有详细描述。在最简单的实现中,IAB-Donor gNB 通过 NG 接口与 NGC 相连。IAB-Donor gNB 作为一个单一逻辑实体,包含了一系列功能单元,如 gNB-DU 和 gNB-CU,后者又可以分为控制层面和用户层面(gNB-CU-CP 和 gNB-CU-UP),以及其他可能的功能单元。

基于这些选项,图 3.6 和图 3.7 分别给出了具有透明有效载荷和再生有效载荷的一些潜在架构。在这两种解决方案中,我们可以注意到,IAB-Donor gNB 和 NGC 之间的连接是通过下一代接口实现的,而对于用户接入链路和 IAB 到 IAB 的链路,则需要进一步明确实现方式。根据 TR 38.874,每个 IAB 单元由 DU 和移动终端两部分组成。DU

负责为用户提供连接服务,而移动终端则负责终止朝向父节点 IAB 的回传 Uu 接口的无线接口协议。事实上,我们还可以注意到 IAB 允许部署的层次结构,其中给定的 IAB 实体充当了 IAB 的控制器,尽管与主 IAB 相比,其功能有限。图 3.6 中的架构允许部署由一个或多个节点控制的任意数量的地面 IAB,并且允许在地面上具有分层架构。就挑战而言,3.3.1 节讨论的用户链路和馈线链路上的 NR-Uu 与 F1 逻辑接口的相同考虑因素仍然适用。

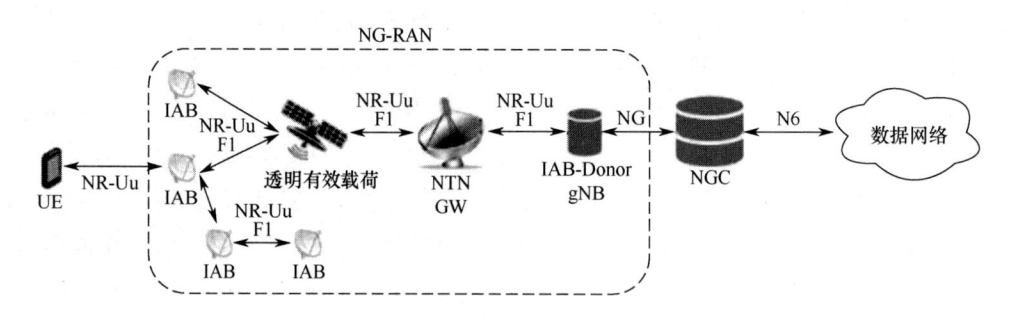

图 3.6 采用 IAB 接入技术与透明有效载荷的基于 NTN 的 RAN 架构

当采用再生有效载荷时,我们可以在卫星上部署 IAB 功能,或者部署 IAB-Donor gNB 元件,如图 3.7 所示。特别要注意的是,在后一种情况下,我们需要在馈线链路上实现 NG 接口,而前一种情况在接口层面与透明有效载荷案例非常相似。值得注意的是,再生平台有助于降低延迟,并且,由于采用了 NFV 和 SDN 技术,一般来说能够更好地根据要提供的特定服务定制卫星上的功能。

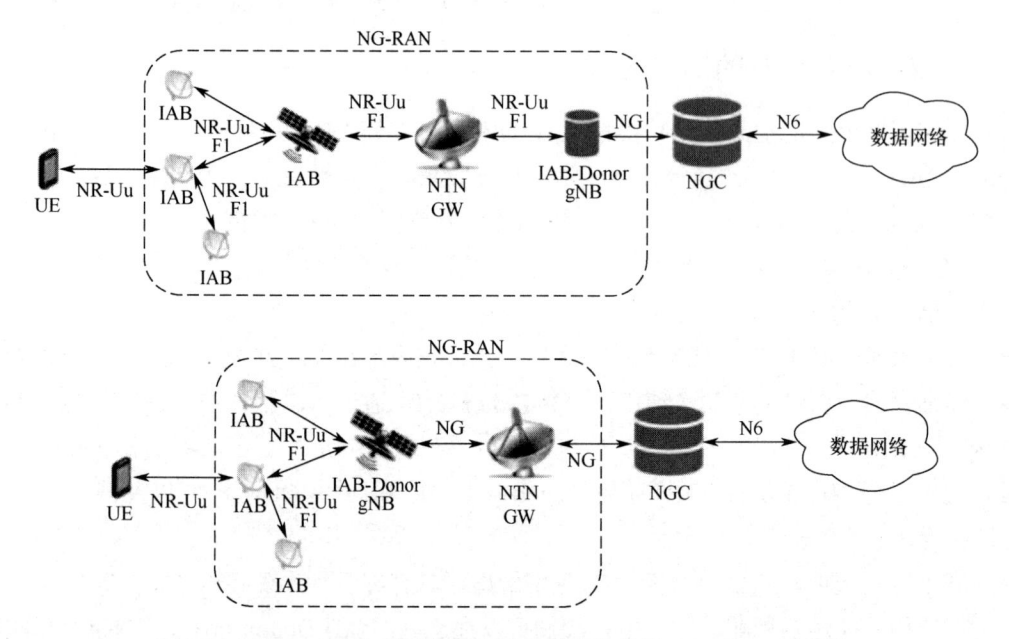

图 3.7 采用 IAB 接入技术与再生有效载荷的基于 NTN 的 RAN 架构

3.3.3 多连接

在多连接中,多个发射器可以同时配置,为给定终端提供无线电资源,引入链路多样性,从而提高许多场景,如住宅、车辆、高速列车和飞机等的可达容量和可靠性。目前,NTN 的重点是双连接解决方案,其可以使用两种无线电接入,既可以使用透明有效载荷,又可以使用再生有效载荷。一般来说,单个 UE 可以连接到以下任意一个组合:①基于 NTN 的 RAN 和地面 RAN;②两个基于 NTN 的 RAN。此外,在使用再生有效载荷的情况下,gNB 可以分成星载 DU 和地面 CU,如前所述。这就引出了多种架构解决方案,如图 3.8 及图 3.9 所示。前述关于要使用的不同空中接口的观测结果这里仍然适用。显然,除了它们,由于管理和同步多个传输,系统的复杂性增加了。特别是,除了支持上述场景中增加延迟的无线电接入,还需要其他适应性。与地面 5G 相比,该系统需要考虑以下问题:①可能受到回传网络中可变延迟影响的无线电接入技术,如 Xn-SRI 接口穿过不同轨道平面上的多个节点;②当将地面接入和非地面接入合并为双连接时,可能存在显著的延迟差异。最后,应当注意,RAN 可以灵活选择非地面或地面 gNB 作为主节点。

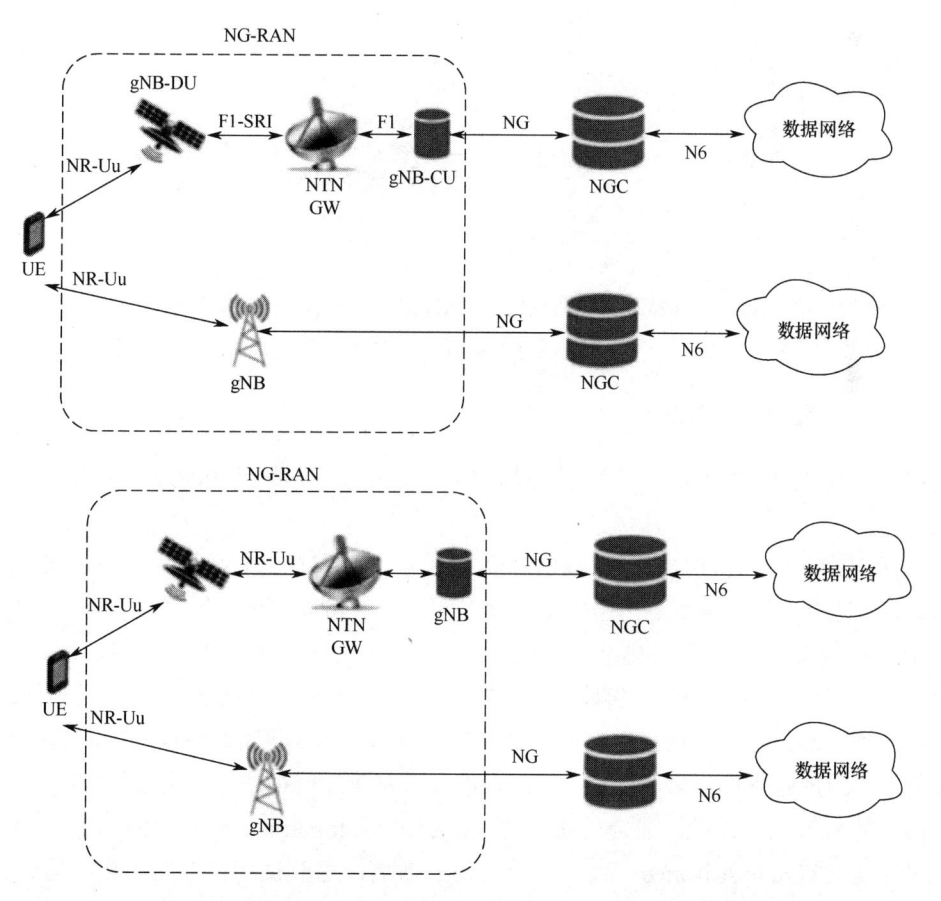

图 3.8 通过地面和非地面接入提供双连接的 RAN 架构,具有再生有效载荷(上方)和透明有效载荷(下方)

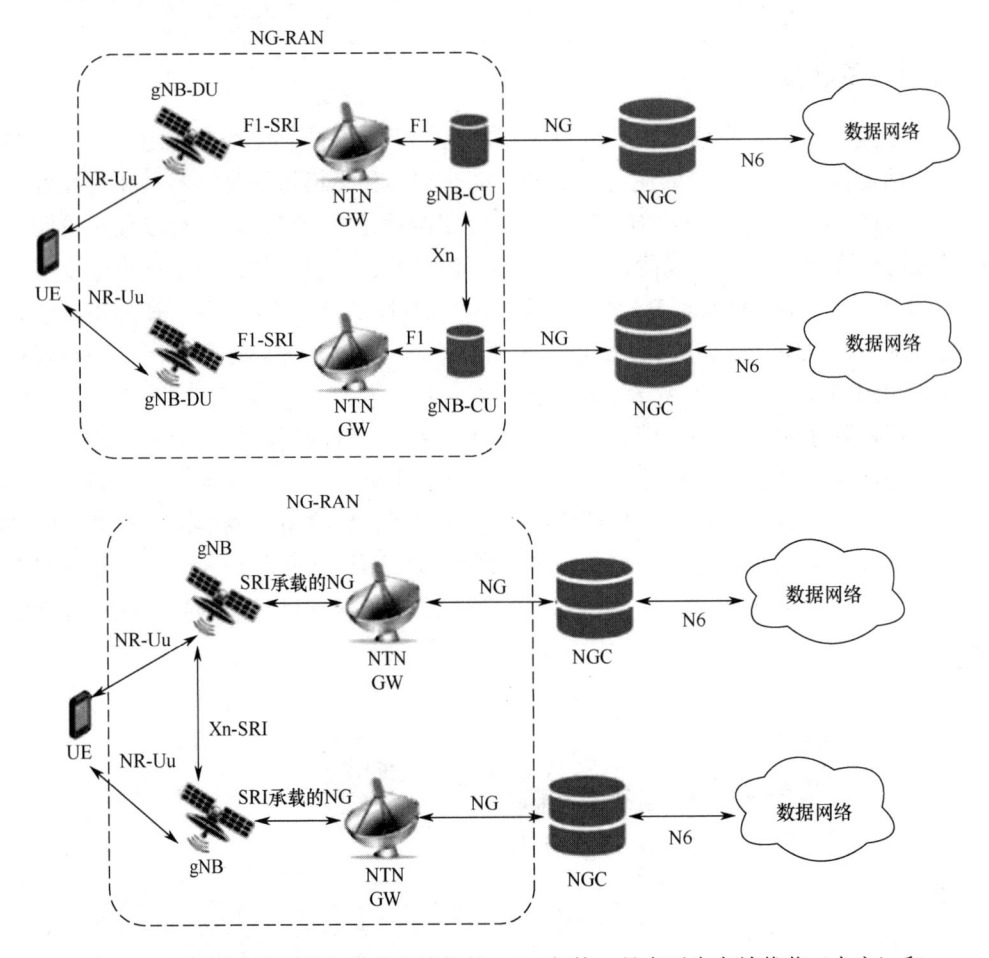

图 3.9　仅通过非地面接入提供双连接的 RAN 架构，具有再生有效载荷（上方）和透明有效载荷（下方）

3.3.4　NR 适应挑战

在将 NR 标准适应 NTN 系统的过程中，面临诸多与协议和物理层/MAC 层相关的挑战。

尽管 5G 的主要特征之一是将延迟降至 1ms 以内，但在 NTN 中，由于轨道的不同，传播延迟可能会更高。事实上，虽然 vLEO 节点可以提供如上所述的更好的场景，但 LEO 或 MEO 可能会带来一系列挑战。较高的延迟会对 RRC、SDAP、PDCP、RLC，以及 MAC 层，乃至物理层的调度、链路自适应等程序产生影响，具体表现在以下几个方面。

（1）调度和链路自适应：在实施双连接时，MAC 调度器需要根据更高的延迟，甚至是显著不同的延迟值来分配资源；而延迟可能导致基于过时信道估计的次优解决方案。

（2）随机接入（RA）、混合自动重传（Hybrid Automatic Repeat Request，HARQ）和定时提前（Timing Advance）过程：由于延迟增加，这些过程需要做出相应的调整。

（3）跟踪区管理和切换过程：由于 NGSO 节点的移动性，尤其是当考虑采用移动波束平台（不能机械转向波束的天线子系统）时，这些过程会受到影响。

（4）定时和频率获取及跟踪：NGSO 节点潜在的高速度可能导致基于波束的可变差分延迟和大多普勒频移，这对频率和时间同步提出了新的挑战。

以上挑战及其潜在解决方案在文献[10, 22-26, 28]及 3GPP TR38.811 和 TR 38.821[4,8]中有详细的描述。这些方面与之前讨论的 Rel.18 相关内容一致。

3.4 系统架构

为了将 NTN 融入 5G 生态系统，上述提到的 RAN 选项可以根据不同种类的载荷和星座设计衍生为多种 NGSO 系统架构[2, 25-26]，具体如下。

HTS 宽带 MEO。HTS 宽带 MEO 和 MEO 星座近年来受到了越来越多的关注。例如，O3b 的目标是通过 MEO 星座为拉丁美洲、非洲、中东、亚洲和太平洋地区新兴的、连接不足的市场提供连接。与 GEO 星座相比，MEO 星座的一个主要优势是其能够以合理的延迟提供数据访问。然而，值得一提的是，为了提高性能，其需要设计更先进的天线。

LEO 星座。如本章引言所述，LEO 星座的部署需要大量的卫星来提供完整的全球覆盖，LEO 节点从数百颗卫星到数千颗卫星不等。LEO 星座的设计和开发主要针对的是 LEO 节点配备光学 ISL 的巨型星座，正如 SpaceX 的 Starlink、OneWeb、亚马逊的 Kuiper、Telesat 和 LeoSat 等工业实践所证明的那样。具体来说，Starlink 已获批部署多达 12000 颗卫星，目前重点关注 550km 高度的部署，但也提出了将大型星座扩展到 42000 个节点的申请。Starlink 卫星质量相对较小（小于 260kg），预计将使用 ISL；尽管初步的 Ku 频段操作已经有可能成功，但全面的部署预计在 2027—2030 年完成。OneWeb 则专注于在 1200km 高度部署由 600 颗卫星（含备件共 648 颗）组成的大型星座，使用 Ku 频段（馈线链路）和 Ka 频段（用户接入链路）；同样，其卫星质量受到限制（最多 150kg），而由太阳能供电的用户终端，无论是固定的还是移动的，都将提供 2G、3G、LTE 和 Wi-Fi 连接。Telesat 是一个由 298 颗较大的卫星（700～750kg）组成的巨型星座，这些卫星位于混合轨道上，包括极地和倾斜平面，旨在实现全球覆盖；这些卫星在 Ka 频段工作，并预计使用光学 ISL（每颗卫星最多四个链路），具有再生有效载荷及可能采用星载 IP 路由算法。LeoSat 设想在极地轨道 1400km 处为 108 颗卫星提供更大的有效载荷（670kg）；同样在这种情况下，预计使用 Ka 频段作为用户接入链路，同时最多四个高容量的 ISL 将创建一个完全网格化的卫星间网络。

LEO 星座主要提供 Ka/Ku 频段的互联网连接服务，但也提供安全的点对点通信。值得注意的是，大量的卫星将实现高粒度覆盖，从而为地面用户提供更高的容量；事实上，LEO 星座基本上作为在天空中运行的巨大分布式网络交换机。此外，光学 ISL 的使用可以极大地降低在太空中重新路由操作的延迟。考虑光在自由空间中的速度比在地面光纤中（如前所述，为光速的 65%～70%）更快，因此，相邻卫星之间的大量数据传输在几乎可以忽略不计的时间内进行，这使得用户能够享受源于 LEO 卫星低轨的近乎零延迟的全新互联网体验。在这种背景下，先进的、快速的星载信号处理能力对于高效地将信号导向正确目的地至关重要。还有一个值得关注的是频率协调的重要性，因为新的 LEO 系统需要在不同轨道和相同轨道上与已有的卫星并行运行，需要确保彼此之间的电磁频谱不冲突。

vLEO 星座。高度低于 300km 的 vLEO 星座有望在未来网络中发挥关键作用，这要归功于它的几个技术优势，如较短的脱轨时间和更小的辐射影响，以及低成本发射器日益增多和卫星制造成本下降。vLEO 星座凭借其增强的星载计算能力，将在物联网服务的支持方面表现出特别的价值。它们扩展 TN 容量的功能将通过纳米/皮米卫星来实现，这些卫星与立方体卫星一起，利用 Ka 频段或光学频率中的高数据传输速率链路。在这种情况下，值得一提的是，3GPP 包括了通过应用 vLEO 卫星的 NTN 实现的基于 5G 的物联网方案；此外，最近 Sateliot 发射了第一颗在轨纳米卫星，旨在提供物联网服务。

分层空中网络。HAPS 和 UAV 的集成是许多不同应用的一个关键发展，这些应用包括为无法连接的地区提供连接、关键通信、环境监测、大规模机器类型通信、物联网和行星间通信。显然，利用多个 UAV 和 HAPS 需要节点之间进一步合作与数据交换，从而促使高级多层架构的开发。

除了上述内容，值得一提的是，也可以部署部分合作星座。在这种情况下，不完整的星座（如果独立运行将导致间歇性连接）可以合作并提供等效的全球覆盖。这种方法需要先进的星载处理能力和光学 ISL，并导致复杂的卫星间星座协调和地面段管理。

在将 NTN 系统（特别是 NGSO 系统）集成到 5G 及以后的生态系统中时，人们普遍认为需要进一步集成才能实现真正的集成架构，如图 3.10 所示的 B5G 多维度多层（MD-ML）集成架构。在设想的网络中，2D 水平地面部署通过第三个垂直维度得到补

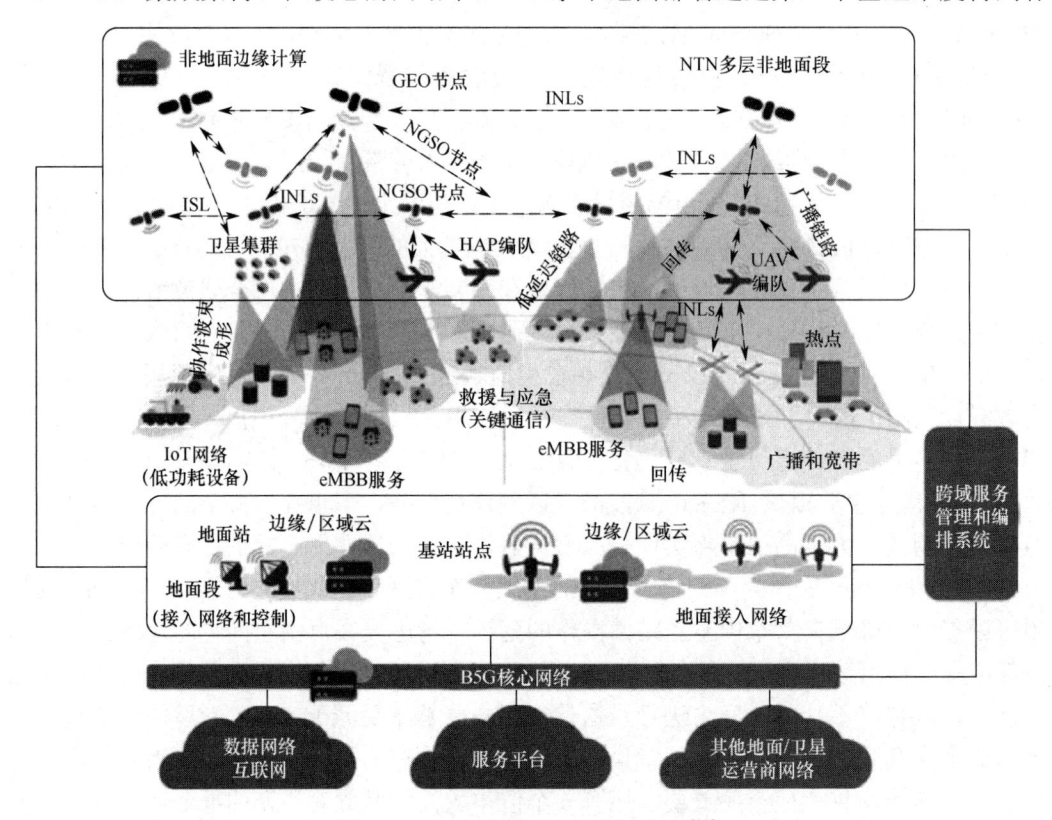

图 3.10　B5G 多维度多层集成架构[22]

充和增强，该维度由通信节点组成的 ML 非地面组件表示，这些节点在不同的高度飞行，并通过节点间链路相互通信及与地面单元通信。我们在这里提到节点而不是卫星，因为在提出的架构中，飞行节点要么在空间飞行，要么在空中飞行。接入网络由 TN 和 NTN 组成，其中 NTN 又细分为地面段和非地面段。

3.5 研发挑战

图 3.10 提出的复杂但灵活且适应性强的架构设计，为开发所需的必要技术支持带来了许多挑战，图中含有需要解决的一些关键挑战。

3.5.1 结构设计

将非地面组件全面融入 B5G 基础设施建设中，需要设计一种总体架构。该架构不再区分 TN 和 NTN 元素，而是通过编排管理来提供具有最优成本效益的网络配置，满足各类流量需求。为此，需要开发三个关键的赋能技术：非地面接入网络的软件化、虚拟化和解耦合。这些技术有望增强网络的灵活性和适应性，促进地面组件与非地面组件之间在网络架构元素和网络功能方面的共享，从而降低成本并开拓新的市场。值得注意的是，非地面接入网络还包括 ML 非地面段，即在传统卫星通信体系结构中被称为空间段的组成部分，从而将软件化、虚拟化和解耦合带入空中，即飞行节点。在这方面需要指出的是，对于 6G 体系结构，人们普遍认为应当基于以下两点：①原生可编程性和软件重构，以便通过标准化编程接口定制网络资源的行为，实现网络控制、管理和服务功能；②本机切片的引入，以便在同一基础设施上轻松有效地同时执行多种类型的服务。这两点是为全球 6G 基础设施设想的，显然也应当应用于卫星通信，以促进真正的无缝集成。

3.5.2 星座：分层设计

当前面临的挑战是要超越单一轨道（层）星座设计，朝着多轨道、分层星座的方向发展，这些星座由飞行在不同高度的节点组成，并通过水平节点间链路（同一高度节点间）和垂直节点间链路（不同高度节点间，甚至包括地面节点间）进行通信。分层星座在确保网络灵活性、适应性和提供高成本效益的逐步服务覆盖方面起着关键作用。例如，NB-IoT 服务可以通过不完整的 vLEO 低成本平台星座提供，这些星座依赖 GEO/GSO 的大规模平台，确保与地面设备的持续 CN 连接。在此背景下，已有企业开始探索混合星座的构想和实践。

3.5.3 资源优化：基础设施作为一种资源

除了带宽、时间、功率和空间域，资源优化还应考虑将基础设施作为资源进行配置，以更好地满足服务要求。多维度多层架构的灵活性允许定义可以更好地满足流量需求的新型网络形态。应开发基础设施的自主和智能预测优化功能，以实现及时和动态的重配置，这就需要应用 AI 概念。例如，在 de Cola 和 Bisio 的研究[29]中，其利用神经网络实现了增强型移动宽带（eMBB）服务的最佳资源分配，同时考虑了请求的 QoS，并整合了卫星和地面 5G 连接。从网络视角来看，智能 NGSO 节点可以被设计为边缘节点，需要对来自不同网络的不同要求进行自主管理[30]。在网络管理方面，确定功能分割类型及 RAN 中的不同元素在何处实现，是至关重要的基础。在 NFV/SDN 中，研究及创新的挑战与设计和实现一些功能有关，这些功能通过构建连接 NFV 中的网络功能的转发图来实现服务链整合[2]。正如在上述关于 RAN 挑战的讨论中所提到的，需要应对流动性，这也意味着要开发在波束、网关和卫星层面高效且无缝的手动切换，同时要考虑巨型星座的出现。因此，需要开发合适的编排方案，既可以是完全集中式的，也可以是分布式的，以便更好地应对延迟增加的情况。所涉及的多种技术的异质性导致需要一个统一的网络管理模式，以实现灵活一致的网络管理平面，随之对系统编排和安全性也产生了影响。

动态网络管理算法应考虑多供应商多维度多层架构，以确定最佳路由算法。在这个框架中，延迟容忍网络（DTN）技术目前应用于深空环境，由于其能够很好地处理网络分区和底层存储转发原则，因此也适用于节点间通信。节点持久存储接收到的数据，然后发送信息，不需要完全了解拓扑结构，即使在间歇性连接的情况下也可以采取行动，这可以是随机的或提前预定的，从而使 DTN 在未来智能 NGSO 星座通信中显得尤为重要。在空间网络框架中，ITU-T FG-NET-2030 强调了推动 2030 年网络采用 LEO 巨型星座愿景的重要性，这些卫星可以相互连接以形成空间中的网络基础设施[25]，然后进一步与地面的网络基础设施集成。值得注意的是，这里的首要挑战是卫星和 TN 之间频繁的切换，这是 LEO 卫星在其轨道上的高速度造成的。在预期的集成基础设施中，我们提出了空间网络框架的两个新的关键组件：①基于 SDN 的控制器，应部署在 MEO 卫星或 GSO 卫星上，以确保管理大量的 LEO 节点并负责转发请求的数据；②移动边缘计算服务器，位于 LEO 卫星上并嵌入本地计算和存储能力，以便为本地连接的用户提供具有更低延迟的服务。Di 等人的文章[31]讨论了空间网络中与路由和缓存相关的方面，该文章涉及密集的 LEO 星座。

3.5.4 动态频谱管理：共存和共享

在整个系统层级，都需要寻求频谱使用最大化，从频谱效率（bps/Hz）到系统吞吐量，再到充分利用已分配的带宽。为了实现这一目标，需要开发地面段与非地面段之间的动态频谱共存和共享，以及 NGSO 架构不同层之间的共享。在这个背景下，共享可以在多个级别发生：

（1）同一星座内的共享：同一个星座内的节点之间共享频谱资源。

（2）不同星座间的共享：不同星座的节点之间共享频谱资源。

（3）TN 与 NTN 之间的共享：TN 与 NTN 之间共享频谱资源。

AI 在这方面可以成为一个宝贵的工具，通过预测性地考虑 NGSO 节点的飞行模式来定义频谱共享环境。

与此同时，为了满足不断提升的容量需求，除了频谱共享，还需研究使用新的频谱资源，甚至包括光学通信，尤其是在馈线链路和节点间链路上。在这一情况下，需要从不同轨道和高度进行信道特性分析与测量，以提供准确的模型供系统设计使用。

3.5.5 无线电接入技术：灵活性和适应性

研究表明，通过有限且可接受的修改，NR 空中接口可以适应 NTN 场景，从而为整个 5G 生态系统引入了一个全新的维度。然而，为了充分发挥非地面组件的作用，3GPP 波形设计需要解决非地面信道特性问题，特别是由 NGSO 节点引入的多普勒效应、较高轨道节点特有的延迟和时延问题，以及对有效支持信道估计过程的需求，因为 CSI 对于无波束通信方式至关重要。同时，需要研究新的数值格式，以支持物理层的灵活性和适应性，从而服务多样化的服务需求。

3.5.6 天线和以用户为中心的覆盖

随着服务类型和覆盖区域带来流量请求与用户密度的巨大差异，覆盖设计需要超越传统的地理覆盖方式，转向以用户为中心的通信模式，即根据被服务用户的动态变化创建和调整通信链路。为此，需要研发新的天线设计方案，提供无波束系统的灵活波束成形，同时支持新的频谱频率。应当超越大型阵列天线的概念，研究和开发空中分布式天线系统，通过节点间的通信和协作实现 MIMO 解决方案。这类技术创新有望生成更窄的波束，以更高效地利用功率和频谱资源。此外，波束指向能力也将起到关键作用，以应对流量需求的动态变化，避免不同星座/系统间的干扰，并解决 5G 系统中与移动性管理相关的挑战。先进的天线设计对于卫星系统满足极高吞吐量需求和应对多轨道、移动性场景的挑战至关重要。在这一背景下，具有低功耗和低成本特点的有源相控阵天线与超表面天线被认为是提供所需灵活性的关键。有源天线技术将使 NGSO 节点能够根据需要在任何时间朝任意方向生成具有零陷抑制特性的定制波束响应，从而实现上述讨论的以用户为中心的覆盖。需要注意的是，在灵活度与有效载荷的功率和质量要求之间寻找最佳平衡时，模拟/数字混合波束成形架构将在其中发挥核心作用。

最后，在地面段方面，值得一提的是，低剖面电子可转向天线对诸如汽车、飞机、火车和船舶等移动平台具有显著优势。这种天线技术使移动平台上的设备能够与不同的 NGSO 星座建立连接。

3.5.7 AI：非地面动态特性的利用

针对多维度多层架构的复杂性，应恰当地开发自主和智能的网络管理系统，尤其是考虑非地面段的可预测动态特性，可以利用基础设施特性的显著周期性，如节点在天空中的位置导致信道条件呈现的周期性重复。AI 解决方案能够提供快速决策的方法，充分挖掘由空间、空中和地面组件构成的综合系统的潜力。这可能包括但不限于：预测性频谱分配、预测性路由，甚至卫星自主重规划，而无须受地面决策循环引入的延迟影响，从而实现即时响应和高效运行。

例如，深度学习（Deep Learning，DL）算法已应用于频谱监测场景中，以检测问题[32]，使卫星能够快速对干扰环境做出反应，重新进行频率分配、发射功率和有效载荷的波束成形配置。有效载荷的重新配置已在文献[33-34]中基于遗传算法（GA）进行了探讨。AI 的其他应用与物理层相关，旨在提高信号处理和信道估计性能[35]。

3.5.8 安全

仅在应用层（如加密视频流）提供 E2E 的安全保障已经不够了。3GPP 正在整合一些新的安全方案，并且对其进行调整，以便在混合交付系统中有效运作。因此，对于未来的多维度多层网络及其新的服务应用，我们必须解决相应的安全问题。此外，随着我们逐渐关注月球和火星等星际探索任务，这些环境中的安全问题也越发突出。

在此背景下，以下几个主题是近期研究和开发工作的重点：
（1）卫星与地面系统之间的安全集成。
（2）区块链技术在卫星通信中的应用。
（3）通过卫星实现量子密钥分发和密钥管理。
（4）卫星安全组播技术。
（5）安全多址接入技术。
（6）RF 级别的安全防护。

本章原书参考资料

[1] Cisco White Paper. Cisco Annual Internet Report (2018—2023). 2020 Mar.

[2] Networld 2020. Strategic research and innovation agenda 2021-27. 2020 May.

[3] European Commission. EU digital divide infographic.

[4] 3GPP TR 38.811 v15.2.0, study on new radio (NR) to support non-terrestrial networks. Jan 2019.

[5] 3GPP ts 22.822 v16.0.0, study on using satellite access in 5G; stage 1. Jun 2018.

[6] 3GPP TR 23.737 v17.0.0, study on architecture aspects for using satellite access in 5G. Dec 2019.

[7] 3GPP TR 28.808 v0.4.0, study on management and orchestration aspects of integrated satellite components in a 5G network. Jan 2020.

[8] 3GPP TR 38.821 v16.0.0, solutions for NR to support non-terrestrial networks (NTN). Jan 2020.

[9] 3GPP SA WG2, update to fs_5gsat_arch: study on architecture aspects for using satellite access in 5G. Dec 2018.

[10] Guidotti A., Cioni S., Colavolpe G, et al. 'Architectures, standardisation, and procedures for 5G satellite communications: A survey'. Computer Networks.2020, vol. 183, p. 107588.

[11] Handley M. 'Delay is not an option: low latency routing in space'. Proceedings of the 17th ACM Workshop on Hot Topics in Networks; Budapest, Hungary, 2018. pp. 85-91.

[12] Leyva-Mayorga I., Soret B., Roper M., et al. 'Leo small-satellite constellations for 5G and beyond-5G communications'. IEEE Access: Practical Innovations, Open Solutions. 2020, vol. 8, pp. 184955-184964.

[13] 3GPP TS 38.410 v16.1.0, NG-RAN; NG general aspects and principles. Mar 2020.

[14] 3GPP TR 38.801 v14.0.0, study on new radio access technology: radio access architecture and interfaces.

Apr 2017.

[15] ETSI EN 302 307-1. Digital video broadcasting (DVB); second generation framing structure, channel coding and modulation systems for broadcasting, interactive services, news gathering and other broadband satellite applications; part 1: DVB-S2; 2014.

[16] ETSI EN 302 307-2. Digital video broadcasting (DVB); second generation framing structure, channel coding and modulation systems for broadcasting, interactive services, news gathering and other broadband satellite applications; part 2: DVB-S2 extensions; 2009 May.

[17] ETSI EN 301 790. 'Digital video broadcasting (DVB); interaction channel for satellite distribution systems. 2015'. 2015.

[18] 3GPP TS 38.401 v16.1.0, NG-RAN; architecture description. Mar 2020.

[19] 3GPP TS 38.470 v16.1.0, "NG-RAN; F1 general aspects and principles. Mar 2020.

[20] 3GPP TR 38.809 v16.0.0, NR; background for integrated access and backhaul radio transmission and reception (release 16). Sep 2020.

[21] 3GPP TR 38.874 v16.0.0, NR; study on integrated access and backhaul. Dec 2018.

[22] Vanelli-Coralli A., Guidotti A., Foggi T., Colavolpe G., Montorsi G. '5G and beyond 5G non-terrestrial networks: trends and research challenges'.Bangalore, India, 2020. pp. 163-169.

[23] Kodheli O., Guidotti A., Vanelli-Coralli A. 'Integration of satellites in 5G through leo constellations'. IEEE Global Communications Conference (GLOBECOM 2017); Singapore, 2017. pp. 1-6.

[24] Guidotti A., Vanelli-Coralli A., Conti M, et al. 'Architectures and key technical challenges for 5G systems incorporating satellites'. IEEE Transactions on Vehicular Technology. 2019, vol. 68(3), pp. 2624-2639.

[25] ITU-T, FG-NET-2030. 'Network 2030 architecture framework'. 2020.

[26] '5G-PPP white paper, European vision for the 6G ecosystem. Jun 2020.

[27] 3GPP TR 22.261 v17.2.0, service requirements for the 5G system'. 2020.

[28] Sirotkin S. 5G radio access network architecture: the dark side of 5G. John Wiley & Sons; 2021 Feb 23.

[29] de Cola T., Bisio I. 'QoS optimisation of eMBB services in converged 5G-satellite networks'. IEEE Transactions on Vehicular Technology. 2021, vol.69(10), pp. 12098-12110.

[30] Burleigh S.C., De Cola T., Morosi S., Jayousi S., Cianca E., Fuchs C. 'From connectivity to advanced Internet services: a comprehensive review of small satellites communications and networks'. Wireless Communications and Mobile Computing. 2021, vol. 2019, pp. 1-17.

[31] Di B., Song L., Li Y., Poor H.V. 'Ultra-dense LEO: integration of satellite access networks into 5G and beyond'. IEEE Wireless Communications. 2019,vol. 26(2), pp. 62-69.

[32] Rajendran S., Meert W., Lenders V., Pollin S. 'Unsupervised wireless spectrum anomaly detection with interpretable features'. IEEE Transactions on Cognitive Communications and Networking. 2019, vol. 5(3), pp. 637-647.

[33] Vázquez M.Á., Henarejos P., Gil J.C., Parparaldo I., Pérez-Neira A. 'Artificial intelligence for SATCOM operations'. Proceedings of SpaceOps Operation22-25; Cape Town, South Africa, 2020.

[34] Vázquez M.Á., Henarejos P., Pérez-Neira A, et al. 'On the use of AI for satellite communications'. IEEE SSC Newsletter; 2019.

[35] Bengio Y., Lodi A. 'Antoine Prouvost: machine learning for combinatorial optimization: a methodological tour d'horizon corr abs/1811.06128'. 2018.

第 4 章　用于 NGSO 通信的平面天线阵

玛丽亚·卡罗琳娜·维加诺[1]

本章概述了平板阵列天线的相关知识。这种类型的天线正变得越来越重要，因为其特性能很好地满足新型 NGSO 星座的需求。本章提供了设计阵列天线时涉及的所有参数的基本知识，但并未详细阐述设计所需的理论细节。我们分析了不同类型的相控阵结构，并给出了现有产品的相关实例。

4.1　连通性、连通性还是连通性

互联网连接的发展历程与电话的演变有异曲同工之妙。20 年来，电话经历了从固定电话到无线电话再到移动电话的演变。互联网连接的发展也遵循相同的轨迹，从早期的拨号上网到无线网可以覆盖有限区域，再到现在的互联网连接无处不在，即无论是陆地、天空、海洋还是沙漠地带都可以连接互联网。越来越多的服务设计预设了人们随时随地在线的场景。人们有随时随地连接的需求，同时对高品质和低成本有要求。

快速、廉价且无处不在的连接已被视为众多企业和服务运营不可或缺的基础条件。新兴技术和由此带来的社会变革正在推动人们对连接的需求。2020 年和 2021 年的全球新冠疫情促使社会向居家办公模式转变。如物联网、自动驾驶汽车和远程医疗等依赖连续连接技术的应用，构成了众多服务和商业活动的基础。

对于 TN，5G 和 6G 的发展正在努力满足这一需求。但是，在 TN 无法覆盖的地区（由于地理或成本限制），或者无法提供足够的容量时，卫星连接正是弥补缺失的一环。在过去 20 年间，卫星互联网已经从小众市场（客户选择少、服务质量差、价格高）转变为更主流的电信服务。这种转变始于 GEO 的高容量卫星。最近，更多的公司开始着眼于利用更大规模的低轨道卫星星座来提供连接服务，不同类型轨道的高度如图 4.1 所示。

为了在全球范围内提供互联网接入服务，部分公司正着手利用不同数量的低轨道卫星组建星座网络。例如，O3b 公司的 mPower MEO 星座仅包含几十颗卫星，而 SpaceX 公司的星链则更庞大，截至 2021 年中期，星链已经部署了超过 1600 颗小型 LEO 卫星，并计划在不久的将来将其扩大至最多 30000 颗。

---

[1] 瑞士洛桑 ViaSat 天线系统公司，特别感谢 D.Llorens del Rio 博士和 Carlene Lyttle 对相关工作的审查与支持。

轨道类别	到地球距离
LEO	200～2000km
MEO	2000～10000km
GEO	35786km
HEO	500～48000km

图 4.1 卫星轨道及其与地球的典型距离

最近，HEO 卫星也引起了人们的广泛关注，特别是当需要覆盖极地区域等特定区域的时候。

从少数几颗 GEO 卫星向大量低轨道星座的转变，对地面终端的要求产生了重大影响，特别是对固定地面终端而言。

地面终端可以分为固定终端和移动终端。固定终端通常包括用于企业和回程应用的大型终端，以及为住宅宽带卫星互联网市场提供服务的小型终端。移动终端则用于需要卫星互联网在地面、海上和空中进行移动性连接的场景。

对于地面终端，GSO 卫星看起来像天空中的一个固定点。从操作上来说，这意味着固定终端只需要对准一次。

对于连接到 NGSO 卫星的固定终端来说，情况并非如此。在这种情况下，卫星看起来以不同的速度（取决于卫星的高度）在天空中移动。因此，跟踪运动卫星的能力是对作为 LEO 系统一部分的地面终端的一项要求。

NGSO 系统或 GSO 系统的移动终端的设计差异不大。实际上，连接到 GSO 卫星的天线需要能够将波束指向卫星，因为平台（飞机、火车等）在移动。其少数几个不同之处之一，是 NGSO 终端需要在卫星进出终端视场时在卫星之间平稳过渡。这可以通过快速切换或通过创建多个同步波束来实现。参数设计将在后续章节中说明。

4.2 NGSO 天线设计规格

本节将讨论对于天线设计至关重要的几个主要参数。这些要求大部分对于任何天线应用都是通用的，但在提及 NGSO 系统时，有一些特定参数，如切换架构，会更加凸显其重要性。

4.2.1 频率和频段

在天线设计中，首先要考虑的关键要求就是辐射频率。尽管电磁理论适用于卫星通信的所有频率，但每个天线架构的具体实现，特别是相控阵，可能会有很大差异。在标准发射机技术中，随频率变化的主要部分是发射机馈源，需要适当缩放。发射机表面粗糙度和为馈源选择的制造方法的精度是高频应用的主要限制因素。

相控阵天线（PAA）也存在类似的问题，不过它不是只有一个馈源，而是需要制造多个天线阵元，并通过设计合理的波束成形网络（Beam Forming Network，BFN）进行连接。

如果使用 PCB（印刷电路板）技术来制作阵列天线，在设计实施时需要考虑一些参数。从过孔尺寸到金属细节之间的间隙，再致所用金属的加工精度，其中许多因素都会使高频设计比预期更加复杂。

还有一个使某些类型的天线设计变得复杂，有时甚至无法实现的因素是需要覆盖的频率带宽。例如，使用单个天线覆盖整个 Ka 频段可能会限制架构的选择，或者大幅增加成本，以至于为该频段的不同部分使用单独的天线可能更合适。

这通常是 Ka 频段将发射辐射功能和接收辐射功能放在两个独立的天线孔径中的主要原因之一，尤其是在全双工系统中，干扰问题更为严重。

图 4.2 显示了目前一些宽带卫星通信 GSO 和 NGSO UE 所使用的频段。尽管这里分析的大多数参数和架构都是通用的，但本章重点讨论图 4.2 中所示的高频段，这些高频段与近年来开发的高容量系统相对应。

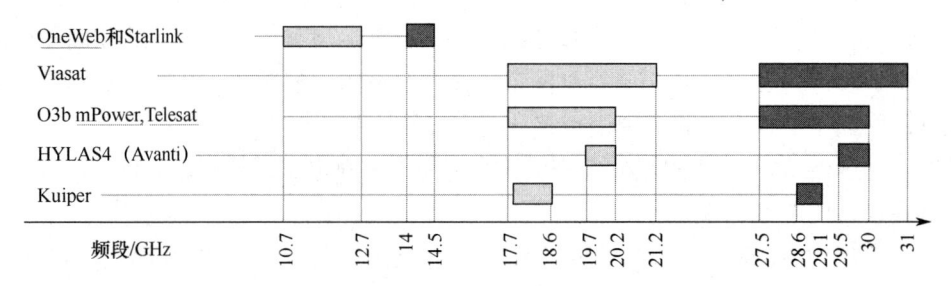

图 4.2　目前一些 GSO 和 NGSO UE 使用的 Ku 频段和 Ka 频段

（浅灰色部分表示频段下部用于接收，深灰色部分表示频段上部用于传输。）

4.2.2　瞬时带宽

瞬时频率是与辐射频率有关的一个要求，值得单独讨论。该参数影响模拟相控阵的设计（参见 4.3.1 节和 4.3.2 节），其中使用移相器来调整阵元之间的相对相位。

过去，设计用于覆盖大频段的相控阵不需要很大的瞬时带宽。例如，一些为雷达应用开发的相控阵就是这种情况。如今，特别是对于通信应用而言，为了获得更大的容量，系统需要更大的链路带宽。如今，许多 NGSO 系统的设计具有大的瞬时带宽，如 OneWeb 和 Telesat。

在典型的窄带阵列中，移相器设置在所需频率带宽的中心。移相器以这种方式产生的相位对于带宽的边缘是错误的，会导致出现不希望的效果，如波束偏斜和符号间干扰（ISI）。随着带宽的增加，这些影响会变得更加严重，并且它们限制了阵列的瞬时带宽，对于大型阵列和大的扫描角度尤其如此[1]。

缓解此问题的一个方法是，将阵列分割成更小的部分，每个部分具有较少的阵元。这些通常被称为"子阵列"或"块"，通过为每个子阵列分配真实时延（TTD）控制，可以改善阵列的瞬时带宽。

4.2.3 最大扫描角度

最大扫描角度指天线需要指向的最大角度，以天线主波束方向为基准进行测量。当考虑为 GSO 卫星设计终端时，这个参数是由将容纳终端的平台类型及天线的工作地理位置所决定的。例如，部署在北半球或南半球地区的天线需要能够实现比部署在赤道地区的天线更大的扫描角度。这一点对于 GSO 系统来说很容易理解，但不能将其推广到 NGSO 系统。根据应用的不同，NGSO 星座可以通过调整轨道倾角数量和每个倾角轨道上的卫星数量来集中覆盖特定区域。一般来说，可以得出结论：星座中的卫星数量越多，UE 所需的最大扫描角度就越小。

为此，在 NGSO 星座的早期，当运行卫星的数量足以提供最低水平的服务但远未达到其全部数量时，公司已经考虑通过添加一些倾斜或机动机构来增加天线的扫描角度，并考虑在星座完成的后期阶段将其移除。

最大扫描角度对相控阵的设计影响很大，因为阵元间的距离和阵列晶格的选择主要基于该参数。如果选择较大的阵元间的距离，则当主波束偏离天线主波束方向时，格栅波束（GL）将在可见空间中出现，从而无法遵守 3.2.5 节所述的规定。有关如何设计阵列晶格、选择正确的阵元间的距离的更多详细信息，请参阅天线相关的经典书籍[2]。

设计和确定阵列的尺寸对于获得最大扫描角度同样重要，因为相控阵的性能随波束指向偏离轴线而降低。机械扫描天线的性能与其所指向的方向无关，因为其孔径始终与卫星的方向相同。在平面阵列的情形中，从卫星方向观察到的有效照射面积随扫描角度移动按 $\cos(\vartheta)^q$ 的规律递减，其中 q 与所选用阵元的尺寸相关。波束指向越偏离主轴，增益衰减越显著，同时波束宽度会相应增加，如图 4.3 所示[3]。

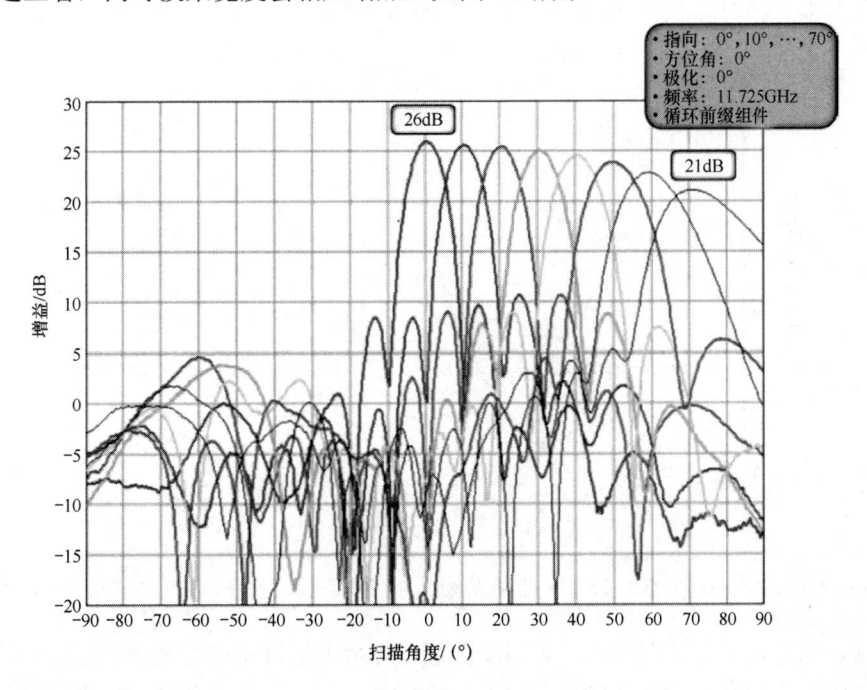

图 4.3 NATALIA 项目的 Ku 频段相控阵测量结果（图片由 ViaSat 天线系统公司提供[3]）

4.2.4 切换架构

连接到 GSO 卫星的地面移动天线在穿越由同一卫星产生的不同波束时，可能必须经常切换频率和极化，但切换到不同的 GSO 卫星的情况要少得多。如果连接的小故障仅在数小时后再次出现，则该服务可能可以容忍。对于 NGSO 系统，切换可能每几分钟发生一次，具体取决于星座高度、倾斜轨道的数量或每个轨道中的卫星数量。因此，切换需要无缝。这可以通过两种方式实现，即"先断后通"（BBM）和"先通后断"（MBB）。

第一种方法依赖天线快速从下落卫星指向上升卫星。为此，需要采用具有快速波束重新指向能力的 PAA，以及配合快速网络重入调制解调器设置或采用类似文献[4]中讨论的缓存技术。

第二种方法依赖天线能够生成两个波束（或者使用两个天线），分别指向下落卫星和上升卫星。这需要使用两台独立的调制解调器，其在切换期间均保持活跃。在这种情况下，快速网络重入和天线快速波束重新指向的能力不再是必需的。

4.2.5 掩码合规性

无线电发射机，包括卫星 UE，必须符合 ITU 和其他区域/国家管理机构制定的排放标准。

这些标准中定义的角度掩码，限制了终端在远离目标卫星方向上允许辐射的能量（见图 4.4[5]），旨在确保连接不同卫星的终端能够共存，同时产生最低限度的干扰。遵循此类掩码，意味着在除目标卫星方向外的其他方向上辐射的能级较低。这很容易理解。例如，如果有数千个天线具有非常高的旁瓣且全部指向同一方向，那么处于该位置的卫星将遭受严重干扰，甚至可能无法正常运行。

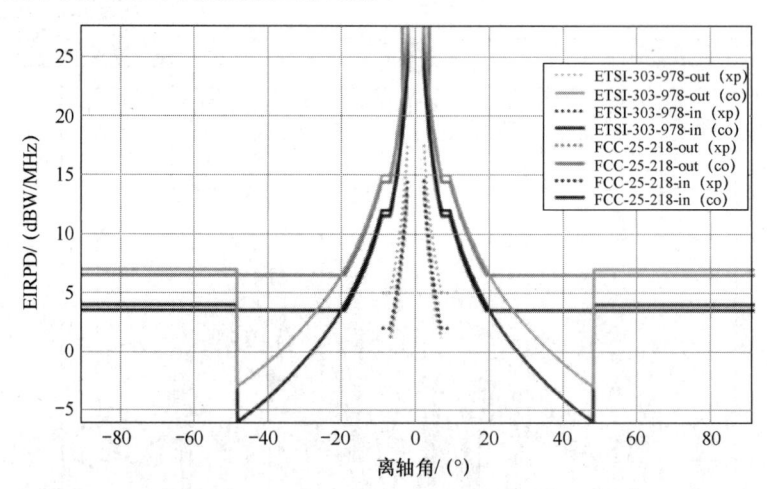

图 4.4 ETSI 303 978 和 FCC 25.218 针对共极化与交叉极化，允许在 GEO 弧区内外的 EIRPD

然而，这些掩码往往源自一个可以安全假定每个卫星终端均为某种发射机的时代。因此，它们以一种对减少总体干扰并无实质帮助的方式，制约其他类型天线的辐射模式。

相较于发射机,相控阵的一大优势在于其能够动态改变和调整自身的辐射模式。相控阵通常具有非理想圆形孔径,这使得模式形状对方位角有所依赖。即使是圆形阵列,当波束偏离主轴扫描时,此现象仍然存在。

随着 NGSO 星座的增多,干扰问题变得更复杂:GEO、LEO、MEO 和 HEO 卫星共存,导致仅遵循良好的设计规则无法避免干扰,因为位于不同高度的两颗卫星可能在地面终端看来处于相同位置。因此,如同文献[6]中所提出的那样,进行协调与分析变得至关重要。等效全向辐射功率密度(EIRPD)掩码变得与星座特性密切相关,因为可接受的 EIRPD 值取决于设计星座时所用的众多参数。这就为在掩码设计中考虑终端天线特性提供了机会。

在接收时,还需要注意天线的设计;在这种情况下,同样的终端要避免来自其他卫星的过多干扰。出于这个原因,监管机构提供了图案掩码的建议,但并未要求必须符合。

4.3 平板阵列天线的类型

在概述了设计用户天线的主要参数之后,本节将重点介绍可能的 PAA 结构、其优点及其在 NGSO 系统中的实际应用。

PAA 可以从多个角度进行分类。在本章中,依据所采用的架构类型进行划分,包括无源的或有源的,模拟的或数字的。这些特征将在后续内容中用于更详细地描述不同类型的阵列天线。接下来的重点将放在模拟结构上,因为目前市场上这类天线更为常见。

4.3.1 模拟无源相控阵

此类阵列天线的特点是:在阵元级别实现了分布式相移功能,但在波束成形之前(在发射时)或之后(在接收时)进行集中式放大。

图 4.5 给出了发射函数情况下模拟无源相控阵架构示例;对于接收函数的情况,可以给出一个等效的示例。

在这种架构中,必须将 BFN 中的损耗降至最低才能获得良好的性能。这构成了可用于 BFN 的技术实现的局限性。实现低损耗 BFN 最常见的方法是采用波导技术。这种技术已经存在多年,通常会得到可靠但笨重且昂贵的解决方案。

根据工作频率和所需精度的不同,可以采用不同的材料和工艺制造 BFN。最常用的材料是金属,但金属通常会导致天线结构较重。通过冲压或注塑金属代替机械加工,可以减少材料用量,从而实现更轻巧的天线结构。如果掌握了成熟的制造工艺,也可有效使用镀金属塑料[7-8]。

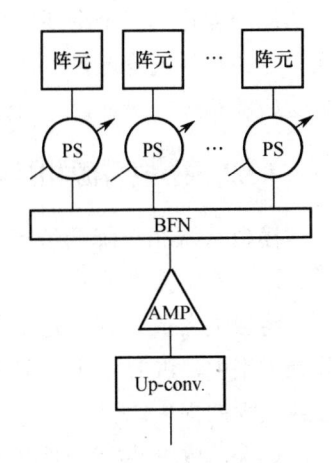

图 4.5 模拟无源相控阵架构示例

除了基于波导技术的低损耗 BFN 解决方案,还可以采用其他方法。例如,可以利用 PCB 技术中的悬浮带状线，这种方法已沿用多年[9]。

仅使用一个放大器为整个阵列供电的一个重要影响是，限制了可以在阵列上实现的倾斜类型，只能是相位倾斜。通常情况下，仅在阵元级拥有相位控制就足以实现良好的模式塑造。然而，幅度控制（如在阵元级具有可调增益放大器的主动阵列中实现）提供了额外的自由度。在设计严格符合掩码要求的天线时，这种额外的自由度可能是必要的。

关于阵元级的相移实现，可以采用多种技术。其中之一是使用液晶，如 Alcan 公司或 Kymeta 公司设计产品时的做法，如图 4.6 所示。两家公司均报告称成功将这项来自电视显示行业的新技术应用于实践。通过施加不同电压，可以调整液晶分子排列，从而改变介质的介电性质。这一原理被用来实现所需的相移。

文献中还报道了其他可用于与波导技术相结合的相移实现方法，包括可调谐基片集成波导相移器[10]、铁磁材料的使用[11]及 Macquarie 大学提出的旋转超表面[12]。ThinKom Solutions 公司开发的产品（见图 4.7[13]），也基于旋转平台（连续可变倾角横向枝节技术），并且在 Ku 频段和 Ka 频段成功投放市场多年。

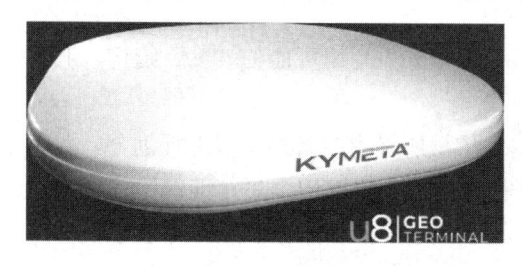

图 4.6　Kymeta™ u8 天线　　　　图 4.7　ThinKom ThinAir®KA2517 [13]

选择实现相移的方法对波束指向速度有影响。波束指向速度是在设计用于移动性或 NGSO 网络的阵列时需要考虑的一个参数。

这种配置的一个重要优势通常在于其相较于有源相控阵或数字相控阵具有更低的功耗。这种功耗的降低来自使用一个单一的、更大的、通常效率更高的放大器，而不是多个受成本和尺寸限制设计的分布式放大器。

4.3.2　模拟有源相控阵

模拟有源相控阵的特点是在阵元级进行分布式模拟幅度和相位控制，如图 4.8 所示。这种架构提供了很大的灵活性，因为它提供了在阵元级的幅度和相位控制。

将放大器放到离阵元非常近的地方，消除了对准无损 BFN 的约束。因此，在有源阵列类别中，PCB 是最优选的 BFN 实现选项之一，尽管与波导技术相比，它们通常会导致较大的损失。

如今，PCB 技术已经相当标准化，并被许多公司所掌握。该领域的进步使今天有可能以受控的方式生产多层堆叠，其中包括具有盲通孔、微通孔或激光通孔等特殊功能的多层堆叠、嵌入式组件，或用于热管理的金属插件。然而，结构越复杂，成本就越高，可实现的产量就越低。

PCB 技术的高损耗往往导致需要多级放大。放大器的级数取决于所使用的放大器的增益和 BFN 的长度（因为较长的 BFN 连接许多阵元，会产生较高的损失）。在传输中，需要增加放大器的级数来保证信号在馈送到最后一个放大器，然后馈送到元件或接收中的下变频器和调制解调器时具有一定的电平。

移相和放大功能通常在 IC 或单片微波 IC（MMIC）中实现。这种架构的性能主要取决于 MMIC 所选择的有源元件技术及这些 MMIC 与辐射元件的接口。

确实，根据不同的技术，在接收中可以实现不同的噪声系数（NF），在传输中可以实现不同的 RF 输出功率（如在 1dB 压缩点的功率 P1dB）。对于低噪声放大器，其

图 4.8 模拟有源相控阵架构示例

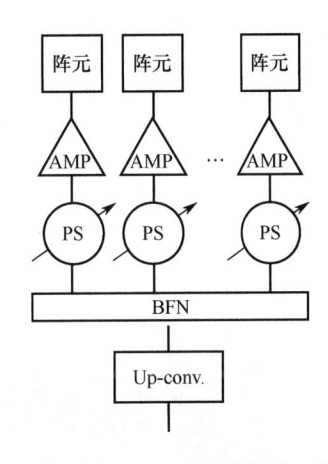

噪声系数在高频率的 GaAs（砷化镓）组件中可能低于 0.5dB，而对于成本较低的组件，则可能约为 3dB。同样地，GaAs 和 GaN（氮化镓）技术通常可以提供比基于硅的 MMIC 更高的输出功率（轻松达到几瓦），而基于硅的 MMIC 的输出功率通常仅为几十 dBm 的数量级。在有源相控阵中，由于使用了数千个元件，因此不需要每个元件都使用大功率放大器。因此，如今基于硅的组件成为有源相控阵的首选选项之一。技术选择也受市场需求和市场规模的影响。对于小批量和特殊应用，成本不是主要问题，因此更倾向于使用 GaAs、GaN 或涉及磷化铟（InP）的混合解决方案。

除了放大功能，这些 MMIC 通常还包括相移功能，并且在大多数情况下还包括一些波束成形功能，因为在典型应用中，一个 MMIC 服务于多个元件[13]。

与无源相控阵相比，有源相控阵需要实现热结构。在无源相控阵中，使用单个放大器，设计工作主要集中在消除单个位置产生的热量，并以被动或主动的方式将其传播出去。由于小型放大器的效率，有源相控阵通常比无源相控阵产生更多的热量。然而，这些热量已经分布在天线孔径上，因为每个放大器为 1~8 个天线元件提供服务。这种阵列的散热难点在于处理大量热量并以被动或主动的方式将其散发出去。MMIC 放大器效率的提高使之前采用水冷的公司可以采用更传统的风扇或在某些情况下采用被动散热方式。

市场上存在一些这种阵列架构的示例。其中大多数，如 ViaSat 和 Ball 都基于模块化架构，可以根据需求进行扩展或缩减。选择这种模块化架构有两个主要原因：一是可以灵活地满足不同性能需求的市场；二是可以组装更大的单元，而单个物理 PCB 不足以提供足够的性能来满足应用需求。

其中一些终端主要是为移动应用设计的，如 Rockwell Collins 的 Ku 频段终端或 ViaSat 航空终端（见图 4.9）。正因为如此，它们一开始就瞄准了较大的扫描角度，并且有时已经具备了为"先通后断"创建两个波束的可能性。

在其他情况下，如 ViaSat MEO Ka 频段终端（见图 4.10），是专门针对 NGSO 设计的。由于考虑了 O3b 星座，该阵列被设计为将波束指向 MEO 弧，并且能够同时进行"先断后通"和"先通后断"。

图 4.9　ViaSat Ka 频段星载解决方案 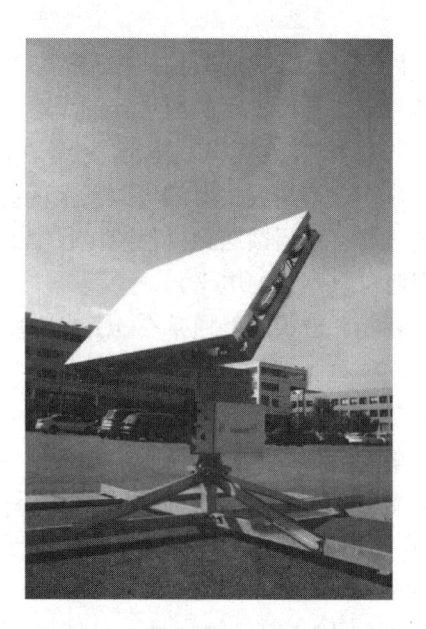　　　　图 4.10　ViaSat MEO Ka 频段终端

4.3.3　基带/中频和数字 BFN 阵列

基带/中频（Intermediate Frequency，IF）天线阵列是本章考虑的第三类。在这种情况下，上变频/下变频发生在靠近辐射元件的地方，BFN 在低得多的频率上实现（见图 4.11）。当信号经常被下变频到基带时，它也同时被数字化，因此，数字相控阵也被归在这一节中。

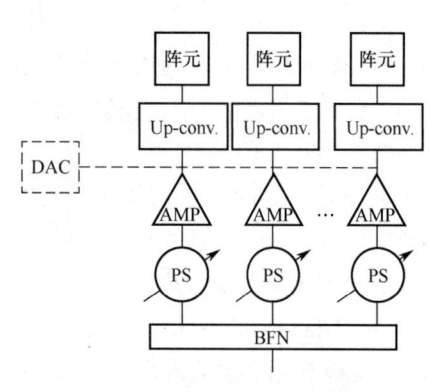

这种架构的主要优点是可以使用较低损耗实现 BFN，并且可以在较低频率下选择更多可用的组件。此外，相同架构和组件可用于设计不同频段的阵列。在这种情况下，需要付出的代价是，需要将本地振荡器信号精确地分配到所有的上变频器/下变频器。

模拟基带/IF 天线阵列架构的成功依赖低功耗上变频器/下变频器的使用。由于这一功能是在元件级别实现的，因此如果要开发实用的天线解决方案，就需要对这一参数进行严格的控制。

图 4.11　基带/IF 天线阵列架构示例

目前，功耗也是数字相控阵的主要缺点，低功耗元件的发展可能会在未来几年改变这一点。

与模拟阵列相比，数字阵列具有利用整个孔径创建多个波束而不降低性能的能力。对于有限数量的波束，也可以在模拟域中通过复制控制和实现相同数量的 BFN 来实现相同的效果。

当只需要几个波束时，如在为 NGSO 系统"先通后断"功能而设计的天线中，这种实现方式是可取的，但当同时需要十个以上的活跃波束时，如现在讨论的一些 NGSO 地面站所要求的情况时，这种方式就不实用了。

Satixfy 是最早为卫星物联网应用提出商业数字 BFN 阵列的公司之一，其开发的数字相控阵如图 4.12 所示。

Hanwha Phasor 开发的天线（见图 4.13）也属于此类架构。在这种情况下，来自每个天线阵元的模拟 IQ（同相和正交）基带信号被组合起来，这得益于专门开发的 ASIC（专用集成电路）。也可以对阵列进行元器件级的数字化，与这种元器件级的数字化相比，前面的方法功耗更低。

图 4.12　Satixfy Ku 数字相控阵　　图 4.13　Hanwha Phasor Ku 频段测试解决方案

4.4　结论：相控阵终于出现了吗

PAA 至今仍未在市场上得到广泛应用，有时会引发一个问题，即这项技术是否会最终离开 Gartner 的"炒作周期"中的"过度膨胀的期望顶峰"阶段，而陷入"失望的低谷"呢？

可以说，按照上述同一尺度，本章介绍的大多数相控阵技术正处在"启蒙之坡"，客户开始区分彼此之间的差异。每种技术的优点和区别正变得越来越清晰，相控阵制造商现在能够根据市场反馈调整技术，推出第二代和第三代产品。

与 5G 和 6G 技术保持一致，并遵循 IC 成本方面的摩尔定律，将有助于相控阵取得成功并实现主流应用。

虽然 GSO 移动终端在无法大幅降低成本的情况下仍能存活，但低成本的移动终端对于 NGSO 星座来说是一项基本需求。在过去，大多数 NGSO 公司只专注于卫星方面，在某种程度上理所当然地认为合适的 UE 会及时出现。然而，时间紧迫，至今为止，这仍是需要更多投资的领域，以便实现成功的 NGSO 商业案例。

本章原书参考资料

[1] Haupt R.L. 'Factors that define the bandwidth of a phased array antenna'. IEEE International Symposium on Phased Array System & Technology(PAST); Waltham, MA, USA, 2019.

[2] Mailloux R.J. Phased array antenna handbook. 2nd edition. Boston, MA: Artch House; 2005.

[3] Baggen L., Vaccaro S., Padilla J., Sanchez R.T. 'A compact phased array for satcom application'. IEEE International Symposium on Phased Array Systemsand Technology, Boston. 2013.

[4] Leng T., Xu Y., Cui G., Wang W. 'Caching-aware intelligent handover strategy for Leo satellite networks'. Remote Sensing. 2021, vol. 13(11), p. 2230.

[5] ETSI 303 978.

[6] Presentation at ITU world radiocommunication seminar. Geneva.2018.

[7] Geterud E.G., Bergmark P., Yang J. 'Lightweight waveguide and antenna components using plating on plastics'. 7th European Conference on Antennas and Propagation (EuCAP); IEEE, 2013. pp. 1812-1815.

[8] Ghazali M.I.M., Park K.Y., Gjokaj V., Kaur A., Chahal P. '3D printed metalized plastic waveguides for microwave components'. International Symposium on Microelectronics. 2017, pp. 78-82.

[9] Yamashita E., Nakajima M., Atsuki K. 'Analysis method for generalized suspended striplines'. IEEE Transactions on Microwave Theory and Techniques.2017, vol. 34(12), pp. 1457-1463.

[10] Omam Z.R., Abdel-Wahab W.M., Raeesi A., et al. 'KA-band passive phased-array antenna with substrate integrated waveguide tunable phase shifter'.IEEE Trans Antennas Propag. 2017, vol. 68(8), pp. 6039-6048.

[11] Cherepanov A.S., Guskov A.B., Yavon Y.P., Yufit G.A., Zaizev E.F.'Innovative integrated ferrite phased array technologies for EHF radar and communication applications'. International Symposium on Phased Array Systems and Technology; Boston, MA, 1996. pp. 74-77.

[12] Afzal M.U., Esselle K.P., Koli M.N.Y. 'A beam-steering solution with highly transmitting hybrid metasurfaces and circularly polarized high-gain radial-line slot array antennas'. IEEE Transactions on Antennas and Propagation. 2022, vol. 70(1), pp. 365-377.

[13] Rebeiz G.M. UCSD, IEEE aerospace conference, plenary talk; 8 March, IEEE, 2021.

第 5 章　LEO 系统降低单比特成本的方法：RF 损伤补偿

巴塞尔·F.贝达斯[1]

近年来，对持续、全球覆盖、宽带连接的不断追求激发了人们对能够提供高吞吐量的 LEO 卫星巨型星座的兴趣。与此同时，对低成本、低复杂度 UE 的强烈需求使模拟 RF 组件面临超出其容限极限的风险。本章探讨了先进的数字技术解决方案，以尽量减少模拟频率转换电路在以多个吉比特（G）波特率发送信号时引入的强且具有频率选择性的同相/正交（I/Q）失衡。具体来说，当存在频率偏移时，本章提供了两种模拟 RF 损伤特性的表征模型。本章还介绍了具有抵抗频率偏移能力的新型数字补偿算法，并将这些算法划分为两类：一类是具有图像抑制功能的均衡算法，另一类则是图像消除算法。本章还采用了自适应技术，通过堆叠构造方式迭代获取补偿系数，而且所求得的补偿系数不受频率偏移的影响。这些方法在使用已知数据样本进行工厂初始校准，或者在现场重新校准期间采用决策导向模式进行校准时都非常有用。大量的计算机仿真结果显示，所提出的补偿器能够在存在频率偏移的情况下，无损地衰减不平衡引起的频率选择性图像成分。

5.1　介绍

卫星科研领域近期正经历一场由 LEO 系统部署引发的研究热潮。这些新兴的卫星超级星座，设想在低于 1500 km 的高度运行，具有显著较低延迟、较小体积、更低功耗及更低发射成本的独特优势。LEO 卫星有望成为推动卫星–地面一体化网络战略发展的关键驱动力[1]。领先的 3GPP 已经在 5G 标准化中确立了卫星在 NTN[2]中的新应用场景。

下一代巨型星座 LEO 卫星预计将提供每秒数十太比特的超高容量。它们的优势之一是能够保障目前缺乏服务的农村和偏远地区的宽带连接。此外，LEO 卫星对于在基础设施建设不足的地区提供移动蜂窝网络的回程链接尤为重要。由于地形和成本等因素，仅靠 TN 难以高效覆盖这些区域。更重要的是，由于 LEO 卫星内在的抵御自然灾害或大规模攻击的能力，它们能够提供一种灵活的解决方案，在极端紧急情况下确保至关重要的通信连续性，保障生命安全。

卫星系统效率的优化需要从多个层次展开：首先，通过单个高功率放大器（HPA）共同放大多个紧密排列的频率载体，以提高有效载荷的质量效率，这一技术在文献[3-4]中有

1　美国休斯高级研发小组。

详细介绍;其次,通过使 HPA 接近饱和状态运行,可以提高功率效率;再次,采用自适应编码调制(Adaptive Coding and Modulation,ACM)技术,配合接近容量极限的前向纠错(FEC)编码和高阶调制方案,可以提高能量效率。此外,卫星系统的频谱效率还能通过采用快于奈奎斯特(FTN)的信号调制技术进一步增强。在文献[5-6]中,研究人员开发了先进的接收机,以充分利用 FTN 技术在非线性卫星链路上的优势。不仅如此,多波束卫星系统中的积极频谱复用策略,能够有效缓解频谱资源极度稀缺的问题。针对多波束卫星系统中用户链路上的主要同频道干扰(CCI),研究者设计了一系列信号处理解决方案,如预编码技术[7-9]和多用户检测技术[10-12]。文献[13-14]基于理论上可实现的信息速率计算效率框架,分析了多用户检测器在前向链路中的性能表现。为了减缓在全频谱复用情况下 CCI 的时空损伤,文献[15]探索了使用码分多址(CDMA)复用技术来实现区分性,并简化接收机设计,使其具有较低的复杂度;而在文献[16]中,研究者利用迭代分治范式开发了高性能的接收机设计方案。

如今各界对大规模卫星吞吐量的不懈追求正在推动宽带信号以多 G 波特率进行传输。构建低成本、低复杂性的 UE 对于下一代系统的经济可行性至关重要。这两个相互竞争的因素导致模拟 RF 组件不得不超出其容限。特别是,在正交频率转换架构中的模拟混频器、抗混叠滤波器和放大器会导致并行 I/Q 支路之间出现失配现象[17-18]。此外,由于本地振荡器(LO)泄漏,也可能存在直流(DC)偏移。另外,假设发射器和接收机中的转换器之间存在频率偏移。当使用宽带信号时,组件之间的不匹配会产生既与频率无关又具有频率选择性的强烈镜像干扰。

为了最大化卫星传输的吞吐量,同时降低每比特的成本,本章开发了一种数字自适应补偿方法,旨在减少模拟射频损伤。这一开发考虑了卫星系统在前向方向(从网关到用户终端)的独特特征。第一,网关的复杂性和成本得到了控制,以便其组件设计精良,从而可以忽略发射机中的 I/Q 不平衡。第二,网关实现了多载波数据预失真,以减轻星载 HPA 产生的非线性失真。文献[19-21]中开发了基于连续方法的强大多载波数据预失真算法,而文献[22]则提供了直接学习法的逆变换方法。第三,由于需要部署数百万个 UE,降低 UE 的成本至关重要,因此依赖正交频率转换电路来实现其可重新配置性和高灵活性。第四,由于正交转换器需要适应多 G 波特率的信号传输,因此预计频率选择性的 I/Q 不平衡会很强烈,且时间跨度很大。第五,需要采用无须预先了解射频损伤信息的自适应方法,以适应从一个接收机实例到另一个接收机实例的变化。第六,所提出的方法需要在因卫星传播不可避免的大频率偏移下仍然保持有效性。第七,通过文献[23]中开发的分数间隔(FS)均衡技术来减少卫星复用滤波器引入的失真,该技术能够以有限的复杂性提供较大的增益。第八,保留一个物理层信令(PLS)代码,以辅助现场重新校准过程。一旦在高 SNR 条件下检测到该代码,软件将被告知进行重新训练。

公开文献中包含了几种在无线 TN 接收端以数字方式减轻 RF 损伤的有前景的技术。文献[24-25]介绍了盲方案,但是其仅能减轻与频率无关的 I/Q 不平衡。文献[26]也介绍了一种盲方案,该方法能够补偿更为有利的频率选择性 I/Q 不平衡情况,但要求接收的信号满足"适当性"的统计特性,这在某些应用中很难保持。文献[27]中使用了自适应干扰消除的方法，文献[28-29]中使用了自适应信号分离的方法，但这些方法需要访问基于强大和独立镜像信号的主要参考源。这使这些方法在信号及其镜像在频率上共址时无法使用，这种情况在直接转换到基带时会遇到。此外，所有这些方法都没有解决直流偏移或频率偏移影响的问题。对于采用正交频分复用（OFDM）的接收机，文献[30]中的技术考虑了具有 I/Q 不平衡的频率偏移，但没有考虑直流偏移，并且基于恢复导频符号之间的已知相位旋转。然而，导频信号的结构相当严格：几个相同的相邻符号，偶数编号的符号中附加的相位旋转为 90°，这个要求是卫星系统无法满足的。

本章提供了在存在频率偏移的情况下，对 RF 损伤（包括与频率无关的 I/Q 不平衡、频率选择性的 I/Q 不平衡和直流偏移）的两种表征模型：后混频器模型和前混频器模型。文献[31]中描述了一种对频率偏移具有鲁棒性的新型数字补偿算法，可以将其归类为具有镜像抑制能力的均衡和镜像消除。文献[32]中介绍了使用 Volterra 公式通过单个 HPA 的两个载波进行均衡和消除方面的发展，然后，利用迭代方式的堆叠结构（对频率偏移具有免疫性）的自适应技术来获取补偿系数。为此，其故意在参考信号中注入频率偏移的估计值，以便所求取的系数不依赖频率偏移。这本质上将频率估计和 RF 损伤补偿这两个相互关联的任务解耦。文献[31]中包含扩展到多载波场景的优化方法。这些方法在使用已知数据样本进行初始工厂校准或在现场重新校准的决策导向模式下非常有用。这里特别考虑了通过在初始工厂校准期间发送测试音来估计频率偏移。为此，这里提出了对音频频率的最小条件，以保证音频及其干扰镜像的频谱峰值不会明显重叠。通过大量的计算机仿真进行性能评估，结果表明，所提出的补偿算法可以无损地衰减不平衡引起的镜像，并消除直流偏移。

本章的其余部分内容组织如下：5.2 节提供了在正交频率转换器件中遇到的 RF 损伤的分析表征；5.3 节描述了用于补偿 RF 损伤的算法，以及迭代自适应；5.4 节包含在 I/Q 不平衡的信道中成功运行的频率估计技术；5.5 节包含数值研究，以评估相关性能并说明各种设计概念；5.6 节给出结论。

符号：信号 $x(t)$ 表示连续时间信号，而信号 $x[n]$ 表示离散时间信号，$(\cdot)^*$、$(\cdot)^T$ 和 $(\cdot)^H$ 分别表示共轭、转置和共轭转置运算；$\mathrm{Re}\{\cdot\}$ 表示取实部操作；而行内"＊"表示卷积运算。

5.2　RF 损伤的表征模型

具有实值带通输入 $r(t) = \mathrm{Re}\{\tilde{r}(t) \cdot e^{j2\pi f_c t}\}$ 的 I/Q 下变频的一般结构如图 5.1 所示，包括实现混频、滤波、放大和模数转换（ADC）等操作所需的模拟元件。模拟组件会导致接收机调谐器的并行 I/Q 分支之间的不匹配。具体来说，本振混频器支路之间的增益和相位失配（分别记作 γ 和 φ）会产生在整个信号带宽内恒定的、与频率无关的失衡，具体的有本振混频器臂之间的增益和相位失配。I/Q 支路中抗混叠滤波器 $h_I(t)$ 和 $h_Q(t)$ 之间的失配则会造成频率选择性的失衡。此外，由于本振泄漏，每个支路上存在直流偏移量 α_I 和 α_Q。为了模拟振荡器可能存在的频率不稳定性和考虑卫星传播导致的频率变化，假设在发射机和接收机的转换器之间存在一个频率偏移量 δ_f。图 5.1 中的调谐器模型在 ADC 输出端生成采样后的离散时间版本信号 $\tilde{x}[n]$。

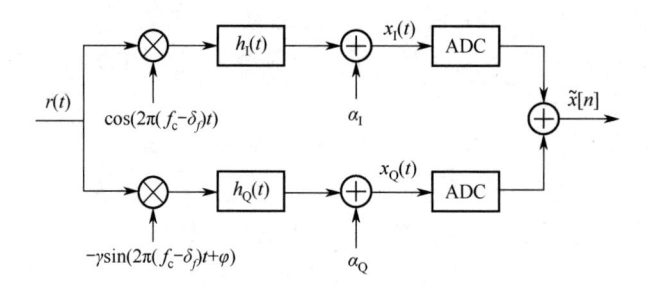

图 5.1 具有 RF 损伤的正交下变频

这里提供了两种分析模型来描述 RF 损伤对宽带调谐器输出接收到的基带 I/Q 样本的影响。这两种模型分别被称为后混频器模型和前混频器模型，这取决于不平衡信道是在频率偏移之后还是之前出现。文献[26-27]所述的模型经过扩展，已包括了频率偏移和直流偏移的影响，ADC 输入端的下变频复值基带信号 $\tilde{x}(t) = x_1(t) + jx_Q(t)$ 可以表示为

$$\tilde{x}(t) = [\tilde{r}(t) \cdot e^{j2\pi\delta_f t}] * g_1(t) + [\tilde{r}(t) \cdot e^{j2\pi\delta_f t}]^* * g_2(t) + \alpha \tag{5.1}$$

式中，

$$g_1(t) = \frac{1}{2}[h_1(t) + \gamma e^{j\varphi} \cdot h_Q(t)] \tag{5.2}$$

$$g_2(t) = \frac{1}{2}[h_1(t) - \gamma e^{j\varphi} \cdot h_Q(t)] \tag{5.3}$$

并且 $\alpha = \alpha_1 + j\alpha_Q$。后混频器正交下变频器的分析模型如图 5.2（a）所示。

没有 I/Q 不平衡的接收信号为 $[\tilde{r}(t) \cdot e^{j2\pi\delta_f t}]$，如式（5.1）～式（5.3）所示，I/Q 不平衡产生了信号与干扰源的叠加 $[\tilde{r}(t) \cdot e^{j2\pi\delta_f t}]^*$。这种干扰是信号自身的镜像，因为其时域中的共轭对应于频域反射。$g_1(t)$ 和 $g_2(t)$ 分别是与信号及其镜像相关的脉冲响应，它们包含了从 γ 至 φ 的频率无关性失配及由抗混叠滤波器 $h_1(t)$ 到 $h_Q(t)$ 引起的频率选择性失配的共同影响。

在图 5.2（b）所示的前混频器正交下变频器的分析模型中，允许频率偏移量通过不平衡信道传播。为此，我们利用傅里叶变换处理卷积和频率平移的一些基本性质，以建立一个前混频器模型：

$$\tilde{x}(t) = [\tilde{r}(t) * \breve{g}_1(t; -\delta_f) + (\tilde{r}^*(t) * \breve{g}_2(t; -\delta_f))e^{-j2\pi(2\delta_f)t} + \alpha e^{-j2\pi\delta_f t}]e^{j2\pi\delta_f t} \tag{5.4}$$

式中，$\breve{g}_l(t; -\delta_f) = g_l(t)e^{j2\pi\delta_f t}$，且 $l = 1, 2$。

式（5.4）中最右边的指数项表示标准线性相位旋转，这一旋转能够在接收端利用传统方法得以校正。但是，即使频率偏移被完全校正，频率偏移对 I/Q 不平衡信道的影响也会带来三个不利影响：①信号脉冲响应会在相位上旋转 $-\delta_f t$，或者在频域移动 $G_1(f+\delta_f)$；②镜像脉冲响应同样在相位上旋转 $\delta_f t$ 或者在频域移动 $G_2(f-\delta_f)$；③存在一个额外的仅影响镜像路径的相位旋转，其速率为 $(-2\delta_f t)$。

第5章 LEO系统降低单比特成本的方法：RF损伤补偿

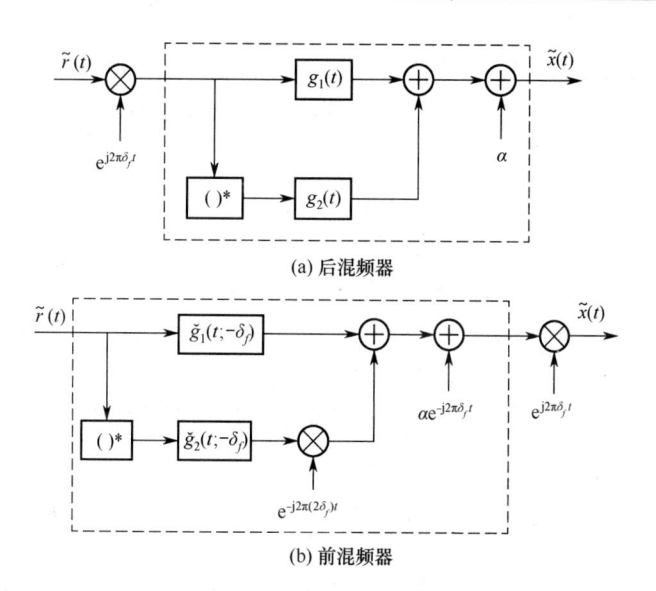

(a) 后混频器

(b) 前混频器

图 5.2　正交下变频器的基带分析模型（含 RF 损伤）

图 5.3 显示了一个具有 1G 波特率的系统的信号脉冲响应 $g_1(t) = g_{1,I}(t) + jg_{1,Q}(t)$ 及其对应的镜像脉冲响应 $g_2(t) = g_{2,I}(t) + jg_{2,Q}(t)$。该系统使用被动滤波器进行宽带六阶巴特

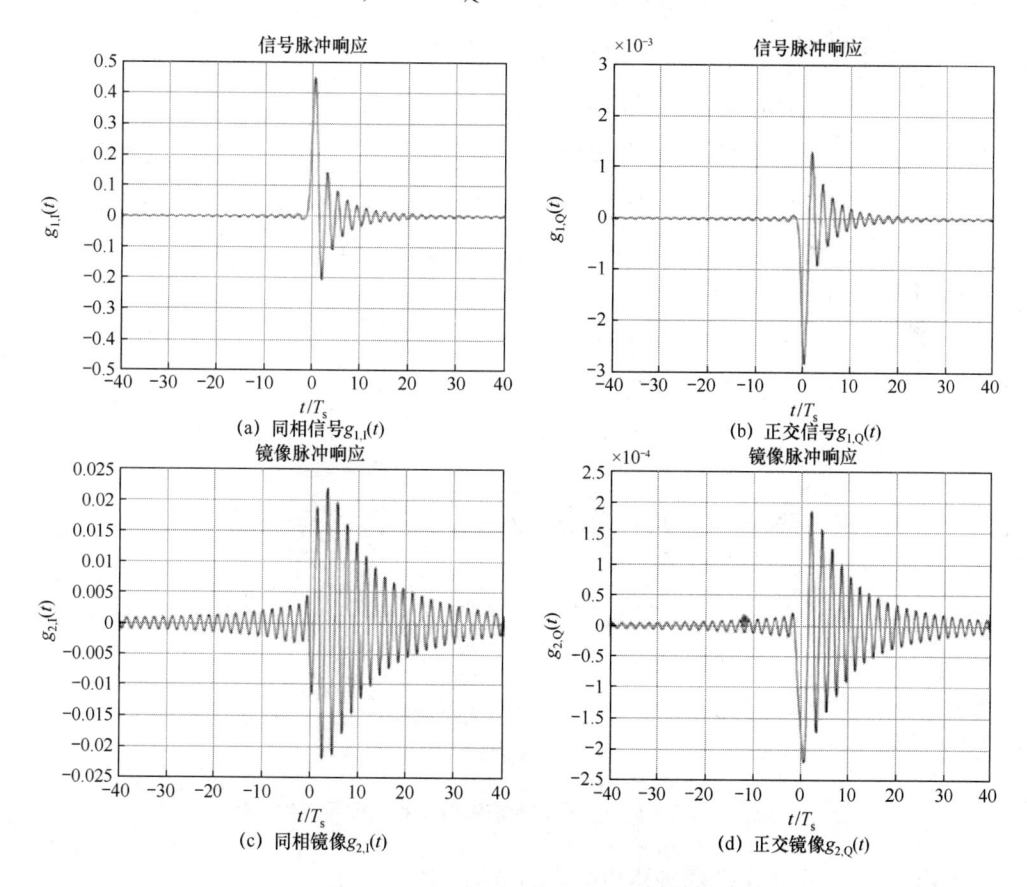

(a) 同相信号 $g_{1,I}(t)$

(b) 正交信号 $g_{1,Q}(t)$

(c) 同相镜像 $g_{2,I}(t)$

(d) 正交镜像 $g_{2,Q}(t)$

图 5.3　与宽带抗混叠滤波器相关的脉冲响应

沃斯设计，其 3dB 截止频率为 500MHz。仅凭这些抗混叠滤波器，产生的镜像强度相对于信号强度达到了−20dB。这意味着在高 SNR 区域，镜像信号对接收机性能的影响占据主导地位。

5.3 RF 损伤的数字补偿

我们提供了对频率偏移具有鲁棒性的数字补偿技术，这些技术有效地衰减了模拟 RF 组件中的损伤导致的不平衡引起的镜像。5.3.1 节描述了镜像抑制均衡技术；5.3.2 节讨论了镜像消除技术；5.3.3 节介绍了基于堆叠结构的抗频率偏移免疫补偿方法；5.3.4 节介绍了补偿参数的自适应计算。

5.3.1 镜像抑制均衡

在正常操作期间，前混频器均衡器采取的形式是对信号 $\tilde{x}[n]$ 及其镜像 $\tilde{x}[n]^*$ 同时进行失真抑制和镜像抑制。具体来说，分别应用系数 $w_1(n)$ 和 $w_2(n)$ 对这两个信号进行处理，然后添加 β 来消除直流偏移量。得到的结果经过混频器处理，然后利用在正常工作条件下估计得到的频率偏移值 $\hat{\delta}_{f,\text{normal}}$ 来补偿频率偏移。图 5.4（a）描述了具有镜像抑制的前混频器均衡器的结构，表示为

$$\tilde{y}[n] = (\tilde{x}[n] * w_1[n] + \tilde{x}^*[n] * w_2[n] + \beta) \cdot e^{-j2\pi\hat{\delta}_{f,\text{normal}} \cdot \frac{n}{N_{\text{ss}}} T_s} \quad (5.5)$$

式中，N_{ss} 是每个符号的样本数，T_s 是符号持续时间。

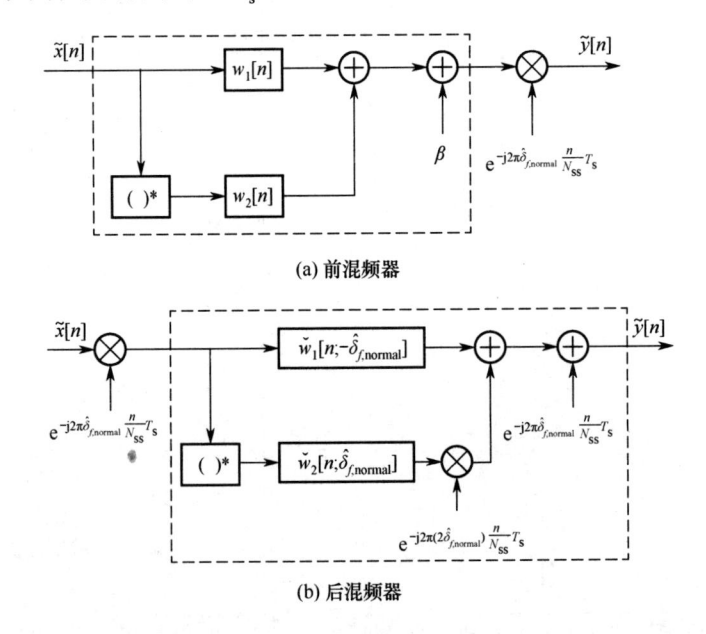

图 5.4　正常模式下具有镜像抑制的前混频器和后混频器均衡器的结构

图 5.4（b）中给出了后混频器均衡器的结构，并表示为

$$\tilde{y}[n] = \left(\tilde{x}[n] \cdot e^{-j2\pi\hat{\delta}_{f,\mathrm{normal}}\cdot\frac{n}{N_{\mathrm{ss}}}T_s}\right) * \breve{w}_1[n;-\hat{\delta}_{f,\mathrm{normal}}] + \left[\left(\tilde{x}[n] \cdot e^{-j2\pi\hat{\delta}_{f,\mathrm{normal}}\cdot\frac{n}{N_{\mathrm{ss}}}T_s}\right)^* * \breve{w}_2[n;\hat{\delta}_{f,\mathrm{normal}}]\right] \cdot$$

$$e^{-j2\pi(2\hat{\delta}_{f,\mathrm{normal}})\frac{n}{N_{\mathrm{ss}}}T_s} + \beta \cdot e^{-j2\pi\hat{\delta}_{f,\mathrm{normal}}\frac{n}{N_{\mathrm{ss}}}T_s}$$

(5.6)

式中，$\breve{w}_l[n;\hat{\delta}_{f,\mathrm{normal}}] = w_l[n] e^{j2\pi\hat{\delta}_{f,\mathrm{normal}}\cdot\frac{n}{N_{\mathrm{ss}}}T_s}$，且 $l=1,2$。在某些情况下，在进行 RF 损伤补偿之前，先消除频率偏移，尤其是在模拟领域，这种表示方式十分有用。式（5.6）描述了对补偿参数所做的必要修改，以确保在这种情况下补偿的有效性。

5.3.2 镜像消除

在正常运行期间，前混频器镜像消除器通过在次级复共轭路径上应用消除系数 $w[n]$ 来从接收到的信号中减去图像的估计，随后减去 β 以消除直流偏移。然后，结果经过混频器处理，再利用在正常工作条件下估计得到的频率偏移值 $\hat{\delta}_{f,\mathrm{normal}}$ 补偿频率偏移。该前混频器镜像消除器如图 5.5（a）所示，并表示为

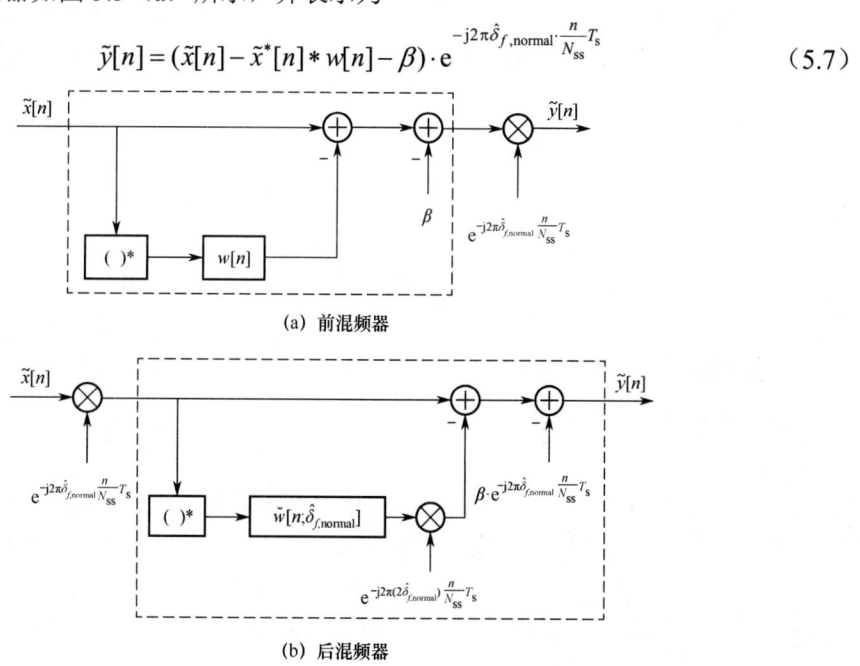

$$\tilde{y}[n] = (\tilde{x}[n] - \tilde{x}^*[n] * w[n] - \beta) \cdot e^{-j2\pi\hat{\delta}_{f,\mathrm{normal}}\cdot\frac{n}{N_{\mathrm{ss}}}T_s} \qquad (5.7)$$

(a) 前混频器

(b) 后混频器

图 5.5 正常模式下前混频器和后混频器镜像消除器的结构

图 5.5（b）中描述的相应的后混频器表示为

$$\tilde{y}[n] = \left(\tilde{x}[n] \cdot e^{-j2\pi\hat{\delta}_{f,\mathrm{normal}}\cdot\frac{n}{N_{\mathrm{ss}}}T_s}\right) - \left[\left(\tilde{x}[n] \cdot e^{-j2\pi\hat{\delta}_{f,\mathrm{normal}}\cdot\frac{n}{N_{\mathrm{ss}}}T_s}\right)^* * \breve{w}[n;\hat{\delta}_{f,\mathrm{normal}}]\right] \cdot$$

$$e^{-j2\pi(2\hat{\delta}_{f,\mathrm{normal}})\frac{n}{N_{\mathrm{ss}}}T_s} - \beta \cdot e^{-j2\pi\hat{\delta}_{f,\mathrm{normal}}\frac{n}{N_{\mathrm{ss}}}T_s}$$

(5.8)

式中，$\tilde{w}[n;\hat{\delta}_{f,\text{normal}}] = w[n]e^{j2\pi\hat{\delta}_{f,\text{normal}}\cdot\frac{n}{N_{ss}}T_s}$。式（5.8）说明了在 RF 损伤补偿之前去除频率偏移时消除系数所需的修改。

文献[26]图 3 中使用了一种类似的接收机补偿结构，该结构在复共轭路径上使用了滤波，但没有考虑频率偏移的影响。其中，滤波系数被导出以恢复适当的统计特性。本章所研究方法与这种最先进的方法的详细性能比较将在 5.5.4 节中给出。

5.3.3 具有抗频率偏移能力的堆叠结构

上述均衡器需要估计 RF 损伤信道逆（将受损信道进行逆变换），而消除器需要估计 RF 损伤信道模型。下面我们引入一种堆叠结构，该结构对于这种估计非常有用，同时增强了抗频率偏移的能力。为此，我们通过将与滤波器系数和直流偏移参数相关的向量堆叠来形成向量 c_s，表示为

$$c_s = \begin{bmatrix} c_1 \\ c_2 \\ \beta \end{bmatrix} \quad (5.9)$$

式中，c_1 和 c_2 分别是具有记忆跨度 L_1 和 L_2 的信号和干扰镜像滤波器的系数。补偿器的对应输入向量 $\tilde{u}_s[n]$ 由来自输入 $\tilde{u}[n]$ 的样本及其频率镜像 $\tilde{u}^*[n]$ 组成，表示为

$$\tilde{u}_s[n] = \begin{bmatrix} \tilde{u}_1[n] \\ \tilde{u}_2[n] \\ 1 \end{bmatrix} \quad (5.10)$$

式中，

$$\tilde{u}_1[n] = [\tilde{u}[n], \tilde{u}[n-1], \cdots, \tilde{u}[n-L_1+1]]^T \quad (5.11)$$

$$\tilde{u}_2[n] = [\tilde{u}^*[n], \tilde{u}^*[n-1], \cdots, \tilde{u}^*[n-L_2+1]]^T \quad (5.12)$$

使用堆叠构造，补偿器的输出在数学上表示为系数向量 c_s 与联合输入向量 $\tilde{u}_s[n]$ 的点积，包含信号及其镜像，即

$$\tilde{y}[n] = c_s^T \cdot \tilde{u}_s[n] \quad (5.13)$$

注意，式（5.13）中计算系数的公式使用点积运算，而式（5.5）或式（5.7）中的补偿则使用卷积运算。卷积系数可以简单地通过上下翻转向量 c_1 和 c_2 的行来提取。

提出的估计算法的一个重要方面是，用于均衡的 RF 信道反转和用于消除的 RF 信道建模采用了相同的训练结构；另一个重要方面是如何处理频率偏移。参考信号 $d[n]$ 经过了一个复杂的混频器的有意修改，该混频器使用了在训练阶段获得的频率偏移估计值 $\hat{\delta}_{f,\text{train}}$，这样一来，参考信号就经历了与输入信号相似的相位旋转。这样做的好处在于，所求得的补偿系数中不再包含频率偏移，实质上解耦了频率估计任务与 RF 损伤补偿任务之间的关联。

更具体地说，为了获取最佳的用于均衡的逆运算，输入信号及其参考信号是基于以下方式构建的：

$$\tilde{u}[n] = \tilde{x}[n] \quad (5.14)$$

$$\tilde{d}[n] = \tilde{z}[n] \cdot e^{j2\pi\hat{\delta}_{f,\text{train}} \cdot \frac{n}{N_{\text{ss}}} T_s} \quad (5.15)$$

式中，$\tilde{z}[n]$ 表示没有不平衡的基带信号。相比之下，为了获得用于消除的 RF 信道建模的最佳估计，输入信号及其参考信号基于以下来合成：

$$\tilde{u}[n] = \tilde{z}[n] \cdot e^{j2\pi\hat{\delta}_{f,\text{train}} \cdot \frac{n}{N_{\text{ss}}} T_s} \quad (5.16)$$

$$\tilde{d}[n] = \tilde{u}[n] \quad (5.17)$$

如果频率误差未能得到妥善处理，就会导致训练所使用的不平衡信道与其实际应用的信道之间产生不匹配，从而严重影响性能。这一点将在 5.5 节中通过散点图来详细说明。

为了实现镜像消除，基于最佳射频信道估计计算所需的系数 $w[n]$，这些估计值来自 c_s 中的 $c_1[n]$ 和 $c_2[n]$，并在式（5.9）中给出，在傅里叶域中表示为[26]

$$W(f) = \frac{C_1(f)}{C_2^*(-f)} \quad (5.18)$$

所需数据 $\tilde{z}[n]$ 可以是一组任意但已知的初始工厂校准期间使用的样本集。对于现场重新校准，可以使用决策导向模式。在该模式中，为了不中断正常通信，保留了其中一个 PLS 代码。一旦检测到它，数据将被捕获到内存缓冲区，并且触发软件进行重新训练。为了确保决策几乎无误，该过程可使用一个在高 SNR 条件下使用强健的四相相移键控（QPSK）星座图的码字来完成，确保性能超过 FEC 码阈值。

5.3.4 参数的自适应计算

在这一节中，我们脱离 RF 损伤参数的先验知识，研究了式（5.13）的自适应求解技术。第一种是基于最小二乘（LS）。给定输入信号 $\tilde{u}[n]$ 和参考信号 $\tilde{d}[n]$ 的一段包含 N 个样本的数据块，使用堆叠向量构造一个大小为 $N \times (L_1 + L_2 + 1)$ 的矩阵 U_s，表示为

$$U_s = [\tilde{u}_1[0], \tilde{u}_1[1], \cdots, \tilde{u}_1[N-1]]^T \quad (5.19)$$

其中对应的大小为 $N \times 1$ 的参考向量 $\tilde{d}$ 表示为

$$\tilde{d} = [\tilde{d}[0], \tilde{d}[1], \cdots, \tilde{d}[N-1]]^T \quad (5.20)$$

在 LS 意义上最小化误差的解 $c_{s,\text{LS}}$ 表示为

$$c_{s,\text{LS}} = (U_s^H U_s)^{-1} U_s^H \tilde{d} \quad (5.21)$$

为了避免式（5.21）中的矩阵求逆，我们提供了基于随机梯度的算法，该算法迭代地得出最优解，而无须 RF 损伤参数的先验知识。矩阵求逆计算烦琐，并使得性能不稳定。有两种技术可以用来自适应计算最小化误差信号 $\tilde{e}[n] = \tilde{d}[n] - \tilde{y}[n]$ 所需的系数集合 c：最小均方误差（LMS）和递归最小二乘（RLS）。RLS 因其快速收敛特性及对输入信号统计特性不太敏感的优良性能而成为首选方法。

在使用 LMS 准则时，补偿器系数通常通过迭代方式计算：

$$\tilde{c}_{s,\text{LS}}[n+1] = \tilde{c}_{s,\text{LS}}[n] + \mu \cdot \tilde{u}_s[n] \cdot \tilde{e}^*[n] \quad (5.22)$$

式中，μ 是用于调整自适应速度的较小正数。

使用 RLS 准则，补偿器系数同样通过迭代方式计算：

$$\tilde{c}_{s,\text{RLS}}[n+1] = \tilde{c}_{s,\text{RLS}}[n] + \mu \cdot \tilde{\boldsymbol{k}}_s[n] \cdot \tilde{e}^*[n] \tag{5.23}$$

式中，

$$\boldsymbol{k}[n] = \frac{\lambda^{-1} \cdot \boldsymbol{P}[n-1] \cdot \tilde{\boldsymbol{u}}_s[n]}{1 + \lambda^{-1} \cdot \tilde{\boldsymbol{u}}_s^H[n] \cdot \boldsymbol{P}[n-1] \cdot \tilde{\boldsymbol{u}}_s[n]} \tag{5.24}$$

$$\boldsymbol{P}[n] = \lambda^{-1} \cdot \boldsymbol{P}[n-1] - \lambda^{-1} \cdot \boldsymbol{k}[n] \cdot \tilde{\boldsymbol{u}}_s^H[n] \cdot \boldsymbol{P}[n-1] \tag{5.25}$$

式中，λ 是遗忘因子，$0 < \lambda \leq 1$。对于初始化，我们设置 $\boldsymbol{P}[0] = \epsilon^{-1} \cdot \boldsymbol{I}$，其中 $\boldsymbol{I}$ 是大小为 $(L_1 + L_2 + 1) \times (L_1 + L_2 + 1)$ 的单位矩阵，并且 ϵ 是用来提供良好性能的较小正数。

5.4 存在 RF 损伤时的频率偏移估计

在工厂校准阶段，特别是在存在 RF 损伤的情况下，为了根据式（5.15）或式（5.16）计算补偿器系数，需要获得精确的频率偏移估计值 $\hat{\delta}_{f,\text{train}}$。这一频率误差的估计可通过将测试音送入不平衡信道来获取。

当使用没有 RF 损伤的理想接收机时，确定加性高斯白噪声（AWGN）中的噪声复值正弦波的频率是一个经典的估计问题[33]。一个幅值为 b、相位为 θ 的复值离散测试音可以描述为

$$b \cdot e^{j\left(2\pi f_{\text{tone}} \cdot \frac{n}{N_{ss}} T_s + \theta\right)}; n = 0, 1, \cdots, N-1 \tag{5.26}$$

式中，f_{tone} 是其频谱位置。在文献[33]中，证明了最大似然估计得到的频点，就是使信号离散傅里叶变换（DFT）结果幅度达到最大值的频点，而离散傅里叶变换通常使用快速傅里叶变换（FFT）算法高效实现。当测试音的其他参数（相位和幅度）未知时，其估计误差的最优克拉默−拉奥下界（CRLB）可以通过以下方式获得：

$$\sigma_{\text{CRLB}} = \frac{1}{2\pi} \cdot \frac{N_{ss}}{T_s} \cdot \sqrt{\frac{6 \cdot N_{ss}}{N(N^2-1)}} \cdot \left(\frac{E_s}{N_0}\right)^{-1/2} \tag{5.27}$$

式中，E_s/N_0 是每个符号的 SNR。

然而，当存在 RF 损伤时，接收到的信号包含测试音及其镜像。具体地说，用代数操作将式（5.26）代入离散时间式（5.1）：

$$\tilde{x}_{\text{tone}}[n] = b \cdot G_1(f_{\text{tone}} + \hat{\delta}_{f,\text{train}}) \cdot e^{j\left(2\pi(f_{\text{tone}} + \delta_{f,\text{train}}) \cdot \frac{n}{N_{ss}} T_s + \theta\right)} + \\ b \cdot G_2(-(f_{\text{tone}} + \hat{\delta}_{f,\text{train}})) \cdot e^{-j\left(2\pi(f_{\text{tone}} + \delta_{f,\text{train}}) \cdot \frac{n}{N_{ss}} T_s + \theta\right)} + \alpha \tag{5.28}$$

式中，$\delta_{f,\text{train}}$ 是训练过程中的频率偏移。从式（5.28）可以清楚地看出，RF 损伤的影响包括一个直流偏移项 α，接收信号由两部分组成：一个是在 $(f_{\text{tone}} + \delta_{f,\text{train}})$ 处期望的信号，其幅度和相位未知，由 $G_1(f_{\text{tone}} + \delta_{f,\text{train}})$ 产生；另一个是在 $-(f_{\text{tone}} + \delta_{f,\text{train}})$ 处的镜像，其幅度和相位未知，由 $G_2(-(f_{\text{tone}} + \delta_{f,\text{train}}))$ 产生。与 RF 损伤有关的测试音的 DFT 可以表示为

$$\tilde{X}_{\text{tone}}(f) = G_1(f_{\text{tone}} + \delta_{f,\text{train}}) \cdot e^{-j\pi(f-(f_{\text{tone}}+\delta_{f,\text{train}}))\cdot\frac{N-1}{N_{\text{ss}}}T_s} \cdot$$

$$\frac{\sin\left(\pi(f-(f_{\text{tone}}+\delta_{f,\text{train}}))\cdot\frac{N}{N_{\text{ss}}}T_s\right)}{N\sin\left(\pi(f-(f_{\text{tone}}+\delta_{f,\text{train}}))\cdot\frac{1}{N_{\text{ss}}}T_s\right)} \cdot b \cdot e^{j\theta} +$$

$$G_2(-(f_{\text{tone}}+\delta_{f,\text{train}})) \cdot e^{-j\pi(f+(f_{\text{tone}}+\delta_{f,\text{train}}))\cdot\frac{N-1}{N_{\text{ss}}}T_s} \cdot \qquad (5.29)$$

$$\frac{\sin\left(\pi(f+(f_{\text{tone}}+\delta_{f,\text{train}}))\cdot\frac{N}{N_{\text{ss}}}T_s\right)}{N\sin\left(\pi(f+(f_{\text{tone}}+\delta_{f,\text{train}}))\cdot\frac{1}{N_{\text{ss}}}T_s\right)} \cdot b \cdot e^{-j\theta} +$$

$$(\alpha-\hat{\alpha}) \cdot e^{-j\pi f\cdot\frac{N-1}{N_{\text{ss}}}T_s} \cdot \frac{\sin\left(\pi f \cdot \frac{N}{N_{\text{ss}}}T_s\right)}{N\sin\left(\pi f \cdot \frac{1}{N_{\text{ss}}}T_s\right)}$$

在式（5.4）中，在 DFT 计算之前，减去 $\hat{\alpha}$ 以去除直流偏移的影响，其可以使用 N 个样本估计为调谐器输出的平均值，或者

$$\hat{\alpha} = 1 \Big/ N \cdot \sum_{n=0}^{N-1} \tilde{x}_{\text{tone}}[n] \qquad (5.30)$$

图 5.6 提供了一个测试音及其由于 RF 损伤产生的镜像的 DFT 输出示例。

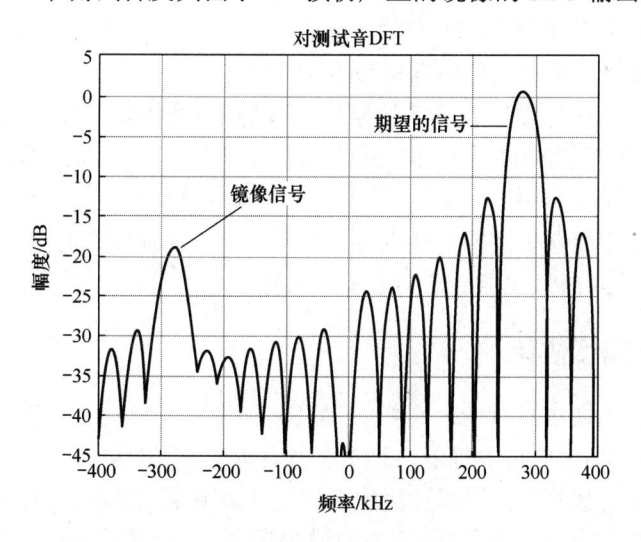

图 5.6 当测试音通过 1GHz 调谐器（具有 RF 损伤）时 DFT 的输出

考虑在一组精心设计的抗混叠滤波器中，$|G_1(f)|^2 \gg |G_2(f)|^2$，式（5.4）中的 DFT 输出在 $(f_{\text{tone}}+\delta_{f,\text{train}})$ 处达到全局最大值，因此其可以安全地用于提供 $\delta_{f,\text{train}}$ 的估计。然而，当 DFT 期望输出信号的谱峰和其镜像重叠时，频率估计的准确度预期会恶化，因

为它们的叠加模糊了期望的峰值并影响了频率可分辨性。为了确保 DFT 期望输出信号及其镜像的谱峰基本上不重叠，对 f_{tone} 施加一个最小条件，表示为 $f_{\text{tone}}^{(\min)}$（假设 $f_{\text{tone}} > 0$ 而不失一般性）。也就是说，为了保证 DFT 期望输出信号及其镜像的谱峰不重叠到第 1 个旁瓣，我们选择：

$$f_{\text{tone}} > f_{\text{tone}}^{(\min)} = l \cdot \frac{N_{\text{ss}}}{NT_{\text{s}}} + \delta_f^{(\max)} \tag{5.31}$$

式中，$\delta_f^{(\max)}$ 是频率偏移范围中的最大绝对值，且 $l > 4$。事实上，正如 5.5 节将展示的，只要 f_{tone} 足够大，确保所需 DFT 期望输出信号及其干扰镜像产生的谱峰得到充分分离，这种估计频率参数的技术就能接近理想接收机的性能。

5.5 数值研究

为了验证图 5.4 和图 5.5 中所示的 RF 损伤补偿方法的有效性，我们进行了大量的计算机仿真。发射滤波器和接收滤波器是一对匹配的根升余弦脉冲，其滚降因子为 0.05。星座使用的调制方式是振幅相移键控（APSK）。接收机端实现了一个宽带正交频率转换器或调谐器，其带宽跨度为 1GHz，遵循图 5.1 中的数学模型。特别是，抗混叠滤波器 $h_{\text{I}}(t)$ 和 $h_{\text{Q}}(t)$ 采用六阶巴特沃斯准则设计，单边截止频率为 500MHz。信号及其镜像的频率选择性的 I/Q 不平衡的相应脉冲响应如图 5.3 所示。此外，在本地振荡器混频器中，增益 γ 和相位 φ 的失配分别为 15% 和 10°。直流偏移参数 α_{I} 和 α_{Q} 分别设为 0.05 和 -0.05。ADC 输出的采样率为 2GSa/s。复合信号直接下变频到直流或零频。在训练模式，频率偏移 δ_f 高达 500kHz，代表初始工厂校准。然而，在正常工作期间应用系数时，考虑卫星传播导致的频率变化，选择的频率偏移高达 4MHz。

除非另有说明，否则 RF 损伤补偿器的系数是在训练模式结束时获得的，该模式通过 RLS 迭代技术处理 20000 个样本，遗忘因子 $\lambda = 1$。在工厂校准期间进行训练时，每符号的 SNR 为 $E_{\text{s}}/N_0 = 25\text{dB}$。此外，所有结果都是在 35 抽头的传统 FS LMS 均衡器的输出处报告的，该均衡器在其输入处以每符号两个样本的速度运行，旨在消除 RF 损伤补偿器留下的 ISI，或消除在训练期间未考虑的 ISI。

5.5.1 频率偏移估计

图 5.7 描述了当通过具有 RF 损伤的 1GHz 调谐器发送测试音时，基于均方根误差（MSE）的频率偏移估计的仿真性能。这是在具有 RF 损伤的情况下进行的初始工厂校准期间完成的，此时采集并在内存缓冲区中存储了 20000 或 50000 个样本数量的数据。该图还包括式（5.30）中 $l = 5$ 时的 f_{tone} 的最小值和式（5.27）中无 RF 损伤时的最优 CRLB。频率偏移估计是基于以下两种方法之一进行的：一是通过查找 FFT 输出的峰值位置；二是去除如 5.4 节所解释的估计直流偏移后，通过相位测量形成的 LS 直线斜率提取出来。结果显示，如果设置最小的测试音频率值，可以获得非常优秀的性能，甚至可以接近无 RF 损伤的理想 CRLB 值。

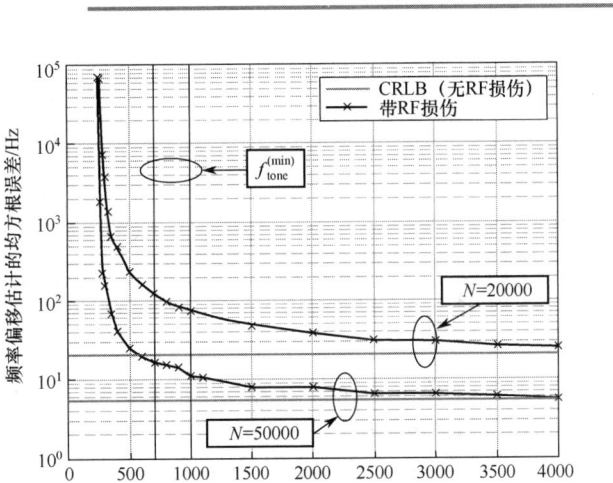

图 5.7 测试音通过 1GHz 调谐器的频率偏移估计的性能（存在 RF 损伤）

5.5.2 无噪声散点图

图 5.8（a）展示了在未应用所提出的 RF 损伤补偿措施时，频率选择性（FS）均衡器输出的散点图，可见，由于镜像干扰，出现了明显的聚类现象，而这正是 FS 均衡器无法补偿的问题。为了强调堆叠结构对频率偏移的免疫能力，我们首先在图 5.8（b）中展示了 5.3.4 节概述的训练结束时，补偿系数 $w_1[n]$ 和 $w_2[n]$ 的幅度响应。值得注意的是，在此过程中，并未加入式（5.15）中的频率偏移估计值，而是选择了在训练开始前移除频率偏移估计值，相关联的散点图在图 5.8（c）中，即使在训练期间只有 500kHz 的小幅频率偏移，也几乎没有观察到改善效果。这证实了 5.2 节中提到的频率偏移的有害影响，即它造成了训练时所使用的不平衡信道与其实际应用场合之间的不匹配。相反，当将频率偏移估计值加入期望参考信号中时，对应的实验结果如图 5.8（d）和图 5.8（e）所示，其表明所提出的 RF 损伤补偿器能非常有效地减少聚类现象，其在 MSE 方面的改进大约达到了 23dB，远超现有的最先进的 FS 均衡器性能。

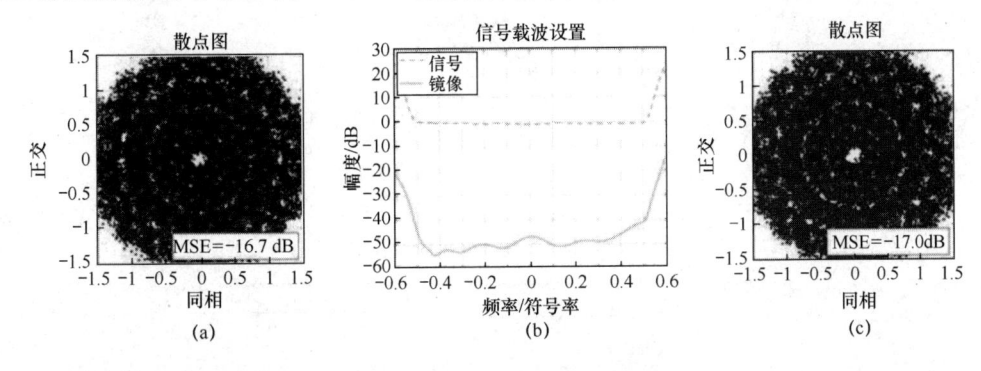

图 5.8 单载波 64APSK 信号通过具有 RF 损伤的 1GHz 调谐器的情况：（a）无 RF 损伤补偿的无噪声散点图；（b）当在训练之前去除频率偏移估计后补偿系数的幅度响应；（c）当在训练之前去除频率偏移估计后具有均衡性的无噪声散点图；（d）和（e）分别是在训练期间加入频率偏移估计时所提出的均衡的幅度响应和无噪声散点图

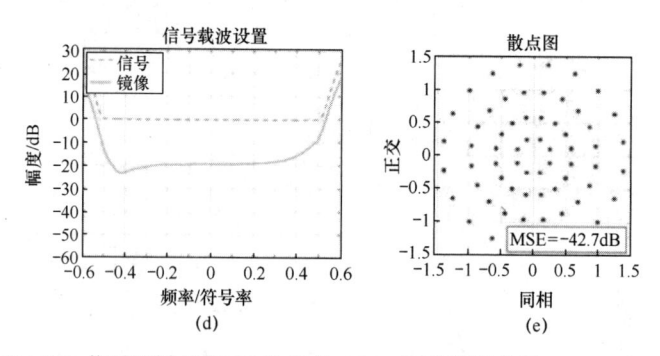

图5.8 单载波64APSK信号通过具有RF损伤的1GHz调谐器的情况：（a）无RF损伤补偿的无噪声散点图；（b）当在训练之前去除频率偏移估计后补偿系数的幅度响应；（c）当在训练之前去除频率偏移估计后具有均衡性的无噪声散点图；（d）和（e）分别是在训练期间加入频率偏移估计时所提出的均衡的幅度响应和无噪声散点图（续）

此外，尽管在训练中使用了500kHz的频率偏移，在应用时使用了4MHz的频率偏移，但提出的补偿仍然取得了很好的结果。

图5.9展示了当采用镜像消除方法进行补偿时的相应结果，其呈现出类似的结果。在图5.9（e）中需要注意的一点是，相较于均衡，镜像消除在补偿效果上并不那么出色，因为它需要基于式（5.18）中所估计的信道模型系数生成额外的消除系数。此外，图5.9（d）还包含了在完全已知RF损伤信道条件下导出的最优消除系数的幅度响应。在这种情况下，由于估计精度的限制，即使在训练阶段采用了强大的RLS算法，性能提升也会受到一定的限制。

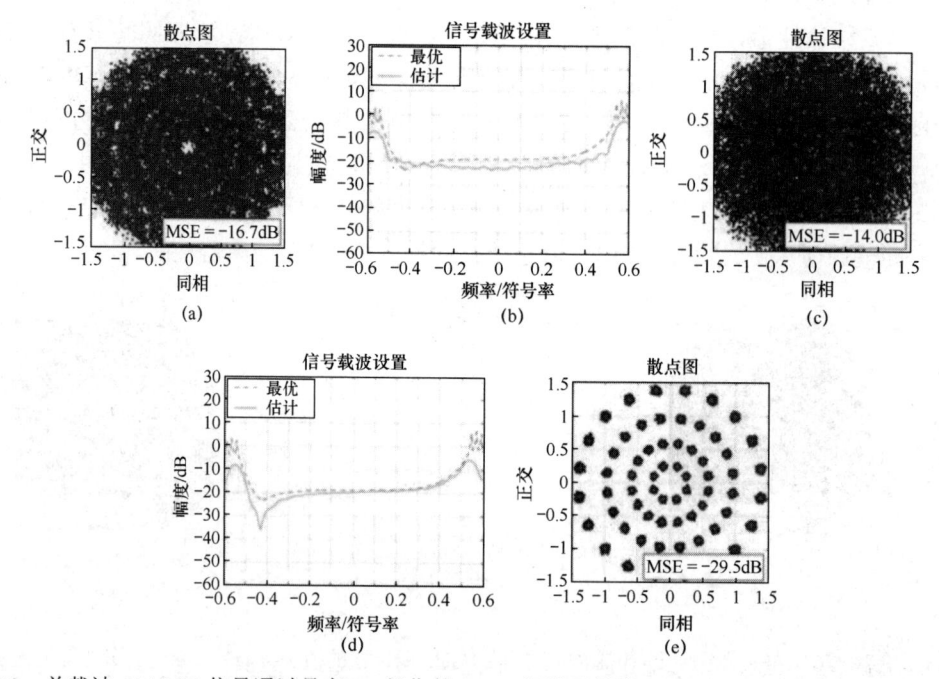

图5.9 单载波64APSK信号通过具有RF损伤的1GHz调谐器的情况：（a）无RF损伤补偿的无噪声散点图；（b）在训练之前去除频率偏移估计后消除系数的幅度响应；（c）在训练之前去除频率偏移估计后消除的无噪声散点图；（d）和（e）分别是当在训练期间加入频率偏移估计时所提出的消除的幅度响应和无噪声散点图

5.5.3 瞬态行为

下面比较了几种基于随机梯度的方法在瞬态行为方面的表现，其中包括对自适应参数的选择，如 λ 和 μ。具体来说，图 5.10 展示了当使用 LMS 算法时，$\mu=0.01$，以及使用 RLS 算法时，在 $\lambda=0.99$ 的情况下，误差信号 $\tilde{e}[n]$ 的幅度统计平均值随样本数 n 的变化情况。图 5.10（a）涉及信道倒置，用于均衡处理，此时 $L_1=L_2=15$；而图 5.10（b）涉及信道识别，用于消除处理，此时 $L_1=L_2=101$。两部分图中都包括了基于同样大小的数据块采用 LS 算法计算得到的结果，以作为收敛性的理论参考。

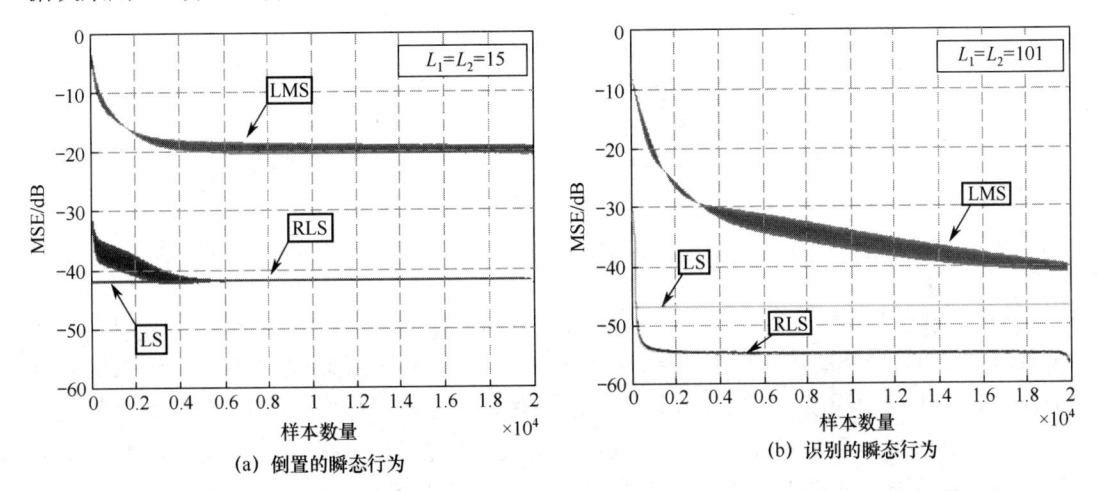

图 5.10 RLS 和 LMS 算法与 LS 算法在信道倒置和信道识别方面的瞬态行为比较

根据图 5.10，我们可以注意到，与 LMS 算法相比，RLS 算法的误差值更低。此外，RLS 算法在提供信道反转时实现了 LS 算法的性能，在提供信道识别时其性能实际上超过了 LS 算法的性能。后者可归因于当参数量较大时，LS 算法所需的矩阵反转步骤的数值不稳定。此外，RLS 算法比 LMS 算法的收敛速度更快是可以证明的。

5.5.4 性能比较

本节对所研究的补偿技术进行了更多比较，包括与一种能够有效减轻频率选择性 I/Q 不平衡的最先进技术的比较。特别是，选择了来自文献[26]的基于区块矩的接收机方案，该方案在镜像路径上应用了补偿系数以恢复补偿器跨度的适当条件。这些系数是根据文献[26]中的式（25）计算的，并应用了额外的类牛顿迭代算法来改善其性能。图 5.11 以 MSE 为指标，展示了补偿系数数量变化时不同补偿技术的仿真结果。图中共有三条曲线：第一条对应的是使用了式（5.5）中镜像抑制均衡器的系统；第二条对应的是使用了式（5.7）中镜像消除器的系统；第三条则是实施了基于区块矩的接收机方案的系统，其性能优于采用 LMS 算法的方案。在有利于基于区块矩的接收机方案的条件下，假定没有频率变化和直流偏移参数。此外，图 5.11 还给出了在不进行 RF 损伤补偿及完美补偿两种极端情况下系统的边界性能。

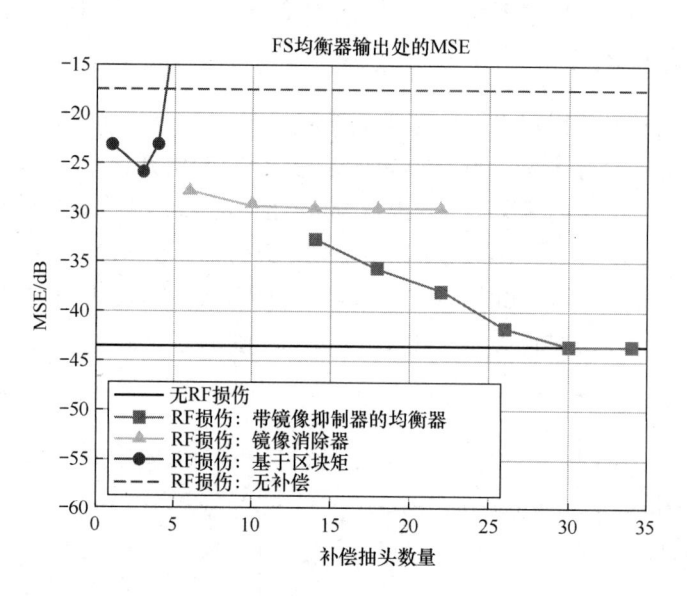

图5.11 单载波64APSK信号通过1GHz调谐器,不同补偿抽头数量的性能比较,其中样本数量 N=50000

如图 5.11 所示,基于区块矩的解决方案比没有补偿的解决方案表现更好,当补偿抽头数量为 3 时,MSE 提高了约 8.4dB。然而,当基于区块矩的补偿器的记忆跨度超过 4 个抽头时,无论使用 15 次类牛顿迭代算法还是在训练阶段采用 50000 个样本,都无法进一步提高性能。目前最先进的方案依赖"适宜性"假设,但在某些应用中,尤其是当使用样本统计量来消除互补自相关函数时,该假设可能较弱。这意味着基于区块矩的补偿方案难以应对 G 波特率范围内信号传输时遇到的大记忆跨度 I/Q 不平衡信道问题。相比之下,采用镜像消除器的系统能容忍更大的记忆跨度。当使用 14 个抽头时,相比于最先进的方案,它可以额外提供 3.6dB 的增益。另外,采用镜像抑制均衡器的系统在每条支路使用 15 个抽头的情况下,能够实现无损补偿。

5.6 结论

本章针对频率偏移情况下的模拟 RF 损伤,提供了两种表征模型:后混频器模型和前混频器模型。本章还提出了具有频率偏移免疫能力的新型数字补偿算法,分为具有镜像抑制能力的均衡技术和镜像消除技术。我们利用自适应技术和堆叠结构,以迭代的方式获取与频率偏移无关的补偿系数。这些方法在使用已知的数据样本进行初始工厂校准或在现场重新校准期间采用决策导向模式进行校准都非常有用。尤其值得关注的是,我们在工厂初始校准阶段通过将测试音发送至不平衡信道来估计频率偏移。大量的计算机仿真研究表明,本章所提出的补偿器能在频率偏移的情况下,无损地衰减不平衡导致的镜像,并消除直流偏移。

本章提出的分析方法和技术,因其卓越的表现,对其他重要的研究方向也极具价值。例如,在利用极高频(EHF)无线电频谱资源[34-35]时,这些方法能够带来积极影响。利用商业上可获得的 Q/V/E 频段的大带宽，可以大幅度解决频谱局限性问题，并且有助于缩小设备体积。因此，当在 EHF 频段工作时，本章提出的方法对抑制正交频率转换电路产生的频率选择性镜像问题的数字解决方案的应用与实验验证，对于 LEO 系统实现超大容量通信具有极大的促进作用。

本章原书参考资料

[1] Sharma S.K., Chatzinotas S., Arapoglou P.-D. (eds.) Satellite communications in the 5G era. Telecommunications. London, UK: Institution of Engineering and Technology; 2018.

[2] 'Study on using satellite access in 5G (release 16)'. [Technical Specification Group Services and System Aspects] Document 3GPP TR 22.822, 3rd Generation Partnership Project. 2018.

[3] Beidas B.F. 'Intermodulation distortion in multicarrier satellite systems: analysis and turbo Volterra equalization'. IEEE Transactions on Communications.2011, vol. 59(6), pp. 1580-1590.

[4] Beidas B.F. 'Powerful nonlinear countermeasures for multicarrier satellites: progression to 5G' in Satellite communications in the 5G era.Telecommunications. London, UK: Institution of Engineering and Technology; 2018. pp. 209-247.

[5] Piemontese A., Modenini A., Colavolpe G., Alagha N.S. 'Improving the spectral efficiency of nonlinear satellite systems through time-frequency packing and advanced receiver processing'. IEEE Transactions on Communications. 2013, vol. 61(8), pp. 3404-3412.

[6] Beidas B.F., Seshadri R.I., Eroz M., Lee L.-N. 'Faster-than-Nyquist signaling and optimized signal constellation for high spectral efficiency communications in nonlinear satellite systems'. IEEE Military Communications Conference (MILCOM); Baltimore, MD, 2014. pp. 818-823.

[7] Chatzinotas S., Ottersten B., De Gaudenzi R. (eds.) Cooperative and cognitive satellite systems. UK: Academic Press; 2015.

[8] Vazquez M.A., Perez-Neira A., Christopoulos D, et al. 'Precoding in multibeam satellite communications: present and future challenges'. IEEE Transactions on Wireless Communications. 2016, vol. 23(6), pp. 88-95.

[9] Arapoglou P.-D., Ginesi A., Cioni S., et al. 'DVB-S2X-enabled precoding for high throughput satellite systems'. International Journal of Satellite Communications and Networking. 2016, vol. 34(3), pp. 439-455.

[10] Andrenacci S., Angelone M., Candreva E.A., et al. 'Physical layer performance of multi-user detection in broadband multi-beam systems based on DVB-S2'.Proceedings of the 20th European Wireless (EW) Conference; 2014. pp. 1-5.

[11] Caus M., Perez-Neira A.I., Angelone M., Ginesi A. 'An innovative interference mitigation approach for high throughput satellite systems'. IEEE 16th International Workshop on Signal Processing Advances in Wireless Communications (SPAWC); Stockholm, Sweden, 2015. pp. 515-519.

[12] Cocco G., Angelone M., Pèrez-Neira A.I. 'Co-channel interference cancelation at the user terminal in multibeam satellite systems'. International Journal of Satellite Communications and Networking. 2017, vol. 35(1), pp. 45-65.

[13] Colavolpe G., Modenini A., Piemontese A., Ugolini A. 'Multiuser detectionin multibeam satellite systems: theoretical analysis and practical schemes'.IEEE Transactions on Communications. 2017, vol. 65(2), pp.

945-955.

[14] Ugolini A., Colavolpe G., Angelone M., Vanelli-Coralli A., Ginesi A.'Capacity of interference exploitation schemes in multibeam satellite systems'. IEEE Transactions on Aerospace and Electronic Systems. 2019, vol.55(6), pp. 3230-3245.

[15] De Gaudenzi R., Alagha N., Angelone M., Gallinaro G. 'Exploiting code division multiplexing with decentralized multiuser detection in the satellite multibeam forward link'. International Journal of Satellite Communications and Networking. 2018, vol. 36(3), pp. 239-276.

[16] Beidas B.F., Seshadri R.I. 'Superior iterative detection for co-channel interference in multibeam satellite systems'. IEEE Transactions on Communications.2020, vol. 68(12), pp. 7660-7671.

[17] Mirabbasi S., Martin K. 'Classical and modern receiver architectures'. IEEE Communications Magazine. 2000, vol. 38(11), pp. 132-139.

[18] Mak P.-I., U S.-P., Martins R. 'Transceiver architecture selection: review, state-of-the-art survey and case study'. IEEE Circuits and Systems Magazine. 2007, vol. 7(2), pp. 6-25.

[19] Beidas B.F., Seshadri R.I., Becker N. 'Multicarrier successive predistortion for nonlinear satellite systems'. IEEE Transactions on Communications.2015, vol. 63(4), pp. 1373-1382.

[20] Beidas B.F. 'Adaptive digital signal predistortion for nonlinear communication systems using successive methods'. IEEE Transactions on Communications.2016, vol. 64(5), pp. 2166-2175.

[21] Beidas B.F., Seshadri R.I. 'OFDM-like signaling for broadband satellite applications: analysis and advanced compensation'. IEEE Transactions on Communications. 2017, vol. 65(10), pp. 4433-4445.

[22] Piazza R., Bhavani Shankar M.R., Ottersten B. 'Data predistortion for multicarrier satellite channels based on direct learning'. IEEE Transactions on Signal Processing. 2014, vol. 62(22), pp. 5868-5880.

[23] Cioni S., Colavolpe G., Mignone V., et al. 'Transmission parameters optimization and receiver architectures for DVB-S2X systems'. International Journal of Satellite Communications and Networking. 2016, vol. 34(3), pp.337-350.

[24] Valkama M., Renfors M., Koivunen V. 'Advanced methods for I/Q imbalance compensation in communication receivers'. IEEE Transactions on Signal Processing. 2001, vol. 49(10), pp. 2335-2344.

[25] Fettweis G., Lohning M., Petrovic D, et al. 'Dirty RF: a new paradigm'.Proceedings of the IEEE 16th International Symposium on Personal, Indoor and Mobile Radio Communications (PIMRC); 2005. pp. 2347-2355.

[26] Anttila L., Valkama M., Renfors M. 'Circularity-based I/Q imbalance compensation in wideband direct-conversion receivers'. IEEE Transactions on Vehicular Technology. 2008, vol. 57(4), pp. 2099-2113.

[27] Valkama M., Renfors M., Koivunen V. 'Compensation of frequency-selective I/Q imbalances in wideband receivers: models and algorithms'. SPAWC-2001.Third IEEE Signal Processing Workshop on Signal Processing Advances in Wireless Communications; Taiwan, China, 2001. pp. 42-45.

[28] Yu L., Snelgrove W.M. 'A novel adaptive mismatch cancellation system for quadrature IF radio receivers'. IEEE Transactions on Circuits and Systems II.1999, vol. 46(6), pp. 789-801.

[29] Pun K.P., Franca J.E., Azeredo-Leme C., Chan C.F., Choy C.S. 'Correction of frequency-dependent I/Q mismatches in quadrature receivers'. Electron Lett.2001, vol. 37(23), pp. 1415-1417.

[30] Xing G., Shen M., Liu H. 'Frequency offset and I/Q imbalance compensation for direct-conversion receivers'. IEEE Transactions on Wireless Communications. 2005, vol. 4(2), pp. 673-680.

[31] Beidas B.F. 'Radio-frequency impairments compensation in ultra high-throughput satellite systems'. IEEE Transactions on Communications. 2019,vol. 67(9), pp. 6025-6038.

[32] Beidas B.F., Seshadri R.I. 'Analysis and compensation for nonlinear interference of two high-order modulation carriers over satellite link'. IEEE Transactions on Communications. 2010, vol. 58(6), pp. 1824-1833.

[33] Rife D., Boorstyn R. 'Single tone parameter estimation from discrete-time observations'. IEEE Transactions on Information Theory. 1974, vol. 20(5), pp. 591-598.

[34] Kourogiorgas C.I., Lyras N., Panagopoulos A.D, et al. 'Capacity statistics evaluation for next generation broadband MEO satellite systems'. IEEE Transactions on Aerospace and Electronic Systems. 2017, vol. 53(5), pp. 2344-2358.

[35] Rossi T., De Sanctis M., Domenico S.D., Ruggieri M., Cianca E. 'Low-complexity blind equalization in Q/V band satellite links: an experimental assessment'. IEEE Transactions on Aerospace and Electronic Systems. 2021, vol. 57(6), pp. 4465-4471.

第6章　有效载荷设计中的灵活性/复杂性权衡

弗洛里安·维达尔[1]，埃尔韦·勒盖[1]，乔治·古塞提斯[2]，
塞戈莱纳·图鲍[1]，让·迪迪埃·盖拉德[1]

6.1　引言

GEO 卫星通信网络为移动或固定服务提供了广泛的覆盖范围，充分利用了卫星平台的优势[1]。这些服务可以是多播、广播或单播。广播通常用于无线电或电视服务，而多播和单播更多地应用于数据服务、移动通信、宽带互联网和多媒体服务[2]。宽带服务要求每个 UE 拥有较高的数据速率，从而需要更大的频率带宽和更高的等效各向同性辐射功率（EIRP）。为了满足这一需求，卫星采用了基于多波束覆盖的天线架构，通过高天线指向性和频率复用来增加可用的总频率带宽[3]。在 5G 背景下，诸如广覆盖、低延迟和高可靠性等要求成了优先考虑的因素。在这种环境下，LEO 卫星大型星座相对于 GEO 卫星带来了颇具前景的优势：

- NGSO 星座，如极轨道卫星星座，可以在地球两极提供无缝的连接服务，这是 GSO 卫星在极地区域由于用户俯仰角较低而无法做到的。
- GSO 卫星由于卫星与地球之间 36000km 的路径长度，其往返时间（Round Trip Time，RTT）延迟约为 500ms，远高于 5G 所设定的 1ms 的目标[4]。这一低延迟要求对于诸如实时健康监测或金融交易等应用至关重要[4]。而当考虑一颗位于 1200km 高度的卫星时，其往返延迟可以降至 16ms，这使得它们在对低延迟有要求的应用场景中成为比 GSO 卫星更可行的解决方案。
- 大型星座中的卫星数量众多，可以显著降低失去一颗卫星导致服务质量严重下降的风险。此外，相比整个系统的资本支出（CAPEX），备用卫星可以低成本地进入轨道待命，以防主星出现故障。

通过上述分析可知，LEO 巨型星座是能够支持 5G 网络的相关解决方案。LEO 卫星在绕地球运行的过程中会在其天线视场（Field of View，FOV）内经历多样化的流量分布。在有效载荷层面，引入灵活性对于处理用户分布至关重要，因为用户分布可能涉及从整个视场内的均匀分布 [见图 6.1（a）] 到非常密集的集中分布。在均匀流量场景下，给各个波束均匀分配资源是最优选择，以满足用户需求。这种解决方案可以通过配备静态资源分配和不可转向多波束天线的有效载荷来实现，OneWeb 就选择了这种方

---

1 法国图卢兹泰雷兹阿莱尼亚航天公司。
2 英国爱丁堡赫瑞瓦特大学。

式，其配备了 16 个不可转向的、高度椭圆的波束[5]。然而，在非均匀流量场景下，只有少数波束可能处于活跃状态。此时，资源分配的灵活性至关重要，以满足需求。缺乏灵活性会导致在人口稀疏地区的资源浪费，同时无法满足人口密集地区所需的吞吐量。卫星运营商可能会因此被迫降低对客户的数据费率，从而丧失潜在收入。灵活性需求意味着需要采用自适应的有效载荷，如 ISL 或可重构天线等技术，但这无疑会带来额外的成本和复杂性。Telesat 和 SpaceX 的星链就是采用了这种技术路线[5]。

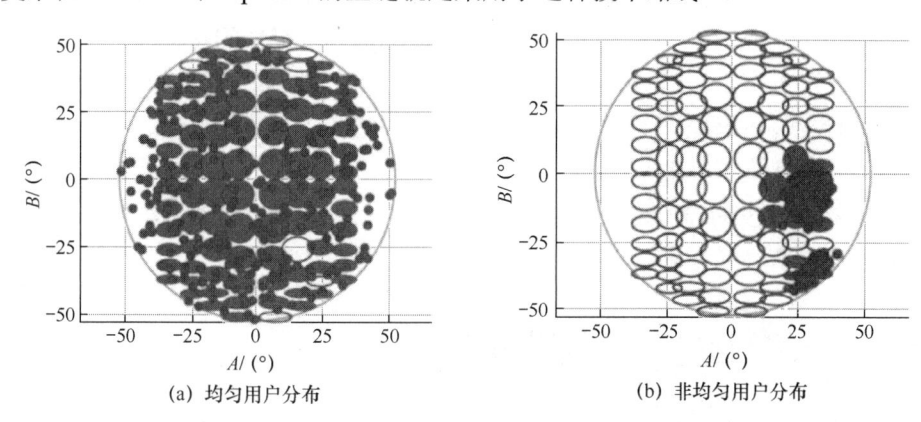

(a) 均匀用户分布

(b) 非均匀用户分布

图 6.1　不同流量分布的天线视场（带有流量的波束会被着色，而用户则由点状符号来表示）

根据实现的技术和系统架构，有效载荷级别的灵活性使卫星能够重新分配资源，包括功率、频率、时间和覆盖范围，以适应各种场景。

- 在时间域上，跳波束（BH）是一种日益受关注的解决方案，其中卫星资源在时间域内共享[6]。BH 的工作原理是将时间分割成多个时隙，并在每个时隙内激活一组波束。铁氧体开关是实现 BH 的一种成熟技术[7]。通过 BH 技术，原本不具有灵活性的天线方案，如带有聚焦光学元件和每个波束都具有馈源（Single Feed Per Beam，SFPB）的天线阵列，可以获得资源分配上的灵活性。
- 在频率域上，通过有效载荷数字核心［如数字透明处理器（Digital Transparent Processor，DTP）］可以实现最佳匹配容量请求的波束之间的灵活频率分配和灵活的信道化[8]。
- 在功率域上，由于无源多波束天线使用了多端口放大器（MPA），而有源天线使用了分布式放大器，功率分配的灵活性是可以实现的。随着需要分配功率的波束数量的增加，MPA 的复杂性也会相应提高，可能导致隔离度和线性度方面的问题。
- 在空间域上，通过波束指向技术实现的灵活性可以借助机械转向天线或 PAA 来达成。PAA 解决方案需要一个 BFN，BFN 的实现既可以通过数字化的方式，在 DTP 内部完成[10]；也可以采用模拟方式，比如利用移相器、巴特勒矩阵或是准光学波束成形器（Quasi-Optical Beam Formers，QOBF）等手段实现[11]。混合波束成形策略结合了模拟与数字技术，能够在 BFN 的复杂程度和空间灵活性之间提供一种折中方案[12]。通过波束成形手段，如预编码技术来减轻干扰，也是一种提升传输速率的备选方案[13]。然而，这也意味着在信道估计和波束成形系数计算方面的复杂性会增加。

有各种各样的解决方案可以实现卫星有效载荷的灵活性。因此，需要对这些解决方案的性能和复杂性进行基准测试。

以下介绍了一种用于评估有效载荷架构的方法论，该方法论考虑了不同领域的灵活性。该方法论实现了一个资源分配算法，该算法可以利用所考虑的有效载荷的灵活性。为了描述用户分布的非均匀性，我们引入了一个参数。通过这个参数，可以评估不同 LEO 卫星有效载荷架构在沿其轨道飞行的过程中，支持不同用户分布场景的能力。为了说明该方法论的优点，我们将对具有不同灵活性级别和复杂性的几种 LEO 卫星有效载荷架构进行基准测试。为了简洁起见，本章重点介绍了卫星和 UE 之间的前向下行链路吞吐量，预计对回程链路的研究不会改变本章所提出的方法论或结论。6.2 节描述了这几种 LEO 卫星有效载荷架构；6.3 节介绍了一种参数化有效载荷设计的方法；6.4 节描述了用于计算吞吐量的非均匀性参数和资源分配算法；6.5 节展示了研究成果，其中包括对有效载荷复杂性的考量。

6.2 LEO 卫星有效载荷实例

假设一个巨型卫星星座场景，其中卫星位于 1200km 高度的极地轨道上。卫星在 Ka 频段运行，以访问更多的频率带宽，这对于宽带服务至关重要。LEO 卫星的一个特殊问题是，由于路径损耗的增加，信号在覆盖范围的中心和边缘会经历不同的衰减。在这种情况下，路径损耗反映了 RF 信号在空气中传播时的衰减。这种衰减的原因主要有两个：一是电磁波在自由空间中传播时波前的扩张，即自由空间损耗，由式（6.1）定义，其中 d 表示卫星与 UE 之间的距离，λ 为波长；二是大气中的吸收效应，包括雨、云和气体等因素造成的吸收损失。

$$\text{FreeSpaceLoss} = \left(\frac{4\pi d}{\lambda}\right)^2 \tag{6.1}$$

大气造成的衰减可以按照文献[14]进行估算。对于初步研究，仅考虑由（6.1）定义的自由空间损耗即可满足要求。在这种情况下，天线视场被定义为卫星与用户视线直通且仰角大于 20°的区域。低于此仰角时，卫星可能会被建筑物或地形遮挡，且由于卫星与 UE 之间的距离增大，链路预算较差。自由空间损耗随仰角的变化如图 6.2（a）所示。当地面用户处于 20°仰角时，用户处于 52°扫描角度位置，这对应着额外 6.2dB 的路径损耗。

为了在整个覆盖范围内提供均匀的 EIRP，需要在较高仰角区域使用更具指向性的波束来补偿增加的路径损耗。一种替代方案是使用不同功率级别的 HPA。然而，与使用单个 HPA 设计相比，这种方法更为昂贵。另一种替代方案是发射更多的卫星，减小扫描角度，从而减小天线视场中心和边缘的路径损耗差异。然而，随着需要制造的卫星数量的增加，这种方法更加昂贵。

在较大扫描角度下使用更具指向性的波束以实现功率通量恒定的覆盖，被称为等通量覆盖。等通量覆盖的一个示例如图 6.2（b）所示。它确保了地面上几乎恒定的功率通量。需要注意的是，等通量覆盖的波束在地球表面的投影会产生相似的覆盖区。这意味着由于

第 6 章 有效载荷设计中的灵活性/复杂性权衡

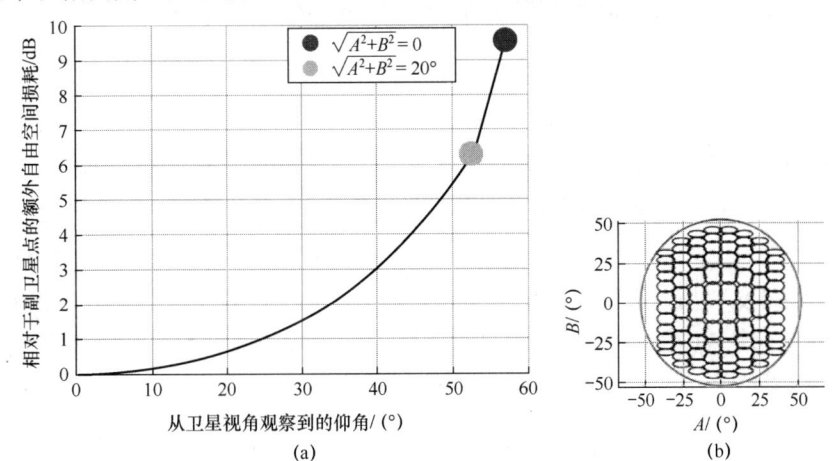

地球的曲率和指向角,处于覆盖边缘的波束会比指向星下点的波束具有更大的覆盖区。

图 6.2 (a) 在 1200km 高度处,高仰角用户的自由空间损耗;(b) 具有等通量特性的多波束覆盖,由沿着 8 列的 96 个波束成形,椭圆表示波束的 3dB 等增益轮廓

由于这些相似的覆盖区,在多个轨道运行期间,所有波束都会经历类似的每波束最大流量。此外,为了避免对 GEO 系统的用户产生干扰,需要沿着南北轴方向设置陡峭的波束斜率,这就暗示了使用椭圆形波束的可能性。通过采用椭圆形波束,极轨道卫星运营商可以在不影响南北方向用户的情况下,关闭一组波束(以避免对 GEO 卫星造成干扰)。文献[15]指出,在关闭波束覆盖下的用户可以通过以下两种方式由邻近卫星继续提供服务:调整相邻卫星的俯仰角以倾斜波束,或扩大卫星的覆盖范围。

在后续部分中,覆盖范围表示为 AB 坐标,且满足式(6.2)。

$$\begin{cases} \theta = \sqrt{A^2 + B^2} \\ \phi = \arctan(A/B) \end{cases} \quad (6.2)$$

式中,θ 和 ϕ 是卫星坐标系中的球坐标。图 6.3 中的 z 轴指向地球,y 轴指向卫星的速度方向。

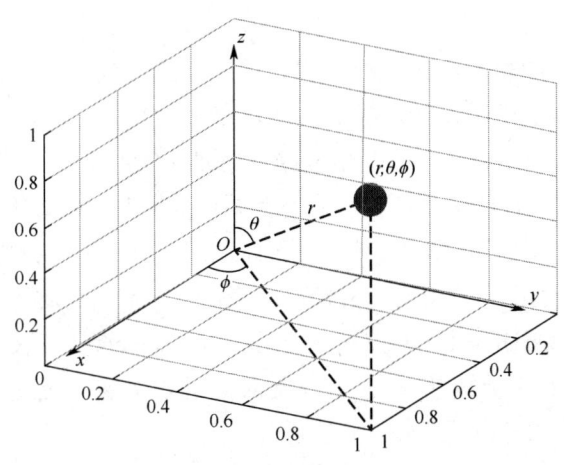

图 6.3 球坐标

6.2.1 具有静态资源分配的多个固定波束覆盖

满足等通量要求的天线解决方案是基于 QOBF 和圆柱形发射机的天线概念，如图 6.4（a）所示，文献[16]对此有详细描述。这种天线架构通过相同的辐射孔径产生多个波束，因此是 LEO 卫星平台的紧凑型解决方案。在容纳约束方面，考虑 17 个卫星平台需要安装到直径为 5m 的发射器整流罩中，天线阵列的最大体积为 1.5m×5m×0.5m[16]。图 6.4（b）展示了在一个适合单次发射多颗卫星的小型平台上布置的发射（Tx）天线和接收（Rx）天线。法国国家空间研究中心（CNES）在研究"星座多天线结构"期间开发的这种解决方案被证明具有与传统喇叭天线阵列相当的辐射性能，还具有紧凑性的优点[16]。

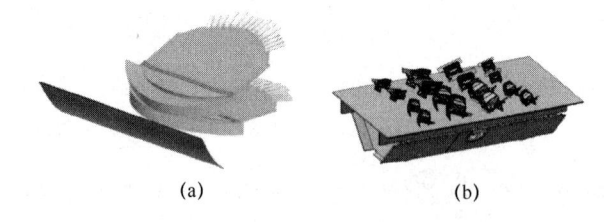

图 6.4 （a）具有圆柱形发射机的 QOBF 和（b）安装在小型卫星平台上的整个天线的容纳空间

这种天线可以支持在 SFPB 配置下具有固定频率计划的载荷架构。SFPB 意味着每个波束由单独的一个 HPA 进行放大。等通量覆盖的一个问题是波束格栅结构不规则，这与传统的 GSO 六边形四色方案相反[17]。为此，我们采用了基于 DSATUR 算法[18]的图形着色算法来分配每个波束的频率带宽。该算法能够高效地提供避免相邻波束之间频率带重复使用的频率规划，从而有效防止由此产生的干扰。为了实现可接受的干扰抑制效果，我们采用了六色复用方案。尽管目标是采取更为激进的频率复用策略，但由于 LEO 卫星平台可用功率的限制，每个波束放大的带宽是有限的。若将频率带进一步细分为更多的子带，虽然可以减少干扰，但代价是每个波束的带宽减小，从而导致总容量下降。

图 6.5（a）所示的静态资源分配架构采用了行波管放大器（Traveling Wave Tube Amplifier，TWTA）。之所以选择这类放大器，是因为它们能满足所需功率及工作频段（Ka 频段）的要求。图中还表示了输出多路复用器（OMUX），但其在计算吞吐量时并未发挥作用。该架构并未配备 DTP，因为不需要进行星上路由功能，但可以实现前向上行链路和下行链路频率之间的静态映射。然而，由于该架构提供的覆盖区域固定且资源分配固定，它可能对于用户分布均匀的情况[见图 6.1（a）]是最佳的，但对于视场内用户分布不均匀的场景[见图 6.1（b）]则可能无法满足需求。在这种情况下，需要更灵活的解决方案，接下来将会提出其他一些灵活的解决方案。这些载荷架构遵循了与 OneWeb 卫星载荷相同的基本原则。

```
HPA OMUX    天线馈源        HPA    铁氧体        天线馈源
                                   开关  1:6
```

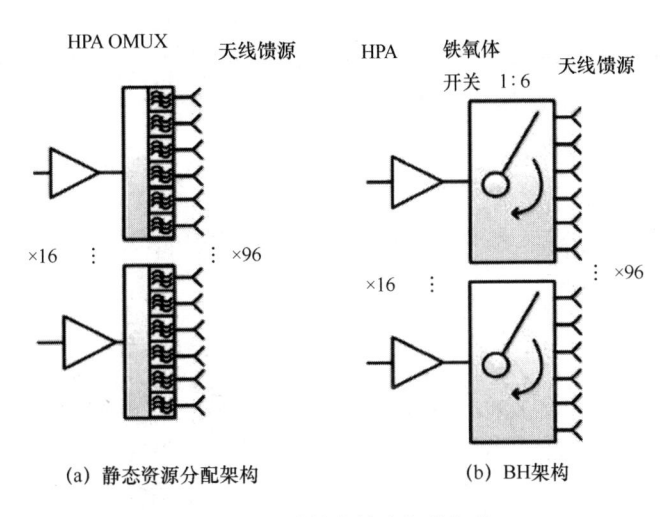

(a) 静态资源分配架构   (b) BH架构

图 6.5 有效载荷输出部分架构

6.2.2 具有 BH 能力的多波束覆盖

正如引言中所讨论的，采用 BH 的时间域解决方案可以提供更高的灵活性。图 6.5（b）展示了在后级放大阶段使用铁氧体开关的实现示例。在这种情况下，为了分配时隙，铁氧体开关数量与高功率放大器的数量需要相同。铁氧体开关的集成会增加质量、功耗和容纳需求，因此，相比之前的架构，这个架构更复杂。据估计，开关造成的插入损耗低于 0.2dB[7]，在此假设下，我们可以忽略这部分损耗。然而，在实施多级开关的情况下，这部分损耗不容忽视。在图 6.5（b）所示的架构中，每个 TWTA 都连接到一组六个可能的波束中，而在每个时隙内，仅有一个波束被激活。在考虑的架构中，每个时隙内，96 个波束中有 16 个波束处于活动状态。在每个时隙内，被激活的波束会在整个可用的前向下行链路频率带宽上传输信号。波束与时隙分配的优化算法将在 6.4 节中详细介绍。

6.2.3 具有沿一个轴转向能力的多波束覆盖

本节所考虑的架构是一种混合架构。它使用无源线性 QOBF 阵列在固定坐标 A 的列中形成波束（每个波束天线有多个馈源），并通过模拟波束成形器（ABF）沿 B 轴控制波束。ABF 可以基于 MMIC 移相器。这些波束基于时隙进行控制。灵活性仅限于沿一个轴控制波束。然而，这种架构比 BH 架构更具灵活性，因为波束可以精确地指向用户位置，从而限制增益损失。该架构还在一个方向上实现了等通量，以补偿先前描述的路径损耗。QOBF 造成的损失非常小[11]，因此在以下分析中忽略了这些损失。为了进行比较，时间域的灵活性也在这种架构中通过 BH 实现。与前面的架构一样，每个时隙都点亮 16 个波束，但现在每列最多有两个波束，因为每个 ABF 都与处理器的两个端口相连。因此，这种有效载荷无法将功率从一个列重新分配到另一个列。图 6.6 中每个 ABF 输出端的 HPA 对应于每个控制列的分布式放大。这种有效载荷架构选择了固态功率放大器（SSPA），因为考虑适应性及每个HPA所需的功率要低于SFPB架构。

图6.6中介绍的混合架构是模拟相移和准光学技术的混合。在GEO使用案例中，文献[19]提出的模拟/数字或准光学/数字的混合也很有意义。

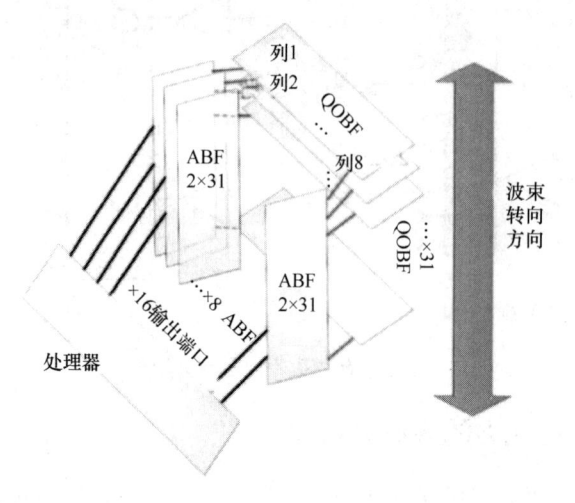

图6.6 采用模拟加准数字波束成形的混合转向架构

6.2.4 基准测试中未考虑的其他架构

有效载荷架构还可以整合DTP，以便灵活分配用户和网关所形成的波束中的频率带宽。DTP也可能包括数字波束成形（DBF）功能。当面对大量波束和辐射元时，相比于完全采用模拟波束成形（Analog Beamforming，ABF），DBF是一种更理想的波束成形解决方案。举例来说，如果要使用100个辐射元形成1000个波束，ABF架构就需要1000个100通道RF功率分配器及100000(100×1000)个模拟移相器，这对于封装设计而言极具挑战性。对于较少数量的波束或辐射元情况，模拟波束成形可能更具吸引力，因为硬件解决方案会相对简单，且与数字波束成形相比，模拟波束成形的能耗和热耗散都会更低。

不同于图6.6所示的透镜阵列，也可以实现由如喇叭天线等辐射单元组成的阵列。例如，图6.7（a）中展示了一个具有351个辐射单元的圆形直接辐射阵列（Circular Direct Radiating Array，CDRA）实例。这种天线（专为MEO应用设计）是活动式的，这意味着每个辐射单元都集成了一个HPA。该技术允许在波束间共享功率，并且在个别HPA发生故障时能够实现平滑降级运行。此外，活动式天线的优点在于HPA可以补偿中继器内部的损耗。不过，此类架构的一个局限性在于每个辐射单元都需要配置一个RF链路。RF链路通常定义为包括HPA、频率转换器、ADC、数模转换（DAC）及DTP端口等一系列电子组件。RF链路越多，其对功耗、重量和机械结构的要求就越严格。文献[20]中比较了配备全数字波束成形（Full DBF）的CDRA与具有类似6.2.3节所述架构的有效载荷。

(a) CRDA的辐射单元布局

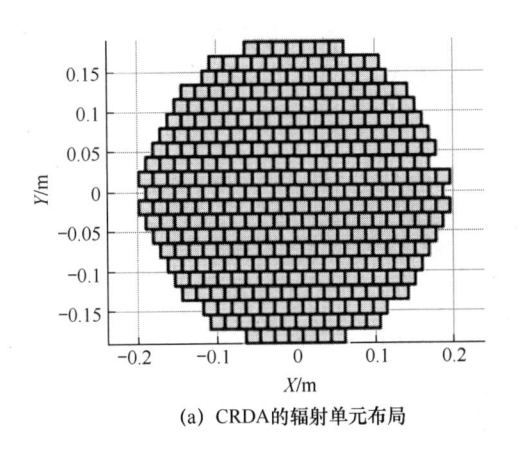

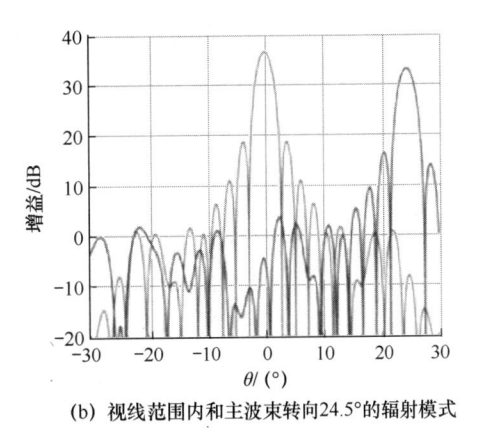

(b) 视线范围内和主波束转向24.5°的辐射模式

图 6.7　CRDA 示意图

6.3　有效载荷模型

6.2 节定义了用于基准测试的有效载荷架构。本节将对这些有效载荷进行特性描述，这些特性包括天线辐射模式、天线监测方式（BH、波束指向）及功率分配方式（SFPB、每波束多馈源）。

6.3.1　辐射模式

对于采用静态资源分配架构和 BH 架构的系统，其 QOBF 的辐射模式是通过光线跟踪法[21]计算的。然后，可以利用商业卫星天线设计与分析软件包 GRASP 来计算由 QOBF 照射的双曲面反射器构成的天线子系统的辐射情况。为了最大限度地减少波束间干扰及对 GEO 卫星的干扰，反射器的边缘部分设计了至少 10dB 的滚降，保证了较低的副瓣水平。

对于可操纵的情况，将 QOBF 的模拟辐射模式组合成相控阵。每列波束代表一个 QOBF 的输入端口。线性阵列的幅度系数根据泰勒定律选择，以降低南北轴上的旁瓣电平。在东西轴上，通过减小 QOBF 孔径的尺寸来降低旁瓣电平。

另外，可以使用闭合形式的解析表达式或测量来代表天线的辐射模式。ITU 提出了辐射模式模型[22]，这些模型可能有助于计算 NGSO FSS 的容量和进行干扰检查。

6.3.2　天线监测

在本节中，我们关注两种不同的天线监测技术：BH 技术和波束指向技术。对于 BH 技术，波束已经预先形成，并遵循图 6.2 所示的网格布局。BH 技术的核心在于，通过合理分配各个波束的最佳时隙，最大限度地减少波束间的干扰。在进行时隙分配时，必须遵守功率共享的限制，即每个放大器的功率会被固定分配给一组波束。而在图 6.6 所示的架构中，则采用了波束指向技术。这种情况下，天线能够灵活地调整指向，朝向并非预先设定的最优方向。为了简化波束指向场景下的优化过程，我们在处理天线视场时，如图 6.8 所示，对其进行采样，设置一系列可能的预设波束位置。接着，保留并考虑那些真正服务于用户的波束，在资源分配问题中仅针对这些波束进行优化，从而减小优化问题的规模，使其更容易求解。

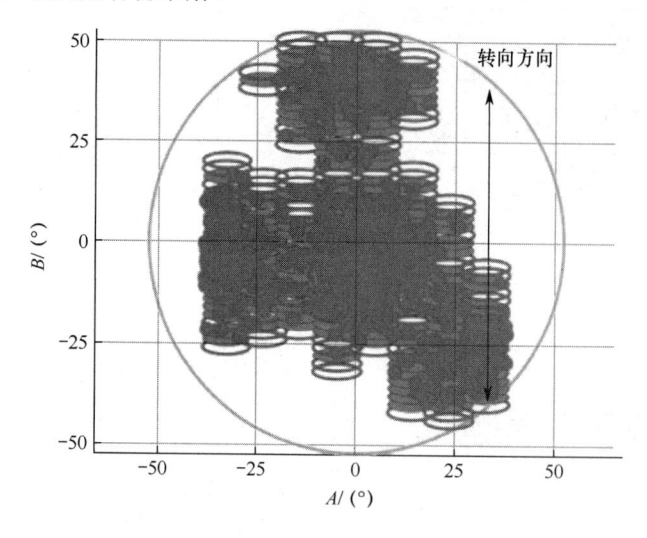

图 6.8　在 A 方向上实施等通量，以在用户侧生成定向波束

6.3.3　HPA

资源分配算法的一个约束（稍后在 6.4 节中详细说明）与波束之间的功率共享有关。功率共享可通过一个大小为 $N_{HPA} \times N_b$ 的二进制矩阵 $\boldsymbol{M}$ 表示，其中 N_{HPA} 表示单个 HPA 或分布式 HPA 组（如在波束指向架构或 MPA 案例中）的数量，N_b 表示波束总数。当来自 HPA h 的功率可以分配给波束 b 时，$M_{h,b}$ 等于 1，否则为 0。在 BH 架构中，连接矩阵将 HPA 与其可能照亮的波束连接起来。具有静态资源分配和 BH 架构的连接矩阵定义如式（6.3）所示。

$$\boldsymbol{M} = \left. \begin{bmatrix} \overbrace{1 \ 1 \ 1 \ 1 \ 1 \ 1 \ 0 \ \cdots \ 0}^{\text{6个波束与同一个开关或HPA相连}} \\ 0 \ 0 \ 0 \ 0 \ 0 \ 0 \ 1 \ \cdots \ 0 \\ \vdots \ \vdots \ \vdots \ \vdots \ \vdots \ \vdots \ \vdots \ \ddots \ \vdots \\ 0 \ 0 \ 0 \ 0 \ 0 \ 0 \ \cdots \ 0 \ 1 \end{bmatrix} \right\} \text{16个放大器} \quad (6.3)$$

在波束指向架构中，每个转向列都有一个由一组 HPA 供电的分布式放大环节。这样一来，如图 6.8 所示，每一列波束共享一组共同的功率资源，该资源是由每个 ABF 输出端的放大器组成的。值得注意的是，对于这种架构，其连接矩阵会依赖预成形波束的位置。这些预成形波束的位置是从视场中用户位置推导得出的，这一点在图 6.8 中有具体展示。弯曲管道（Bent Pipe）和波束指向架构的连接矩阵在式（6.4）中进行了定义。

$$M = \begin{bmatrix} 1 & 1 & 1 & 1 & 1 & 1 & 0 & \cdots & 0 \\ 0 & 0 & 0 & 0 & 0 & 0 & 1 & \cdots & 0 \\ \vdots & \vdots & \vdots & \vdots & \vdots & \vdots & \vdots & \ddots & \vdots \\ 0 & 0 & 1 & 0 & 0 & 0 & 0 & \cdots & 0 \end{bmatrix} \begin{matrix} \text{预成形波束} \\ \left.\vphantom{\begin{matrix}1\\1\\1\\1\end{matrix}}\right\} 8\text{个HPA池} \end{matrix} \quad (6.4)$$

在文献[23]中能找到连接矩阵的实例，这些实例用来表述资源分配问题中的约束条件。特别是关于功率限制的部分，在 6.4.4 节中会有更详尽的阐述。

6.4 资源分配

6.4.1 用户分布场景生成

本节介绍了一种在预先不知道特定流量模型的情况下生成不同 UE 分布的方法。欧洲委员会设定了一个基本目标，即每个家庭至少达到 100Mbps 的数据速率[24]，该值被认为是单个终端的实际数据传输速率要求。为了模拟场景，研究者按照上述流量需求对 300 个 UE 进行了不同的分布设置，从而使每颗卫星的目标吞吐量达到 30Gbps，这一数值处于当前大型卫星星座项目[5]所考虑的范围内。在进行链路预算计算时，所有用户端天线均假设为直径为 60cm 的天线。这种尺寸对应的固定卫星服务应用具有 GT =15dB/K 的性能指标。本节提出了一种方法来生成多种统计上可能的用户分布情况，从均匀分布到不均匀分布，均有涉及。为了生成均匀分布场景，首先在天线视场内随机选取 AB 坐标对，并遵循均匀分布规律。为了引入非均匀性，需要在某些区域生成密度更高的用户需求。这些被称为"热点"的高流量密度区域，其中心位置被随机地选在视场内的任意位置。UE 的位置首先按照均匀定律随机抽取，然后依据高斯定律围绕热点位置保持，这意味着部分用户集中在热点附近。高斯定律的方差及热点的数量可以根据需要调整，以便增加整体分布的非均匀性。需要注意的是，此处描述的非均匀性指标与下面将要呈现的非均匀性指标之间并没有直接关联。因此，通过随机改变最后提到的两个参数（高斯分布的方差和热点数量），确保覆盖所有可能的交通流量场景至关重要。整个用户分布生成过程已在图 6.9 中详细说明。

6.4.2 流量场景的分布特性

本节定义了一个参数，该参数通过单一数值来表征卫星视场内用户流量分布的均匀程度。用户的流量可以是模拟得到的（例如，遵循 6.4.1 节所述的方法）或者是已知的（见 6.5.2 节）。首先，我们在覆盖区域内产生用户需求分布。这一步骤通过将视场划分为多个椭圆形网格单元来实现，每个单元的表面积与地球上平均波束的覆盖面积相当。图 6.10 给出了一种网格单元的例子，需要注意的是，单元的数量并不直接对应有效载荷产生的实际波束数目。基于给定的流量场景，我们可以计算出每个单元的总流量需求（Aggregate Traffic Demand，ATD）。用于量化非均匀性的参数（记作 μ）在式（6.5）中被定义为各单元内聚合流量需求的标准差与该参数在这些单元内的平均值之比。

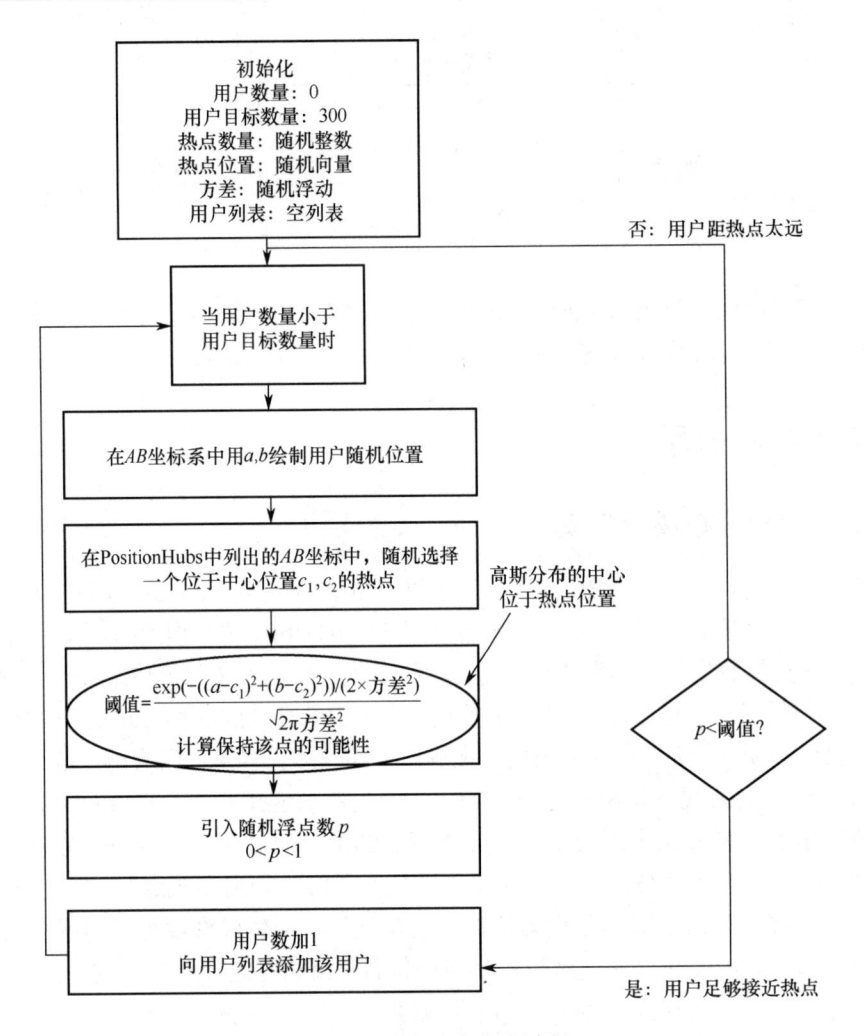

图 6.9 用户分布生成过程

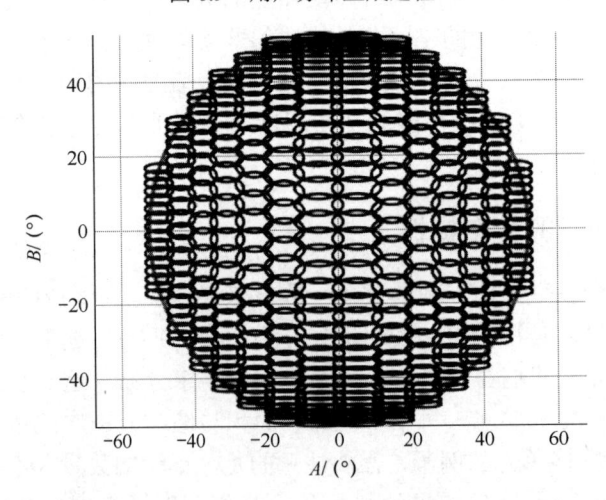

图 6.10 用于计算总流量需求的椭圆等地球投影表面单元

$$\mu = \frac{\text{ATD在覆盖范围内所有单元中的标准差}}{\text{ATD在覆盖范围内所有单元中的平均值}} \quad (6.5)$$

根据上述定义，图 6.11 展示了具有相应非均匀性参数 μ 的用户分布示例。式（6.5）中的结果突出了非均匀性参数与有效载荷架构实现高吞吐量的能力之间的关系。高总流量需求导致较低的吞吐量，这是受可用频段有限及波束间干扰导致的资源复用的影响。

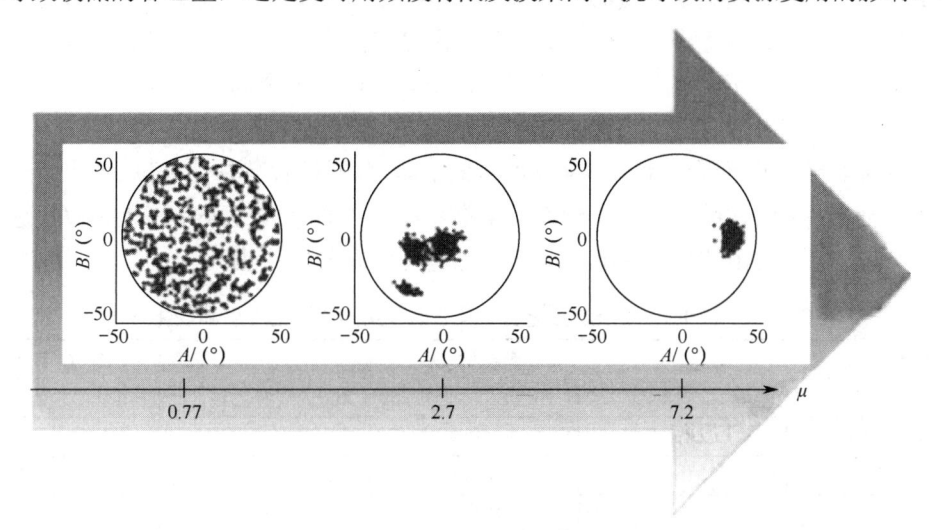

图 6.11　用户分布随非均匀性参数变化的演变

6.4.3　资源分配算法

随着卫星具备了灵活分配其时间、频率和功率资源的能力，资源分配在卫星应用领域成为一个重要课题。文献[25]重点关注基于每束波束流量需求的功率优化问题，在忽略波束间干扰的前提下，可以获得最优功率级别的封闭形式表达式。然而，考虑干扰因素后，功率分配问题成为 NP-Hard（Non-deterministic Polynomial-time Hard）问题。为了解决这个问题，人们提出了诸如遗传算法（GA）、模拟退火（Simulated Annealing，SA）及粒子群优化等元启发式方法[26]。在 BH 情况下或频率块分配时时隙分配也可通过这些方法进行优化，如在文献[6]中，使用 GA 为能够实现 BH 的有效载荷分配时隙；在文献[27]中，则针对不同有效载荷设计优化了频率规划和时隙分配。频率灵活性得益于 DTP 的滤波和路由功能。文献[23]利用功率和频率的灵活性满足所有波束的需求。虽然元启发式方法能够接近最优解，但可能需要较长的计算时间，这对于星载实时实现或需要快速评估大量有效载荷架构的情况不利。为了解决这一问题，可采用贪心算法。这类算法是非迭代的一次性算法，不像前面提到的元启发方法那样反复搜索全局最优解，而是迅速找到局部最优解。文献[28]研究了使用贪心算法处理不同尺寸波束覆盖的问题。在空分多址接入（Space Division Multiple Access，SDMA）方案中，当波束指向 UE 方向时，文献[29-31]采用了基于图着色的贪心算法。文献[32]提出了一种迭代方法，旨在分配载波的同时最小化波束间的干扰。还有一种资源分配方法是整数线性规划（Integer Linear Programming，ILP），它涉及仅使用整数变量解决线性问题，并可通过专门的 ILP

求解器（如 Gurobi[33]）求解。对比实验表明，对于规模较小的问题，ILP 比贪心算法表现更好；但对于大规模问题，ILP 的结果与最优解之间的差距会增大，暗示随着问题规模扩大，算法收敛点距离最优解越来越远。文献[29]也对贪心算法和 ILP 进行了比较，发现随着用户数量增加，ILP 表现优于贪心算法。文献[34]在时频资源分配中同样采用了 ILP。接下来的研究集中于贪心算法和 SA 算法。贪心算法提供了近乎即时的解决方案（尽管可能远离最优解），这对于快速筛选出最有潜力的有效载荷架构非常有用。而 SA 算法由于能在可行解域内进行全局搜索，更有可能逼近全局最优解，因此被选中替代 ILP。SA 算法相对于 ILP 的优势在于，它只需要调整少量参数就能控制算法的收敛性和可评估的可行解域范围，并且不需要严格的数学问题描述，这样就可以更容易地测试有效载荷的各种灵活性维度（包括频率、功率和波束成形等）。表 6.1 对上述算法进行了概述，但请注意，列出的算法并非穷举所有可能的资源分配算法。

表 6.1　文献中的一些资源分配算法及它们利用的灵活性维度和优化方法

来 源 文 献	分　　析	元启发方法	ILP	贪 心 算 法
[25]	√功率			
[26]		√功率		
[6]		√频率		
[27]		√时间/频率		
[23]		√时间/频率		
[28]				√频率
[30]				√频率
[32]	√时间/频率			
[35]			√频率	
[29]				√频率
[34]			√时间/频率	

6.4.4　典型资源分配算法的实现描述

在 BH 和可转向有效载荷架构中，为了将时隙分配给波束，并在繁忙区域分配时隙以避免干扰，需要设计一种资源分配算法。本节采用 SA 算法来解决这一接近 NP-Hard 问题的频率分配问题[36]。SA 算法因其简单性和收敛性方面的优点而受到青睐，研究表明，在给定的不同初始点的流量场景下，该算法都能够收敛至同一最优解，这增强了人们对这种算法准确性的信心。类似于文献[23]中的做法，本节同样采用 SA 算法来解决资源分配问题，并在图 6.12 中以流程图的形式对其进行了详细描述。

SA 算法通过为未满足需求的波束分配时隙，同时考虑波束间干扰来提供波束关联的最优时隙。算法会先给出一个初始解，然后探索可行解域，并估计新随机解的容量。在探索阶段，算法更可能接受吞吐量较低的解。随着迭代次数的增加和温度（T）的降低，接受较差解的概率逐渐减小。冷却因子 α 用于控制温度降低的速度。最终，算法只接受在局部搜索中改进当前配置的时隙分配修改。SA 算法所考虑的参数列于表 6.2 中。

第6章 有效载荷设计中的灵活性/复杂性权衡

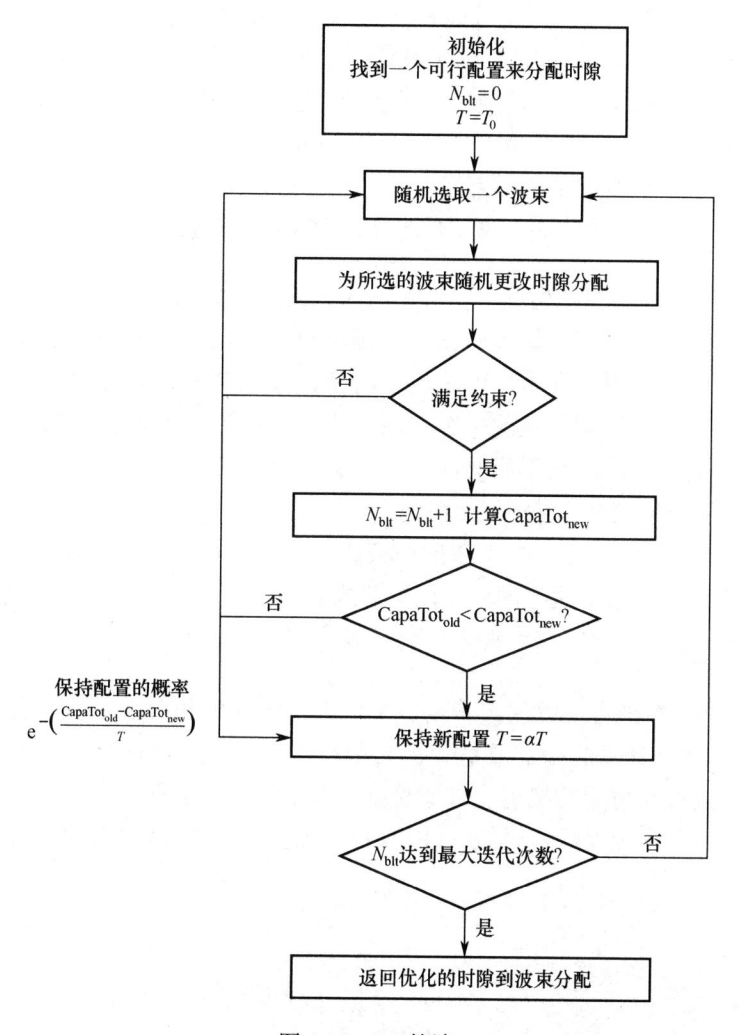

图 6.12 SA 算法

表 6.2 SA 算法参数

初始温度/K	冷 却 因 子	迭 代 次 数
1000	0.9993	20000

初始温度的设置是为了在迭代开始时探索一个广泛的解空间。冷却因子和迭代次数需要联合调整,以平衡全局探索阶段与局部优化阶段的权重。

时隙对波束的分配存储在二进制矩阵 T 中,$T \in S \subset \mathbf{N}^{N_b \times N_t}$,其中,$T_{b,l}=0$ 表示波束 b 在时隙 l 时关闭,$T_{b,l}=1$ 表示该波束在该时隙开启。S 是时隙矩阵的集合,这些矩阵必须满足以下有效载荷约束:

- 对于所有有效载荷来说,通过 6.3.3 节中定义的 M 矩阵连接到特定波束集的 HPA 所能提供的功率是有限的,不可能超出这个极限。这一点体现在以下条件中:$M(T_l \odot W) \leqslant P$,其中,$T_l$ 是矩阵 T 的第 l 列;$\odot$ 表示哈达玛积(Hadamard

Product），用于逐元素地对向量和矩阵进行乘法运算；向量 $\boldsymbol{P} \in \mathbf{R}^{N_{\text{HPA}} \times 1}$，其中包含了每个放大器或分布式放大器所能分配给波束的最大功率，N_{HPA} 代表静态和 BH 架构中 HPA 的数量，或者相当于与分布式放大器组对应的转向列数；向量 $\boldsymbol{W} \in \mathbf{R}^{N_b \times 1}$ 存储了分配给每个波束的功率值。

- 对于所有实现 BH 的有效载荷架构，每个时隙点亮的波束数量假设为 16。该约束可以通过以下公式进行形式化表示：对于所有时隙 l，$\sum_b T_{b,l} \leq 16$。

- 在采用 SFPB 架构的情况下，必须考虑波束与放大器之间的连接矩阵。这个矩阵的作用在于确保一个放大器在同一频段内不会同时为多个波束提供放大服务。在此优化过程中并未直接考虑这一约束，原因是在每个时隙内，每个放大器最多只为整个可用频段上的一个波束提供放大作用。但是，如果系统具备灵活的频隙分配能力，即在不同时间或不同频段内，一个放大器可能需要为多个波束服务，则此时必须考虑这一约束条件。

- 在混合架构中，由于 DTP 中的波束成形限制，对于每一列固定坐标 A，最多只能形成两个波束。这一约束可以用公式表示为：对于任意时隙 l，对于所有转向列 C_i（其中 i 取值为 1~8），必须满足 $\sum_{b \in C_i} T_{b,l} \leq 2$。

UE 的数据速率来自使用载波噪声功率比、干扰水平和考虑数字视频广播第二代卫星（DVB-S2）标准计算的频谱效率[37]。为了在覆盖范围内获得可比的频谱效率，设计选择保持每个波束的恒定功率密度（单位为 W/Hz）。根据式（6.2）中给出的等效辐射功率要求，这种方法确保覆盖区域内 EIRPD 一致，以实现准均匀的频谱效率。优先将用户分配至离他们距离最近的波束中心对应的波束。在式（6.6）中，$\left(\dfrac{C}{N}\right)_i^j$ 表示属于波束 i 的用户 j 的载波噪声比。

$$\left(\frac{C}{N}\right)_i^j = P_i g_i^j \left(\frac{4\pi d_j}{\lambda}\right)^{-2} \left(\frac{G}{T}\right)_j \frac{1}{k B_i} \tag{6.6}$$

式中，P_i 是分配给波束 i 的功率，d_j 是卫星和用户 j 之间的距离，g_i^j 是波束 i 指向用户 j 的增益，$\left(\dfrac{G}{T}\right)_j$ 是 UE 的天线增益噪声温度比，k 是玻尔兹曼常数，B_i 是分配给波束 i 的频率带宽。

属于波束 i 的用户 j 的载波干扰功率比定义为

$$\left(\frac{C}{I}\right)_i^j = \frac{P_i g_i^j}{\sum_{i', i' \neq i} P_{i'} g_{i'}^j b_{i',i}} \tag{6.7}$$

式中，$b_{i',i}$ 是当波束 i' 和 i 同时被激活的时间比。如果这两个波束在它们有效的所有时隙期间被同时激活，则该系数等于 1；如果它们从不同时被激活，则该系数等于 0。

在用户资源接入方面，我们采用时分多址（Time Division Multiple Access，TDMA）方案，每个波束对应一个载波。当某个波束在一个特定的时隙被分配时，可供用户使用的频率带宽将按照贪心原则分配，即首先为信道预算最佳（信号质量最好）的用户分配资源。再按照 DVB-S2 标准和式（6.8）给出的 SINR（Signal-to-Interference-plus-Noise Ratio）水平，计算每个用户的频谱效率，并利用 ACM 调制技术来优化数据传输效率。

$$\text{SINR}_i^j = \frac{1}{\left(\frac{C}{N}\right)_i^j + \left(\frac{C}{I}\right)_i^j + \left(\left(\frac{C}{I_{\text{intermod}}}\right)_i^j\right)^{-1}} \quad (6.8)$$

ACM 根据链路条件调整波形，以保持卫星和 UE 之间的通信链路。低 SINR 信号可以通过使用更稳健的调制编码来改善，但代价是较低的频谱效率。相反，在 SINR 较高的情况下，可以使用复杂的符号星座来获得更高的频谱效率。$\frac{C}{I_{\text{intermod}}}$ 是根据放大器运行时的调制特性和输出回退情况估算的。文献[38-39]提供了研究 TWTA 和 SSPA 互调干扰的方法。

在波束指向架构中，波束会在用户位置处生成，目的是简化资源分配问题（请参见图 6.8）。辐射模式在 6.3.1 节中有详细的描述。

6.5 结果

6.5.1 架构性能

前向下行链路的总可用带宽假定为 2.5GHz。根据 6.4.1 节中介绍的方法，我们共生成了 50 个不同的流量场景，这些场景具有不同的总需求。所有有效载荷的设计目标是在一个具有 30Gbps 总需求的统一场景下提供相同的吞吐量。这个需求对应于图 6.13 中的巨型卫星集群每个卫星的目标吞吐量。

图 6.14 展示了在生成的不同 30Gbps 场景中（仅此需求的地理分布各异）每种有效载荷架构的性能。匹配率（MR）被定义为有效载荷分配的总吞吐量与卫星视场内用户总需求量之比。对于所有有效载荷架构来说，随着需求非均匀性的增加，MR 均呈现下降趋势。对于静态资源分配架构，由于资源分配的非灵活性，能够实现的 MR 受到了限制。BH 架构实现了更高的吞吐量，在 $\mu>2$ 的情况下，其吞吐量能达到采用静态资源分配架构的两倍以上。混合架构表现最佳，尤其当 μ 为 1~7 时，其优势尤为明显。当 μ 值超过 7，即在高流量非均匀性情况下，波束指向架构的性能趋于 BH 架构的性能。不同复杂程度的有效载荷架构展现了不同程度的灵活性。最灵活的解决方案——波束指向架构，在最大的 μ 变化范围内表现出最好的 MR，然而它也是最复杂的架构，这一点将在 6.5.3 节进一步讨论。而静态资源分配架构则是最不灵活的，对于大多数 μ 尤其是较大的 μ 值，其 MR 较差，但它是最简单的架构。BH 架构在这两个极端之间，提供了介于两者之间的灵活性和复杂性。从总综合需求分别为 10Gbps[见图 6.14（a）]和 20Gbps[见图 6.14（b）]的场景中可以得出同样的结论，这些场景下的 MR 随综合需求降低而提高。在包含 1000 个用户和总计 20Gbps 需求的场景中也证实了这一趋势（出于简

洁并未在此处展示）。随着非均匀性增加，容量下降，这是因为资源分配算法在避免干扰的同时向 UE 分配带宽存在困难。如果相邻 UE 重复使用频率，则会增加干扰并导致更低的容量。这一现象在图 6.13 中得到了说明，所考虑的载荷架构是在两种场景下具有静态资源分配的架构，这两种场景的总需求均为 30Gbps。

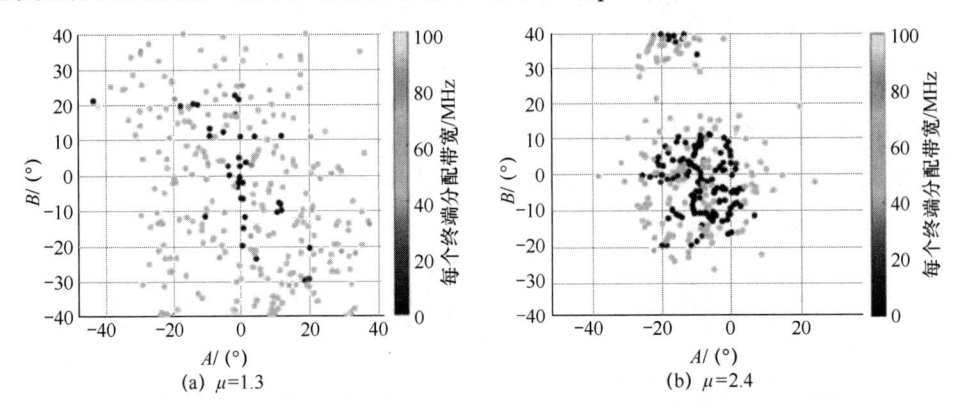

图 6.13 非均匀性对带宽分配的影响

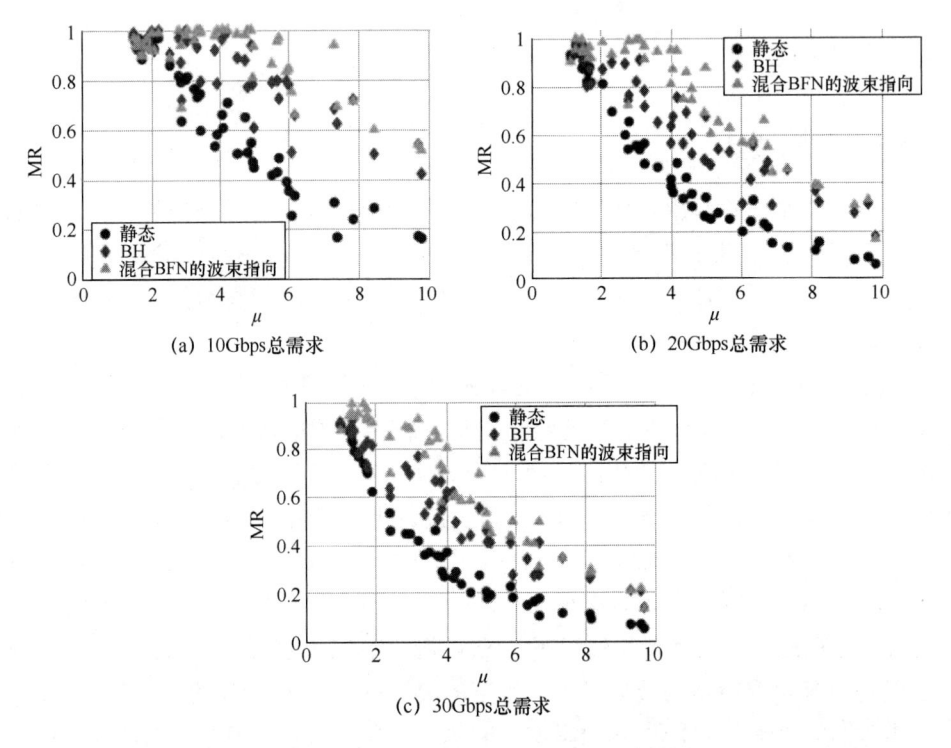

图 6.14 有效载荷架构实现的 MR 变化

参数 μ 用来表征用户分布可变的非均匀性的不同级别。然而，在现实场景中，并非所有可能的 μ 值都会出现，而且不同的非均匀性级别可能会以不同的概率发生。在 6.5.2 节中，我们将利用非均匀性分析结果，为特定的全球用户分布选择最适合的有效载荷架构。

6.5.2 具有实际流量的轨道分析

对于 LEO 星座，估计每个轨道位置的吞吐量是一个成本高昂的过程，因为资源分配算法应针对所考虑的每个有效载荷架构运行一个或多个完整轨道。例如，基于神经网络的机器学习可以用于估计星座的容量[40]。本节提出了一种替代的分析方法，以快速对特定流量场景的有效载荷架构进行基准测试。我们提出了一个关于总需求量和非均匀性条件下 MR 的简单函数模型，该模型来源于图 6.14 中展示的数值结果。通过对模型的推导，我们可以从理论上获得每种架构在两种极地轨道上的统计总体容量。这使我们可以确定两种不同的现实世界用户全球分布场景下最适合的架构方案；为了实现对地球的全球覆盖，我们选择了 1200km 高度处的极地轨道。这一极地轨道被 OneWeb 大型星座项目所采用[5]。

在构建 MR 函数模型时，我们引入了一个参数 μ_0，其定义见式（6.9）。选择这样的函数模型是因为当 μ 接近 0 时（表示完全均匀分布时），MR 趋于 1，意味着所有用户的带宽需求都能得到满足。同时，我们将 μ 值进行平方处理，以体现这样一个事实：超过某个特定的非均匀阈值后，MR 的下降速度会放缓。随着 μ_0 值的增大，MR 的下降速度则会加快（见图 6.15）。

$$\mathrm{MR}_{\mathrm{model}}(\mu) = 1 - \exp\left(\frac{-\mu_0}{\mu^2}\right) \tag{6.9}$$

μ_0 值对于波束指向架构来说较大，这表明相对于其他解决方案，波束指向架构具有更大的灵活性。BH 架构是第二个具有较大 μ_0 值的架构，显示出较强的灵活性。而静态资源分配架构的灵活性最低，其对应的 μ_0 值最小。

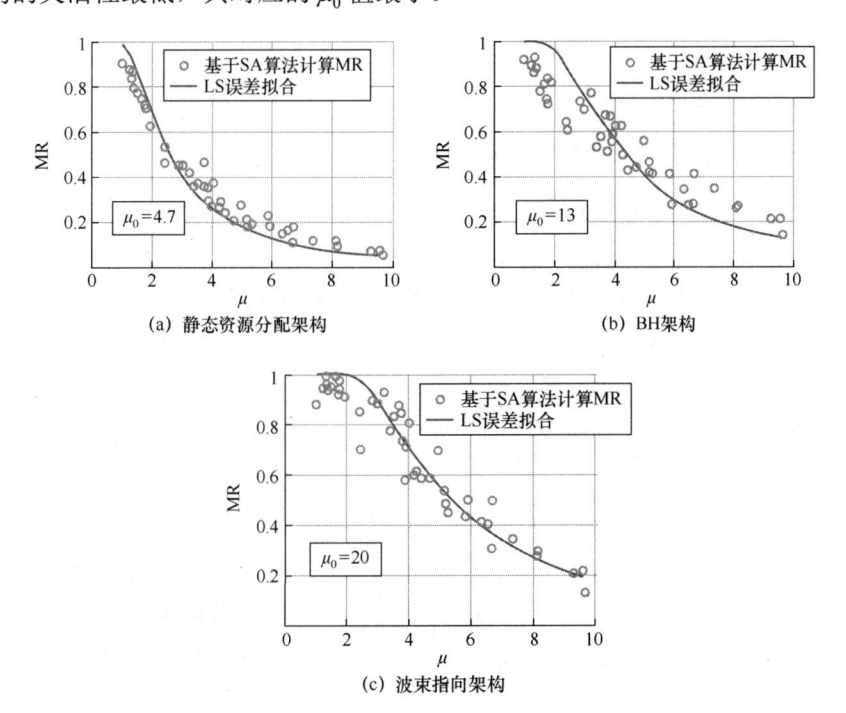

图 6.15 对于每个场景总需求量为 30Gbps 的不同架构，使用选定的 MR 函数模型进行 LS 误差拟合的结果

μ_0 值是通过 LS 算法计算得出的,这种方法旨在最小化残差平方和 $r_i = \mathrm{MR}_i - \mathrm{MR}_{\mathrm{model}}(\mu_i)$,其中,$i=1,\cdots,n$,$n$ 代表用户分布场景的数量,在这里 $n=50$;μ_i 表示用 6.4.1 节描述的方法生成的各个用户分布的非均匀性指标;MR_i 代表与每个生成用户分布相对应的实际计算的 MR,通过 SA 算法计算得到;而 $\mathrm{MR}_{\mathrm{model}}$ 则是由式(6.9)表达的 MR 函数。

接下来,我们对基于商业预测分析得出的实际流量非均匀性进行载荷基准研究。这些数据来源于 ESA 关于下一代高速中继系统的研究[41],该研究是在 ARTES 未来计划的框架下进行的。互联网上还有其他多个数据库可供使用,可根据目标市场模拟航空、FSS 或海事流量[42]。本节的第一个流量概况包含了航空、海事和地面市场的混合数据,如图 6.16(a)所示;第二个流量概况仅基于这项研究的航空数据[见图 6.16(b)]。为适应不同场景,我们调整了设置,确保卫星视场内的最大需求从未超过 30Gbps 的吞吐量,这是有效载荷最初设计时考虑的吞吐量上限。

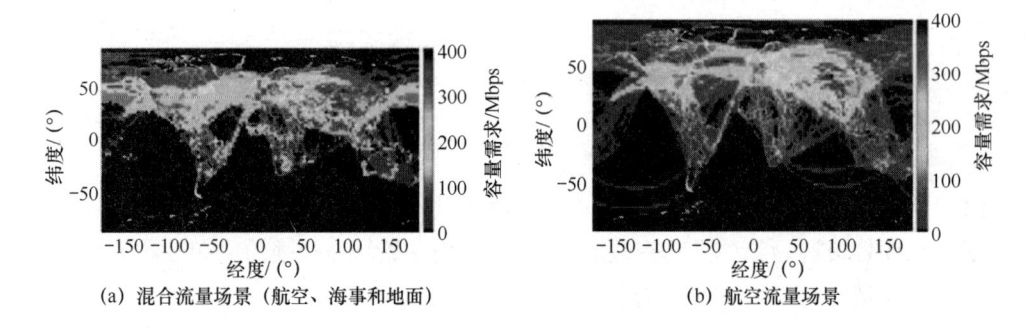

(a) 混合流量场景(航空、海事和地面)　　(b) 航空流量场景

图 6.16　各种地理容量需求分布

图 6.17 中展示了卫星在其视场内观察到的图 6.16(a)所示的混合流量需求及其流量的非均匀性,同时显示了不同有效载荷分配的吞吐量情况。

在总需求小于 10Gbps 的情况下,假设卫星能够完全满足这种需求。而在其他情况下,对于每种有效载荷架构及在每个轨道位置上的具体需求,式(6.9)中引入的参数 μ_0,是用总需求为 10Gbps、20Gbps 和 30Gbps 时得到的 μ_0 线性插值得出的。图 6.17 中曲线的断点对应卫星飞越南极区域的情况,在这些地方没有通信需求。尽管非均匀性的数值可能会很大,但在大多数时候,这些大的非均匀性值与较低的总通信需求相关联。因此,在这些情况下,即使有效载荷架构面临较大的需求波动,它们也通常有能力满足这些低水平但分布不均的需求。

在混合流量场景中,无论是 BH 架构还是波束指向架构,其吞吐量都能够跟随需求变化,沿轨道全程维持 MR 接近 1。在图 6.17(a)中,当卫星飞越新几内亚时(预计此时回程链路和内陆地面站的需求较大),采用静态资源分配架构的 MR 在第 1600 分钟时降至 0.7。环绕太平洋的这些稀疏岛屿上产生了较高的需求,导致用户分布高度非均匀。

第6章 有效载荷设计中的灵活性/复杂性权衡

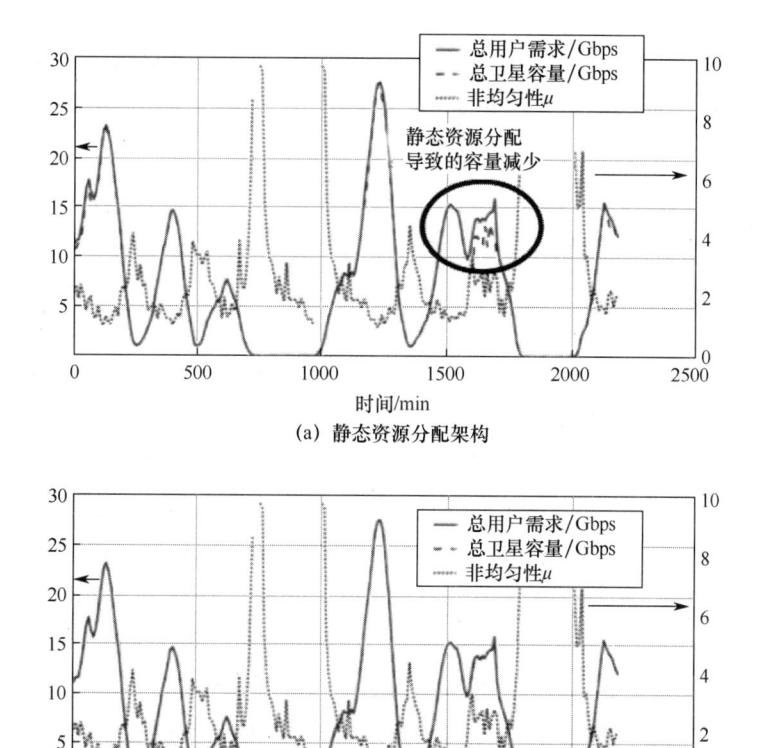

(a) 静态资源分配架构

(b) BH架构

图 6.17 在混合流量场景下,非均匀性、总用户需求和总卫星容量随时间的变化(由于波束指向架构所提供的容量非常接近实际需求,并且与 BH 架构的表现相似,因此未在图中展示其相关曲线。)

对于混合流量和航空流量这两种流量场景,表 6.3 给出了轨道位置的平均吞吐量和最小 MR。混合流量场景被证明具有比航空流量场景更不均匀的用户分布。在混合流量场景中,最不均匀的区域对应于有地面终端需求的岛屿,需要高数据速率。最佳有效载荷的选择可能受提供的最大平均吞吐量的驱动。在这种情况下,BH 架构将是最佳选择,因为它与波束指向架构的性能相似,但有效载荷的复杂性较低。另一个驱动因素可能是覆盖范围内的最坏情况 MR。在这种情况下,波束指向架构是最好的选择,因为对于所有轨道位置,它满足了 99%的总需求。然而,选择有效载荷架构时还必须考虑每个候选解决方案的复杂性。6.5.3 节将进一步探讨将复杂性纳入系统权衡分析的问题。

表 6.3 根据式(6.9)所示的 MR 函数模型得出的有效载荷性能

架构	混合流量场景		航空流量场景	
	轨道上的平均吞吐量/Gbps	最小 MR	轨道上的平均吞吐量/Gbps	最小 MR
静态资源分配	7.2	0.71	5.7	0.89
BH	7.4	0.97	5.8	0.99
波束指向	7.4	0.99	5.8	0.99

这项研究还可以扩展到星座层面。在这种情况下，容量计算除了考虑单颗卫星的性能，还需考虑 ISL 及地面站/卫星链路的存在。文献[5]给出了一个星座级分析的具体示例。

6.5.3　卫星分配容量与有效载荷复杂性之间的权衡

6.5.1 节和 6.5.2 节比较了不同有效载荷架构实际能达到的容量。在 6.5.2 节中，从现实场景中获得的结果展示了 BH 架构和波束指向架构相对于静态资源分配架构的优势。这些优势是以两个 110 分钟轨道的平均吞吐量和最小 MR 来衡量的。为了完成这次基准测试，本节将进一步考察这些灵活有效载荷架构的复杂性。复杂性的评估主要集中在有效载荷的质量和直流电功率消耗上。一方面，质量与安装约束和发射成本密切相关；另一方面，功率消耗与散热的热设计约束及 HPA、太阳能电池板、电池的质量和成本有关。因此，质量和功率消耗在评估卫星复杂性方面起着至关重要的作用。

质量估算考虑了静态资源分配有效载荷中的 QOBF 及反射器。在文献[16]中，QOBF 的质量被建模为与其形成的波束数量相关的函数。根据该文献，QOBF 与反射器相结合的配置方案大约可实现 2.5 个波束/kg 的质量效率。随着文献[16]中提到的最新进展，比如 QOBF 能够支持高达 54° 的扫描角度及新的制造技术（包括注塑塑料和增材制造技术），质量可以进一步降低，实现大约 5.1 个波束/kg 的质量效率。对于 BH 架构，还需要额外考虑铁氧体开关。目前市场上已有商业解决方案，每个铁氧体开关的质量约为 550g。而对于波束指向架构，模拟波束成形器的质量估计为 3kg。表 6.4 是针对这些组件的质量估算细节。

表 6.4　质量和功率预算

项　　目	静态资源分配	BH	波束指向
铁氧体开关质量	0	8.8kg	0
ABF 质量	0	0	3kg
QOBF 质量	19kg	19kg	49kg
预估总质量	19kg	28kg	52kg
HPA 的直流电功率消耗	830W	830W	1400W

初步计算中，只考虑了 HPA 的功率消耗，因为它们预计会在功率消耗中占据主导地位。其效率取决于放大器的技术类型：典型值显示，SSPA 的预计功率效率约为 35%，而 TWTA 的预计功率效率约为 60%。所有架构的总射频功率均为 500W。尽管这些质量和功率预算并不详尽，但它们为我们提供了一个概述，反映了正在基准测试的有效载荷子系统的复杂性，以及对质量和功率预算产生主要影响的主要组件。

综上所述，结合早期结果及表 6.4 的数据，BH 架构成了最优解决方案。在混合流量和航空流量场景中，BH 架构的平均吞吐量和最小 MR 接近波束指向架构，同时其质量减少了约 46%，功率消耗降低了 40%。尽管静态资源分配架构的质量比 BH 架构少 30%，是最不复杂的架构，但其最小匹配率只有 70%，在分析过的场景中并不能作为一个可靠的解决方案。若应用于视场较小且需求预期较低的使用场景，或许可以考虑这种配置（类似于 OneWeb 的做法）。在评估有效载荷解决方案的复杂性时，除了质量、功率消耗等参数，还需要考虑部件的制造成本和技术成熟度（Technical Readiness Level，TRL）。

图 6.18 总结了本章中提出的方法。

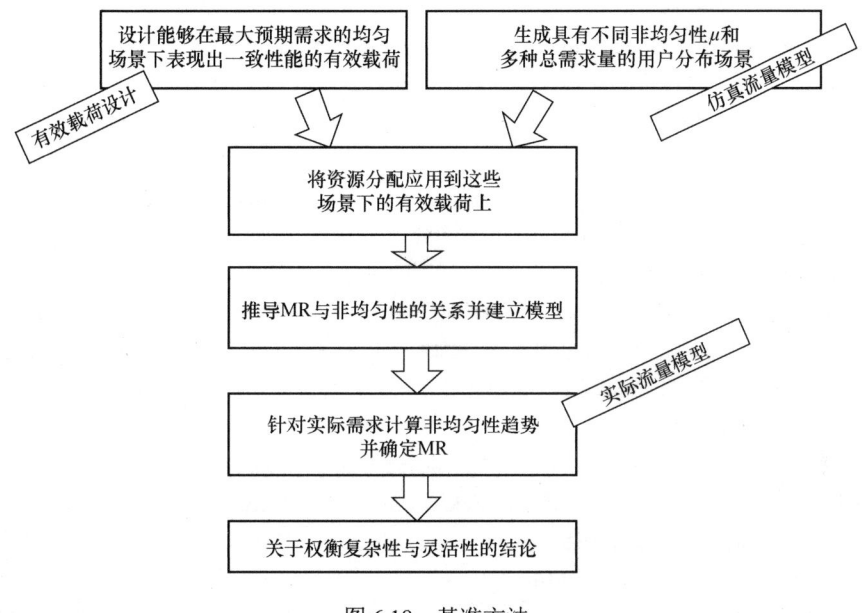

图 6.18　基准方法

6.6　结论

在部署 LEO 星座之前，必须仔细评估有效载荷和天线子系统的灵活性与复杂性。绕地卫星会遇到多样化的用户分布情况，同时，低成本系统对于控制大型星座的整体发射成本至关重要。本章针对 LEO 星座应用场景中的多种多波束天线架构应用了一种方案。为了对比评估提出的解决方案，本章开发了一种方法来比较天线和有效载荷解决方案在服务非均匀用户需求分布时的灵活性。将该方法应用于三种有效载荷架构，所有这些载荷均采用了创新的准光波束成形器作为主要辐射器。这三种架构分别支持 BH、波束指向及静态资源分配功能。通过使用资源分配算法，可以估计 BH 有效载荷和波束指向有效载荷在每个场景中的性能。我们还引入用户分布非均匀性指标，观察非均匀性如何影响每种有效载荷解决方案的吞吐量。选择最适用的有效载荷取决于非均匀性参数、卫星在轨过程中遇到的需求及每种有效载荷架构的复杂性。进而，本章针对每种有效载荷所需的质量和功率消耗进行了复杂性评估。在所考虑的用户分布场景中，BH 架构和波束指向架构相比静态资源分配架构被证明是更加有效的解决方案。然而，鉴于 BH 架构的质量减少了约 46%且功率消耗降低了 40%，它似乎是最适应当前需求的有效载荷设计方案。

本章原书参考资料

[1] Evans B., Werner M., Lutz E., et al. 'Integration of satellite and terrestrial systems in future multimedia communications'. IEEE Wireless Communications. 2005, vol. 12(5), pp. 72-80.

[2] Maral G., Bousquet M. Satellite Communications Systems. Hoboken, NJ: Wiley; 2005.

[3] Palacin B., Fonseca N.J.G., Romier M. 'Multibeam antennas for very high throughput satellites in Europe: technologies and trends'. 2017 11th European Conference on Antennas and Propagation (EUCAP); Paris, France, 2005.

[4] Agiwal M., Roy A., Saxena N. 'Next generation 5G wireless networks: a comprehensive survey'. IEEE Communications Surveys & Tutorials. 2005, vol. 18(3), pp. 1617-1655.

[5] del Portillo I., Cameron B.G., Crawley E.F. 'A technical comparison of three low earth orbit satellite constellation systems to provide global broadband'. Acta Astronautica. 2005, vol. 159, pp. 123-135.

[6] Anzalchi J., Couchman A., Topping C, et al. 'Beam hopping in multi-beam broadband satellite systems'. 27th IET and AIAA International Communications Satellite Systems Conference (ICSSC 2009); Edinburgh, UK, 2010.

[7] Lejay B. 'High power ferrite switch matrix development for advanced telecom payload at Thales Alenia space' in 4th ESA workshop on advanced flexible telecom payloads; 2019.

[8] Voisin P. 'Flexible payloads for telecommunication satellites-a Thales alenia space perspective' in 3rd ESA Flexible Payloads Workshop; 2016.

[9] Angeletti P., Lisi M. 'Multiport power amplifiers for flexible satellite antennas and payloads'. Microwave Journal. 2010.

[10] Bailleul P.K. 'A new era in elemental digital beamforming for spaceborne communications phased arrays'. Proceedings of the IEEE. 2016, vol. 104(3), pp. 623-632.

[11] Legay H., Ségolène T., Etienne G, et al. 'Multiple beam antenna based ona parallel plate waveguide continuous delay lens beamformer'. Proc Int SympAntennas Propag. 2016, pp. 118-119.

[12] Sohrabi F., Yu W. 'Hybrid digital and analog beamforming design for large-scale antenna arrays'. IEEE Journal of Selected Topics in Signal Processing. 2016, vol. 10(3), pp. 501-513.

[13] Devillers B., Perez-Neira A., Mosquera C. 'Joint linear precoding and beamforming for the forward link of multi-beam broadband satellite systems'.

[14] ITU. Attenuation by atmospheric gases and related effects; 2019. pp. 676-612.

[15] Su Y., Liu Y., Zhou Y., Yuan J., Cao H., Shi J. 'Broadband leo satellite communications: architectures and key technologies'. IEEE Wireless Communications. 2019, vol. 26(2), pp. 55-61.

[16] Tubau S., Vidal F., Legay H. 'Novel multiple beam antenna farms for megaconstellations'. ESA Antenna Workshop; 2019.

[17] Fenech H., Amos S., Hirsch A., Soumpholphakdy V. 'VHTS systems: requirements and evolution'. 2017 11th European Conference on Antennas and Propagation (EUCAP); Paris, France, EUCAP, 1979.

[18] Brélaz D. 'New methods to color the vertices of a graph'. Communications of the ACM. 1979, vol. 22(4), pp. 251-256.

[19] Tugend V., Thain A. 'Hybrid beamforming with reduced grating lobes for satellite applications'. 12th European Conference on Antennas and Propagation(EuCAP 2018); London, UK, 1979.

[20] Vidal F., Legay H., Goussetis G., Strober T., Gayrard J.-D. 'Benchmark of MEO multibeam satellite

adaptive antenna and payload architectures for broadband systems'. 2020 10th Advanced Satellite Multimedia Systems Conference and the 16th Signal Processing for Space Communications Workshop (ASMS/SPSC); 2020, Graz, Austria, 1979.

[21] Doucet F., Fonseca N.J.G., Girard E., Legay H., Sauleau R. 'Analytical model and study of continuous parallel plate waveguide lens-like multiple-beam antennas'. IEEE Trans Antennas Propag. 2018, vol. 66(9), pp. 4426-4436.

[22] ITU. Satellite antenna radiation patterns for non-geostationary orbit satellite antennas operating in the fixed-satellite service below 30 GHz. recommendation ITU-R S1528; 2001.

[23] Cocco G., de Cola T., Angelone M., Katona Z., Erl S. 'Radio resource management optimization of flexible satellite payloads for DVB-S2 systems'.IEEE Transactions on Broadcasting. 2018, vol. 64(2), pp. 266-280.

[24] 'European electronic communications code'. Official Journal of the European Union. 2018, p. 12.

[25] Choi J.P., Chan V.W.S. 'Optimum power and beam allocation based on traffic demands and channel conditions over satellite downlinks'. IEEE Transactionson Wireless Communications. 2005, vol. 4(6), pp. 2983-2993.

[26] Aravanis A.I., Shankar M. R. B., Arapoglou P.-D., Danoy G., Cottis P.G.,Ottersten B. 'Power allocation in multibeam satellite systems: A two-stage multi-objective optimization'. IEEE Transactions on Wireless Communications. 2015, vol. 14(6), pp. 3171-3182.

[27] Alberti X., Cebrian J.M., Del Bianco A., et al. 'System capacity optimization in time and frequency for multibeam multi-media satellite systems'. 5th Advanced Satellite Multimedia Systems Conference and the 11th Signal Processing for Space Communications Workshop (ASMS/SPSC); Cagliari, Italy, 2010.

[28] Camino J.T., Stephane M., Christian A, et al. 'A greedy approach combined with graph coloring for non-uniform beam layouts under antenna constraints in multibeam satellite systems'. 7th Advanced Satellite Multimedia Systems Conference and the 13th Signal Processing for Space Communications Workshop; 2014.

[29] Houssin L., Artigues C., Corbel E. 'Frequency allocation problem in a SDMA satellite communication system'. Proceedings 39th International Conference on Computers and Industrial Engineering (CIE39); Troyes, France, 2009. pp. 1611-1616.

[30] Kiatmanaroj K., Artigues C., Houssin L., et al. 'Greedy algorithms for time-frequency allocation in a SDMA satellite communication system'.Proceedings 9th International Conference of Modeling, Optimization and Simulation; 2012.

[31] Kiatmanaroj K., Artigues C., Houssin L, et al. 'Frequency allocation in a SDMA satellite communication system with beam moving'. Proceedings IEEE International Conference on Communications (ICC); 2012.

[32] Lei J., Castro M.A.V. 'Joint power and carrier allocation for the multi-beam satellite downlink with individual SINR constraints'. IEEE International Conference on Communication (ICC); 2010.

[33] Gurobi optimiser. 2020.

[34] Alouf S., Altman E., Galtier J, et al. 'Quasi-optimal bandwidth allocation for multi-spot MFTDMA satellites'. Proceedings of IEEE Infocom 2005 Conference; 2005.

[35] Camino J.T., Artigues C., Houssin L, et al. 'Mixed-integer linear programming for multibeam satellite systems design: application to the beam layout optimization'. Annual IEEE Systems Conference (SysCon); 2016.

[36] Zhi-Quan L., Shuzhong Z. 'Dynamic spectrum management: complexity and duality'. IEEE Journal of

Selected Topics in Signal Processing. 2008, vol.2(1), pp. 57-73.

[37] ETSI. Digital Video Broadcasting (DVB): Second Generation Framing Structure, Channel Coding and Modulation Systems for Broadcasting,Interactive Services, News Gathering and Other broadband Satellite Applications: Part 2: DVB-S2 Extensions (DVB-S2X). EN 302 307-2. 2014.

[38] Aloisio M., Angeletti P., Casini E., Colzi E., D'Addio S., Oliva-Balague R. 'Accurate characterization of TWTA distortion in multicarrier operation by means of a correlation-based method'. IEEE Transactions on Electron Devices. 2009, vol. 56(5), pp. 951-958.

[39] D'Addio S., Valenta V. 'Non-linearity assessment of SSPA-based active antennas by means of a time-domain correlation method' in 4th ESA Workshop on Advanced Flexible Telecom Payloads; 2019.

[40] Kisseleff S., Shankar B., Spano D., Gayrard J.-D. 'A new optimization tool for mega-constellation design and its application to trunking systems'. Presented at Advances in Communications Satellite Systems. 37[th]International Communications Satellite Systems Conference (ICSSC-2019); 2019, Okinawa, Japan.

[41] ESA study next generation high data rate trunking systems.

[42] Al-Hraishawi H., Lagunas E., Chatzinotas S. 'Traffic simulator for multibeam satellite communication systems'. 10th Advanced Satellite Multimedia Systems Conference and the 16th Signal Processing for Space Communications Workshop (ASMS/SPSC); Graz, Austria, 2020.

第 7 章 NGSO 通信中的新型多址接入技术

严晓娟[1,2]，安康[3]，冯志强[2]，张千峰[2]

多址接入策略的任务是在有限的频谱和功率资源条件下尽可能灵活地连接用户。由于卫星网络的载荷资源极为有限，而终端设备的服务需求却日益增长，特别是在农村地区，因此设计和实施合适的多址接入方案至关重要。近年来，在 NGSO 通信中引入了诸如非正交多址接入（Non-Orthogonal Multiple Access，NOMA）和增强型 ALOHA 等新型多址接入方案，旨在进一步提高未来卫星系统中的资源利用效率。本章重点关注适用于未来卫星系统的两种新型接入技术。

7.1 节介绍并比较了三种常用的正交多址接入（Orthogonal Multiple Access，OMA）方案。7.2 节致力于基于 NOMA 的 NGSO 系统的性能分析，其中特别讨论了 NOMA 方案的关键点。7.3 节关注增强型 ALOHA 带来的性能改进。7.4 节总结了本章的内容。

7.1 OMA

OMA 方案是一种策略，它允许多个终端连接到同一介质并传输各自的载波信号，同时能够在很大程度上保证通信系统的性能不受严重损害。例如，结合波束成形技术和网关/卫星上的预编码技术，可以将卫星覆盖区域划分为多个波束，从而实现空分多址接入（SDMA）。在这一方案中，在一个点波束内部，在上行链路时，许多用户信号接入同一卫星转发器；而在下行链路时，用户信号则广播到各自相应的接收机。采用 OMA 方案时，传输介质可以被划分为特定的"信道"，即时间、频率和码域，确保在时间 t 和信道 i 上的信号 $s_i(t)$ 与其他信道中的信号正交，即式（7.1）。因此，接收机可以从复用的信号中提取任意一个信号。

$$\int s_i(t)s_j(t)=0, \quad i \neq j \tag{7.1}$$

下面简要介绍卫星通信中常用的三种 OMA 方案的概念、优点及缺点。

频分多址（FDMA）：FDMA 是一种数据链路层的信道接入技术。在 FDMA 中，可用的频谱带宽被分割成若干个子频段，各子频段之间通过保护带隔离。每个子频段可通过调制位于其中心频率处的 RF 载波进行访问。接收机通过滤波器将各个子频段分离出

---

[1] 东南大学信息科学与工程学院。
[2] 海洋工程装备与技术重点实验室。
[3] 国防科技大学第六十三研究所。

来,并重构 FDMA 信号。在卫星网络中,FDMA 接收机既可以安装在卫星上(例如,如果回传链路使用了不同的复用方案),也可以部署在地面站中[1]。

FDMA 是卫星通信中一种传统的多路复用方案,其优点在于:
- 技术成熟、易于实施、性价比高。
- 不易受到频率滤波而引起的远近效应影响。
- 不需要用户同步,对基带信号、调制方法、信道编码、载波信号速率和带宽没有限制。

其缺点是:
- 由于信道之间需要保护频段,频率利用效率低。
- 需要控制上行链路功率来限制相邻信道干扰和非线性的影响。
- 需要精确的频率控制来限制相邻信道干扰。
- 如果在多载波工作期间,应答器未在饱和区运行以降低互调噪声,则不能充分利用功率资源。

TDMA:TDMA 是一种用于实现无干扰信道接入的方法。在 TDMA 中,可用的时间资源被划分为帧,帧又进一步被划分为时隙。这些时隙被分配给不同的地面站或终端,以便在同一频率上传输各自的信息。为了解决时隙内相位不确定性的问题,采用保护时间以避免交通突发包的重叠。当分配给某个用户的时隙到来时,其信号片段将以高速突发的方式适应相应的时隙进行传输。为了确保抵达卫星的突发包不会重叠、有序排列,每个用户都需要依据共同的时间参考来发送其突发包。

TDMA 技术是一项成熟且广为人知的方法,其主要优点包括:
- 在频带之间无须设置频率保护带,相较于受功率限制的 FDMA,随着频道数量的增加,TDMA 能够实现更高的传输效率,不需要如 FDMA 中那样精确的窄带滤波器。
- 有助于实现全面服务,适应不断变化的通信流量需求,并与地面数字通信设备实现互联。
- 适用于数字通信和卫星载荷上的处理操作。
- 对于纯粹的 TDMA 系统,不会出现互调现象,因此转发器可以接近最大功率输出或以饱和水平运行。无须预留功率余量,并且无须进行上行链路功率控制。

其具有以下缺点:
- 由于高突发率,TDMA 终端必须提供高峰值传输功率。
- 由于对时间敏感,其易受到多径失真的影响。
- 需要全网时间同步。
- 由于高传输速率,终端、卫星或地面站上可能需要自适应均衡器。

CDMA:在 CDMA 中,每个用户都被赋予唯一的数字编码序列,该序列在调制前用于对用户数字数据信号进行编码。由于所需用户编码与其他用户编码之间的交叉相关性很小，特定接收机可以解码接收到的信号并恢复原始数据，但对于所需信号而言，其他发送方信号看起来就像噪声。编码信号的带宽远大于用户原始数据信号的带宽，编码过程扩大（展宽）了信号的频谱，因此也被称作扩频调制。所有用户在同一时刻和同一载波频率上同时传输。

CDMA 无须反馈帧结构，具有以下优点：
- 前向链路和回程链路都可以进行软切换。
- 使用用户特定码的信号扩频，提高了隐私干扰抑制能力。
- 通过采用 Rake 接收机，来自多个卫星同时传输的 CDMA 信号能够被轻松检测和合并。因此，通过最大比合并（Maximum Ratio Combining，MRC）可以轻易实现最优的卫星分集效果。
- 传输信号似乎淹没在噪声中，并且具有较低的功率谱密度，因此在某些频段中可以获得较低的截获/检测概率。
- 与 TDMA 不同，TDMA 的用户数量受到严格限制，而 CDMA 的用户数量是软限制的，并且当同时传输的用户信号数量过多时，SNR 会平稳下降。
- 高频效率高，因为用户信号具有近正交的数字码，并且相同的频段可以用于所有的点波束和卫星。

CDMA 具有以下缺点：
- 快速精确的功率控制是必需的，以便卫星或地面站接收到的用户信号具有相同的功率级别；否则，较强用户信号会压制较弱用户信号（远近效应问题）。
- 由于信号幅度并非恒定，转发器需要预留一定的功率余量。
- 卫星载荷上的 CDMA 接收机具有较高的复杂性，这主要是高芯片速率、复杂的信号处理算法及多径信号所需的多个 Rake 解调器带来的。

图 7.1 展示了 FDMA、TDMA 和 CDMA 的基本原理。除了这三种接入方案，通过在网关/卫星上结合使用波束成形技术和预编码技术，可以将卫星覆盖范围划分为多个波束，从而实现 SDMA。表 7.1 从多个角度对 FDMA、TDMA、CDMA 和 SDMA 进行了全面比较。

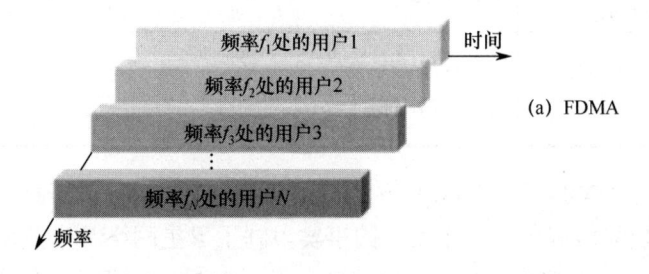

图 7.1 FDMA、TDMA 和 CDMA 的基本原理

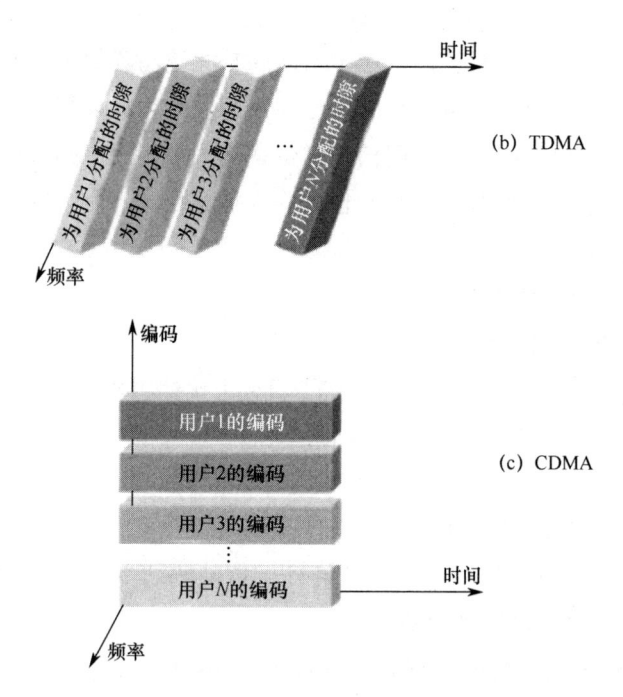

图 7.1 FDMA、TDMA 和 CDMA 的基本原理（续）

表 7.1 目前卫星网络中使用的多址接入方案

对比项	FDMA	TDMA	CDMA	SDMA
概念	将频段分割成互不重叠的子频段	将时间划分为互不重叠的时隙	使用正交码扩展信号	将空间划分为扇区
有源终端	所有的终端在各自指定的频率上活动	所有终端在同一频率上，在各自分配到的时隙内进行通信	所有终端可以在同一频率上活动	每个波束的终端数量取决于 FDMA/TDMA/CDMA
信号分离	频域过滤	时间同步	编码分离	利用智能天线进行空间分离
切换	硬切换	硬切换	软切换	硬切换、软切换
优点	能适应不同的信道条件	灵活的传输速率	对可用带宽的最佳利用	提高系统容量和传输质量
缺点	不灵活，因为可用的频率是固定的，并且需要保护频段	需要保护间隔及存在同步问题	为了克服"远近效应"，通常需要设计复杂的接收机，并实行功率控制	需要通过网络监控来避免小区内部切换，导致系统不灵活
当前应用	Inmarsat, MSAT, MSS, Mobilesat	Iridium, ICO, FLTSATCOM	Globalstar, Odyssey, Ellipso	所有卫星系统

尽管 FDMA、TDMA 和 CDMA 方案能够有效避免波束内部干扰并简化信号检测，但单个正交资源块只能服务于一个用户的事实限制了卫星网络频谱效率和容量的进一步提升。由于频谱利用率低及可服务用户数量有限，OMA 方案无法在高资源利用效率下提供增强的性能以满足未来卫星网络爆发性增长的流量需求。因此，应该考虑能与现有

卫星架构中 OMA 技术和谐融合的新一代多址接入方案，以应对这一挑战。

7.2 基于 NOMA 的 NGSO 系统

7.2.1 NOMA 方案

最近，一种被称为 NOMA 的新型多址接入方案被提出，其被视为一项颇具潜力的多址接入原则。NOMA 的核心理念是在同一频段/时隙/编码内服务多个用户，并放弃传统 OMA 中为不同用户提供正交接入的做法。当活动用户的数量大于自由度的数量，并且出现"碰撞"时，正交性自然会下降。在 NOMA 中，控制"碰撞"的一种可能方法是让用户共享同一信号维度，并利用功率域（功率域 NOMA）与编码域（编码域 NOMA），其原理如图 7.2 所示。

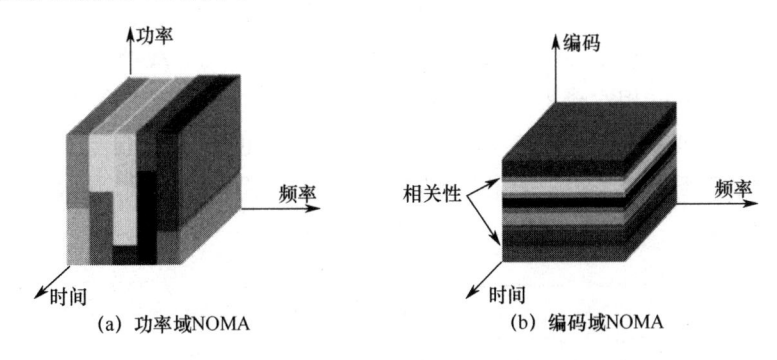

图 7.2 功率域 NOMA 和编码域 NOMA 中的资源分配

如图 7.2（a）所示，功率域 NOMA 的关键思想是在功率域上叠加多个信号，这样一来，可用资源，即时间和频率，可以被多个用户共享。在接收端，采用串行干扰消除（Successive Interference Cancellation，SIC）这样先进的技术来进行多用户检测，SIC 是根据分配的功率电平来区分用户的。因此，NOMA 方案能够在适度增加复杂性的前提下提供更高的频谱效率[2]。

如图 7.2（b）所示，通过部分代码重叠，编码域 NOMA 能够为超过可用资源数量的用户提供服务。虽然非正交编码增加了在接收端检测活动用户时出错的可能性，但可以通过先进的多用户检测技术，如 SIC、消息传递算法和 LMS 等方法，有效地恢复所传输的数据[3]。著名的编码域 NOMA 方案，如稀疏码多址[4]、模式划分多址[5]和多用户共享接入[6]，都通过放宽正交性要求来实现系统重载和灵活的资源分配。

鉴于近期文献中许多针对卫星网络的 NOMA 方案都倾向于采用功率域技术，本节将重点讨论功率域 NOMA 方案在卫星网络中的应用，并为了简便起见，将功率域 NOMA 简称为 NOMA。

7.2.2 NOMA 方案的要点

本节将介绍 NOMA 方案及其变体在各种卫星网络中的应用，包括集成/混合网络架构及异构网络架构。特别是在所有应用场景中，我们仅将两个用户配对，形成一个 NOMA 组，原因有两点：

（1）当一个 NOMA 组接纳的用户数量超过两个时，接收端引入的干扰和额外复杂性将大大增加。

（2）根据文献[8]的研究结果，一个 NOMA 组中接纳的用户数量受用户不同需求的限制，并且当一个 NOMA 组中仅有两个用户时，总速率和遍历速率可以达到最大化。

为了方便表述，在所有情况下，我们将具有良好链路条件的用户标记为用户 p，将另一个用户标记为用户 q。

如图 7.3 所示，在进行叠加编码操作之前，发射端将通过某种调度策略（如随机选择策略）选择要服务的用户。然后，在下行链路场景中，通过对多个用户信号进行线性叠加并通过为每个用户分配不同功率的方式进行广播。实际上，功率分配是基于用户的反馈信道信息，并且在每一帧中进行更新的。在接收端，不同用户采取不同的检测策略。如图 7.4 所示，用户 q 可能位于波束边缘或拥有较小的天线增益，为了确保用户 p 对其造成的同信道干扰相对较小，并使其可以直接解码自身信息，会分配更多的传输功率给用户 q。而用户 p 虽然经历的信道条件相对较好，但由于分配给它的功率资源较少且其信息被埋藏在下层，因此必须采用 SIC 策略：首先解码并移除用户 q 的信号，然后再解码自身的信息。

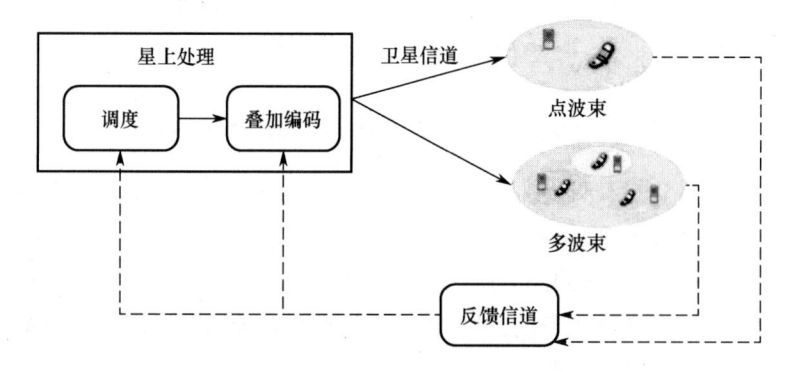

图 7.3 基于 NOMA 的常规卫星网络的系统模型

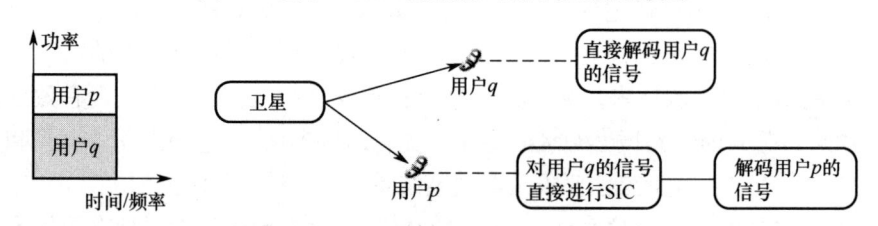

图 7.4 下行链路场景中 NOMA 的原理

在上行链路场景中，用户 p 和 q 在同一时间段/无线电块中同时向卫星传输数据，且各自使用最大或受控的传输功率。因此，在 NOMA 方案下，卫星接收的是一个叠加信号，需要采用 SIC 策略来检测每个用户的信息。与下行环境相反，由于用户 p 的信号强度大于用户 q，卫星首先直接解码用户 p 的信号。而用户 q 的信号必须通过 SIC 策略进行解码，这意味着在解码并去除用户 p 的信号贡献之后，即使用户 q 的信道条件远差于用户 p，依然能够观测并解码用户 q 的信号。

7.2.3 卫星网络中的 NOMA 方案

1. 卫星网络中的传统 NOMA 方案

对于图 7.3 所示的点波束情景，其可能是从多个点波束中隔离出的一个或两个波束，采用 4/7 频率复用策略，使得波束之间的协作并不关键；也可能采用全频率复用策略，每个点波束中只有一个用户。在第一种情况中，由于其类似于地面蜂窝网络，因此卫星网络中的用户配对和功率分配策略可以借鉴 TN 中的做法。例如，用户间信道增益差异越大，则 NOMA 方案的优势越明显。然而，值得注意的是，卫星网络的链路特性与 TN 有所不同，如不可忽略的延迟、长距离和航空或车载用户移动导致的路径损耗，都会使信道估计产生显著误差，进而严重影响用户 CSI 的准确性，进一步影响用户配对的过程。

因此，从传输到接收，用户 $I(I=p,q)$ 的链路预算可以被建模为

$$Q_I = L_I G_s(\varphi_I) G_I |g_I|^2 \tag{7.2}$$

- L_I：L_I 是用户 I 的自由空间损耗，且 $L_I = \left(\dfrac{c}{4\pi f_I h_I}\right)^2$，其中 c、f_I 和 h_I 分别是光速、频率和用户 I 到卫星的距离。由于 NOMA 用户在相同的频率和点波束覆盖区域内接受服务，为了简化，我们假设 $h_p = h_q = h$，$L_p = L_q = L$。

- $G_s(\varphi_I)$：令 $\varphi_I = \arctan(d_I/h)$ 表示用户 I 和波束中心相对于卫星的夹角，其中 d_I 表示波束中心到用户 I 的距离，于是，用户 I 的波束增益为[8]

$$G_s(\varphi_I) = G_{\max}\left(\dfrac{\mathrm{J}_1(u_I)}{2u_I} + 36\dfrac{\mathrm{J}_3(u_I)}{u_I^3}\right)^2 \tag{7.3}$$

式中，$G_{\max}$ 是最大天线增益，$\mathrm{J}_n(\cdot)$ 是第一类 n 阶贝塞尔函数[9]，$u_I = 2.07123\sin\varphi_I/\sin\varphi_{I3\mathrm{dB}}$，其中 $\varphi_{I3\mathrm{dB}}$ 是单边半功率波束宽度，可以表示为 $\varphi_{I3\mathrm{dB}} = \arctan(R/h)$。

- G_I：用户 I 的天线增益。为了简单起见，这里考虑 $G_p = G_q$。

- $|g_I|^2$：假设卫星链路的信道功率增益为一个阴影赖斯衰减模型，该模型在数学上可处理，并且已被广泛应用于多种 MSS 和 FSS 的各种频段中，如超高频（UHF）频段、L 频段、S 频段和 Ka 频段[10-12]。在这种情况下，$|g_I|^2$ 的概率密度函数表示为[13]

$$f_{|g_I|^2}(x) = \alpha_I \mathrm{e}^{-\beta_I x}{}_1F_1(m_I;1;\delta_I x) \tag{7.4}$$

式中，$\alpha_I = \dfrac{(2b_I m_I)^{m_I}}{2b_I(2b_I m_I + \Omega_I)^{m_I}}$，$\delta_I = \dfrac{\Omega_I}{2b_I(2b_I m_I + \Omega_I)}$，并且 $\beta_I = \dfrac{1}{2b_I}$，其中 b_I 和 Ω_I 分别表示多路径分量和 LoS 分量的平均功率，$m_I(m_I>0)$ 表示 Nakagami-m 衰减参数，${}_1F_1(a;b;c)$ 表示合流超几何函数[9]。

由于在式（7.4）中假设的卫星信道是块衰减的，需要在一个特定时间段内进行定期估计[14]。在这里，我们假设在 L 个时隙中，从用户 I 向卫星传输了 L 个单位能量训练符号，即 $E[|x_l|^2]=1$，卫星接收到的信号为

$$\gamma_l = g_I x_l + n_l, \quad l=1,2,\cdots,L \tag{7.5}$$

式中，n_l 是卫星上的噪声，均值为零，方差为 δ^2。通过使用最大似然或 LS 估计器[15]，式（7.5）中 g_I 的估计值可以表示为[16]

$$\hat{g}_I = \frac{1}{L}\sum_{l=1}^{L}\gamma_l x_l^* = g_I + \frac{1}{L}\sum_{l=1}^{L}n_l x_l^* = g_I + e_I \tag{7.6}$$

式中，$\hat{g}_I$ 和 e_I 分别是估计的信道系数和估计的信道误差，其中 $e_I \sim \mathrm{CN}(0,\delta^2/L)$。

对于 OMA 方案，如在卫星网络中常用的 TDMA 方案，卫星在不同的时隙中以传输功率 P_s 向用户 I 发送单位能量信号 x_I。用户 I 接收到的信号是 $y_I = \sqrt{P_s\Theta_I}\hat{g}_I x_I + n_I$，其中 $\Theta_I = L_I G_I G_s(\varphi_I)$，$n_I$ 是用户 I 处的噪声，均值为零，方差为 δ^2。因此，用户 I 的 SINR 为

$$\gamma_I^{\mathrm{T}} = \frac{P_s\Theta_I |\hat{g}_I|^2}{\delta^2} \tag{7.7}$$

对于 NOMA 方案，卫星可以广播一个叠加信号 $x\left(x=\sqrt{\alpha P_s}x_p + \sqrt{(1-\alpha)P_s}x_q\right)$，并将其发送给卫星用户。其中，$\alpha$（$0<\alpha<1$）表示分配给用户 p 的传输功率 P_s 的比例。在用户 I（$I=p,q$）处接收到的信号是：

$$y_I = \sqrt{\Theta_I}\hat{g}_I x_I + n_I \tag{7.8}$$

根据 NOMA 方案的原则，信道质量较差的用户直接解码其信息。因此，用户 q 的瞬时端到端 SINR 可以表示为

$$\gamma_q^{\mathrm{N}} = \frac{(1-\alpha)P_s\Theta_q |\hat{g}_q|^2}{\alpha P_s\Theta_q |\hat{g}_q|^2 + \delta^2} = \frac{(1-\alpha)\gamma_q^{\mathrm{T}}}{\alpha\gamma_q^{\mathrm{T}}+1} \tag{7.9}$$

式中，$\Theta_q = L_q G_q G_s(\varphi_q)$。基于 SIC 准则，信道增益较大的用户 p 首先解码用户 q 的信息。在本节中，解码 SINR 为

$$\gamma_{p\to q}^{\mathrm{N}} = \frac{(1-\alpha)P_s\Theta_p |\hat{g}_p|^2}{\alpha P_s\Theta_p |\hat{g}_p|^2 + \delta^2} \tag{7.10}$$

式中，$\Theta_p = L_p G_p G_s(\varphi_p)$。通过比较式（7.9）和式（7.10），我们可以发现 $\gamma_{p\to q}^{\mathrm{N}}$ 大于 γ_q^{N}，这是由于假设 $\Theta_p > \Theta_q$。这意味着用户 q 的信息可以在用户 p 处正确解码。在减去已解码的信息后，用户 p 解码其信息，用户 p 的 SINR 可以表示为

$$\gamma_p^{\mathrm{N}} = \frac{\alpha P_s\Theta_p |\hat{g}_p|^2}{\delta^2} = \alpha\gamma_p^{\mathrm{T}} \tag{7.11}$$

利用 NOMA 方案实现的用户 p 和 q 的速率分别为

$$R_p^{\mathrm{N}} = \log(1+\alpha\gamma_p^{\mathrm{T}}) \tag{7.12}$$

$$R_q^N = \log\left(1+(1-\alpha)\gamma_q^T/(\alpha\gamma_q^T+1)\right) \tag{7.13}$$

而 TDMA 方案则是

$$R_p^N = 0.5\log(1+\gamma_p^T) \tag{7.14}$$

$$R_q^N = 0.5\log(1+\gamma_q^T) \tag{7.15}$$

假设用户 p 使用 NOMA 方案所达到的容量比使用 TDMA 方案更好，则有

$$\log(1+\alpha\gamma_p^T) \geqslant 0.5\log(1+\gamma_p^T) \Rightarrow \alpha \geqslant 1/\left(\sqrt{1+\gamma_p^T}+1\right) \tag{7.16}$$

同样地，假设用户 q 使用 NOMA 方案所达到的容量比使用 TDMA 方案更好，我们得到

$$\log(1+(1-\alpha)\gamma_q^T/(\alpha\gamma_q^T+1)) \geqslant 0.5\log(1+\gamma_q^T) \Rightarrow \alpha \leqslant 1/\left(\sqrt{1+\gamma_q^T}+1\right) \tag{7.17}$$

从式（7.9）和式（7.11）中发现，增加 α 可以提高用户 p 的容量，但同时会降低用户 q 的容量。从式（7.16）和式（7.17）中，我们注意到当 $1/\left(\sqrt{1+\gamma_q^T}+1\right) \leqslant \alpha \leqslant 1/\left(\sqrt{1+\gamma_q^T}+1\right)$ 时，NOMA 方案下用户 p 和 q 的性能优于 TDMA 方案下的性能。因此，我们可以得出结论，当 α 的值落在区域 $\left[1/\left(\sqrt{1+\gamma_q^T}+1\right), 1/\left(\sqrt{1+\gamma_q^T}+1\right)\right]$ 时，给拥有更好信道链路的用户（用户 p）分配更大的功率，即 α 越大，用户 p 的性能越好。同时，由于式（7.17）的约束，NOMA 方案下用户 q 的性能仍然优于 TDMA 方案下的性能。

图 7.5 展示了在存在不完美 CSI 的情况下，用户 p 和 q 分别经历平均阴影效应与严重阴影效应时，TDMA 和 NOMA 方案的可实现系统容量[17]。图 7.6 展示了在完美 CSI 下，针对不同衰减程度的卫星链路，NOMA 和 TDMA 方案可实现的遍历容量[18]，其中 $\alpha = 1/\left(\sqrt{1+\gamma_q^T}+1\right)$，并且标签（LS/HS）表示用户 p/q 的链路阴影严重程度。从这两个图中可以看出，使用 NOMA 方案的表现优于使用 TDMA 方案的表现。

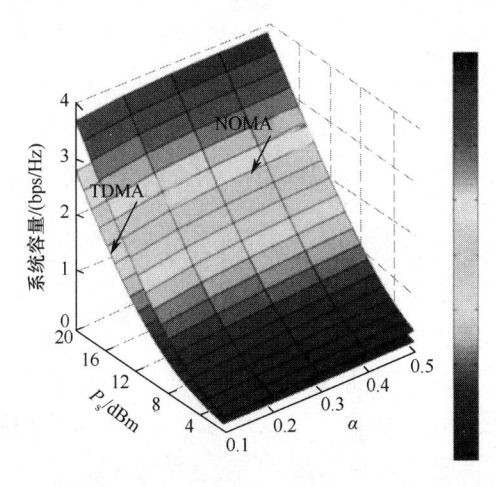

图 7.5 两种接入方案的系统容量与 P_s 和 α 的关系，估计信道误差方差为 0.5

在上行链路 NOMA 方案中，用户在同一时频资源块上同时向卫星发送信号，各自使用最大或受控的传输功率。因此，在 NOMA 方案下，卫星接收到的是一个叠加信号：

$$y = \sum_{l=p,q} \sqrt{\Theta_l P_l} \hat{g}_l x_l + w \tag{7.18}$$

并采用 SIC 策略来检测每个用户的信号。具体来说，对于拥有更好卫星链路质量的用户 p，其信号会被优先直接解码。而用户 q 的信号则需要通过 SIC 策略进行解码处理。假设 SIC 过程完美执行，则从接收到的信息中减去用户 p 的信号后，再对用户 q 的信号进行检测。因此，推导出用户 p 和用户 q 可实现的 SINR 分别为

$$\gamma_p^N = \frac{\Theta_p P_p |\hat{g}_p|^2}{\Theta_q P_q |\hat{g}_q|^2 + \delta^2} = \frac{\gamma_p^T}{\gamma_q^T + 1} \tag{7.19}$$

$$\gamma_q^N = \frac{\Theta_q P_q |\hat{g}_q|^2}{\delta^2} = \gamma_q^T \tag{7.20}$$

因此，对于 NOMA 方案，可实现的总速率为

$$R^N = \log(1+\gamma_p^N) + \log(1+\gamma_q^N) = \log(1+\gamma_p^T+\gamma_q^T) \tag{7.21}$$

其大于在相同时隙中 TDMA 方案实现的总速率：

$$R^T = 0.5\log(1+\gamma_p^T) + 0.5\log(1+\gamma_q^T) = 0.5\log(1+\gamma_p^T+\gamma_q^T+\gamma_p^T\gamma_q^T) \tag{7.22}$$

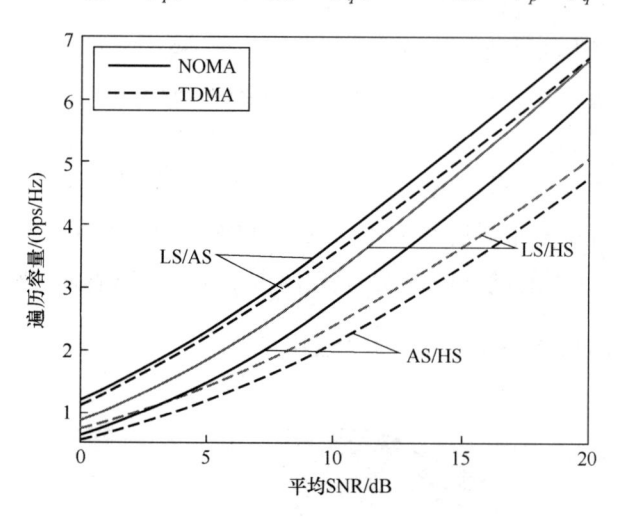

图 7.6 两种接入方案的遍历容量与平均 SNR 的关系

对于全频率复用场景，如果不采用波束协作，其类似于两个用户的干扰信道。因此，发给用户 p 或 q 的信息可以被分为两部分：一部分是公共部分，能够被这两个用户解码；另一部分是私有部分，只能由目标用户解码。为了减少波束间的干扰，在无波束协作的情况下，用户 p 和 q 可以从接收的信号中共同解码，再生并消除公共信号，从而恢复各自的私有信息。然而，如果采用波束协作，可以在每一对配对波束内独立采用最合适的编码/解码策略，以增大可实现的速率区域，进一步提升系统性能。

对于图 7.3（b）中描述的场景，多波束卫星[19]是另一种场景，其中 NOMA 方案的应用已被证明是非常有效的[20-21]。通过在每个波束中同时为用户提供相同的资源块，即时间/频率资源，并在一个集群中为不同的波束分配不同的频率资源，卫星系统可以在相

对较低的复杂性下过载,因为每个波束中只允许两个用户形成一个 NOMA 组。为了提供这种通信,现有工作表明,引入 NOMA 方案可以进一步提供超过 OMA 方案的性能增益。然而,在这种情况下,存在两个关键挑战:如何有效地将用户分组及如何设计每个波束的功率分配因子,特别是在波束数量增加的情况下。

2. 认知卫星 TN 中的常规 NOMA 方案

随着卫星通信流量的快速增长,有限的频谱资源似乎不足以满足需求,频谱稀缺问题变得越来越明显,这促使人们使用认知无线电(CR)技术和新兴的认知卫星 TN (CSTN)[22-23]。有趣的是,我们注意到应用 NOMA 方案的动机与 CR 完全相同,即提高频谱效率,但 NOMA 方案提供的解决方案是在多址接入中探索功率域。显然,如果我们将 NOMA 方案与 CSTN 相结合,可以进一步改善性能。一方面,采用 CR 策略可以确保卫星网络(作为主要/认知网络)和 TN(作为认知/主要网络)之间的频谱共享,从而提高整个系统的频谱利用率;另一方面,在 CSTN 中引入 NOMA 方案,可以确保多个用户接入,进一步提高频谱利用率而不会消耗额外的资源。

然而,在 CSTN 中,认知网络的发射功率必须受到限制,以避免主用户的通信质量恶化。此外,来自共享网络的干扰也不能忽视,这意味着 NOMA 用户的信道不仅受到组内干扰,还受到共道干扰。例如,尽管用户 p 和用户 q 的可实现速率仍然可以由式(7.12)和式(7.13)表示,但在 γ_p^T 和 γ_q^T 中必须考虑共道干扰和有限的发射功率的影响。因此,为了服务这种类型的网络,应仔细设计 NOMA 用户之间的功率分配,以确保用户公平性。如文献[24]所示,将 NOMA 方案与 CSTN 相结合,如果功率分配系数设计合理,可以提供比 OMA 方案更高的频谱利用率。

3. ISTN 中的传统 NOMA 方案

类似地,集成卫星-地面网络(Integrated Satellite-Terrestrial Networks,ISTN)的发展也源于频谱利用率不高这一事实。但在 CSTN 中,卫星网络和 TN 可能由各自独立的控制器管理,而在 ISTN 中,卫星网络和 TN 由 CN 统一管理,并且使用相同的频段资源。

然而,卫星与 TN 间的频率复用并不总能满足日益增长的流量需求和用户公平性要求。因此,在 ISTN 中实施 NOMA 方案有助于进一步提高频谱利用率[26-27]。特别是在 ISTN 中,卫星网络是对 TN 的补充,用于扩大覆盖范围和提高可靠性,这意味着在蜂窝网络中应用 NOMA 方案比在卫星网络中更有利。文献[26]表明,通过将 TDMA 方案下远端用户所能达到的数据速率设为 QoS 目标,采用最大-最小用户配对方案可以获得优于随机算法的性能表现。然而,要实现良好的性能,还需谨慎应对异构网络中的两大关键挑战:一是频率复用导致的同频道干扰问题;二是来自卫星和地面发射器的信号干扰。为了有效进行干扰管理,必须妥善解决这些挑战。

7.2.4 协同 NOMA 方案的应用

在卫星通信中,当终端部署在遮蔽效应区域或点波束边缘时,卫星与终端之间的直接链路有时会恶化甚至不可用。在这种情况下，将 NOMA 方案与中继技术相结合，可以提高系统在可靠性和容量方面的性能。如图 7.7 所示，本节考虑了基于协同 NOMA 的卫星网络的四种类型，并分别描述如下。

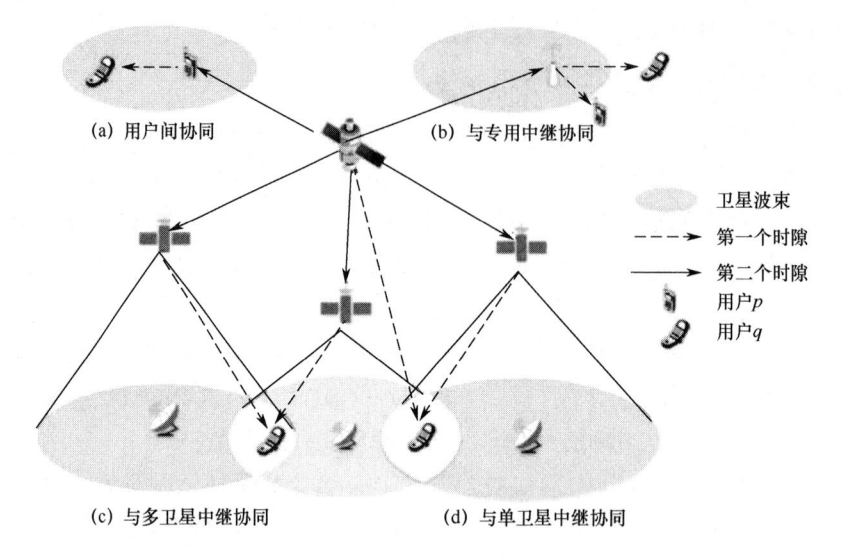

图 7.7　基于协同 NOMA 的卫星网络系统模型

1. 用户间协同

在图 7.7（a）的情况下，用户 p 可以充当 DF 中继节点并将信息转发给用户 q，由于采用 SIC 策略，信道质量较差的用户的信息可以被链路条件良好的用户获取[28]。在这种情况下，在第一阶段，卫星节点向用户 p 广播一个叠加信号，用户 p 对叠加信号进行解码，然后在第二阶段将相应的信息转发给用户 q，用户 q 收到的信号 SINR 为

$$\gamma_q = P_p Q_{pq} \left| h_{pq} \right|^2 / \delta_q^2 \qquad (7.23)$$

式中，$Q_{pq} = G_p G_{pq} / d_{pq}^u$，$P_p$ 为用户 p 的发射功率，d_{pq}、h_{pq} 和 δ_q^2 分别为用户 p 到用户 q 的距离、信道系数和 AWGN 方差，u 为路径损耗指数。因此，通过利用 NOMA 方案中可用的先验信息，不需要部署中继节点，这对于人口密度低或者没有电网供电的地区来说是非常经济和有益的。

此外，即使当卫星到用户 q 的链路可用时，通过这种类型的协同 NOMA 方案实现的系统性能仍然优于 TDMA 方案[29]。这是因为尽管 NOMA 和 TDMA 方案都需要两个时隙，但通过 NOMA 用户之间的协同，用户 q 的可靠性得以进一步提高。

2. 与专用中继协同

如果用户 p 和 q 的直接链路都不可用，如 7.7（b）所示，必须采用具有 AF 或 DF 协议的中继节点同时向用户转发信号。由于这种类型的协同 NOMA 方案只需要两个时隙，而 TDMA 方案需要四个时隙，因此这种协同 NOMA 方案可以减少用户的服务等待时间并提高可靠性[30]。值得注意的是，如果采用 AF 中继协议，中继节点收到的叠加信息首先会被固定或被可变增益因子 $G = \sqrt{1/(P_s \Theta_{sr} + \delta_r^2)}$ 放大，然后转发给 NOMA

用户，其中 Θ_{sr} 和 δ_r^2 分别是卫星到中继链路的信道增益和 AWGN 方差。在这种情况下，用户 I（$I = p,q$）收到的信号为

$$y_I = G\sqrt{\Theta_{sr}}\left(\sqrt{\alpha P_s}x_p + \sqrt{(1-\alpha)P_s}x_q\right)\sqrt{P_r}h_{rI} + n_I \tag{7.24}$$

式中，$n_I^2 = P_r/\delta_d^2$，P_r 是中继节点的发射功率，h_{rI} 是中继节点到用户 I 的链路信道系数。若采用 SIC 策略，用户 p 和 q 可实现的 SINR 分别表示为

$$\gamma_q = \frac{(1-\alpha)\bar{\gamma}_{sr}\rho_{sr}\bar{\gamma}_{rd}\rho_{rq}}{\alpha\bar{\gamma}_{sr}\rho_{sr}\bar{\gamma}_{rd}\rho_{rq} + \bar{\gamma}_{rd}\rho_{rq} + \bar{\gamma}_{sr}\rho_{sr} + 1} \tag{7.25}$$

$$\gamma_p = \frac{\alpha\bar{\gamma}_{sr}\rho_{sr}\bar{\gamma}_{rd}\rho_{rq}}{\bar{\gamma}_{rd}\rho_{rq} + \bar{\gamma}_{sr}\rho_{sr} + 1} \tag{7.26}$$

式中，$\bar{\gamma}_{sr} = P_s/\delta_r^2$，$\bar{\gamma}_{rp} = P_r/\delta_d^2$，$\rho_{sr} = \Theta_{sr}$，$\rho_{rq} = |h_{rq}|^2$ 且 $\rho_{rp} = |h_{rp}|^2$。

在 TDMA 中，用户 I 可实现的 SINR 为

$$\gamma_I^T = \frac{\bar{\gamma}_{sr}\rho_{sr}\bar{\gamma}_{rd}\rho_{rI}}{\bar{\gamma}_{rd}\rho_{rI} + \bar{\gamma}_{sr}\rho_{sr} + 1} = \frac{\gamma_{sr}^T\gamma_{rI}^T}{\gamma_{sr}^T + \gamma_{sI}^T + 1} \tag{7.27}$$

式中，$\gamma_{sr}^T = \gamma_{sr}\rho_{sr}$ 和 $\gamma_{rI}^T = \gamma_{rI}\rho_{rI}$ 分别是从卫星到中继节点和从中继节点到用户 I 的链路 SINR。

因此，使用 NOMA 方案的用户 p 和用户 q 的可实现速率分别是

$$R_p^N = \log\left(1 + \frac{\alpha\gamma_{sr}^T\gamma_{rp}^T}{\gamma_{sr}^T + \gamma_{rp}^T + 1}\right) \tag{7.28}$$

$$R_q^N = \log\left(1 + \frac{(1-\alpha)\gamma_{sr}^T\gamma_{rq}^T}{\alpha\gamma_{sr}^T\gamma_{rq}^T + \gamma_{sr}^T + \gamma_{rq}^T + 1}\right) \tag{7.29}$$

图 7.8 展示了两种具有不完美 CSI 的方案的中断概率。我们假设一个 LEO 系统在 1.6GHz 运行，卫星到中继节点的链路经常出现严重的阴影衰减，$\bar{\gamma}_{sr} = \bar{\gamma}_{rd}$，$\gamma_{thp} = -3\text{dB}$，且 $\gamma_{thq} = 3\text{dB}$，$h_{rI}$ 遵循参数为 $m_{rp} = 1$ 和 $m_{rq} = 0.5$ 的 Nakagami-m 衰减。据观察，通过采用合适的功率分配因子，NOMA 方案实现的性能会优于 TDMA 方案。

如果采用 DF 协议，则首先中继节点必须使用 SIC 策略对意图发送给用户 p 和 q 的信息进行解码，然后在中继节点处分割传输功率，将这两个信号叠加并发送给用户。

3．与多卫星中继协同

对于图 7.7（c）中的场景，源卫星和地面用户之间的直接链路不可用，于是采用具有较低轨道的卫星充当转发信息的中继[31]。在第一阶段，两个时隙信号被叠加并从源节点发送，中继节点通过使用 SIC 策略对其相应的信号进行解码。在第二阶段，中继节点将不同的时隙信号转发给地面用户，并采用 SIC 策略对其接收信号进行组合。值得注意的是，从源节点到中继节点的环境与图 7.7（a）的情况类似，其中功率分配在发射端进行处理。而从中继节点到地面用户的环境类似 NOMA 上行场景，其中接收机收到来自不同发射机的多个信号，并在接收端应用 SIC 策略。

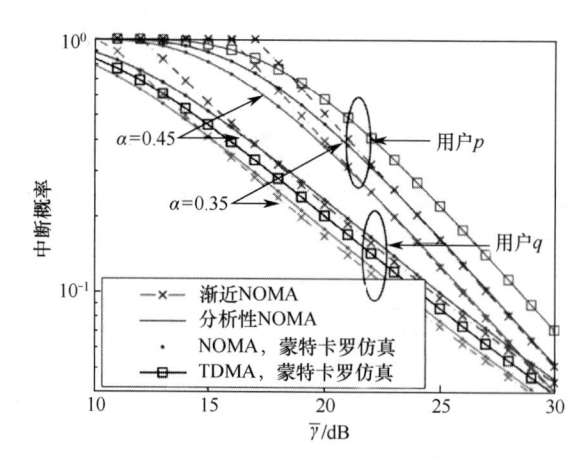

图 7.8　不同功率分配因子 α 下 $\bar{\gamma}$ 与中断概率的关系

4．与单卫星中继协同

如果存在一个质量较差的直接链路，如图 7.7（d）所示，可以应用单个卫星中继节点来提高资源利用率。在此场景中，类似于图 7.7（b）的情况，信号被分为两部分，即源部分和中继部分。中继部分在中继节点的帮助下进行传输，而源部分则直接从源卫星传输。在地面用户处，来自两个不同路径的信号组合，并使用 SIC 策略进行解码。

7.3　卫星网络中的增强型 ALOHA 协议

对于突发流量，RA 对于大量终端频繁请求资源是有效的，特别是对于交互式卫星网络[32]。纯 ALOHA 和时隙 ALOHA 方案是经典的 RA 协议，适用于卫星环境，因为它们都独立于传播延迟。

特别是，纯 ALOHA 允许用户在数据包准备好后随时发送，而时隙 ALOHA 仅允许用户在由用户启动传输后的下一个即将到来的时隙内传输其数据包。这意味着，虽然纯 ALOHA 和时隙 ALOHA 都是时间域内的 RA 协议，但纯 ALOHA 中没有定义时隙，而时隙 ALOHA 中的时间轴被分成具有持续时间 T_s 的时间间隙，其中 T_s 等于数据包持续时间加上一个考虑同步误差的保护时间[33]。在这两种方案中，发射机使用相同的载波频率，如果数据包成功传输，接收机（卫星或地面站）将向发射机返回确认。

尽管所需的同步使时隙 ALOHA 能提供比纯 ALOHA 方案更高的吞吐量（几乎两倍），但在一个时隙内传输多个终端时，由于数据冲突，它所能提供的网络吞吐量仍然较低。在这种情况下，由于没有返回确认，终端必须在等待额外的随机延迟后重新传输其数据包。因此，纯 ALOHA 和时隙 ALOHA 方案在卫星通信的高负载区域都不实用，因为大量重传和低吞吐量会导致高延迟。

本节主要回顾最近提出的三种适用于卫星网络的增强型时隙 ALOHA 方案，即争用解决分集时隙 ALOHA（CRDSA）[34]、不规则重复时隙 ALOHA（IRSA）[35]和码分时隙 ALOHA（CSA）[36]。

7.3.1 CRDSA

为了解决数据包冲突问题，CRDSA 提出了在同一帧的随机时隙中传输多个数据包副本（通常是一个数据包的重复），并在接收端使用 SIC 策略，以提高成功解码的概率[34]。

如图 7.9 所示，CRDSA 的 RA 帧由 N（图 7.9 中 N=5）个时隙组成。我们假设每个时隙的持续时间等于数据包的传输时间，并且 M（M=4）个用户在公共时钟的同步下共享信道，其中公共时钟决定了每个时隙的开始。在每个 RA 帧中，发射机实际上向物理信道发送了 l（这里设定为 l=2）个相同的 MAC 数据包的副本。虽然这些副本被随机放入 l 个时隙中，但由于具有相同的预码和帧内的定位信息，有效载荷仍然可以从所有选择的 N 个时隙中消除正确解码数据包的干扰。

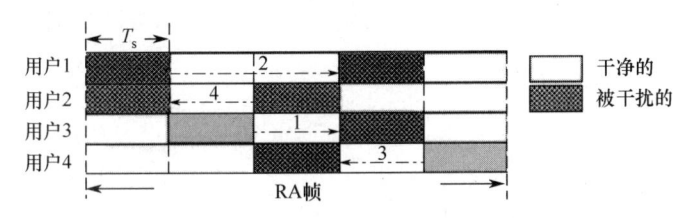

图 7.9 CRDSA 架构和干扰消除过程

在接收机存储传入的 MAC 帧后，SIC 迭代过程从清除突发开始，即图 7.9 中时隙 2 中用户 3 的第一个数据包。一旦成功解码，其对应的重复数据包，即第 4 个时隙中用户 3 的第二个数据包，就可以从帧中删除。这样，第 4 个时隙中用户 3 的第二个数据包就可以正确解码，其对应的重复数据包在时隙 1 中也可以从帧中删除。同样，第 5 个时隙中用户 4 的第二个数据包也可以正确解码，因为它没有受到冲突的影响，因此其对应的重复数据包在时隙 3 中也可以从帧中删除，从而释放了用户 2 的数据包的副本，使其免受冲突的影响。

通过采用 SIC 技术，CRDSA 可以极大地扩展最大负载，并进一步提高可实现的吞吐量和降低数据包丢失率。根据文献[34]得出的结论，与时隙 ALOHA 相比，CRDSA 在吞吐量方面提高了 25 倍（使用 2 个副本）和 58 倍（使用 3 个副本）。然而，仍然可能由于用户在同一时隙中发送的副本过多或负载过高而产生不可恢复的冲突。

7.3.2 IRSA

与固定重复率的 CRDSA 不同，IRSA 允许用户在帧中传送随机且非恒定的副本。通过二分图技术，可以推导出特定且优化的数据包重复方案的概率，如文献[35]所述，该文献推导出了质量概率分布 p_l，表示每个突发数据包被传输 l 次（l 根据给定的概率分布而变化）的概率，其中 $1 \leq l \leq l_{max}$，l_{max} 是最大的突发重复数。

特别地，在文献[35]中，帧的状态被描述为 $G=(B, S, E)$，其中集合 B 包含了突发节点，集合 S 包含了时隙节点，集合 E 包含了当突发数据在相应时隙中传输时连接突发节点与对应时隙节点的边。如图 7.10[35]所示，如果对应的突发副本已被正确解码，则边标记为 1，否则标记为 0。迭代式干扰消除（IC）过程从包含干净（无干扰）数据包的时隙开始，如图 7.10（b）所示的第二个时隙。一旦恢复了一个突发数据，与其相关的突发及其副本的影响就可以被揭示出来，然后继续迭代，直到图中所有边都被揭示出来（如图 7.10（b）至图 7.10（f）所示），或者剩余的一些边无法被揭示为止。根据文献[37]得出的结论，在卫星场景中采用 IRSA 和 CRDSA 时，它们的 TCP 性能几乎相同。但是，由于 IRSA 采用了随机化和可变的数据包副本数量，因此相比 CRDSA，其复杂性更高[38]。基于文献[39]中证明的 RA 可以从 NOMA 方案中获益的结论，文献[40]中引入了功率域的概念，将 NOMA 策略融入 IRSA 策略，从而使同一个时隙内的突发数据可以用不同的传输功率进行发送。文献[40]同时进行了功率密度演化分析，并优化了不同功率水平数量的度分布。文献[40]的仿真结果表明，相较于传统的 IRSA 方案，IRSA-NOMA 方案由于功率差异更大，在给定误包率的前提下，其吞吐量更高。

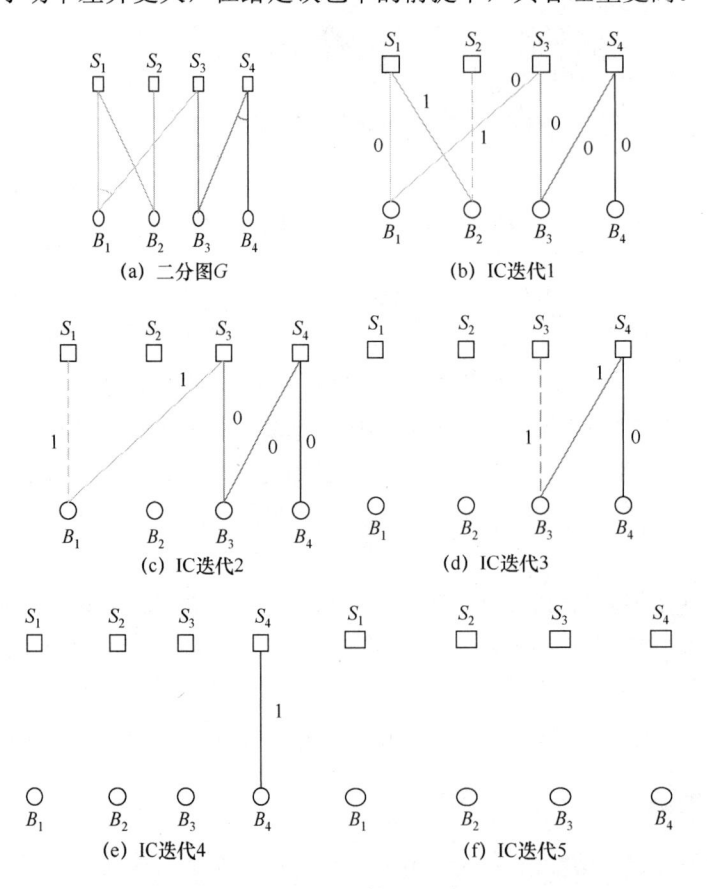

图 7.10 IC 迭代过程的图形表示

7.3.3 CSA

与 IRSA 和 CRDSA 方案仅在 RA 帧中利用数据包的重复和 SIC 不同，CSA 方案允许在传输之前对用户数据包进行编码。如文献[36]所述，CSA 中的活动用户的突发被划分为 k 个数据段，所有段的位长度相同。然后，用户通过一个面向数据包的线性块码对这些段进行编码，生成 n_h 个编码段。对于每次传输，从有限码本族 C 中随机选择 (n_h, k) 码。这些段在通过多路访问信道传输之前，还要通过物理层码进行进一步编码。在 CSA 中，物理层保护应用于单个（数据包）切片级别而不是数据包级别[38]。

在接收端，首先在物理层解码在干净的切片（没有经历冲突的切片）中接收的段。一旦检测到干净的信号，其对应的数据包就可以恢复，并且可以提取用户信息，如用户采用的代码 C_h 和 MAC 帧中其他段的位置。对于每个活跃用户，接收机都会进行最大后验概率擦除解码，以恢复尽可能多的用户编码段。这个过程一直迭代，直到达到最大迭代次数为止。

文献[36]中报告的 CSA 模拟吞吐量结果表明，在低于 1/3 的速率下，CSA 的性能略优于 IRSA，而在 1/3～1/2 的速率下，CSA 的性能明显优于 IRSA，即使使用简单的二进制二维分量码也是如此。对于大于 1/2 的速率，CSA 必须依赖具有足够大维度和足够高编码速率的分量码。从实现的角度来看，由于其相关的信令机制，CSA 是一种更复杂的 RA 方案[38]。

7.4　总结

多址接入技术对于 NGSO 系统及未来卫星通信技术的研究与发展至关重要。卫星通信中的多址接入技术需要面对多种挑战和需求，包括提高资源利用率和进一步增加接入速率等。首先，本章介绍了卫星网络中常用的三种 OMA 方案。其次，鉴于 NOMA 方案能够和谐地与现有卫星架构中的 OMA 技术相结合，本章还分析了几种基于 NOMA 的卫星网络模型的性能。这些性能的形成和验证进一步证实了这些接入策略在卫星网络中的优越性。最后，本章回顾了应用于卫星网络的三种增强型 ALOHA 方案（CRDSA、IRSA 和 CSA）及其原理，展示了研究人员在卫星网络新型多址接入技术方面所做的努力。

本章原书参考资料

[1] Lutz E, Werner M, Jahn A. Satellite systems for personal and broadband communications. Berlin, Heidelberg: Springer-Verlag; 2000.

[2] Saito Y., Kishiyama Y., Benjebbour A., Nakamura T., Li A., Higuchi K. 'Non-orthogonal multiple access (NOMA) for cellular future radio access'. Proceedings of IEEE VTC'13; Dresden, Germany, 2013.

[3] Alam M., Zhang Q. 'A survey: non-orthogonal multiple access with compressed sensing multiuser detection for MMTC'. ArXiv: 1810.05422 [Eess.SP]. n.d

[4] Nikopour H., Baligh H. 'Sparse code multiple access'. IEEE 24th Annual International Symposium on Personal, Indoor and Mobile Radio Communications (PIMRC); London, IEEE, 2000. pp. 332-336.

[5] Alam M., Zhang Q. 'Performance study of SCMA codebook design'. IEEE Wireless Communications and Networking Conference (WCNC); San Francisco, CA, IEEE, 2017. pp. 1-5.

[6] Alam M., Zhang Q. 'Designing optimum mother constellation and codebooks for SCMA'. ICC 2017- IEEE International Conference on Communications; Paris, France, IEEE, 2017. pp. 1-6.

[7] Zeng M., Yadav A., Dobre O.A., Tsiropoulos G.I., Poor H.V. 'Capacity comparison between MIMO-NOMA and MIMO-OMA with multiple users in a cluster'. IEEE Journal on Selected Areas in Communications. 2017, vol. 35(10), pp. 2413-2424.

[8] Cuevas E.G., Weerackody V. 'Technical characteristics and regulatory challenges of communications satellite earth stations on moving platforms'. Johns Hopkins APL Technical Digest. 2015, vol. 33(1), pp. 37-51.

[9] Gradshteyn I.S., Ryzhik I.M. Table of Integrals, Series, and Products. 7th ed. New York, NY: Academic Press; 2007.

[10] An K., Lin M., Ouyang J., Zhu W.-P. 'Secure transmission in cognitive satellite terrestrial networks'. IEEE Journal on Selected Areas in Communications. 2003, vol. 34(11), pp. 3025-3037.

[11] An K., Lin M., Zhu W.-P., Huang Y., Zheng G. 'Outage performance of cognitive hybrid satellite-terrestrial networks with interference constraint'. IEEE Transactions on Vehicular Technology. 2003, vol. 65(11), pp. 9397-9404.

[12] Guo K., An K., Zhang B. 'On the performance of the uplink satellite multiterrestrial relay networks with hardware impairments and interference'. IEEE Systems Journal. 2003, vol. 13(3), pp. 2297-2308.

[13] Abdi A., Lau W.C., Alouini M., Kaveh M. 'A new simple model for land mobile satellite channels: first- and second-order statistics'. IEEE Transactions on Wireless Communications. 2003, vol. 2(3), pp. 519-528.

[14] Arti M.K. 'Two-way satellite relaying with estimated channel gains'. IEEE Transactions on Communications. 2003, vol. 64(7), pp. 2808-2820.

[15] Zhang X., Gao Q., Gong C., Xu Z. 'User grouping and power allocation for NOMA visible light communication multi-cell networks'. IEEE Communications Letters. 2017, vol. 21(4), pp. 777-780.

[16] Arti M.K. 'Channel estimation and detection in hybrid satellite-terrestrial communication systems'. IEEE Transactions on Vehicular Technology. 2016, vol. 65(7), pp. 5764-5771.

[17] Yan X., An K., Liang T., et al. 'The application of power-domain nonorthogonal multiple access in satellite communication networks'. IEEE Access: Practical Innovations, Open Solutions. 2019, vol. 7, pp. 63531-63539.

[18] Yan X., Xiao H., Wang C.-X., An K., Chronopoulos A.T., Zheng G. 'Performance analysis of NOMA-based land mobile satellite networks'. IEEE Access: Practical Innovations, Open Solutions. 2018, vol. 6, pp. 31327-31339.

[19] Lu W., An K., Liang T. 'Robust beamforming design for sum secrecy rate maximization in multibeam satellite systems'. IEEE Transactions on Aerospace and Electronic Systems. 2019, vol. 55(3), pp. 1568-1572.

[20] Caus M., Vázquez M., Pérez-Neira A. 'Noma and interference limited satellite scenarios'. Proceedings of the IEEE Asilorma' 17; Pacific Grove, CA, IEEE, 2017. pp. 1-5.

[21] Beigi N.A.K., Soleymani M.R. 'Interference management using cooperative noma in multi-beam satellite systems'. IEEE International Conference on Communications (ICC 2018); Kansas City, MO, 2018.

[22] An K., Lin M., Ouyang J., Zhu W.-P. 'Secure transmission in cognitive satellite terrestrial networks'. IEEE Journal on Selected Areas in Communications. 2016, vol. 34(11), pp. 3025-3037.

[23] An K., Liang T., Zheng G., Yan X., Li Y., Chatzinotas S. 'Performance limits of cognitive-uplink FSS and terrestrial FS for ka-band'. IEEE Transactions on Aerospace and Electronic Systems. 2019, vol. 55(5), pp. 2604-2611.

[24] Yan X., Xiao H., Wang C.-X., An K. 'On the ergodic capacity of NOMAbased cognitive hybrid satellite terrestrial networks'. IEEE/CIC International Conference on Communications in China (ICCC); Qingdao,

China, IEEE, 2017. pp. 1-5.

[25] Ruan Y., Li Y., Wang C.-X., Zhang R. 'Energy efficient adaptive transmissions in integrated satellite-terrestrial networks with SER constraints'. IEEE Transactions on Wireless Communications. 2018, vol. 17(1), pp. 210-222.

[26] Zhu X., Jiang C., Kuang L., Ge N., Lu J. 'Non-orthogonal multiple access based integrated terrestrial-satellite networks'. IEEE Journal on Selected Areas in Communications. 2017, vol. 35(10), pp. 2253-2267.

[27] Lin Z., Lin M., Wang J.-B., de Cola T., Wang J. 'Joint beamforming and power allocation for satellite-terrestrial integrated networks with non-orthogonal multiple access'. IEEE Journal of Selected Topics in Signal Processing. 2019, vol. 13(3), pp. 657-670.

[28] Ding Z., Peng M., Poor H.V. 'Cooperative non-orthogonal multiple access in 5G systems'. IEEE Communications Letters. 2015, vol. 19(8), pp. 1462-1465.

[29] Yan X., Xiao H., Wang C.-X., An K. 'Outage performance of NOMA-based hybrid satellite-terrestrial relay networks'. IEEE Wireless Communications Letters. 2018, vol. 7(4), pp. 538-541.

[30] Yan X., Xiao H., An K., Zheng G., Tao W. 'Hybrid satellite terrestrial relay networks with cooperative non-orthogonal multiple access'. IEEE Communications Letters. 2018, vol. 22(5), pp. 978-981.

[31] Bai L., Zhu L., Zhang X., Zhang W., Yu Q. 'Multi-satellite relay transmission in 5G: concepts, techniques, and challenges'. IEEE Network. 2018, vol. 32(5), pp. 38-44.

[32] Clazzer F. 2017 Apr. 'Modern Random Access for Satellite Communications'. [PhD thesis]. Genova, University of Genoa.

[33] Bai J., Ren G. 'Polarized MIMO slotted ALOHA random access scheme in satellite network'. IEEE Access: Practical Innovations, Open Solutions. 2017, vol. 5, pp. 26354-26363.

[34] Lee M., Lee J.-K., Lee J.-J., Lim J. 'R-CRDSA: reservation-contention resolution diversity slotted ALOHA for satellite networks'. IEEE Communications Letters. 2012, vol. 16(10), pp. 1576-1579.

[35] Liva G. 'Graph-based analysis and optimization of contention resolution diversity slotted ALOHA'. IEEE Transactions on Communications. 2011, vol. 59(2), pp. 477-487.

[36] Paolini E., Liva G., Chiani M. 'Coded slotted ALOHA: a graph-based method for uncoordinated multiple access'. IEEE Transactions on Information Theory. 2015, vol. 61(12), pp. 6815-6832.

[37] Celandroni N., Ferro E., Gotta A. 'RA and da satellite access schemes: a survey and some research results and challenges'. International Journal of Communication Systems. 2014, vol. 27(11), pp. 2670-2690.

[38] De Gaudenzi R., Del Rio Herrero O., Gallinaro G., Cioni S., Arapoglou P.-D. 'Random access schemes for satellite networks, from VSAT to M2M: a survey'. International Journal of Satellite Communications and Networking. 2018, vol. 36(1), pp. 66-107.

[39] Choi J. 'NOMA-based random access with multichannel ALOHA'. IEEE Journal on Selected Areas in Communications. 2017, vol. 35(12), pp. 2736-2743.

[40] Shao X., Sun Z., Yang M., Gu S., Guo Q. 'NOMA-based irregular repetition slotted ALOHA for satellite networks'. IEEE Communications Letters. 2019, vol. 23(4), pp. 624-627.

第 8 章　NGSO 的无线电资源管理

张晓凯[1]，安康[2]，贾敏[3]

在本章中，我们提出了一种在 NGSO 多波束上行链路系统中实现协同用户调度与功率分配的基于潜在博弈论的方法。首先，我们构建了一个多波束上行链路 NGSO 系统的框架，在这个框架中考虑了全频率复用及不同点波束之间的同信道干扰问题。其次，为了有效地提供宽带 NGSO 服务，我们提出了一个最大化上行链路总传输容量的初始优化问题，并将其转化为干扰缓解问题，以解决数学难题。具体来说，我们采用博弈论模型来求解转化后的优化问题，并证明该博弈模型是一个潜在博弈，且存在纳什均衡（Nash Equilibrium，NE）点。此外，受到有限改进性质的启发，我们设计了一个具有较低计算复杂度的迭代算法，用于实现协同用户调度和功率分配，从而达到 NE 点。最后，我们通过仿真结果证明了所提出的基于潜在博弈论方法的有效性和收敛性。

8.1　引言

近年来，基于标准通信协议的卫星互联网已成为全球范围内的网络，有助于实现任何时间、任何地点[1]、任何人、任何设备的通信，这极大地方便了我们的日常生活，并为提供更多智能服务[2-3]创造了可能。卫星设备的数量和种类都实现了巨大的增长。得益于发射技术的改进及微型化的发展，卫星可以有效地部署在智能电网、环境监测和应急管理场景中，并实现分布式控制和自动化[4-6]。NGSO 系统提供了真正的全球覆盖，包含数以万计的卫星，为大量设备、用户或物体[7-11]提供服务。OneWeb、Starlink 等都是著名的 NGSO 系统。

无线电资源分配是 NGSO 系统中的一个基本问题。在这样一个系统中，存在卫星之间的空间链路。此外，一颗卫星通常为全球范围内的众多远程卫星互联网对象提供服务。因此，卫星的频谱效率是一个重要的性能指标[12]。在 NGSO 系统中，能够提高频谱效率的多波束卫星网络引起了极大的关注[13-16]，这种技术允许在充分分离的不同波束间重复利用可用带宽。然而，由于干扰保护的间隔，频率复用方案无法大幅度增加信道容量。当相邻波束的覆盖区域重叠时，存在相当大的同信道干扰，特别是在全频段复用的情况下，波束边缘用户受到的影响尤为严重。因此，同信道干扰缓解或干扰消除对于进

---

[1] 陆军工程大学通信工程学院。
[2] 国防科技大学第六十三研究所。
[3] 哈尔滨工业大学电子与信息工程学院通信研究中心。

一步提高整个系统的性能至关重要。

在 NGSO 系统中,关键的应用是为大量 UE[18]提供广泛的回程链路和数据卸载解决方案。为了满足所有 UE 的多样化流量需求,多波束 NGSO 系统[19]必须为卫星提供灵活性和可用资源的有效利用。因此,上行链路中适当且有效的无线电资源分配对于提高整个多波束 NGSO 系统的容量至关重要。然而,关于无线电资源分配机制的现有工作主要关注下行场景[6,20-23],其中优先考虑下行传输中的同信道干扰和卫星功耗。此外,协同用户调度和功率分配是相互耦合的。但是,大多数无线电资源只集中在一个方面[24],要么是信道分配,要么是功率分配,这使得资源利用率的提高有限。

现有关于上行场景的论文主要关注单波束卫星系统或正交频率复用[25],其中不存在同信道干扰,用户可以正交调度,功率分配问题可以通过凸优化方法解决,如水填充算法。实际上,在目前应用的多波束 NGSO 系统中,固定的无线电资源被分配给每个波束[6,26]。固定分配方案将不可避免地导致流量需求与分配容量之间的不匹配[27-28]。此外,为了进一步提高频谱效率,所有波束都会重复使用总带宽,即频率复用因子等于 1(最坏情况下)。这种情况下存在相当大的同信道干扰,特别是在波束边缘。由于用户调度是离散的,而功率策略空间是连续的,因此获得最大容量成为非凸 NP-Hard 问题[29]。为了解决上行多波束卫星通信中的非凸无线电资源分配问题,一些启发式方法[29]已经被提出。然而,启发式方法不能保证找到全局最优解,其性能受到优化参数的严重影响。此外,对于计算资源有限的星载处理卫星系统,找到接近最优的解,计算复杂度会很大。

博弈论清晰地揭示了互动决策过程,并在无线电资源分配领域得到了广泛研究[30]。最近,博弈论方法已被应用于卫星网络,其更能适应用户加入和离开 NGSO 系统,并且对网络动态变化具有鲁棒性[30]。然而,目前的工作只关注从博弈论角度进行的下行功率分配。与文献[24]中的静态资源分配不同,文献[31]提出了一种动态斯塔克尔伯格(Stackelberg)博弈模型,以最大化成本效益,该模型描述了卫星系统利润、干扰定价和用户功率分配之间的关系。此外,文献[32]提供了关于定价合理性的基本讨论和证明。然而,据我们所知,目前尚未有研究从博弈论的角度关注上行 NGSO 系统的资源分配。因此,通过博弈论视角提出一种协同用户调度与功率分配方案,以提高上行多波束 NGSO 系统的频谱效率显得尤为迫切。

在文献[5]中,作者提出将更多的无线电资源分配给处于不良信道条件的瓶颈用户,以满足 QoS 要求,这导致整个系统的资源利用率较低。鉴于此,我们认为用户应倾向于在存在传输需求时参与资源分配,并在信息传输结束后离开系统。这样,在较长的一段时间内,非实时服务就能够传输更多的信息,从而提高资源利用率。为此,我们设计的方法应当能够满足设备随时加入和离开 NGSO 系统的需求,并对网络动态变化保持鲁棒性。

在本章中,我们提出了一种基于博弈论的方法,用于在多波束 NGSO 系统中实现上行协同用户调度和功率分配。我们的工作主要贡献总结如下:
- 我们提出了一个多波束上行 NGSO 系统的框架,其中考虑了不同点波束之间的全频率复用和同信道干扰。为了获得多波束卫星的最大上行总容量,我们将非凸 NP-Hard 优化问题转化为最小化同信道干扰总和的干扰缓解问题,其中两个优化问题在策略配置变化下具有相同的单调性。
- 为了解决数学难题，我们提出了一种博弈论模型来解决最小化同信道干扰总和问题，并证明了所提出的博弈是一个潜在博弈，以及存在 NE 点，其中 NE 点是全局或局部最优解。
- 受有限改进性质启发，我们设计了一种迭代算法来实现协同用户调度和功率分配，以获得 NE 点。所提出算法的复杂性可以在多项式时间内解决［算法的时间复杂度为 $O(f(N))$，其中 $f(N)$ 为多项式］，并且其收敛性是有保证的。我们通过模拟验证了基于潜在博弈的方法的收敛性和有效性。此外，我们使用 Jain 公平指数（JFI）分析了所提出算法的公平性。

本章其余部分组织如下：8.2 节介绍了多波束卫星上行系统模型，并阐述了资源分配问题；8.3 节提出了博弈论方法，并分析了 NE 点的存在性；8.4 节设计了一种迭代算法，用于实现协同用户调度和功率分配；8.5 节展示了仿真结果；8.6 节得出了结论。

8.2 问题陈述

8.2.1 系统模型

对于多波束 NGSO 系统，卫星使用点波束照射广大的覆盖区域，如图 8.1 所示。在这个模型中，考虑了频率复用因子以提高频谱效率，这意味着在一个点波束内所有信道都被重复使用。集合 $\mathbb{L}$ 表示 L 个点波束。定义用户集为 N，位于第 l 个点波束覆盖区域内的用户子集表示为 N_l，其中 $N_l \in N$ 且 $N \cup N_l = N$。第 l 个点波束中的一个用户表示为 n_l，$n_l \in N_l$。我们假设所有用户都配备了 VSAT。在同一点波束内的用户采用 FDMA 以避免同波束干扰[5]。我们考虑总可用带宽为 B_{tot}，包括 K 个子信道，表示为 $\Omega = \{1,2,\cdots,K\}$。值得注意的是，每个子信道被分配给一个点波束中的一个用户，但一个上行链路用户可能占用多个子信道，如使用载波聚合技术。

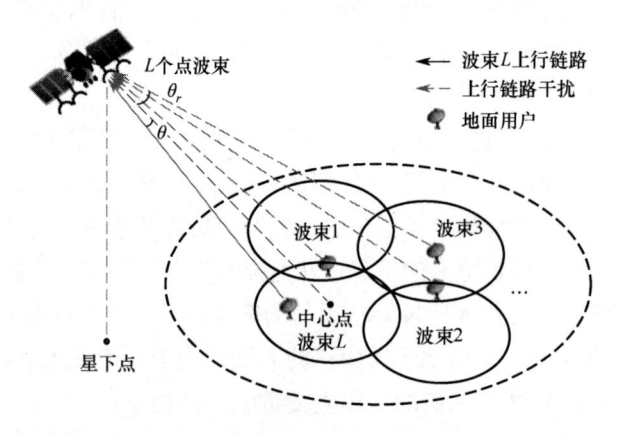

图 8.1 L 个点波束上行系统模型

在子信道 k 上，用户 n_i 向第 i 个点波束发送的符号表示为 $x_{n_i,k}$。因此，在子信道 k

上的第 l 个点波束中的接收信号可以表示为

$$y = \sum_{i=1}^{L} \sqrt{P_{n_i,k} G_{n_i,l,k}} x_{n_i,k} + n_0 \tag{8.1}$$

式中，$P_{n_i,k}$ 表示在子信道 k 上用户 n_i 的发射功率，$\sqrt{P_{n_i,k} G_{n_i,l,k}} x_{n_i,k}$ 表示在子信道 k 上来自用户 n_i 的信号，$\sum_{i=1,i\neq l}^{L} \sqrt{P_{n_i,k} G_{n_i,l,k}} x_{n_i,k}$ 表示在子信道 k 上来自其他波束覆盖用户的干扰总和，包括旁瓣干扰，n_0 表示功率为 σ^2 的附加高斯白噪声。我们假设不同子信道的大尺度衰减是同质的，而小尺度衰减在不同用户和子信道之间是异质的。此外，$G_{n_i,l,k}$ 表示信道增益，即在子信道 k 上，第 i 个点波束覆盖的用户 n_i 到第 l 个点波束的接收机的信道增益。$G_{n_i,l,k}$ 包括自由空间路径损耗、天线增益和信道的小尺度衰减等。$G_{n_i,l,k}$ 由 Li 等人提出[31]：

$$G_{n_i,l,k} = \frac{g_{n_i}(\varepsilon) g_l(\theta) f_\varepsilon |h_{n_i,l,k}|^2}{(4\pi d / \lambda)^2} \tag{8.2}$$

式中，ε 表示 n_i 到卫星的仰角，d 表示 n_i 到卫星的直线距离，λ 表示波长，f_ε 表示 n_i 在方向 ε 上的其他损耗，$h_{n_i,l,k}$ 表示卫星链路的阴影和信道衰减。

第 l 个点波束卫星天线增益 g_l 由 Lu 等人给出[13]：

$$g_l(\theta_{n_i,l})[\text{dBi}] = G_{s,\max} \left(\frac{J_1(u_{n_i,l})}{2u_{n_i,l}} + 36 \frac{J_3(u_{n_i,l})}{u_{n_i,l}^3} \right)^2 \tag{8.3}$$

式中，$u_{n_i,l} = 2.07123 \sin \theta_{n_i,l} / \sin \theta_{3\text{dB}}$，其中，$\theta_{3\text{dB}}$ 是半功率波束角，$\theta_{n_i,l}$ 是用户 n_i 相对于第 l 个点波束的位置角，该角度由覆盖区域中心点、子午点和卫星轨道高度决定；J_m 是第一类 m 阶的贝塞尔函数；$G_{s,\max}$ 是卫星的最大天线增益。

图 8.2 考虑了 3D 空间中的斜投影。θ 表示用户与波束中心之间的偏差角，该角度可以表示为[31]

$$\theta = \arccos \left(\frac{d_{\text{su}}^2 + d_{\text{sc}}^2 - 2R^2 \left(1 - \cos \dfrac{d_{\text{cu}}}{R}\right)}{2 d_{\text{sc}} d_{\text{su}}} \right) \tag{8.4}$$

如图 8.2 所示，d_{sc} 表示波束中心到卫星的直线距离，d_{pu} 表示用户到子午点的地球表面距离，d_{cu} 表示用户到波束中心的地球表面距离，h 表示卫星高度，R 表示地球半径。d_{su} 和 d_{sc} 可以通过 h、d_{pu} 和 d_{pc} 使用勾股定理计算得出[31]。

我们假设用户配备了一个小型抛物面天线。根据 ITU-R S.465[25]，用户的天线模式由式（8.5）表示。

$$g_{n_i}(\varepsilon)[\text{dBi}] = \begin{cases} G_{t,\max}, & 0° < \varepsilon \leqslant 1° \\ 32 - 25 \log \varepsilon, & 1° < \varepsilon \leqslant 48° \\ -10, & 48° < \varepsilon \leqslant 180° \end{cases} \tag{8.5}$$

式中，$G_{t,\max}$ 表示主波束的最大地面天线增益。用户偏离波束中心的角度 ε 可以通过 $\varepsilon = \arccos(\cos(\phi)\cos(\varphi))$ 来计算，其中 ϕ 表示波束中心的水平偏移角，φ 表示波束中心的垂直偏移角。

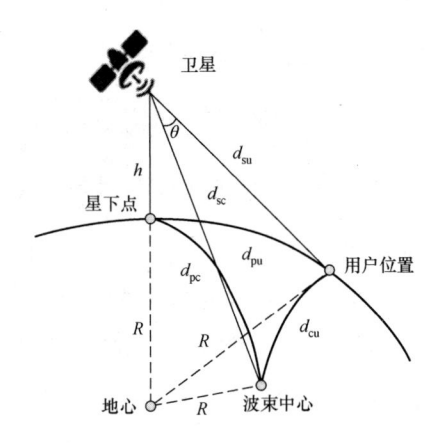

图 8.2 3D 空间中斜投影的方位角

与整个带宽中具有相同衰减的传统信道分配方案不同，我们考虑每个子信道遵循独立且相同的分布衰减。卫星信道的小尺度衰减被假设为遵循阴影赖斯衰减模型[33-35]，该模型在数学上可处理，并且已广泛应用于多种 FSS 和 MSS 的各种频段，如 UHF 频段、L 频段、S 频段和 Ka 频段。$|h|^2$ 的概率密度函数为[35]

$$f_{|h|^2}(x) = \alpha \exp(-\beta x) {}_1F_1(m,1,\delta x) \tag{8.6}$$

式中，${}_1F_1(\cdot,\cdot,\cdot)$ 表示合流超几何函数，$\alpha = \dfrac{(2bm)^m}{2b(2bm+\zeta)^m}$，$\delta = \dfrac{\zeta}{2b(2bm+\zeta)}$，且 $\beta = \dfrac{1}{2b}$。其中，$2b$ 是散射分量的平均功率，ζ 是视线路径分量的平均功率，m 是 Nakagami 衰减参数。小尺度衰减遵循准静态块衰减。

8.2.2 干扰缓解问题描述

在第 k 个子信道中，使用调度向量 $\boldsymbol{S}_k = [n_1, n_2, \cdots, n_l, \cdots, n_L]$ 来表示同时调度在所有点波束上的用户。其中，$[\boldsymbol{S}_k]_l = n_l$。因此，调度策略空间由 $\Lambda = \{\boldsymbol{S} | n_l \in \mathbb{N}_l, \forall l = 1,2,\cdots,L\}$ 给出，其中，$\boldsymbol{S} = [\boldsymbol{S}_1,\cdots,\boldsymbol{S}_k,\cdots,\boldsymbol{S}_K]$。传输功率向量包含在第 k 个子信道上每个调度用户的传输功率值，$\boldsymbol{P}_k = [P_{n_1,k},\cdots,P_{n_l,k},\cdots,P_{n_L,k}]$，其中 $[\boldsymbol{P}_k]_l = P_{n_l,k}$。如果 $[\boldsymbol{S}_k]_l$ 为空，则相应的功率分配为零。此外，所有子信道的最大发射功率为 $P_{n_l}^{\max}$。功率策略空间由

$$\Xi = \left\{\boldsymbol{P} \,\middle|\, 0 \leq \sum_{\Omega} p_{n_l,k} \leq p_{n_l}^{\max}, \forall l = 1,2,\cdots,L\right\}$$

给出，其中 $\boldsymbol{P} = [\boldsymbol{P}_1,\cdots,\boldsymbol{P}_k,\cdots,\boldsymbol{P}_K]$。

用户 n_l 在第 k 个子信道的第 l 个点波束中的 SINR 为

$$\mathrm{SINR}_{n_l,k} = \dfrac{P_{n_l,k} G_{n_l,l,k}}{\sum_{i=1,i\neq l}^{L} P_{n_i,k} G_{n_i,l,k} + \sigma^2} \tag{8.7}$$

NGSO 系统存在大量非实时服务，如数据卸载。如果我们直接针对非实时服务的固定 QoS 要求实现这些方法，那么更多的资源将被分配给处于恶劣信道条件下的瓶颈用户，这

会导致资源利用率低。因此，我们认为只要存在传输需求，用户就会参与资源分配，并在信息传输结束后离开系统。这样，非实时服务在很长一段时间内可以传输更多的信息，从而提高资源利用率。所设计的方法要满足设备加入和离开系统的要求，并对网络动态变化具有鲁棒性。为了支持上述假设，无线电资源分配的一种常见效用是最大化总传输容量。

波束 l 覆盖用户对应的权重和容量由以下香农公式给出：

$$C_l(\boldsymbol{S},\boldsymbol{P}) = \sum_{\Omega} \alpha_{n_l,k} \log_2(1+\mathrm{SINR}_{n_l,k}) \tag{8.8}$$

式中，$\alpha_{n_l,k}$ 是一个权重系数，表示不同用户的优先级。在多波束卫星通信系统中，不同服务类型的用户拥有独特的容量需求、特定任务和服务优先级。因此，为了获得整个系统的最大加权容量，可以将优化问题形式化为

$$\underset{\boldsymbol{S}\in\Lambda,\boldsymbol{P}\in\Xi}{\arg\max} \sum_{l=1}^{L} C_l(\boldsymbol{S},\boldsymbol{P}) \tag{8.9a}$$

$$\mathrm{s.t.}\quad 0 \leqslant \sum_{\Omega} p_{n_l,k} \leqslant p_{n_l}^{\max} \tag{8.9b}$$

式（8.9a）的优化是一个非凸的 NP-Hard 问题。此外，功率分配和协同用户调度是相互耦合的。用户调度策略空间是离散的，而功率策略空间是连续的，因此这一问题不能直接解决。

从另一个角度来看，阻碍系统总容量增加的主要原因是同信道干扰。因此，缓解干扰会增加总容量[36]。此外，我们将逆 SINR 的负权重和作为干扰缓解的性能指标，并将优化问题转化为

$$\underset{\boldsymbol{S}\in\Lambda,\boldsymbol{P}\in\Xi}{\arg\max} \sum_{l=1}^{L} -w_{n_l,k}/\mathrm{SINR}_{n_l,k} \tag{8.10a}$$

$$\mathrm{s.t.}\quad 0 \leqslant \sum_{\Omega} p_{n_l,k} \leqslant p_{n_l}^{\max} \tag{8.10b}$$

式中，系数 $w_{n_l,k}$ 表示不同用户的正权重系数，与相应的权重系数 $\alpha_{n_l,k}$ 相同。将总传输容量优化问题式（8.9a）转换为优化问题式（8.10a）的原因有以下两点。一个原因是从函数单调性的角度来看，式（8.9a）和式（8.10a）具有相同的单调性，即与加权 SINR 总和 $\left(\sum_{\Omega}\sum_{l=1}^{L}\alpha_{n_l,k}\mathrm{SINR}_{n_l,k}\right)$ 单调性相同，这是一个关于 $\mathrm{SINR}_{n_l,k}$ 的递增函数。因此，当输入的分配策略变化时，优化问题式（8.9a）和式（8.10a）具有相同的单调性。另一个原因是基于物理意义的。最小化逆 SINR 的总和意味着减少同信道干扰，即干扰缓解或干扰减轻，这可以增加总传输容量。

然而，优化问题式（8.10a）仍然是一个 NP-Hard 问题。中央站需要采用复杂性较低的先进算法来处理如此大规模的耦合离散变量和连续变量。为了高效地解决式（8.10a）表示的问题，我们提出采用博弈论方法来寻求最优解。

8.3 基于博弈论的无线电资源分配方法

8.3.1 博弈模型

为了降低所提出的干扰缓解问题式（8.10a）的计算复杂度，我们采用博弈论方法来构建一个分析框架，以解决数学上的复杂性问题。

该博弈表示为 $G=[\mathbb{L},\{\mathbb{A}_l\}_{l\in\mathbb{L}},\{u_l\}_{l\in\mathbb{L}}]$。其中，$\mathbb{L}=\{1,2,\cdots,L\}$ 表示博弈参与者的集合。每个点波束只调度一个用户，这意味着没有同波束干扰。因此，博弈参与者可以是同一波束内的所有用户，在博弈过程中可以设置一个虚拟代理作为玩家。$\mathbb{A}$ 是玩家 l 的行动，u_l 是玩家 l 的效用函数，需要精心设计以获得更好的结果。为了避免"公地悲剧"[13]，需要考虑同信道干扰作为惩罚。因此，效用函数 u_l 被设计为式（8.13），其中 $A_l \in \mathbb{A}_l$ 是玩家 L 的联合策略，且有 $A_l = \boldsymbol{S}_k \times \boldsymbol{P}_k$，所有除 l 以外的玩家的策略集表示为 $A_{-l} \in \mathbb{A}_1 \times \cdots \mathbb{A}_{l-1} \times \mathbb{A}_{l+1} \times \mathbb{A}_L$。其中，"×"表示笛卡儿积。

8.3.2 NE 点的存在性

为了找到交互式游戏处理的稳定和最优或次优解，我们必须确定所提出的博弈是否存在均衡。此外，本节需要澄清所提出的博弈与优化问题式（8.10a）之间的关系。

定义 8.1：当且仅当没有玩家可以通过单方面偏离来提高其效用时，当前策略组合 $A^*=(A_1^*,\cdots,A_L^*)$ 称为某个博弈的纯策略 NE 点[37]，即

$$u_l(A_l^* A_{-l}^*) \geqslant u_l(A_l' A_{-l}^*), \forall A_l' \in \mathbb{A}_l \setminus \{A_l^*\} \tag{8.11}$$

定理 8.1：所提出的博弈 G 是一个潜在博弈。此外，纯策略 NE 点是潜在函数的全局或局部最优解。

证明：我们针对博弈 G 的潜在函数进行如下分析。

$$F(A_l, A_{-l}) = -\sum_\Omega \sum_{l=1}^L w_{n_l,k}/\text{SINR}_{n_l,k} \tag{8.12}$$

也就是说，这是优化问题式（8.10a）的目标。第 l 个用户的效用函数被设计为式（8.13）。

$$u_l(A_l, A_{-l}) = -\sum_\Omega \left(w_{n_l,k} \frac{\sum_{i=1,i\neq l}^L P_{n_i,k} G_{n_i,l,k} + \sigma^2}{P_{n_l,k} G_{n_l,l,k}} + \sum_{i=1,i\neq l}^L \frac{w_{n_i,k} P_{n_l,k} G_{n_l,l,k}}{P_{n_i,k} G_{n_i,i}} \right) \tag{8.13}$$

$$\begin{aligned} F(A_l, A_{-l}) &= -\sum_\Omega \sum_{i=1}^L w_{n_l,k} \frac{\sum_{i=1,i\neq l}^L P_{n_i,k} G_{n_i,l,k} + \sigma^2}{P_{n_l,k} G_{n_l,l,k}} \\ &= -\sum_\Omega w_{n_l,k} \frac{\sum_{i=1,i\neq l}^L P_{n_i,k} G_{n_i,l,k} + \sigma^2}{P_{n_l,k} G_{n_l,l,k}} - \sum_\Omega \sum_{j=1,j\neq l}^L w_{n_j,k} \frac{\sum_{i=1,i\neq j}^L P_{n_i,k} G_{n_j,i,k} + \sigma^2}{P_{n_j,k} G_{n_j,j,k}} \\ &= -\sum_\Omega w_{n_l,k} \frac{\sum_{i=1,i\neq l}^L P_{n_i,k} G_{n_i,l,k} + \sigma^2}{P_{n_l,k} G_{n_l,l,k}} - \sum_\Omega \sum_{j=1,j\neq l}^L w_{n_j,k} \frac{P_{n_l,k} G_{n_j,l,k}}{P_{n_j,k} G_{n_j,j,k}} - \\ & \quad \underbrace{\sum_\Omega \sum_{j=1,j\neq l}^L w_{n_j,k} \frac{\sum_{i=1,i\neq j,i\neq l}^L P_{n_i,k} G_{n_j,i,k} + \sigma^2}{P_{n_j,k} G_{n_j,j,k}}}_{v(A_{-l})} \\ &= u_l(A_l, A_{-l}) - v(A_{-l}) \end{aligned} \tag{8.14}$$

可以看出，用户的效用函数由两部分组成：用户在接收节点的加权逆 SINR 和用户对系统中所有其他用户造成的加权干扰。因此，用户除了减少接收机处的干扰，还可以通过减少对其他用户造成的干扰来获得收益。这样，每个用户的效用函数都包含了一个衡量其行为对其他用户影响的指标。因此，效用函数避免了"公地悲剧"的发生。此外，潜在函数可以推导为式（8.14），其中 $v(A_{-l})$ 是对玩家 l 没有贡献的项。因此，如果玩家 l（任何玩家）将其策略从 A_l 改为 A'_l，我们得到

$$F(A'_l, A_{-l}) = u_l(A'_l, A_{-l}) - v(A_{-l}) \tag{8.15}$$

根据式（8.13）和式（8.14），我们可以得到

$$F(A'_l, A_{-l}) - F(A_l, A_{-l}) = u_l(A'_l, A_{-l}) - u_l(A_l, A_{-l}) \tag{8.16}$$

根据式（8.16），$F(A_l, A_{-l})$ 的变化等于玩家单方面偏离所引起的个人效用函数的变化，这表明根据文献[37]的定义，所提出的 G 是一个潜在博弈。根据潜在博弈的内在度量，至少存在一个纯策略 NE 点，并且所有 NE 点都是潜在函数 $F(A_l, A_{-l})$ 的全局或局部最优解[38]。因此，所提出的基于潜在博弈的方法的 NE 点是优化问题式（8.10a）的解。因此，定理 8.1 得证。

如果 $F(A_l, A_{-l})$ 是全局网络性能的度量，则我们所提出的博弈提供了一个框架，在该框架中，整个网络的总体效用最大化，从而使每个玩家获得最大的自身利益。

定理 8.2：子信道数量不少于用户数量，即 $K \geq |N|$，全局最优潜在函数解是通过最佳响应正交用户调度并实现最大传输功率得到的。

证明：如果子信道数量不少于用户数量，即 $K \geq |N|$，则可以进行无干扰的正交用户调度。此时，潜在函数如下：

$$F(A_l^o, A_{-l}^o) = -\sum_{\Omega} \sum_{i=1}^{L} \frac{w_{n_l,k} \sigma^2}{P_{n_l} G_{n_l,l,k}} \tag{8.17}$$

现在假设用户调度是非正交的，即存在至少两个用户 n_q 和 n_m 使用相同的子信道 k。式（8.17）表明，对于潜在函数 $F(A_l, A_{-l})$，正交用户调度优于非正交用户调度。此外，正交用户调度的潜在函数 $F(A_l, A_{-l})$，即式（8.16），随着传输功率增大而单调递增，因此，实现了用户的最大传输功率。根据式（8.18），用户调度策略通过应用 $w_{n_l,k}$ 和 $G_{n_l,l,k}$ 的最佳配置来获得全局最优的潜在函数。因此，定理 8.2 得证。

$$\begin{aligned} F(A_l^n, A_{-l}^n) = &-\sum_{\Omega} \left[\sum_{i=1, i \neq q, i \neq m}^{L} \frac{w_{n_l,k}\sigma^2}{P_{n_l}G_{n_l,l,k}} + w_{n_q,k}\frac{P_{n_m}G_{n_m,m,k}+\sigma^2}{P_{n_q}G_{n_q,q,k}} + w_{n_m,k}\frac{P_{n_q}G_{n_q,q,k}+\sigma^2}{P_{n_m}G_{n_m,m,k}} \right] < \\ &-\sum_{\Omega} \sum_{i=1}^{L} \frac{w_{n_l,k}\sigma^2}{P_{n_l}G_{n_l,l,k}} = F(A_l^o, A_{-l}^o) \end{aligned} \tag{8.18}$$

定理 8.2 可以被视为所提出的基于潜在博弈的方法的特殊情况。由于已证明所提出的方法在这种情况下是有效的，因此子信道数量不少于用户数量。在后续工作中，我们将主要研究子信道数量少于用户数量的场景，这在真实系统中更为实用。

8.4 NE 点迭代算法与实现

本节提出一种迭代算法，该算法在每个传输区间开始前执行，用于求解优化问题式（8.10a）。该算法通过迭代更新每个博弈参考者的协同用户调度和功率分配。

8.4.1 所提出的迭代算法

由于协同用户调度是离散的，而功率分配是连续的，因此很难以有效的方式在每次迭代中同时实现二维策略、协同用户调度和功率分配。因此，算法 8.1 中提出了一个分解的迭代过程，其中每个玩家的最大化效用函数有助于根据潜在博弈的内在属性提高全局网络性能。由于协同用户调度策略空间的大小是离散的，选择最佳的协同用户调度策略是最佳响应。此外，为了获得最佳的功率分配策略，效用函数对 $P_{n_l,k}$ 的偏导数等于零。我们得到：

$$\frac{\partial [u_l]_k}{\partial P_{n_l,k}} = \frac{\sum_{i=1,i\neq l}^{L} P_{n_i,k} G_{n_i,l,k} + \sigma^2}{P_{n_l,k}^2 G_{n_l,l,k}/w_{n_l,k}} - \sum_{i=1,i\neq l}^{L} \frac{w_{n_i,k} G_{n_l,l}}{P_{n_i,k} G_{n_i,l,k}} \qquad (8.19)$$

因此，最佳功率分配策略是

$$P_{n_l,k}^* = \sqrt{\frac{w_{n_l,k}\left(\sum_{i=1,i\neq l}^{L} P_{n_i,k} G_{n_i,l,k} + \sigma^2\right)}{G_{n_l,l,k} \sum_{i=1,i\neq l}^{L} \frac{w_{n_l,k} G_{n_l,i,k}}{P_{n_i,k} G_{n_i,i,k}}}} \qquad (8.20)$$

在算法 8.1 中，对于不同子信道的每一步，系统效用不会降低。需要注意的是，每个子信道的每次迭代都必须考虑每个用户的功率约束。第 k 个子信道上用户剩余的功率为

$$P'_{n_l,k} = P_{n_l}^{\max} - \sum_{k'\in\Omega,k'\neq k} P_{n_l,k'}^{t-1} \qquad (8.21)$$

算法 8.1 中循环结束的条件是 $A^t \approx A^{t-1}$，这意味着 A^{t-1} 的调度策略几乎与 A^t 相同，并且每一步系统的性能改进小于 0.001。

根据算法 8.1，所提方法的计算复杂度为 $O(N)$。因此，即使在星载处理卫星上，执行时间也是可接受的。所提出的基于潜在博弈的方法的本质是将 NP-Hard 问题转化为分布式个体效用改进问题，以解决数学难题。此外，每次迭代的最佳响应保证所提出的 NE 点是一个可接受的结果。

8.4.2 算法实际实现

算法 8.1 可以在透明前向卫星或星载处理卫星的地面网关中执行，其中博弈者是一个点波束中的所有用户，在计算过程中可以虚拟化。CSI、用户位置和用户传输策略配置文件可以存储在卫星数据库中，且可以频繁更新。收敛的协同用户调度和功率分配策略配置文件可以广播给用户，以便在上行链路中被调用。

算法 8.1 协同用户调度和功率分配迭代算法

初始化：

将 t 设置为1，调用一个随机的协同用户调度策略配置文件，并为每个子信道中的相应用户分配一个随机的初始功率。

迭代过程：

repeat

t++

for 子信道 $k=1\sim K$ **do**

    1. **协同用户调度**：在最后一次迭代中保持功率分配策略配置文件不变，协同用户调度策略根据每个信道的效用函数采用最佳响应，即

$$[\boldsymbol{S}_k]_l^t = \underset{[\boldsymbol{S}_k]_l^t \in N_l, \boldsymbol{P}=\boldsymbol{P}^{t-1}}{\arg\max} u_{l,k}([\boldsymbol{S}_k]_l, [\boldsymbol{S}_k]_{-l}^{t-1})$$

其中，$u_{l,k}$ 是子信道 k 上 n_l 的效用函数，表示为

$$u_{l,k} = (A_l, A_{-l}) = -\frac{\sum_{i=1,i\neq l}^{L} P_{n_i,k} G_{n_i,l,k} + \sigma^2}{P_{n_l,k} G_{n_l,l,k} / w_{n_l,k}} - \sum_{i=1,i\neq l}^{L} \frac{w_{n_i,k} P_{n_l,l,k}}{P_{n_i,k} G_{n_i,i}}$$

特别是，功率 $P_{n_l,k} = \min(P'_{n_l,k}, P^{t-1}_{n_l,k})$，$l \in (1,\cdots,L)$，其中 $P'_{n_l,k}$ 的定义见式（8.21）。

    2. **功率分配**：在协同用户调度的最后一步中保留用户调度策略配置文件，并根据以下公式更新每个子信道中的功率分配策略配置文件。

$$P^*_{n_l,k} = \underset{P_{n_l,k} \in \Xi, \boldsymbol{S}=\boldsymbol{S}^t}{\arg\max} u_{l,k}(P_{n_l,k}, P^{t-1}_{-n_l,k})$$

$$P^t_{n_l,k} \leftarrow P^{t-1}_{n_l,k} + \delta[\min(P^*_{n_l,k}, P'_{n_l,k}) - P^{t-1}_{n_l,k}]$$

其中，$\delta > 0$ 是迭代步长，$P^*_{n_l,k}$ 由式（8.20）定义。

end for

until $A^t \approx A^{t-1}$

此外，系数 $w_{n_l,k}$ 定义了子信道 k 上第 l 个波束中调度用户的权重。为了简化，我们考虑权重系数为

$$w_{n_l,k} = \frac{G_{n_l,l,k}}{\sum_{i=1}^{L} G_{n_i,l,k}} \tag{8.22}$$

这可以被视为系统在公平性和总容量之间的权衡。

注：上面提出的基于潜在博弈的协同用户调度与功率分配方法同样适用于 FDMA 或多波束卫星上行链路中的正交频分复用场景。对于 DVB-S2 标准，上行链路指的是前向链路，即从地面站到卫星接收机的链路[39]。若存在多个位于不同卫星波束覆盖区域且有多重子信道的地面站，所提出的这种方法可以直接实施。而对于数字视频广播第二代卫星回传信道标准（DVB-RCS2）[40]，本方法可应用于同一时隙内不同用户的回传链路，其中用户的要求是总的传输容量。

8.4.3 收敛性分析及其意义

对于潜在博弈，个体效用的提高会改善网络性能，直到其达到稳定状态。根据有限

改进性质[30,37]，每条最大改进路径最终必须终止于一个 NE 点，其中任何纯策略 NE 点全局或局部地使潜在函数最大化[38]。在我们所提的算法 8.1 中，协同用户调度和功率分配策略的更新被分解为两个步骤，这可以确保每一步的系统效用不会降低。因此，它可以确保收敛到 NE 点。此外，由于采用了最佳响应策略，所达到的 NE 点是可以接受的。

8.5 仿真结果

在本节中，我们通过仿真来评估所提出方法的有效性，并对关键系统参数的性能进行评估。具体来说，我们考虑了四个点波束场景，波束半径 R 为 300km，如图 8.3 所示。在每个点波束覆盖区域中，有 10 个用户以随机均匀的方式分布。为了简化计算，我们考虑星下点位于图 8.3 中的（0,0）处。$\theta_{n_i,l}$ 可以通过式（8.4）获得，并且小尺度衰减被视为不经常发生的轻微阴影[34-35]。定理 8.2 已经在理论上证明了低负载（子信道数量大于用户数量）和等负载（子信道数量等于用户数量）的情况。因此，在仿真过程中，我们考虑了过载情况以证明所提出方法的有效性。具体的仿真参数列在表 8.1 中，其中卫星上行链路的 h 的阴影和衰减参数为 $[b=0.158, p=19.4, \zeta=1.29]$[41-42]。

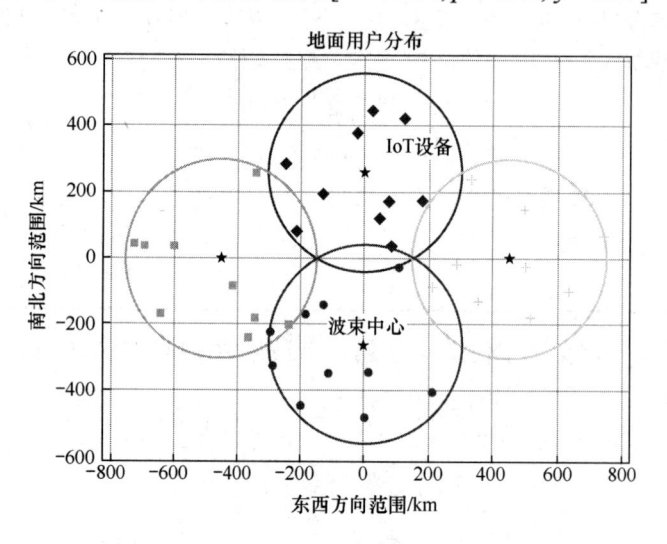

图 8.3 用户在点波束覆盖区域中均匀分布

表 8.1 仿真参数

参　数	值	参　数	值
轨道	NGSO	中心频率	4GHz
系统噪声温度	350K	卫星高度	2000km
最大卫星增益 $G_{s,max}$	15dBi	地球半径	6400km
用户天线直径	0.9m	其他衰减 f_ε	−10dB
3 dB 卫星天线角度	0.5°	迭代步长	0.01
最大用户天线增益 $G_{t,max}$	7.38dBi	子信道数量	24
离轴角 ε	0		

首先,我们考虑了四个点波束场景来验证所提出算法的效率,如图 8.4 所示。这四个场景的不同之处在于用户的最大传输功率。图 8.4 表明,随着迭代次数增加,逆 SINR 的负和逐渐增加,这意味着潜在函数通过最佳响应实现了最大的改进。根据有限改进性质,每次迭代都收敛到 NE 点。此外,NE 点是全局性能可接受的结果。因此,图 8.4 证明了所提出的博弈论方法的正确性和迭代算法的可行性。此外,随着传输功率的增加,逆 SINR 的负和的 NE 点是递增的。

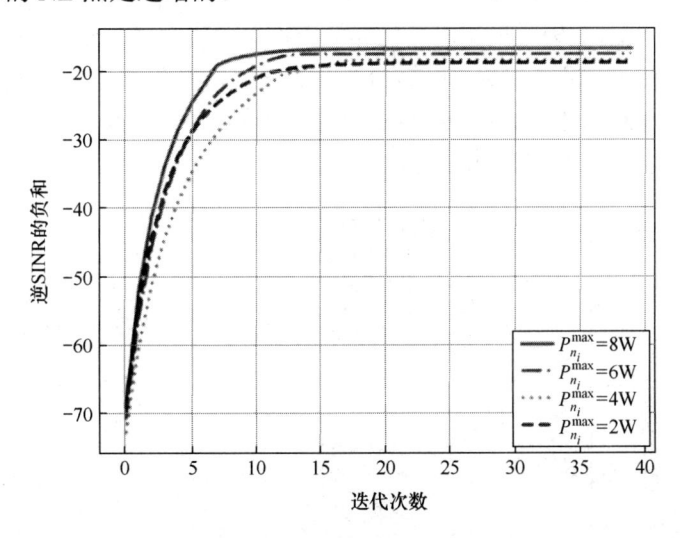

图 8.4 在不同的最大传输功率下,逆 SINR 的负和与迭代次数为正相关

潜在函数实现了干扰抑制,这将直接提高整个系统的总容量。图 8.5 显示了系统在迭代过程中的总容量。图 8.4 和图 8.5 在不同最大传输功率下具有相同的趋势,这表明式(8.9a)和式(8.10a)是等效优化问题,即逆 SINR 的负和与总容量在性能度量上是相等的。

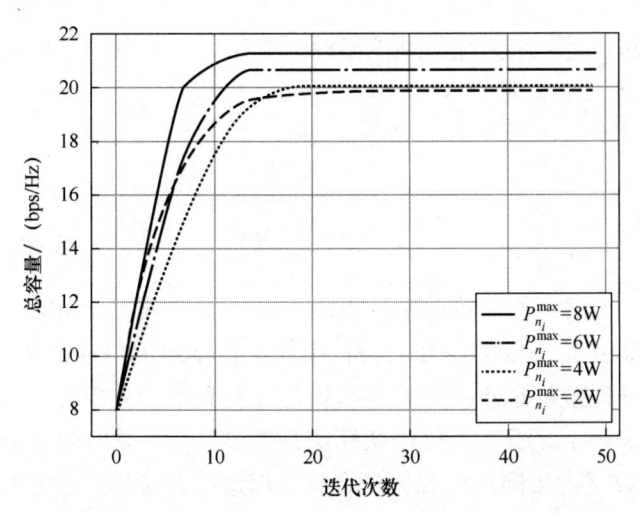

图 8.5 在不同的最大传输功率下,总容量与迭代次数为正相关

为了进一步证明本章所提算法的有效性，我们选用了系统总容量进行比较。图 8.6 展示了本章所提算法和四种传统算法的总容量与用户最大传输功率之间的关系。使用频谱复用技术，同信道干扰得到了缓解。因此，我们考虑对多色频谱复用进行比较，其中频谱复用因子（R_f）分别为 1、2 和 4。我们计划通过水填充算法获得功率分配系数，并且对用户调度采用最佳响应。此外，子信道总数均匀分配到每个点波束中以实现多色频谱复用。在每个点上，水填充算法可以被视为最佳算法，而不考虑相邻波束之间的同信道干扰。另外，在文献[19]所提出的迭代算法中，每个用户所需的 SINR 被设置为相同的。显然，与传统方法相比，本章所提出的干扰缓解方法在总容量方面实现了卓越的性能提升。此外，通过运用水填充功率分配算法，$R_f=1$ 对应的总容量优于 $R_f=2$ 和 $R_f=4$，这表明较高的频谱复用将增加频谱效率。

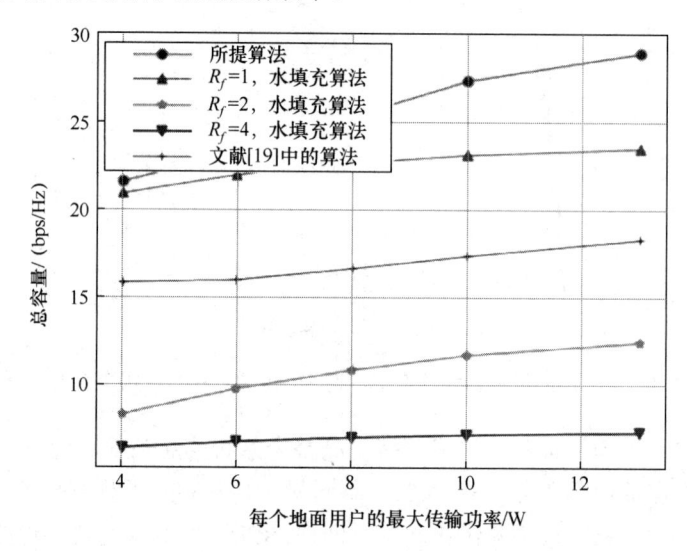

图 8.6 不同算法的平均总容量与用户最大传输功率的关系

此外，公平性也是一个系统级性能指标。在这里，我们通过使用 JFI 来分析公平性，JFI 由龚淑蕾等人定义为[21]

$$J = \frac{\left(\sum_{i=1}^{N} R_i\right)^2}{N \sum_{i=1}^{N} (R_i)^2} \qquad (8.23)$$

式中，R_i 表示第 i 个用户的传输速率。因此，对于 N 个用户，JFI 的范围是 $[1/N,1]$。图 8.7 显示了我们所提出的算法和三种传统算法在不同用户最大传输功率时的 JFI。两种传统的功率分配策略是水填充算法和均匀分配算法，其中相应的用户调度策略采用最佳响应，且 $R_f=1$。还有一种传统算法是文献[19]中提出的算法，其中每个用户的请求 SINR 被设置为相同的。我们计算每个信道中调度用户的总传输速率，以获得 JFI。图 8.7 展示了均匀分配算法比水填充算法具有更高的公平性。文献[19]中的算法基于每个用户的 SINR 请求，其优化问题最小化了所需 SINR 与资源分配产生的 SINR 之间的差距。在本节中，我们将每个用户所需的 SINR 设置为相同的以进行比较。因此，资源分配倾向于满足所需的 SINR 目标。这就是文献[19]中的算法在公平性方面表现出更好性能的原因。如果每个用户所需的 SINR 不同，则公平性会降低。

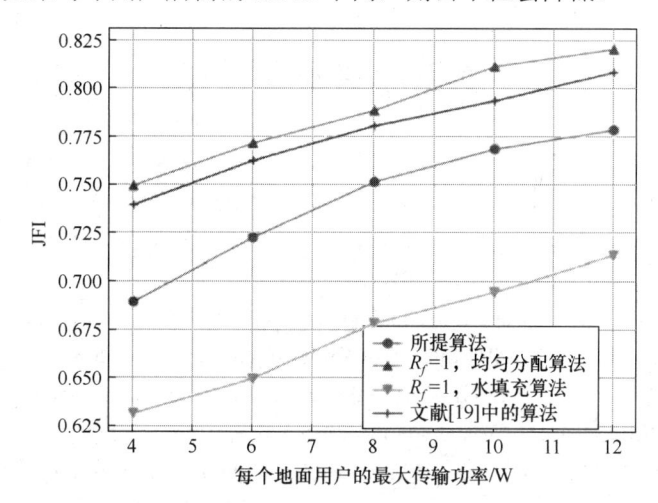

图 8.7　不同算法的 JFI 与用户最大传输功率的关系

我们提出的基于潜在博弈的方法通过预设的权重系数在公平性方面实现了一般性能。但是，如图 8.6 所示，该潜在博弈方案可以获得更大的系统总容量。实现最大总容量和公平性在用户不一致的信道增益条件下是相互矛盾的。因此，在公平性和系统总容量之间存在一种权衡。我们提出的基于潜在博弈的方法可以通过调整每个用户效用函数或潜力函数的加权系数 $w_{n_i,k}$，根据系统需求平衡公平性和总容量。另外，水填充算法基于拉格朗日算法，但由于存在同信道干扰，其并非最优解决方案。文献[19]中的算法基于搜索算法，无法保证收敛，且解也不是最优的。我们提出的基于潜在博弈的方法通过最佳响应解决问题，可以确保收敛。此外，所提算法使用的潜力函数（逆 SINR 的相反数）具有干扰缓解的作用，这具有明确的物理意义。干扰缓解将会增加总容量。

8.6　总结

在本章中，我们提出了一种基于潜在博弈的用以实现上行多波束 NGSO 系统中协同用户调度和功率分配的方法。我们提出了一个多波束上行 NGSO 系统的框架，其中考虑了全频谱复用和不同点波束之间的同信道干扰。为了有效提供宽带 NGSO 服务，我们提出了一个初始优化问题，即最大化上行链路总容量，然后将其转化为一个最小化同信道干扰总和的干扰缓解问题，以解决数学难题。具体来说，我们采用了博弈论模型来解决转化后的优化问题，并证明了该模型是一个潜在博弈并存在 NE 点。此外，受有限改进性质的启发，我们设计了一种具有低计算复杂度的迭代算法，该算法用于实现 NE 点处的协同用户调度和功率分配，可以达到 NE 点。最后，我们通过仿真结果证明了所提出的基于潜在博弈的方法的收敛性和有效性。

近年来，出现了许多基于博弈论的无线电资源分配方法。作为经济学和商业管理的一个子领域，拍卖理论已被引入，为无线系统中的无线电资源分配提供了一种跨学科的技术，该技术可以在不对称和不完全信息场景下实现[43-45]。

本章原书参考资料

[1] Adu Ansere J., Han G., Wang H., Choi C., Wu C. 'A reliable energy efficient dynamic spectrum sensing for cognitive radio IoT networks'. IEEE Internet of Things Journal, vol. 6(4), pp. 6748-6759. n.d.

[2] Zhang L., Liang Y.C. 'Joint spectrum sensing and packet error rate optimization in cognitive IoT'. IEEE Internet of Things Journal, vol. 6(5), pp. 7816-7827. n.d.

[3] Li T., Yuan J., Torlak M. 'Network throughput optimization for random access narrowband cognitive radio internet of things (NB-cr-iot)'. IEEE Internet of Things Journal. 2018, vol. 5(3), pp. 1436-1448.

[4] De Sanctis M., Cianca E., Araniti G., Bisio I., Prasad R. 'Satellite communications supporting internet of remote things'. IEEE Internet of Things Journal. 2016, vol. 3(1), pp. 113-123.

[5] Jia M., Zhang X., Gu X., Guo Q., Li Y., Lin P. 'Interbeam interference constrained resource allocation for shared spectrum multibeam satellite communication systems'. IEEE Internet of Things Journal, vol. 6(4), pp. 6052-6059. n.d.

[6] Hu D., He L., Wu J. 'A novel forward-link multiplexed scheme in satellite based internet of things'. IEEE Internet of Things Journal. 2018, vol. 5(2), pp. 1265-1274.

[7] Jiao J., Sun Y., Wu S., Wang Y., Zhang Q. 'Network utility maximization resource allocation for NOMA in satellite-based internet of things'. IEEE Internet of Things Journal. 2020, vol. 7(4), pp. 3230-3242.

[8] Li D., Wu S., Wang Y., Jiao J., Zhang Q. 'Age-optimal HARQ design for freshness-critical satellite-IoT systems'. IEEE Internet of Things Journal, vol. 7(3), pp. 2066-2076. n.d.

[9] Ekpo S.C. 'Parametric system engineering analysis of capability-based small satellite missions'. IEEE Systems Journal. 2019, vol. 13(3), pp. 3546-3555.

[10] Roumeliotis A.J., Kourogiorgas C.I., Panagopoulos A.D. 'Dynamic capacity allocation in smart gateway high throughput satellite systems using matching theory'. IEEE Systems Journal. 2019, vol. 13(2), pp. 2001-2009.

[11] Zhang X., Guo D., An K., Zheng G., Chatzinotas S., Zhang B. 'Auction-based multichannel cooperative spectrum sharing in hybrid satellite-terrestrial IoT networks'. IEEE Internet of Things Journal. 2021, vol. 8(8), pp. 7009-7023.

[12] An K., Liang T., Zheng G., Yan X., Li Y., Chatzinotas S. 'Performance limits of cognitive-uplink FSS and terrestrial FS for ka-band'. IEEE Transactions on Aerospace and Electronic Systems. 2019, vol. 55(5), pp. 2604-2611.

[13] Lu W., An K., Liang T. 'Robust beamforming design for sum secrecy rate maximization in multibeam satellite systems'. IEEE Transactions on Aerospace and Electronic Systems. 2019, vol. 55(3), pp. 1568-1572.

[14] Qi C., Wang X. 'Precoding design for energy efficiency of multibeam satellite communications'. IEEE Communications Letters. 2018, vol. 22(9), pp. 1826-1829.

[15] Joroughi V., Vazquez M.A., Perez-Neira A.I. 'Generalized multicast multibeam precoding for satellite communications'. IEEE Transactions on Wireless Communications. 2017, vol. 16(2), pp. 952-966.

[16] Ugolini A., Colavolpe G., Angelone M., Vanelli-Coralli A., Ginesi A. 'Capacity of interference

exploitation schemes in multibeam satellite systems'. IEEE Transactions on Aerospace and Electronic Systems. 2018, vol. 55(6), pp. 3230-3245.

[17] Christopoulos D., Chatzinotas S., Ottersten B. 'Multicast multigroup precoding and user scheduling for frame-based satellite communications'. IEEE Transactions on Wireless Communications. 2018, vol. 14(9), pp. 4695-4707.

[18] Sharma S.K., Chatzinotas S., Arapoglou P.-D. Satellite communications in the 5G era. Vol. 79; 2018 Jul 13.

[19] Barcelo-Llado J.E., Vazquez-Castro M.A. Jiang Lei Hjorungnes A. 'Presented at GLOBECOM 2009 - 2009 IEEE global telecommunications conference; honolulu, HI, 2009'.

[20] Qi F., Guangxia L., Shaodong F., Qian G. 'Optimum power allocation based on traffic demand for multi-beam satellite communication systems. Proceedings of ICCT; Jinan, China, 2011. pp. 873-876.

[21] Gong S., Shen H., Zhao K., et al. 'Toward optimized network capacity in emerging integrated terrestrial-satellite networks'. IEEE Transactions on Aerospace and Electronic Systems. 2020, vol. 56(1), pp. 263-275.

[22] Jiao J., Sun Y., Wu S., Wang Y., Zhang Q. 'Network utility maximization resource allocation for NOMA in satellite-based internet of things'. IEEE Internet of Things Journal. 2020, vol. 7(4), pp. 3230-3242.

[23] Choi J.P., Chan V.W.S. 'Optimum power and beam allocation based on traffic demands and channel conditions over satellite downlinks'. IEEE Transactionson Wireless Communications. 2005, vol. 4(6), pp. 2983-2993.

[24] Ge C., Wang N., Selinis I, et al. 'QoE-assured live streaming via satellite backhaul in 5G networks'. IEEE Transactions on Broadcasting. 2019, vol. 65(2), pp. 381-391.

[25] Digital Video Broadcasting Interaction Channel for Satellite Distribution Systems. 2005, vol. 4.1.

[26] An K., Liang T., Yan X., Li Y., Qiao X. 'Power allocation in land mobile satellite systems: an energy-efficient perspective'. IEEE Communications Letters. 2016, vol. 22(7), pp. 1374-1377.

[27] Cocco G., de Cola T., Angelone M., Katona Z., Erl S. 'Radio resource management optimization of flexible satellite payloads for DVB-S2 systems'. IEEE Transactions on Broadcasting. 2018, vol. 64(2), pp. 266-280.

[28] Roumeliotis A.J., Kourogiorgas C.I., Panagopoulos A.D. 'Optimal dynamic capacity allocation for high throughput satellite communications systems'. IEEE Wireless Communications Letters. 2019, vol. 8(2), pp. 596-599.

[29] Brown N., Arguello B., Nozick L., Xu N. 'A heuristic approach to satellite range scheduling with bounds using Lagrangian relaxation'. IEEE Systems Journal. 2018, vol. 12(4), pp. 3828-3836.

[30] Cai Y., Zheng J., Xu Y, et al. 'A joint game-theoretic interference coordination approach in uplink multi-cell OFDMA networks'. Wireless Personal Communication. 2014, vol. 80(7), pp. 1203-1215.

[31] Li F., Lam K.Y., Liu X., Wang J., Zhao K., Wang L. 'Joint pricing and power allocation for multibeam satellite systems with dynamic game model'. IEEE Transactions on Vehicular Technology. 2015, vol. 67(3), pp. 2398-2408.

[32] Li F., Lam K.Y., Chen H.H., Zhao N. 'Spectral efficiency enhancement in satellite mobile communications: A game-theoretical approach'. IEEE Wireless Communications. 2015, vol. 27(1), pp. 200-205.

[33] Zhang X., Zhang B., An K. 'Outage performance of NOMA-based cognitive hybrid satellite-terrestrial overlay networks by amplify-and-forward protocols'. IEEE Access: Practical Innovations, Open Solutions. 2015, vol. 7, pp. 85372-85381.

[34] Yan X., Xiao H., An K., Zheng G., Chatzinotas S. 'Ergodic capacity of NOMA-based uplink satellite networks with randomly deployed users'. IEEE Systems Journal, vol. 14(3), pp. 3343-3350. n.d.

[35] Zhang X., An K., Zhang B., Chen Z., Yan Y., Guo D. 'Vickrey auction-based secondary relay selection in cognitive hybrid satellite-terrestrial overlay networks with non-orthogonal multiple access'. IEEE Wireless Communications Letters. 2020, vol. 9(5), pp. 628-632.

[36] Menon R., Mackenzie A., Buehrer R., Reed J. 'Interference avoidance in networks with distributed receivers'. IEEE Transactions on Communications. 2009, vol. 57(10), pp. 3078-3091.

[37] Yamamoto K. 'A comprehensive survey of potential game approaches to wireless networks'. IEICE Transactions on Communications. 2015, vol. E98.B(9), pp. 1804-1823.

[38] Monderer D., Shapley L.S. 'Potential games'. Games and Economic Behavior. 2015, vol. 14(1), pp. 124-143.

[39] ETSI EN 302-307 vl.l.1 'Digital video broadcasting (DVB); second generation framing structure, channel coding and modulation systems for broadcasting, interactive services, news gathering and other broadband satellite applications'. 2004.

[40] Digital video broadcasting 'Part 2: lower layers for satellite standard'. Second Generation DVB Interactive Satellite System. 2012.

[41] Zhang C., Jiang C., Kuang L., Jin J., He Y., Han Z. 'Spatial spectrum sharing for satellite and terrestrial communication networks'. IEEE Transactions on Aerospace and Electronic Systems. 2019, vol. 55(3), pp. 1075-1089.

[42] Rossi T., De Sanctis M., Maggio F., Ruggieri M., Hibberd C., Togni C. 'Smart gateway diversity optimization for EHF satellite networks'. IEEE Transactions on Aerospace and Electronic Systems. 2020, vol. 56(1), pp. 130-141.

[43] Al-Tous H., Barhumi I. 'Resource allocation for multiple-user AF-OFDMA systems using the auction framework'. IEEE Transactions on Wireless Communications. 2015, vol. 14(5), pp. 2377-2393.

[44] Krishna V. Auction theory; 2009.

[45] Zhang X., Guo D., An K., Zheng G., Chatzinotas S., Zhang B. 'Auction-based multichannel cooperative spectrum sharing in hybrid satellite-terrestrial IoT networks'. IEEE Internet of Things Journal. 2021, vol. 8(8), pp. 7009-7023.

第9章　NGSO 系统中的 ISL

拉蒙·马丁内斯·罗德里格斯·奥索里奥[1]，
米格尔·亚历杭德罗·萨拉斯·纳泰拉[1]

9.1　引言

在 20 世纪 90 年代，从完全运营的示例（如 Iridium 或 Orbcomm），到取消的星座项目（如 Teledesic 或 Skybridge）[1]，第一代 NGSO 星座经历了高强度的规划和部署。在那个十年里，尽管取得了重大技术进步，但那些未能成功的概念都有一个共同点，即花费大量时间来建立系统以提供指定的通信服务，这导致了财务上的失败。

通过 ISL，航天器之间的通信成为可能。根据 ITU 的定义[2]，卫星间业务（ISS）被定义为"提供人造卫星之间通信链路的无线通信业务"。

新的大规模 NGSO 星座的部署将使在航天器之间使用 ISL 成为一项必要的特性，以提供宽带通信服务。实际上，ISL 已被认定为能够提升大规模 NGSO 星座运作性能的关键要素之一[3]。ISL 在不同方面提高了系统性能：延迟降低、地面站减少、安全性增强、服务区域扩大等，这些将在 9.3 节中解释。

为了展示 ISL 的这些优势，图 9.1 比较了有无 ISL 的简单通信架构。如果没有 ISL 可用，卫星网络必须通过地面站（网关）连续地中继信号，直到信号到达目标卫星的视野。相比之下，使用 ISL 允许信号通过星座传输，而无须在源和目标之间上下反弹信号。

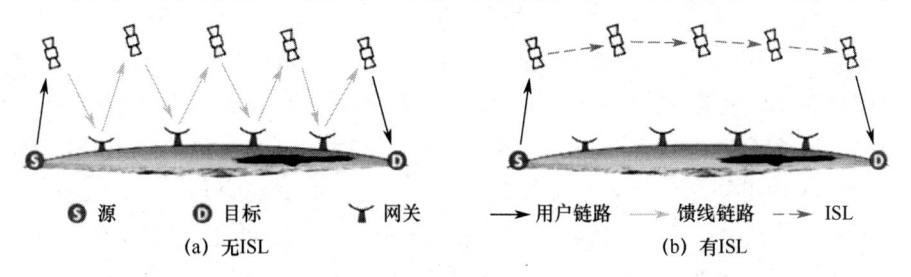

图 9.1　无 ISL 通信架构与有 ISL 通信架构（改编自文献[4]）

在 NGSO 星座中，卫星被分配到不同的轨道平面上，ISL 可以分为两种类型：同轨道平面卫星间的通信链路（Intra-plane ISL）和相邻轨道平面卫星间的通信链路（Inter-plane ISL）。

---

1 西班牙马德里理工大学信息处理与电信中心。

从实施角度来看，建立 ISL 主要涉及两大技术类别：第一类是基于 RF 的 ISL，这种情况下，卫星搭载的无线电终端被用来建立卫星间的通信链路；第二类是光学 ISL，它利用两颗卫星之间的非制导激光束作为通信媒介。在这两种技术方案中，通常都会采用星载处理有效载荷来协助路由，并确保在经过多次跳转的链路中，能减少链路预算参数的恶化，保证通信质量。

使用 ISL 可以实现不同的通信架构。下面将用具体实例描述这些架构。

- 交叉链路：在星座的卫星之间建立 ISL，以避免或减少与地面的接触。为了降低整个星座的延迟或最大化数据传输速率，端到端（E2E）的通信通过星座中的卫星进行，且使用预定义的路由策略。Iridium 采用了交叉链路架构，其由 66 颗卫星组成的先驱星座分布在 6 个轨道平面上，以提供全球覆盖的语音和数据服务。第一代（Block 1）和第二代（铱星 NEXT）卫星都配备了四个卫星间 ISL，每个参考卫星的前后都有同轨道平面上的两颗铱星 NEXT（或 Block 1）卫星，以及两个相邻轨道平面上的两颗铱星 NEXT（或 Block 1）卫星。ISL 在 22.18～22.38GHz 频段上运行，波束不与地面相交，以避免干扰。卫星间业务的八个转发器中，每个转发器都有一个必要的带宽（21.3MHz），并使用水平极化进行传输和接收[5-6]。交叉链路允许 UE 之间直接通信，而无须与 TN 进行任何交互。LeoSat[7]就是这种情况，它是一个由 108 颗相互连接的卫星组成的 LEO 星座，可以在不要求任何网关基础设施的情况下，实现地面任何两个站点之间的 E2E 通信。LeoSat 中的每颗卫星都配备了四个光学 ISL。

- LEO 与 GEO 之间的 ISL 可以通过作为中继站的 GEO 卫星，将 LEO 航天器的数据转发到地面站。这种架构被地球观测（Earth Observation，EO）卫星所采用，以便以最短的延迟时间访问关键数据，同时避免了采用越来越多的地面接收站。相较于 LEO 卫星直接向地面站传输数据、平均每 10 分钟才有短暂接触时间的方式，这种架构大大增加了 EO 卫星与地面站的有效通信时间，从而有助于下载高分辨率图像和观测数据。一些实例可以说明这一点，第一个例子是 ARTEMIS（先进中继与技术试验卫星）任务。ESA 的这项任务在 2001 年成功演示了 SPOT-4 卫星与 ARTEMIS GEO 卫星之间的光学中继链路，用以传输 SPOT-4 拍摄的高分辨率图像[8]。第二个例子是 Sentinel-1A 与 Alphasat 之间的光学链路：2014 年，利用工作在 1064nm 波长的激光通信终端（Laser Communication Terminal，LCT），实现了 1.8 Gbps 的传输速率[9]。

- 另一个例子是为实现欧洲数据中继系统（EDRS）而定义的有效载荷，该系统配备了 ISL。EDRS 使用 GSO 上的中继卫星，在固定地面站和航天器及 NGSO 上的其他终端之间传输信息，以增加发送和接收数据的可用时间，从而降低延迟[10]。由于使用了 ISL，EDRS 提供了对地球观测数据的实时访问，从而使地球观测任务（如火灾、洪水监测等）、政府和安全服务、在灾区或没有通信支持的偏远地区的救援任务等需要实时数据支持的关键服务获益。EDRS 空间段由两个地球同步有效载荷组成，即 EDRS-A（9°E）和 EDRS-C（31°E）。EDRS-A 包括一个光学 ISL（1.8Gbps）和一个 Ka 频段 ISL（300Mbps）。EDRS-C 由一个光学 ISL（1.8Gbps）组成。

- 编队飞行任务涉及多颗空间分布的卫星，它们具备自主交互与合作能力，以保持期望的编队形态[11]。编队飞行任务的效能取决于维持特定编队几何形状的准确性，而这又取决于各航天器间相对位置和姿态被所有卫星知晓的精确度。因此，它需要借助 ISL 实现交换数据和控制信息的通信网络[12]。编队飞行任务的一些示例可以归类为技术演示（如 PROBA-3，是 ESA 的一项任务，用于演示编队飞行任务中的计量和驱动技术）、地球科学（如 Flock-1，是 Planet Labs Inc.的一项任务，提供分辨率为 3～5m 的地球图像）、行星科学（如 NASA GRAIL 的任务，用于获取月球的高质量重力场图，以确定其内部结构）和天体物理学（如 OLFAR，是由荷兰代尔夫特理工大学主导的任务，通过收集超短波长的宇宙信号，在 0.3～30MHz 频段内制作天空图）[11]。

- 分离式航天器：一个单一的卫星可以分解为不同的模块，这些模块使用无线链路进行通信，并在分布式和协调的拓扑结构中执行任务的不同操作[13-14]。ISL 是一种关键的实现技术，可以将任务功能解耦到单独的航天器中，其额外的复杂性在于具有可移动和可变的拓扑结构及可靠的链路，但其也使航天器对故障具有强大的自主修复能力。如图 9.2 所示，在一个分离式航天器任务中，ISL 允许模块之间进行信息共享和交互，这些模块具有可变容量的链路、多跳通信、能量消耗问题和分布式操作，使得网络方面变得复杂[15]。

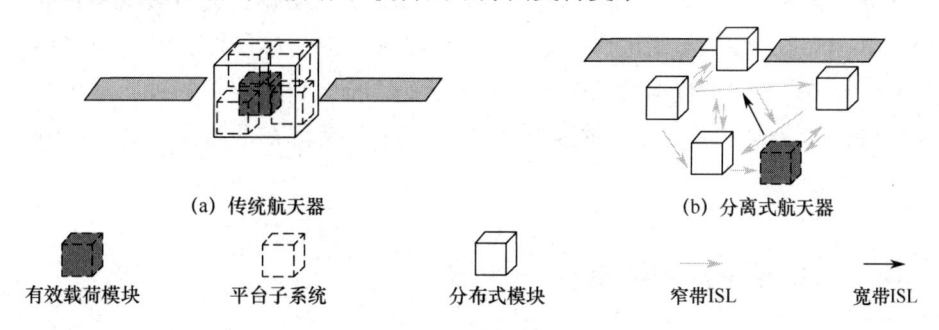

(a) 传统航天器　　　　　　(b) 分离式航天器

有效载荷模块　　平台子系统　　分布式模块　　窄带ISL　　宽带ISL

图 9.2　在分离式航天器任务中使用 ISL（改编自文献[14]）

然而，ISL 的应用远不止于通信任务。一个例子是 Hera，这是 ESA 的一项任务，用于探测双小行星系统（在这种情况下是 Didymos 和 Dimorphos）[16]。在 Hera 中，ISL 用作支持不同科学目标的工具，如测量 Dimorphos 的重力场及小行星的动态特性[17]。

本章中，我们将主要聚焦宽带 LEO 或 NGSO 星座中的第一种交叉链路架构。分离式航天器中的 ISL 应用在极大程度上取决于任务的范围和操作概念，截至撰写本章时，尚无一套适用的通用要求。类似地，在科研或行星探测任务中，ISL 的需求是由特定的仪器或任务目标决定的，因此也难以进行广泛的概括。

本章的目的是介绍宽带 NGSO 中 ISL 的使用。9.2 节介绍了当前 NGSO 星座中 ISL

的现状。9.3 节介绍了使用 ISL 所取得的成就。9.4 节讨论了使用 ISL 所涉及的技术和运营挑战。9.5 节介绍了实施星载 ISL 所需的实现技术。9.6 节介绍了一个宽带 NGSO 中 ISL 的 RF 天线设计案例。9.7 节对本章进行了总结。

9.2 当前 NGSO 星座中 ISL 的现状

ISL 在当前用于宽带服务的 NGSO 星座中的价值是显而易见的。计划使用 ISL 的 NGSO 星座的示例如下。

- Telesat LEO 是一种 NGSO 星座,其卫星[18]采用了光学的星内平面链路和星间平面链路[19],以实现完全网状的卫星网络(Telesat Lightspeed Network)。
- Starlink[20]第一次提出了使用光学 ISL 来实现无缝的网络管理,并为流量管理提供服务连续性,同时应用了干扰缓解技术以确保与其他系统的兼容性[21]。然而,最初的 Starlink 卫星并未包含激光交叉链路,而这些链路最近已被添加到 Starlink 卫星中[22]。
- OneWeb[23]在系统的首个版本中并没有考虑使用 ISL,尽管其并没有排除在后续部署中使用光学 ISL 的可能性。

另外,亚马逊的 Kuiper 星座在最初提交给 FCC 的文件中并未考虑使用 ISL[24]。然而,亚马逊最近发布的招聘信息显示其对星座中光学 ISL 的兴趣[25]。

然而,ISL 不仅在用于宽带通信的卫星星座中使用。Spire[26]是一个通过构建全球卫星网络来分发各种异构数据(科学数据、观测数据、天气数据、航班数据和海事数据)的星座,由 3U 立方体卫星组成,并采用 RF 链路形式在 S 频段内实现 ISL 来满足数据延迟要求[27]。Spire 收集数据敏感信息,如飞机的广播式自动相关监视(ADS-B)位置信息,这些信息必须以最低延迟被客户接收。Spire 还考虑在即将发射的卫星中使用光学 ISL。

9.3 ISL 取得的成就

ISL 为 NGSO 系统的性能带来了一系列优势,具体如下。

- 降低 E2E 延迟:与 GEO 系统或 MEO 系统相比,由于信号覆盖的路径较短,LEO 星座可以直观地降低 E2E 延迟。使用 ISL 可以进一步降低延迟,因为信号可以通过卫星星座进行路由,而无须使用长距离地面链路。此外,必须考虑地面链路中的传播延迟受传输线相对介电常数的影响,考虑相对介电常数为 1.46(海底光缆的典型值),相对于无线电链路,有线传输延迟增加了 20%。然而,要降低延迟,必须采用适当的路由策略以避免通信双方之间不必要的路径。因此,对时间敏感的数据受益于 ISL。对于超过 3000km 的距离,使用 ISL 可以获得比任何光纤 TN 更低的延迟[28]。

- 扩展服务区域：在没有 ISL 的情况下，只有当 UE、卫星和网关之间存在可见路径，并且满足链路预算所规定的最低仰角要求时，才能建立连接。因此，要么需要在全球范围内部署大量网关，要么大大缩小服务区域。如果星座中没有 ISL，则位于海上区域的客户将无法访问系统。
- 增加系统容量：使用 ISL，一方面，随着服务区域的增加，更多的设备可以接入网络；另一方面，卫星成为具有额外通信路径的节点，与用户和馈线链路之间进行通信。
- 减少网关站点数量：考虑网关作为地球上接入互联网的点，使用 ISL 可以允许信号通过星座进行路由，直到另一颗卫星可以连接到网关为止。
- 降低回程成本：由于地面站数量减少给卫星运营商带来的间接好处，回程基础设施也相应减少，因此，连接地面段中心的回程链路成本降低。
- 安全性：使用 ISL 方便 UE 之间的 E2E 连接，无须与中间地面站进行通信。可以建立点对点和点对多点的通信。因此，私有数据不会通过任何外部网络或网关基础设施进行传输。
- 提高卫星控制精度：ISL 可用于提高导航卫星的定位精度和轨道确定精度[29-30]。LEO 卫星的精确轨道确定（POD）是使用地面站和星载系统的测量值进行的[31]。虽然测距精度达到厘米级，但通过卫星自主操作，可以进一步提高精度。为了减少对地面测量的依赖，使用 ISL 进行卫星间的距离和距离速率测量，被证明是改善 POD 的一种方法。对于专门用于导航服务的星座，使用 ISL 可以提高定位的可靠性，ISL 将用于下一代全球导航卫星[29]。
- 避免对 GSO 弧的干扰：当 NGSO 星座在靠近赤道平面的低纬度地区运行时，必须避免其对 GSO 卫星的干扰。如果地面站靠近赤道，那么在北半球和南半球之间建立中继链路可能不可行[4]；一种可能的解决方案是使用 ISL 在两个半球之间路由信号。
- 新兴领域：通过 NGSO 星座使用 ISL 实现的低延迟和安全性可以优于地面网络和 GEO 网络。如果使用第三方运营的中间地面站，在 NGSO 终端之间建立 E2E 连接，可以实现安全性。因此，贸易和金融等行业将 NGSO 通信确定为关键基础设施，以提供具有极低延迟和高安全性的新服务与应用程序。
- 推动卫星在 5G 及其后续网络中的整合：5G 是当前移动通信网络的演进，将以更高的速率传输大量数据，能将大量设备连接在一起并实现最低延迟[32]。5G 将支持超越 3G 和 4G 能力的服务，如工业自动化的 M2M 通信、增强现实、3D 视频等。构成 5G 的部分移动通信网络基于 NTN，其中包括涉及非地面飞行和轨道物体的各种网络，如 GEO、MEO、LEO 和 HEO 的卫星通信网络，以及包括 HAPS 在内的无人机系统（UAS）[33]。NTN 的使用可以推动 5G 网络的发展，因为它能为缺乏地面基础设施的偏远地区提供更广泛的覆盖，同时在自然灾害导致 TN 无法运作时，支持关键任务的执行。因此，NTN 改善了移动平台和 M2M/物联网设备用户的弹性、可靠性及服务连续性，并使 5G 网络具备可扩展性，为网络边缘或终端用户提供了高效的多播和广播资源[34]。NTN 提供的这些增强功能也被用于 6G 系统的设想[35]。在 3GPP 中，NTN 的不同架构中考虑了 ISL 的使用；此外，在下一代 RAN（NG-RAN）架构中，当 gNB 位于卫星上时，ISL 被考虑作为传输链路[36]。图 9.3 显示了使用卫星或 UAS 及再生有效载荷的 NTN 的典型场景。NTN 平台使用一组波束在其视野范围内生成服务区域。NTN 平台为服务区域内的 UE 提供服务。馈线链路代表网关与 NTN 平台之间的无线链路，ISL 也成了星座中与地面网关没有连接的卫星的馈线链路的一部分。

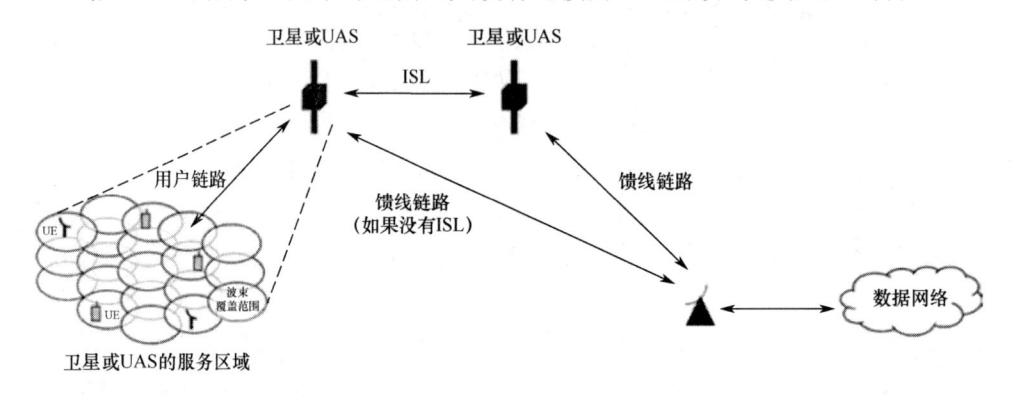

图 9.3　NTN 基于再生有效载荷的典型场景[36]

- 系统同步及相关方面的改进：在 GNSS 中，通过比较 ISL 测量的时钟偏移与时间同步之前获得的 L 频段的测量结果，可以使用 ISL 测距估计硬件延迟。与区域网络相比，ISL 的覆盖范围更广，精度更高，因此其测量结果优于 L 频段链路的同步测量结果[37]。此外，通过使用星座中其余卫星的数据，ISL 可用于支持自主卫星导航[38]。

然而，值得注意的是，对于提供通信服务且对时间要求不那么严格的其他卫星星座系统来说，使用 ISL 并非强制性要求。这种情况适用于物联网和 M2M 应用，这些应用并不需要实时访问信息，而是倾向于使用存储与转发架构：卫星会存储来自地面终端的信息，并在与网关建立联系时转发数据包。

9.4　技术和运营挑战

表 9.1 列出了在卫星星座中使用 ISL 所面临的技术和运营挑战。这些挑战主要影响卫星平台、通信架构和系统运行。

表 9.1　由使用 ISL 带来的技术和运营挑战

系统中受到挑战影响的部分	受影响的具体项目
卫星平台	姿态确定与控制子系统
	电力子系统
	热控子系统
	结构
	星载数据处理和遥测、跟踪与控制

(续表)

系统中受到挑战影响的部分	受影响的具体项目
通信架构	连接方案 地面段 频段 流量工程 路由策略 具有不同拓扑结构的星座
系统运行	ISL 天线的角度扫描 再入限制 其他系统方面

下面将介绍与使用 ISL 相关的挑战。

（1）与卫星平台相关的挑战[39]。为 ISL 引入新的通信有效载荷必须符合卫星总线的要求。从系统工程的观点来看，质量和功率预算受到影响，这意味着平台应与 ISL 有效载荷一起设计。如果需要使用小型甚至纳米卫星，平台对 ISL 带来的影响非常敏感[13]。至少，以下平台子系统受到 ISL 的影响。

- 姿态确定与控制子系统（ADCS）：首先，随着 ISL 终端波束大小的变化，在移动过程中用于链路获取和跟踪以保持链路的指向系统的准确性会受到影响，尤其是在使用光学 ISL 的情况下；其次，ISL 终端的数量、几何形状和活动 ISL 链路将对每个 ISL 终端提出各种独立的要求。
- 电力子系统（EPS）：引入额外的通信链路可能需要额外的电力，因此需要更大的太阳能电池板和额外的电池来支持在日食期间的通信。此外，负责在不同电压水平上向传感器和子系统提供所需电力的电源调节与分配单元（PCDU）必须重新设计，以满足来自 ISL 运行的新要求。
- 热控子系统（TCS）：需要修改热控子系统，以保持 ISL 有效载荷的稳定温度，并将耗散的功率传递给散热器[40]。
- 结构：应建立 ISL 终端的适当配置，同时考虑热控制方面和为平面间卫星链路中的接触窗口提供宽角度。应考虑 ISL 有效载荷的热耗散、终端体积、尺寸和质量等因素。以前的 ISL 终端与当前和未来 NGSO 星座所需终端的主要区别之一在于卫星总线不同。ISL 有效载荷必须适应基于平面几何的新型卫星平台[41]或未来使用纳米卫星的星座。
- 星载数据处理（OBDH）和遥测、跟踪与控制（TT&C）：将引入新的控制和遥测技术，以从地面控制系统监测和控制 ISL 有效载荷。

（2）与通信架构相关的挑战如下。

- 连接方案：ISL 可分为平面内链路和平面间链路。平面内链路是位于同一轨道平面内的前后卫星之间的 ISL，可以视为圆形轨道中的固定链路。
- 对于平面间链路，根据星座几何，由于卫星之间的相对速度、多普勒频移、跟踪控制问题和链路预算，ISL 将面临各种挑战。以 Walker Star 和 Walker Delta 星座为例。在 Walker Star 星座中，由于使用了准极倾角，靠近两极的卫星间比赤道附近的卫星间距离更小。此外，相邻平面上的卫星之间的相对速度很大，这使得 ISL 在跟踪速度、多普勒频移和当轨道平面交叉时与另一颗卫星重新建立链路方面变得困难[42]。这可以在图 9.4 中看到，其中浅灰色平面上的卫星以相反方向移动。而在 Walker Delta 星座中，可以根据服务区域要求修改倾角以重叠卫星覆盖区域。

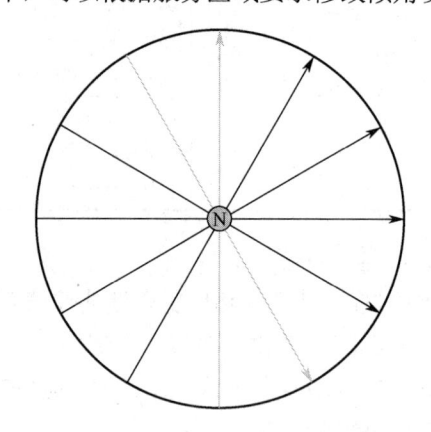

图 9.4 由 6 个轨道平面形成的 Walker Star 星座的极视图（改编自文献[42]）
黑线：卫星由南向北穿过赤道；灰线：卫星由北向南穿过赤道

- 在 Walker Delta 星座中，分配了低倾角平面和中倾角平面，每个平面上的卫星较少，因此 ISL 的使用在指向、跟踪和链路预算方面都很复杂，因为如果卫星之间的距离很大，功率要求可能会很高。在 Walker Star 星座中，卫星在轨道平面上有规律地移动，这使得网络设计变得更容易。
- Walker Star 星座平面间的连接性分析[43]评估了小型卫星平台和多路访问方法的局限性。文献[43]提供了一种简单的星座设计方法，该方法将传输功率和天线增益作为输出，以实现完整的平面间连接。
- 地面段：ISL 的使用在以下几个方面影响了地面段架构[44]。首先，预计 ISL 将减少地面站的数量，但这种减少取决于卫星数量、星座参数、链路容量、地面用户需求和路由策略。其次，网关的分配取决于地面宽带传输的可用性及地形、气象和经济因素。最后，由于 ISL，地面段的计算复杂度增加，因为计算最佳网络配置需要额外的硬件和软件资源。综上所述，一个重要的观点是，地面段和空间段都应联合设计。
- 频段：对于国际空间站，ITU-R 确定了以下频段：22.55～23.55GHz、24.45～24.75GHz、25.25～27.5GHz、32.3～33GHz、54.25～55.78GHz、55.78～56.9GHz、56.9～57GHz、57～58.2GHz、59～59.3GHz、59.3～64GHz、64～65GHz、65～66GHz、66～71GHz、116～119.98GHz、119.98～122.25GHz、122.25～123GHz、130～134GHz、167～174.5GHz、174.5～174.8GHz、174.8～182GHz、185～190GHz、191.8～200GHz[2]。其中，一些频段有使用限制（例如，仅适用于 GSO 卫星），一些频段在发射功率谱密度方面有限制，还有一些

频段必须与其他服务（例如，地球探测卫星服务）共用，因此必须特别注意特定频段的选取和使用。
- 流量工程（TE）：在高度动态的环境中，需要实施先进的 TE 优化，以适应时空中不断变化的流量负载和网络拓扑，从而有效地将不同的流量需求路由到支持差异化服务的各个节点和链路上[45]。
- 路由策略：在 NGSO 星座中，最具挑战性的方面之一是生成最佳的卫星间路由，以连接每对网络节点。有两种主要的路由策略设计选项，即基于地面的（集中式）和自主式（分布式）。在前者的情况下，路由由地面段决定，然后更新的路由表信息被广播到卫星。在这种情况下，可以使用地面计算资源找到最佳解决方案，但由于需要非常频繁地更新，因此需要大型地面站网络来确保卫星到地面的连接可用性[46]。此外，这种集中式方法随着星座中卫星数量的增加而效率降低，Dijkstra 最短路径算法的计算复杂度为 $O(N^2)$[47]。而在分布式方法中，网络的每个节点（卫星）独立决定其路径，通常使用链路在相邻节点之间交换信息。分布式方法利用了 LEO 星座拓扑的可预测性，并提高了路由的弹性，因为它在每个节点上实现路由，与网络的其他部分无关[46]。相比之下，分布式方法必须付出巨大的努力来优化算法在卫星上的实现，以应对能量、质量和处理能力的限制。
- 具有不同拓扑结构的星座：与基于 Walker 的系统相比，当前星座包括具有不同倾角和高度平面的卫星，如将 LEO 和 VLEO 相结合。这些新的部署给 ISL 带来了挑战，因为卫星必须能够建立卫星间通信，并且卫星间通信可以发生在同一平面的卫星之间或不同平面的卫星之间，以及不同高度的卫星之间。

（3）与系统运行相关的挑战如下。
- ISL 天线的角度扫描：根据天线的视场，可见卫星的数量会有所不同。因此，星座中 ISL 的路由策略将由 ISL 天线波束的探测范围驱动。文献[48]对使用巴特勒矩阵的数字波束指向和波束切换进行了比较，以用于 Walker Star 星座中的平面间链路。考虑卫星之间的相对极角在 100°±10°，这对 ISL 天线的角度扫描能力构成了挑战。研究结果显示，为了最大化数据传输速率，增加天线元件的数量并缩短匹配周期是较为有利的做法。
- 再入限制：为了确保再入时能够完全燃烧，也需要为 ISL 有效载荷选择合适的材料。通常，空间机构和国家接受以 1/10000 的概率作为卫星部分再入后造成人员伤亡的阈值[49]。例如，在光学 ISL 的反射镜中使用的碳化硅组件的熔点为 2730℃[28]，无法满足这一要求，必须替换为另一种材料[4]。
- 其他系统方面：在星座部署期间，ISL 的运行或 ISL 路由策略的更新是星座设计中关于系统运行应考虑的方面。

9.5 用于 ISL 的实现技术

9.5.1 引言

根据链路的任务和通信需求，ISL 可以采用光学或 RF 技术实现。正如前面讨论的，已经部署了许多经过在轨验证的系统、实验和演示，以帮助实施最适合 ISL 终端的技术。

ISL 可以采用 RF（主要在 Ka 和 E 频段）或光通信技术实现。这两种技术都有优点和缺点，选择其中一种技术必须权衡考虑诸如姿态控制精度、功耗、尺寸和质量，或者 TRL 等不同方面。

此外，对于光学 ISL 终端，实现技术不仅涉及终端子系统，还涉及平台上的姿态确定与控制系统，该系统决定了发射机和接收机之间连接的可行性。此外，与平台相关的方面，如振动，也是至关重要的，应在设计过程中加以考虑。

9.5.2 RF

Ka 和 E 频段的 RF 实现技术主要关注功率放大器（PA）和天线孔径，以实现波束指向。

1. PA

PA 是 ISL RF 终端中的第一个关键组件。

在微波频率下，PA 通常使用 GaN 技术来提高效率和功率，但在 V 或 E 频段（分别为 40~75GHz 和 60~90GHz），找不到通常使用的 GaN 器件。一些实验性的 GaN 器件显示出良好的前景，但尚未商业化。此外，尽管 SiGe 和 CMOS 器件可以工作在更高频率下，但它们的功率较小，需要组合多个元件才能达到 ISL 所需的 EIRP。

因此，虽然相控阵和有源天线技术已被证明可以有效提高天线的增益与 EIRP，并提供波束指向能力，但随着频率的增加，半波长尺寸变得更小，它们变得难以制造。增加元件数量也会增加功耗，因此使用高功率 GaAs 器件和少量的子阵列架构已成为 E 频段链路的最佳解决方案。

硅基毫米波系统领域已经取得了诸多进展。特别是在 E 频段（60~90GHz），已实现了多种应用，包括汽车雷达[50-52]、图像传感[53-54]及短距离、高速通信[55]。从这个意义上说，E 频段及 W 频段（75~100GHz）放大器的主要发展动力来自汽车雷达行业。因此，商业化现货（COTS）PA 的工作频率范围很可能在 70~86GHz，而 E 频段的 ISL 频率则位于 60~70GHz。文献中也报告了一些利用 65nm CMOS 技术在 D 频段（110~170GHz）的收发器设计，这些设计主要面向无线个人局域网（WPAN）和物联网应用[56]。

在之前的频段中已经有一些解决方案，如由 MACOM、Analog Devices 和 ERAVANT 提出的解决方案。MACOM 在这方面提供了三款最大输出功率分别为 23.4dBm、24dBm 和 26dBm 的 PA[57]。Analog Devices 为 71~76GHz 的应用提供了最大输出功率为 24dBm 的 PA[58]。ERAVANT（前身为 SAGE Millimeter）提供了最大输出功率为 24dBm 的 E 频段 PA[59]。

迄今为止，还没有报道单个硅基 PA 在 60GHz 以上的工作频率下具有高于 27.3dBm 的输出功率。图 9.5 显示了一种解决方案，其使用基于 ERAVANT 解决方案的 E 频段 PA 提供 5W 的输出功率[60]。该解决方案需要 33W 的直流功率，因此效率为 15%。如果打算使用 RF 技术实现宽带或高容量卫星节点的 ISL，E 频段 PA 的效率非常低是一个需要解决的主要挑战。

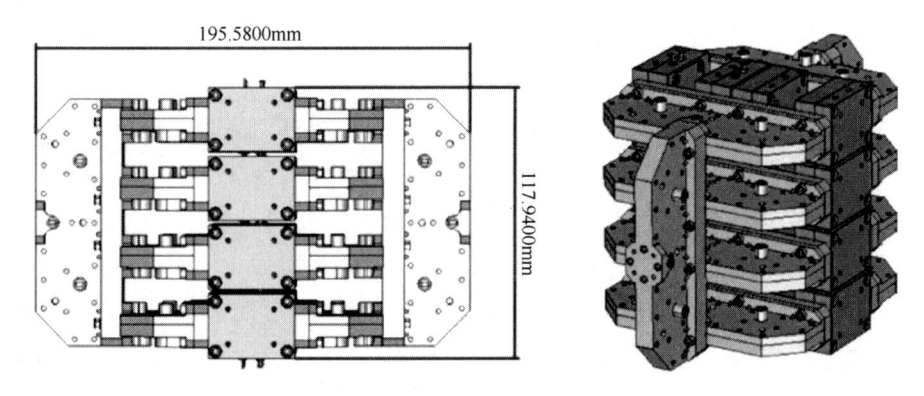

图 9.5 将 E 频段 PA 组合在一起，可以实现 5W 的 RF 线性功率
（输入 33W 的直流功率）（ERAVANT 授权使用图像）

从文献中可以得知，Wagner 和 Rebeiz[61]提出了一套宽带、完全集成的 Eb 和 PA，其采用 0.12μm 的 SiGe BiCMOS 技术，工作频率范围为 60~75GHz。单个、四路和八路组合的 PA 分别实现了 16dBm、19.5dBm 和 24dBm 的饱和输出功率，峰值功率附加效率分别为 18%、11%和 12%。Lin 和 Rebeiz[62]提出了一种完全集成的十六路功率组合放大器，适用于 67~92GHz 的应用，采用先进的 90nm SiGe 技术。文献[62]的作者解释说，功率组合放大器在 74GHz 时实现了 19.3dB 的小信号增益，在 68~88GHz 实现了 25.3~27.3dBm 的输出功率，最大功率附加效率为 12.4%。

尽管推动了集成化，但由于击穿电压和晶体管尺寸的限制，硅基技术在毫米波频率下产生大输出功率的能力有限，并且通常不如其他技术（如 GaAs、GaN 和 InP）表现优异。此外，相关技术还必须能用于太空环境。

2. 天线孔径

RF ISL 终端的关键部分之一是天线孔径。未来通信网络将使用卫星作为节点，随着时间的推移，卫星之间的相对位置和方向会发生变化，需要重新配置天线孔径或调整波束方向。因此，如果天线技术成为未来 ISL 终端的一部分，解决毫米波天线波束调整这一技术挑战至关重要。

鉴于新型卫星平台设计用于卫星星座，其尺寸和功率容量对于未来 ISL 终端来说至关重要。在这种背景下，低剖面与高功率效率是未来 ISL 终端的两项核心规格要求。为此，以下讨论将集中于三种波束控制概念：相控阵、介质透镜和具有偏移孔径或可切换波束的频率选择表面，以及可重构天线材料。

- 相控阵[63]：相控阵是一种常见的电控波束方法。这类天线对到达各个天线单元的信号在合并前进行相位调整，实现精确的波束方向控制。而且，广谱相移技术已经发展出来，以适应不同的应用和频率范围。
- 介质透镜和频率选择表面（具有可切换波束或偏移孔径）：在更高的频率上，主要是在 Ka 频段以上，无线电波可以使用介质透镜或频率选择表面以与可见光类似的方式进行重新定向[50]。对于波束控制，可以偏移孔径使其位于天线元件之前，或者可以切换多个天线元件来改变波束。这些概念允许设计固定天线，从而为天线系统提供更简单的机械结构。

- 可重构天线材料[64]：在这种情况下，波束控制通过使用功能材料如铁氧体、铁电体、钡锶钛电容器、滤波器和移相器等来实现，这些材料采用薄膜技术或厚膜技术及超越光学的微波液晶技术。随着 21 世纪初液晶混合物的发展，新的概念和适当的偏置方案使在 RF 领域设计众多高性能的微波元件和设备成为可能。

以上介绍的这些可重构天线基于不同的技术，但最重要的是包含可重构 RF 组件的层，如 RF MEMS、PIN 二极管和变容二极管、光导开关，以及更轻、更精确的定位器[65-66]。此外，可转向天线的未来发展似乎与新型可重构和低损耗材料的发展方向相一致[67]，然而，在制造技术、新型 RF 可重构组件相关概念和设计方面，仍存在重大挑战[68]。

近期，参与新通信平台（如 MEO/LEO 未来卫星星座）电路与系统设计的研究人员和工程师们，需要紧跟工业界其他领域技术演进的趋势。图 9.6 呈现了重构技术的分类，图中箭头代表提高频率和增加通信容量的技术发展方向。

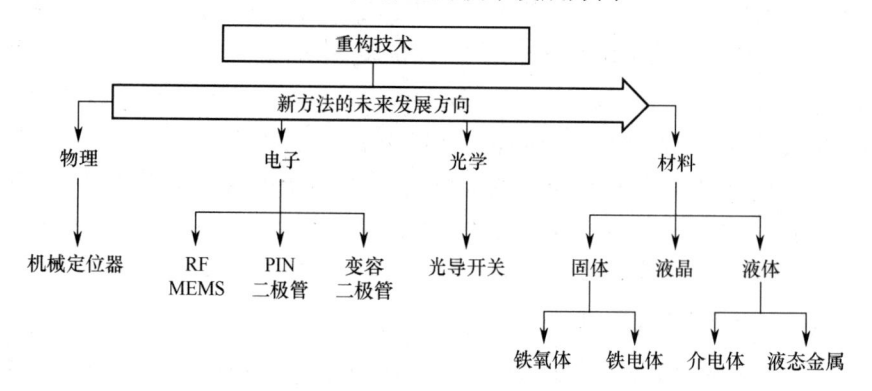

图 9.6　ISL 终端可重构天线孔径的技术路线图

Ka 频段的 ISL 终端需要小型化，因为其主要应用是低速率或低容量的物联网通信服务[69]。这些应用与小型平台相关，这些平台提供低功率、小体积和低质量，但必须保证超过三年的使用寿命。在 Ka 频段实现 LEO 至 LEO 卫星的 ISL 所面临的挑战是，当可用功率较低时，小型卫星平台所需的天线尺寸较大，这导致集成不可行。此外，大型天线需要天线指向机构（APM），这会导致体积庞大且重量增加，如图 9.7 所示。

对于导航卫星，需要高增益和低旁瓣天线以实现持久的 ISL。这些天线包括 RF 部分、结构、展开和指向机构、热控子系统。图 9.7 展示了一个不包括热控子系统的导航卫星 ISL 发射机天线[70]。

为了实现更短的波束切换时间，避免使用具有若干缺陷（如功耗、体积、重量及对其他补充子系统的需求）的 APM 系统，可以选择在 Ka 频段使用 PAA[70]。然而，PAA 也存在一些技术缺陷，如扫描角度小、相位中心稳定性差[71]和延迟稳定性差。此外，根据工作频率的不同，PAA 的实现需要一个复杂的校准系统，可靠性较低。

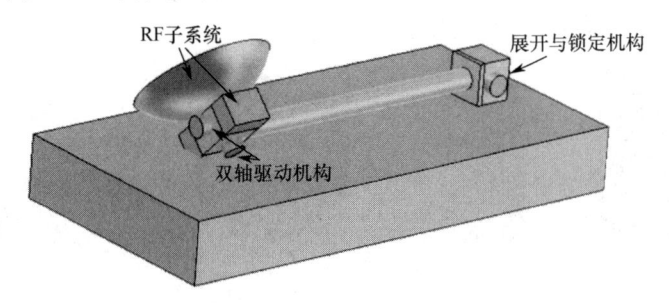

图 9.7　不包括热控子系统的导航卫星 ISL 发射机天线[70]

最后，PAA 需要进行详尽的测量以进行验证和校准[72]。校准过程可以是离线、现场或在线的，具体取决于天线的实现和精度要求。可以假定，当需要高增益的 PAA 时，必须实现更复杂的校准系统和算法[71]。

在过去的几十年间，卫星通信业务领域对能够实现超过每秒太比特（Tbps）系统容量的高速无线链路有着巨大的需求。在这种情况下，从 RF 的角度来看，天线和放大器技术在提高信道效率方面起着关键作用。因此，在毫米波技术中实现千兆位通信是可能的[73]，在不久的将来，E 频段是毫米波技术最适宜使用的频段。

对于宽带服务，基于 E 频段技术的 ISL 天线方案已经出现。在这种情况下，天线尺寸较小，同时在卫星之间提供更高容量的链路时需要的功率较小。然而，在 E 频段下，放大器和电子波束天线技术尚未成熟。因此，对于 E 频段的 RF 组件，需要进一步开发符合 ISL 要求的新解决方案。此外，天线孔径技术需要在复杂性、功耗、体积和成本方面改进波束指向和交换解决方案。

接下来将介绍四种最新的孔径技术，旨在满足 E 频段可控波束天线的需求。这些技术包括相控阵、APM、菲涅耳区域透镜和磁性表面或靶心天线。

SWISSto12[74]提出了一种基于波导技术的大型星载 PAA 的模块化方法。这些模块非常轻便（质量为传统制造天线的 1/5），需要最少的组装工作，并且极大地简化了航天器的集成过程。这种技术的额外优势包括：出色的 RF 性能，特别是由于接口数量有限而实现的极低的插入损耗；集群增强了有效载荷的机械性能；在阵列形状上具有较大的自由度等。这种设计可在 X 频段至 Q 频段使用[74]。

Anteral[75]也提出了一种针对 E 频段天线系统的新型解决方案[76-77]，该方案实现了高增益、低剖面、轻量化和低成本的天线设计。这种基于 3D 打印技术的设计实现了 40dB 的增益，是适合 LEO 星座的平面内 RF ISL 终端的解决方案［见图 9.8（a）］。

图 9.8（b）展示了一个安装在定位器上的天线示例，其类似于 Surrey Satellite Technology Ltd.（SSTL）提供的 X 频段的高增益喇叭天线[78]。该天线可以在卫星运动时

通过机械转向朝向地面站。通过改变馈源位置，该天线可以辐射右旋或左旋圆极化信号。它在 X 频段工作，但通过改变孔径大小可以实现在 E 频段工作。该天线能够实现广泛的扫描范围，具有鲁棒性和低成本的优点。平面天线对于小卫星极具吸引力，因为它们可以轻松与卫星主体进行集成。

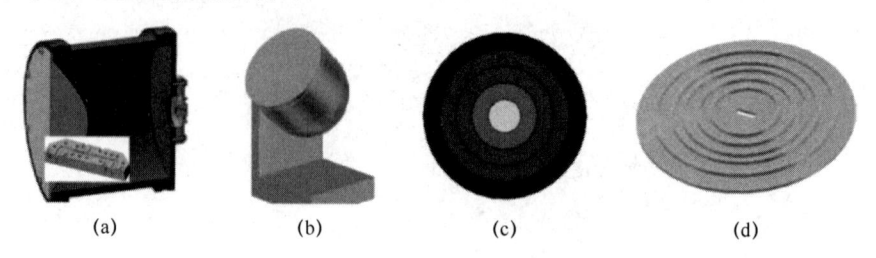

图 9.8　RF ISL 终端的天线技术示例：（a）3D 打印电子带天线和双工器（ANTERAL 授权使用图像）；（b）双轴天线定位器；（c）可切换波束菲涅耳区域透镜天线；（d）用于小型卫星的靶心天线

关于菲涅耳区域透镜天线，实现多介质透镜的一种方法是使用由不同材料制成的实体环，这些环具有不同介电常数，如图 9.8（c）所示。文献[79]中介绍了一种为 60GHz 设计的 3D 打印模型，该模型具有高增益并由贴片馈源供电。然而，要实现具有不同介电常数的透镜，还有另一种方法，即文献[80-82]中提出的，从同一材料的薄片开始，在其上进行穿孔以改变其介电常数。值得注意的是，这种设计技术避开了上述组装问题，因此对于菲涅耳区域平板（Fresnel Zone Plate，FZP）的设计尤其具有吸引力。

在文献[83]中，作者提出了一种设计 V 频段靶心天线的新方法，以产生多个固定或离散可控的波束[见图 9.8（d）]。靶心天线由环绕一个亚波长孔径的同心环组成。通过调整环的有效间距，可以实现波束的偏转。作者解释了这种现象和天线与自由空间及表面波之间的耦合角度有关。

9.5.3　光学技术

光学 ISL 是指将光学无线通信（Optical Wireless Communications，OWC）技术应用于无导向自由空间的情形，这种技术被称为自由空间光（Free Space Optics，FSO）通信。在 FSO 通信中，光信号通过无障碍路径传输到光学接收器。对于 ISL 而言，传输介质是真空，不包含大气层的影响。FSO 发射机由一个激光器组成，激光器的强度由受输入数据调制的电信号调节。经过调制的激光束通过镜片组定向发射至接收端。信号穿越无导向的真空介质后，由接收端的镜片组捕获，随后经过光电探测器转换成电信号，再经过解调以提取原始信息[84]。

据文献[85]所述，第一次 LEO 之间的光学 ISL 在 2008 年成功实施。该实验涉及两颗大型电光卫星之间的通信：TerraSAR-X 和 NFIRE（近场红外实验卫星）。星载光学终端平均只用不到 25s 就能锁定并在距离为 3700～4700km、最大速度为 8500m/s 的范围内建立 5.6Gbps 的连接[86]。

对于光学 ISL 中的跟踪，终端是通过控制光学天线的采集、跟踪和指向（ATP）系统来检测激光束的。需要强调的是，激光束的发散度非常小，因此在额外的微型化要求下，必须在卫星上安装高精度的 ATP 系统[87]。

表 9.2 列出了目前开发的光学 ISL 终端的比较。功率和容量与卫星市场相关，链路距离也是如此。关于这些终端的一个重要信息是它们的成熟度。对于 Mynaric CONDOR 终端来说，Mk2 和 Mk3 分别适用于最多 5000km 和超过 7500km 的距离[88]。CONDOR Mk3 具有超半球形的指向范围，并使用两个波长来区分发送和接收（1553/1536nm），且适用于平板卫星平台[89]。

表 9.2 光学 ISL 终端[84]

公司	终端	容量/Gbps	链路距离/km	功耗（P_C）或传输功率（P_{TX}）/W	质量（kg）/体积（cm^3）	星间传输模式	成熟度
Mynaric	CONDOR Mk3	10（可变）	8000	P_C = 150 P_{TX} =3	光学系统组件：35.1×21.0×17.0 双电子盒：16.1×33.6×25.5 四电子盒：16.1×33.6×37.26	LEO-LEO	ATP 可用性 7+年
TESAT	LCT 135	1.8	80000	P_C =150（acq.） P_C =120（comm） P_{TX} =2.2	53/60×60×70	GEO-GEO（骨干）	TRL9 15 年
TESAT	SmartLCT	1.8	45000	P_C = 130（comm.） P_{TX} = 5	30/35×35×30	LEO-GEO 数据中继	TRL6 10 年
TESAT	ConLCT	10	6000	86	15（2 个子单元）	LEO-LEO	—
General Atomics	1550 nm LCT	40	2500	—	NA/20×20×30	LEO-LEO	2021年 2 个 12U 立方体卫星验证
TESAT	CubeLCT	0.1	—	P_C =8 P_{TX}=0.1	0.36 / 9×9.5×3.5（～ 0,3U）	CubeSat-GS*	PIXL-1 任务

*这是一款用于立方体卫星至地面站通信的光学终端，并且具备扩展支持光学 ISL 的能力。

此外，General Atomics[90]提供了具有高达 5Gbps 的数据传输速率和预计最大传输距离为 5000km 的光通信终端。General Atomics 于 2021 年年底在一颗 12U 卫星上进行了数据传输速率为 40Gbps 的终端验证实验。

TESAT 是光通信终端最成熟的供应商之一，为 GEO-GEO、LEO-GEO、LEO-LEO 和 LEO 地面站市场提供不同选择[91]。TESAT 的 ISL 终端选项有 1.8Gbps 和 10Gbps，尽管 100Mbps 的 CubeLCT 终端用于立方体卫星至地面站的通信，但也可扩展用于 ISL[92]。PIXL-1 是一项技术演示任务，其中包括一个 CubeLCT 终端[93]，它被安装在一个 3U 立方体卫星上，用于展示文献[92]中描述的光学有效载荷的工作。TESAT ConLCT[94]（见图 9.9），在依据 SDA 标准的编码和帧同步、数据传输速率、波长兼容性、跟踪音、波形捕获及地面测试中展示了其性能，并在 SDA Tranche 0 星座中实施 ISL 之前进行了连续数据传输测试[95]。

图 9.9 TESAT ConLCT 终端（@TESAT）（TESAT 授权使用图像）

9.5.4 对比

通过以下方面[84-85]对 RF 和光学技术在 ISL 实施方面进行对比。

- 带宽：由于载波频率的提升，光学链路的可用带宽约为 100THz，相对于 ISL 中典型的 RF 载波而言，这是五个数量级的差异。
- 频率分配：在 RF 领域，频率使用受 ITU 的管制和分配。在拥挤的频段，需要进行协调，并且由于频谱复用，可能会出现相邻载波干扰。相反，光学系统不受频谱许可限制，从而减少了设置时间。
- 波束宽度/波束发散度：光学波束在链路中会出现波束发散，导致部分发射波束无法被接收机捕获，这意味着损耗随链路长度增加而增加。类似于天线图案中的天线波束宽度，光学波束发散度与 λ/D_R 成正比，其中 λ 是波长，D_R 是孔径直径。由于光学链路中使用的波长（典型值为 1550nm）远小于 RF（30GHz 时为 1 mm），因此对于相同的发射功率，接收机处的光学信号强度更高。
- 高指向性：光学终端的指向性优势由天线增益的比值给出，如式（9.1）所示。

$$\frac{\text{Gain}_{\text{opt}}}{\text{Gain}_{\text{radio}}} \sim \frac{4\pi/\theta_{\text{div(opt)}}^2}{4\pi/\theta_{\text{width(radio)}}^2} \tag{9.1}$$

式中，$\theta_{\text{div(opt)}}$ 和 $\theta_{\text{width(radio)}}$ 分别是光学终端的波束发散度和 RF 终端的天线波束宽度。由于光学波长远小于 RF 波长，光学的指向性更高。
- 功率和质量要求：由于光学链路中的波束具有更高的指向性，相比 RF，其所需的功率和孔径尺寸更小。
- 多普勒频移：接收频率相对于发射频率的偏差取决于通信两端的相对径向速度。因此，多普勒频移取决于构成通信链路的两颗卫星所遵循的星座轨道[96]。在 ISL 中，多普勒频移在平面间链路中尤其显著，特别是当涉及上下行卫星，以及轨道高度不同时。例如，在 LEO 与 GEO 卫星之间的 ISL 中，多普勒频移为±7.5GHz。而对于 2GHz 的无线电信号，多普勒频移则减小到±140kHz[85]。为了防止频率不同步导致的数据丢失，需要采取一些缓解措施，比如使用光学锁相环（OPLL）或发射端与接收端之间的协同频率调谐等技术。

第9章 NGSO系统中的ISL

- 平台效应和跟踪：光学发射机的一个特点是其狭窄的波束，可以达到100μrad的量级[97]。因此，需要在卫星上配备复杂且高精度的指向与跟踪机制，以避免指向损失。
- 安全性：由于激光波束的狭窄性，光通信无法被拦截。
- 干扰：由于激光波束较窄，光学链路不会对其他系统产生干扰，并且很难被干扰或窃听。
- 噪声：在RF接收机中，噪声主要来自热噪声和放大器的过剩噪声，而光学链路中的噪声来自检测到的光子通量的变化。光学检测器中可能存在射击噪声和来自APD检测器的过剩噪声因子，而热噪声（约翰逊噪声）则出现在电子前置放大器中[39]。光学链路中还有一个噪声是来自太阳和其他源的背景噪声，这可通过减小接收机的光学带宽来控制[85]。

表9.3总结了ISL中RF和光学技术的比较。

表9.3 ISL中RF与光学技术比较

项目	RF	光学技术
频段	一些ISL频段的使用技术还远远不够成熟	不受ITU管制
带宽	根据频段内的限制	大
指向性	高（取决于孔径电气尺寸）	波长较短时，显著提高
波束宽度/波束发散度	窄	极窄
指向机构	机械或电子	机械或光束转向镜
指向要求	较为宽松	高度准确
功率	通过更高的传输功率来补偿路径损耗	由于光束尺寸较小，传输功率降低
质量	较高	减小（小孔径）
干扰	通常具有比激光束更宽的波束；受相邻ISL干扰，性能会下降	高指向性；波束扩散为RF的1/1000
多普勒频移	取决于载波频率	大，需要复杂的缓解技术
安全性	RF信号可以被检测和干扰	超可靠的通信
平台振动	影响可忽略	很敏感

表9.4总结了关键参数，以比较RF和光学ISL终端在链路预算与技术分析方面的性能及主要特征。在这方面，在类似的案例研究中，将33.65GHz和70GHz的两个RF ISL终端方案与TESAT ConLCT（TESAT的星座激光通信终端）[94]进行了比较。为此，RF场景的范围设定为5200km，而TESAT的规格为6000km，天线孔径直径为0.55m，RF方案的发射功率为15W。

表9.4 LEO至LEO链路中RF与光学ISL终端的性能分析

LEO至LEO的链路	RF ISL		光学ISL（TESAT公司ConLCT终端）
频率	33.65GHz（Ka频段）	70GHz（E频段）	—
带宽	0.7GHz	1GHz	—
ISL距离	5200km	5200km	6000km

(续表)

LEO 至 LEO 的链路	RF ISL		光学 ISL（TESAT 公司 ConLCT 终端）
吞吐量	2Gbps	4.1Gbps	10Gbps
传输功率	15W	15W	10W
天线半径	0.55m	0.55m	3.6cm
波束宽度/波束发散度	1.09°	0.53°	<RF 数值×10^{-3}
预估质量	55kg(含 PA 等附件 3.7×)	48kg(含 PA 等附件 3×)	15kg

ISL 的距离设置为 5200km，因为在 Ka 频段下，考虑功率和带宽的限制，这是能够实现 2Gbps 吞吐量的最大范围。此外，由于最大功率增益效率（PAE）仅为 17%，为了与光学 ISL 终端所需的总功率匹配，将 RF 功率设置为 70GHz 时限制在 88W 以内。值得注意的是，在 RF 场景中，直流电源仅用于驱动 PA。此外，并没有商用的 PA 能够提供 15W 的 RF 功率。因此，需要开发并实现复杂的功率合成网络及其相关技术。

关于天线直径，我们注意到需要更大的天线和更小的波束宽度来避免强干扰。在 Ka 频段，波束宽度约是 E 频段的 2 倍。此外，光束的宽度明显更窄，因此需要更精确的姿态控制与机械指向、捕获和跟踪系统。

综上所述，为了决定在 ISL 中采用 RF 还是光学技术，需要进行权衡分析。如今，随着宽带服务的 NGSO 星座的部署，Telesat 和 Starlink 正在推动光学 ISL 技术的发展。然而，尽管光学 ISL 技术已经成熟，但需要付出巨大的努力来将光学 ISL 终端微型化，以便集成到小型卫星平台中。RF ISL 的使用受实际 HPA 低功率效率的限制，这会大大降低链路的容量，并影响星载电力的使用。

9.6 RF ISL 天线设计的案例研究

9.6.1 案例研究介绍

本节介绍了一个有代表性的案例研究，以确定 RF ISL 在链路预算和天线选择方面的要求。案例研究的范围是设计一个由小型卫星组成的 NGSO 星座的 ISL 终端，重点关注用于 ISL 的天线，分析中同时考虑了平面内链路和平面间链路。

该案例研究基于一个 Walker Star 星座，其有 648 颗卫星，分布在 18 个平面中，每个平面有 36 颗卫星。卫星在距离地面 650km 的高度上沿圆形轨道运行，轨道倾角为 86.4°。选择此星座是因为它在卫星沿相同方向和相反方向移动时支持对平面间 ISL 进行分析。

9.6.2 链路预算分析

作为建立链路预算的初步假设，我们假定卫星要么与前一颗或后一颗卫星建立平面内 ISL，要么与相邻平面中最近的卫星建立平面间 ISL。在这两种情况下，ISL 的通信范围取决于轨道高度。对于平面内 ISL，通信范围取决于每个平面中的卫星数量；而对于平面间 ISL，则需要考虑平面的数量。

首先,我们分别评估平面内 ISL 和平面间 ISL 中自由空间传播损耗随卫星数量与轨道平面数量的变化情况。自由空间传播损耗 L_{fs} 以分贝(dB)为单位计算,计算公式如下:

$$L_{fs} = 10\lg\left(\frac{4\pi d_{ISL}}{\lambda}\right)^2 \quad (9.2)$$

式中,d_{ISL} 表示 ISL 距离,λ 表示载波频率的波长。

图 9.10 展示了在 650km 高度上,针对 ISL 的两个代表性频率(33.65GHz 和 67.5GHz)的同一轨道面内 ISL 的通信范围及其自由空间传播损耗与轨道平面上卫星数量的关系。当每个轨道平面包含 36 颗卫星时,在同一轨道平面内的 ISL 通信范围可达 2440km。在此情况下,对于上述提到的两个频率(33.65GHz 和 67.5GHz),对应的自由空间传播损耗分别为 190.7dB 和 196.8dB。由于几何布局的特性,当每个轨道平面内的卫星数量增加时,ISL 的通信范围和损耗会随之减小。然而,这种配置方式的缺点在于,在给定的 E2E 路由中,需要更多的跳数来完成数据传输。

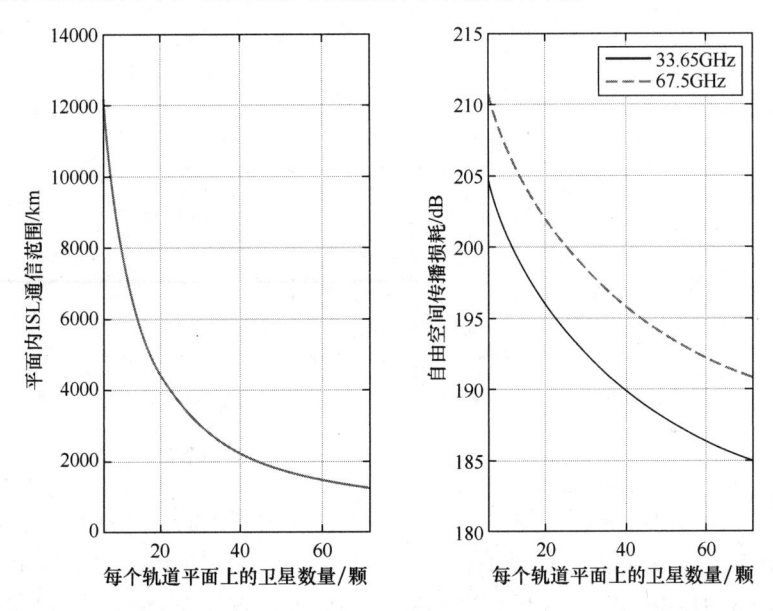

图 9.10 轨道高度为 650km 的 ISL 的通信范围和自由空间传播损耗

图 9.11 展示了假设卫星位于赤道面,当星座极轨道平面数量变化时,相邻轨道平面上卫星间的通信范围及自由空间传播损耗。对于包含 18 个轨道平面的星座,在 650km 高度处,赤道平面上两颗卫星之间的距离为 2440km,这意味着在 33.65GHz 和 67.5GHz 两个频率下对应的自由空间传播损耗分别为 190.7dB 和 196.8dB。与同轨道平面链路类似,随着星座中轨道平面数量的增加,相邻轨道平面间卫星的直接通信范围会减小,因此相应的自由空间传播损耗也会降低。

接下来,将对 EIRP 和 G/T 要求进行分析。任何无线电链路,特别是 ISL 链路,都可以根据式(9.3)进行链路评估。

$$\frac{C}{N} = \text{EIRP} + \frac{G}{T} - L_{fs} - L_{add} - K - B \quad (9.3)$$

式中：

- C/N 表示接收的载波功率与噪声功率的比值（单位为 dB）。
- EIRP 表示发射卫星终端的等效全向辐射功率优化值（以 dBW 为单位）。
- G/T 表示接收卫星终端的增益与噪声温度比值的优化值（以 dB/K 为单位）。
- L_{fs} 表示自由空间传播损耗（以 dB 为单位）。
- L_{add} 表示链路中的额外损失，如指向损失（以 dB 为单位）。
- K 表示玻尔兹曼常数（$-2286\text{W}\cdot\text{Hz}^{-1}\cdot\text{K}^{-1}$）。
- B 表示噪声带宽（Hz）。

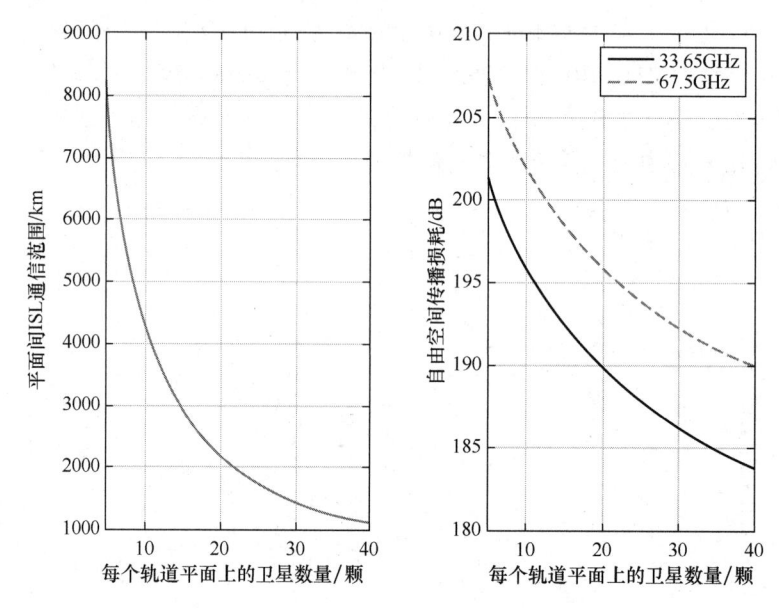

图 9.11 轨道高度为 650km 的 ISL 通信范围和自由空间传播损耗（卫星位于赤道面）

为了评估链路需求，我们分析了因系统参数变化而产生的部分权衡关系。图 9.12 展示了 ISL EIRP 与 G/T 之间的权衡关系，场景设定为：ISL 通信范围为 2000km，载波频率分别为 33.65GHz 和 67.5GHz，噪声带宽为 25MHz。该权衡分析针对 C/N 分别要求达到 10dB、15dB 和 20dB 的情况。同时，在链路的两端均考虑了 0.5dB 的指向损耗。

让我们以发射侧 41dBW 的 EIRP 和接收侧 9dB/K 的 G/T 作为参考，以实现 33.65GHz 链路的 C/N 为 15dB。考虑到总噪声温度为 180K，所需的发射和接收的天线增益为 31.5dBi，发射功率为 10W，这表示−3dB 的波束宽度为 5.6°。我们需要在发射功率和波束宽度之间进行权衡，以符合平台对功率和姿态控制的要求，从而最小化指向损耗，且必须根据平台选择最佳的 EIRP 和 G/T。

在发射功率和天线增益之间存在一个权衡关系，可以对其进行分析。图 9.13 展示了使用 DVB-S2X（DVB-S2 标准的扩展）传输系统[98]时，在天线增益为 30dBi、带宽为 25MHz 的条件下，对于 33.65GHz 和 67.5GHz 两种频率，不同比特率所需的发射功率。发射功率越高，可以使用越高效的调制和编码方案，从而增加链路中的比特率。图 9.13 中的曲线呈现类似于 DVB-S2X 传输方案中符号能量与噪声功率谱密度之间呈现的阶梯形状。如预期所示，当链路的频率从 33.65GHz 提高到 67.5GHz 时，可实现的速率显著降低。

(a) ISL EIRP与G/T之间的权衡关系(f=33.65GHz)

(b) ISL EIRP与G/T之间的权衡关系(f=67.5GHz)

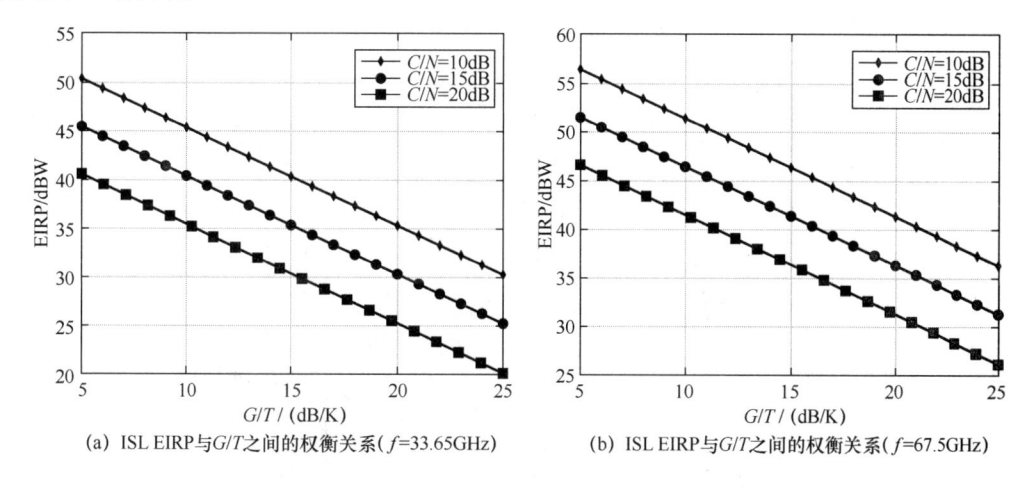

图 9.12 在频率为 33.65GHz 和 67.5GHz 时，2000km 通信范围内 ISL 的 EIRP 和 G/T 权衡

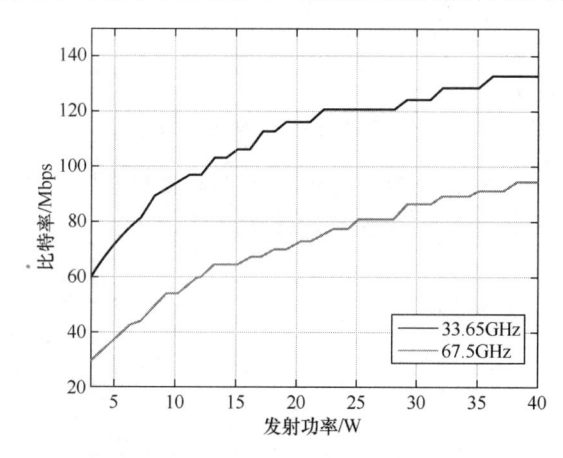

图 9.13 ISL 中不同比特率所需的发射功率

9.6.3 角度扫描需求分析

本节呈现了为了保持相邻轨道平面上两颗卫星之间的通信，当这两颗卫星分别从赤道开始沿上升和相反方向（至极点）轨迹移动时所需调整的天线波束扫描范围。这意味着需要通过天线波束指向技术，在卫星运动过程中实时改变波束方向，以确保在整个轨道变化过程中卫星间能够持续稳定地进行通信连接。

我们展示了当卫星与邻近平面上的邻近卫星向同一方向移动时（见图 9.14）和向相反方向移动时（见图 9.15）轨道周期内的仰角、方位角和通信范围变化。这两种情况都是在 Walker Star 星座内分析的，包含 18 个平面，每个平面上有 36 颗卫星，倾角为 86.4°，高度为 650km。

这两种情况之间存在许多差异。首先是两颗卫星可见的时间。在第一种情况下，由于两颗卫星在整个轨道中向相同方向移动，它们始终可见。而在第二种情况下，只有当卫星靠近赤道平面时才可见。在第二种情况下，卫星只有在彼此距离小于4000km时才可见，这相当于轨道周期的16.5%。

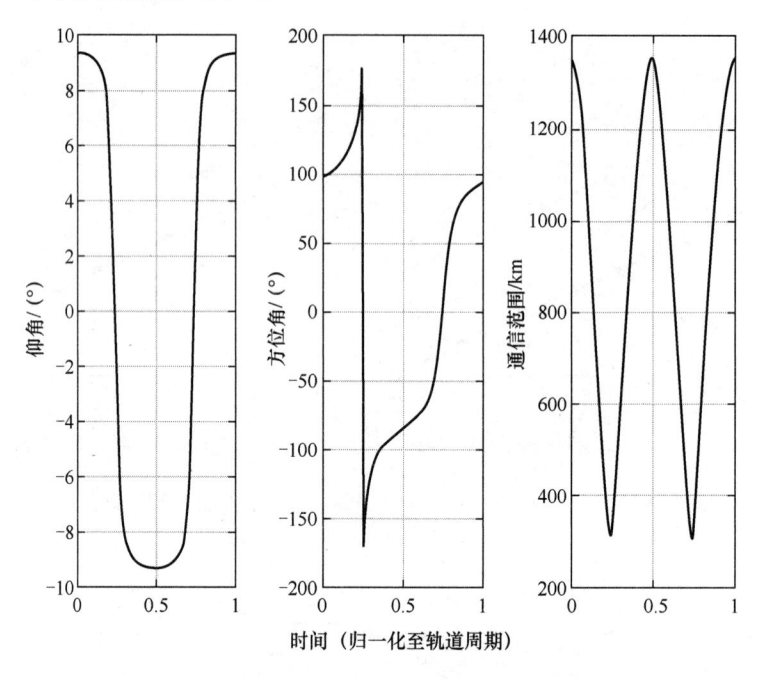

图9.14 一个轨道周期内平面间ISL的仰角、方位角和通信范围（卫星向同一方向移动）

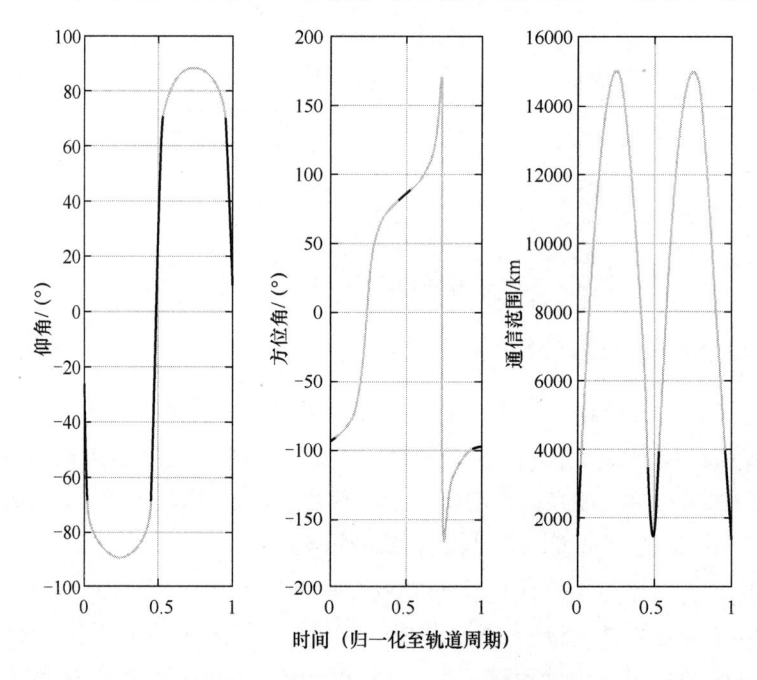

图9.15 一个轨道周期内平面间ISL的仰角、方位角和通信范围（卫星向相反方向移动）
黑线：可见卫星；灰线：不可见卫星

其次是链路角度的变化很明显。在第一种情况下，卫星靠近极点（300km），并且在接近赤道时具有最大 1300km 的通信范围。接近极点时，卫星轨迹相互交叉，并在交叉前后改变它们的相对位置。在第二种情况下，卫星可见时间较短（在图 9.15 的模拟中，赤道平面上的卫星是可见的），其通信范围在 1500～4000km 变化。卫星以相反方向移动，使得在它们可见期间视角快速变化。

最后是由于第二种情况中两颗卫星的相对速度存在较大差异，终端的捕获和跟踪过程（主要在仰角方向）在接触时间内必须更快。当卫星向同一方向移动时，仰角角度范围主要集中在 10°以下。当卫星向相反方向移动时，在缩短的接触时间内，仰角角度范围将达到 70°。

9.6.4 ISL 天线的需求和候选技术

以下任务特点和约束条件将推动 ISL 有效载荷及天线技术的选择[13, 50]。

(1) 任务所施加的约束。
- 波束探索：由于星座中的卫星在平面间链路上的相对运动，天线必须能够在一个广泛的角度范围内调整波束，这取决于星座中的轨道平面数量和每个平面上的卫星数量。天线孔径和波束宽度必须符合 ISL 的指向与跟踪要求。
- 了解星座状态：天线控制单元必须具备关于邻近卫星状态的信息，以确认潜在链路的可用性。
- 空间环境：ISL 有效载荷的材料必须符合空间环境所施加的条件（热环境、避免气体放出、辐射、温度影响等）。

(2) 平台所施加的约束。
- 发射条件：ISL 有效载荷必须符合发射机构的振动要求及空间环境所施加的条件。
- 卫星在发射机构中的部署和分配：在多星发射中，ISL 天线应尽量减小对卫星分配的影响，以确保每次发射的卫星数量不受影响。
- 电源约束：由于卫星上可用的电力有限，天线和 RF 设计应提供最小的功耗。
- 质量：ISL 有效载荷必须符合平台所规定的质量预算。

(3) 通信所施加的约束。
- 链路预算：应根据 ISL 的可变范围选择天线增益、发射功率和接收机的噪声系数。
- 双工方式：一般来说，ISL 将在发送模式和接收模式下使用。最佳的双工方式应根据通信服务的需求进行定义。选择 FDD 或 TDD 将影响天线设计。
- 频段：选择 ISL 频率应根据 ITU 的规定并考虑 RF 组件技术的最新进展。
- 极化方式：为了减小线极化可能在 ISL 中产生的极化损耗，应使用具有低轴比的圆极化。

以下是适用于天线设计的初步系统级需求列表：
- 天线应具有指向性，其 EIRP 受到所需的 ISL 传输速率和星座几何形状的限制。
- 应减少天线中的损耗。由于星载电力的限制，损耗会导致有效发射功率降低。因此，损耗越高，通信范围越小或链路可用吞吐量越低。
- ISL 吞吐量应尽可能高，于是应该使用毫米波频率，因为该频段的可用带宽大于较低频段的可用带宽。
- 需要进行波束扫描，以便在相邻平面的卫星可见时保持轨道上的通信。
- 天线应具有轻量化设计。
- ISL 有效载荷与平台的集成应易于实现。

根据先前进行的分析和需求列表，我们明确需要使用定向性天线进行 ISL 通信。强制性要求包括低损耗、具备波束扫描能力和对平台影响最小。以下技术是 ISL 天线的候选方案。

- 反射天线：具有高指向性、低损耗和低轴比的特点，需要一个 APM 机械子系统来转向波束或馈电集群。反射天线对平台的影响主要来自体积、质量和 APM 的增加，这可能成为小型卫星或平面卫星的限制因素。
- 具有电子波束扫描功能的天线阵列：在波束扫描和波束成形方面非常强大，天线阵列应采用低损耗材料制造，以避免辐射效率降低。天线阵列可以模块化设计（辐射表面、馈源网络、控制子系统），可以进行重构，并且可以附着在卫星表面而对卫星结构几乎没有显著影响[12]，尽管最终设计可能较为复杂。此外，可以使用模拟或数字相移，甚至可以设计混合配置。除了辐射阵列馈源网络中使用的材料，移相器的插入损耗也可能是 ISL 的一个限制因素，尤其是在毫米波中。
- 介质透镜天线：由一组有源天线元件组成，这些元件通过选择开关单独照射用作孔径的介质透镜，以合成定向波束[99]。该天线的扫描工作方式类似于切换波束天线阵列，其中只有一个元件由星载计算机控制的切换网络激活[100]。由于其具有低损耗、低质量、易于制造和较大的角度探索范围的特点，这种技术适用于毫米波。

图 9.16 显示了三种候选技术在功率要求、质量、集成、损耗、可重构性和校准要求方面的比较。需要强调的是，由于天线阵列的复杂性和组件数量，具有电子波束指向的天线阵列在发射和运行前需要进行密集的校准程序，这使得天线阵列的集成和控制变得复杂[72, 101]。最平衡的技术是介质透镜天线，它在小型卫星的质量和集成这两个关键参数方面优于天线阵列和反射天线。在文献[99]中可以找到天线技术之间的更详尽的比较。

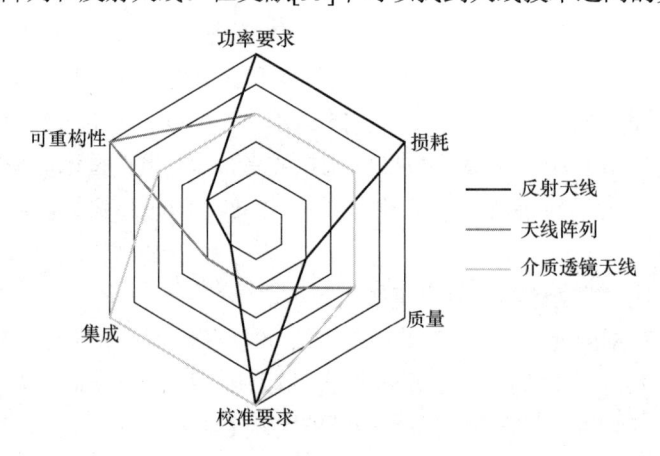

图 9.16　ISL 中天线技术的比较

9.6.5 ISL 天线技术选择和天线设计

根据上述讨论，我们选择由一组天线元件馈电的介质透镜天线，用于设计、制造、测试和测量 E 频段（70~85GHz）的 ISL 天线。尽管该频段部分覆盖了 ISL 频段（66~71GHz），但这里介绍的原型天线应被视为一种技术演示，其性能可以扩展到 ISL 频段，这要归功于其宽带特性。因此，所呈现的结果、质量和体积数据可以扩展到 ISL 频段。

在由一组天线馈源驱动的介质透镜天线中，通过将馈源放置在天线对称轴（宽边）以外，可以实现波束扫描。一般来说，具有较大扫描角度的波束相对于正对轴波束而言会经历增益降低。在这里，我们不使用馈源集群，而是提出了一个概念验证，即使用单馈源在不同位置照射透镜，以证明生成扫描（指向）波束的能力。原型模型如图 9.17 所示，其选择了一个喇叭天线作为天线馈源。

图 9.18 显示了天线在相对于宽边 16°时的合成波束，该波束是在模拟中获得的。旁瓣电平（SLL）为-20dB，由于透镜的适当设计，背向辐射最小。

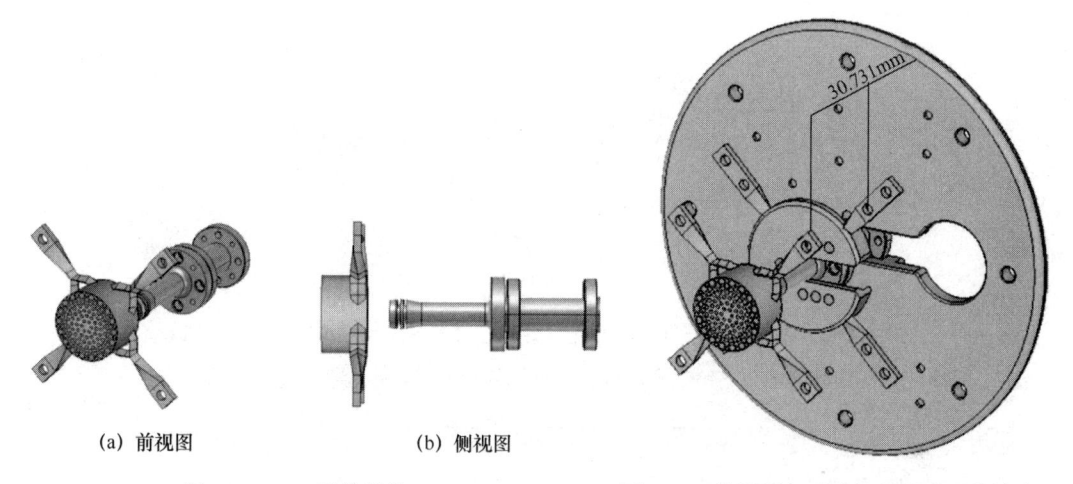

(a) 前视图　　(b) 侧视图

图 9.17　ISL 天线部件　　图 9.18　单馈源与透镜组合形成天线波束（模拟），指向角度为 16°

图 9.19 显示了由透镜、馈源（喇叭天线）和机械接口组成的装置，用于修改透镜和喇叭相对于对称轴的位置，并过渡到标准的矩形波导 WR12。该装置通过机械接口与仪器连接，以便在微波暗室等环境中进行验证和测试。

利用图 9.19 中的机械装置，可以配置天线，以相对于主波束在不同方向上进行波束指向。图 9.20 中的结果验证了天线在共极化和交叉极化模式下的工作情况。将波束指向相对于主波束的 0°、-8°、-16°、-24°和-31°，需要在馈源和系统对称轴之间保持 0、2mm、4mm、6mm 和 8mm 的间隔。当波束指向-24°时，随着指向角度的增加，副瓣水平变差，在 45°处出现一个-15dB 的副瓣，而主瓣指向-24°。

关于交叉极化抑制（XPD），在这五个指向角度中，其值大于 32dB。

图 9.21 展示了整个装置的模拟 S_{11}。在整个频段范围内，S_{11} 值保持在-15dB 以下，这对于演示模型来说是一个可接受的数值，并且在最终设计中将进一步优化。

图 9.19 单馈源与透镜组合形成的机械模型及其合成 16°指向波束时的相对位置

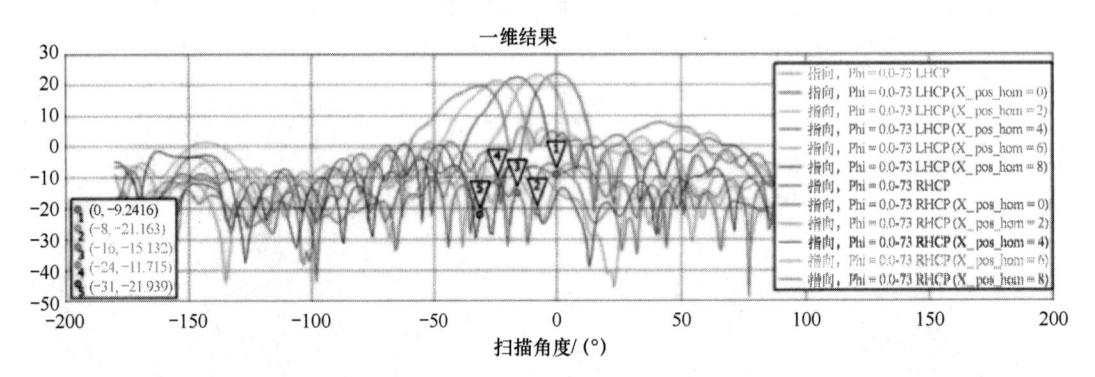

图 9.20 在 73GHz 频率下，针对不同扫描角度（相对于主波束 0°、-8°、-16°、-24°和-31°），对由单馈源与透镜组合形成的共极化和交叉极化天线模式进行模拟

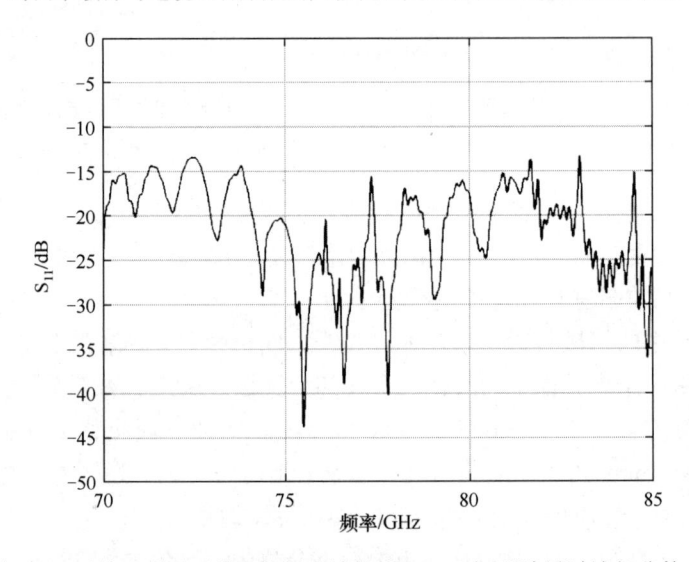

图 9.21 透镜、喇叭天线及从圆形波导到 WR12 矩形波导过渡部分的 S_{11}

9.6.6 天线原型制造和测量

图 9.22 展示了用于波束扫描的测量装置，包括透镜、喇叭天线及机械支撑结构。该透镜采用 3D 打印技术制造，使用经过验证的介电常数为 2.5 的灰色树脂材料。喇叭天线则采用铝合金 AL7075 进行机械加工，这种材料在加工后能够提供类似钢的强度和低于 0.15μm 的表面精度。喇叭天线的质量仅为 4g，最终天线的总质量将取决于馈源的数量、切换网络及支撑结构。透镜的最终设计将采用 3D 打印技术，使用聚醚醚酮（PEEK）材料来制作。PEEK 是一种热塑性塑料，具有轻质、高强度、耐温性及稳定性等优异特性，非常适合空间任务使用。PEEK 已被提议作为立方体卫星[102]和纳米卫星[103]结构的 3D 打印材料。此外，由于其导电性能，PEEK 也被用于反射天线表面的制造，并在太空条件下得到了验证[104]。

图 9.22 制造完成的透镜（左侧）、喇叭天线（中部）及支撑结构（右侧）

图 9.23 展示了用于概念验证的测量之前完整的 ISL 天线装置。其测量装置包括一个额外的转换，从矩形波导 WR12 到矩形波导 WR10，以便与仪器连接。

图 9.23 ISL 天线装置，由透镜、喇叭天线、波导转换器及支撑结构组成

图 9.24 显示了微波暗室的装置，其中详细展示了 ISL 天线作为测试天线（AUT）在

定位器中的位置。在该装置中，天线周围使用了额外的吸收材料，以减少反射并获得不含多径效应的天线模式。

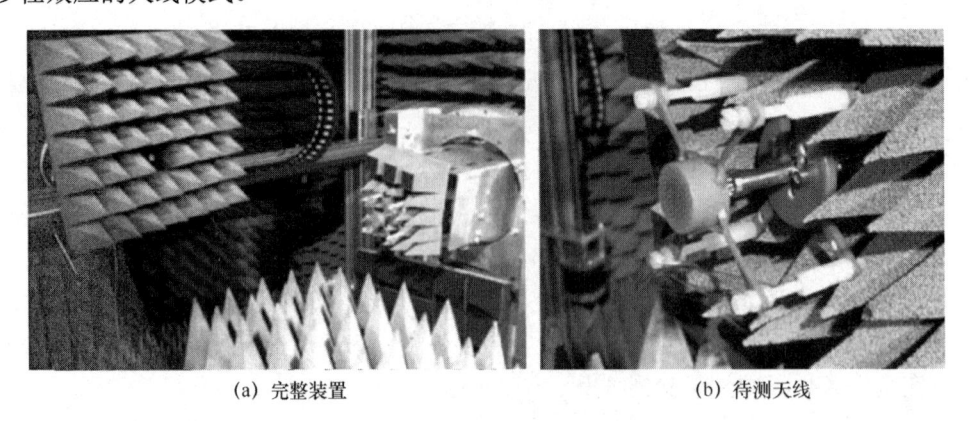

(a) 完整装置　　　　　　　　　(b) 待测天线

图 9.24　ISL 天线在微波暗室中的测量装置

在验证 ISL 天线之前，需要进行馈源（喇叭）的辐射测量。这一中间验证步骤旨在确认馈源正确加工及从圆形波导到 WR12 波导转换设计的准确性。图 9.25 中的测量结果显示了从法兰处实现的喇叭的辐射模式（E 面），频率范围为 70~85GHz。从测量结果可以清楚地看出，在过渡过程中没有产生杂散模式，也没有由制造过程中的加工缺陷引起的问题。

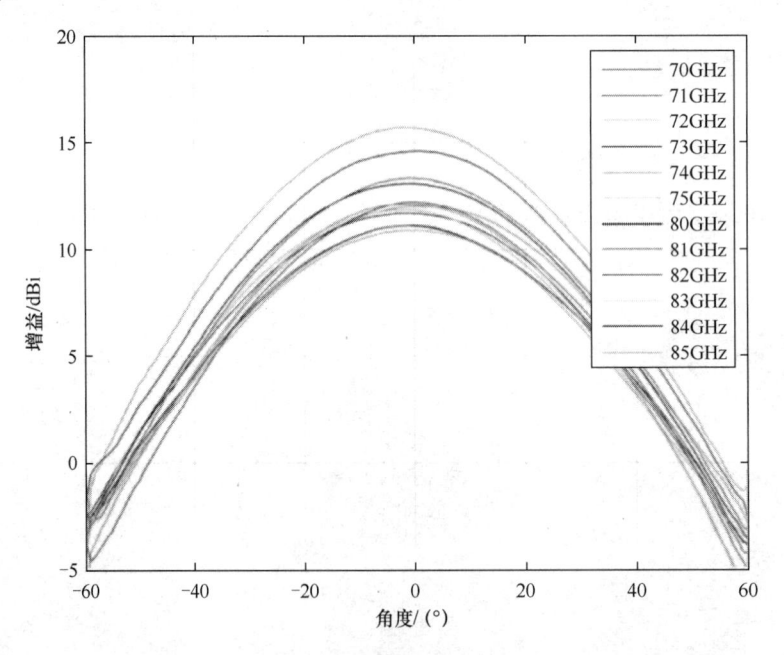

图 9.25　测量得到的喇叭天线（E 面）辐射模式

为了在设计阶段验证完整 ISL 天线的仿真结果，图 9.26 和图 9.27 分别展示了天线在正面方向及两个扫描角度下的辐射模式。从正面方向的测量结果来看，实测的天线方向图和副瓣电平与仿真结果相吻合。测量偏离正面方向的天线图案，以验证通过使馈源偏离光轴，可实现所需的扫描效果。结果证实了扫描角度与馈源偏移之间的关系：正如仿真所预期的那样，将馈源分别偏移 4 mm 和 8 mm，可以实现 16° 和 30° 的扫描角度。

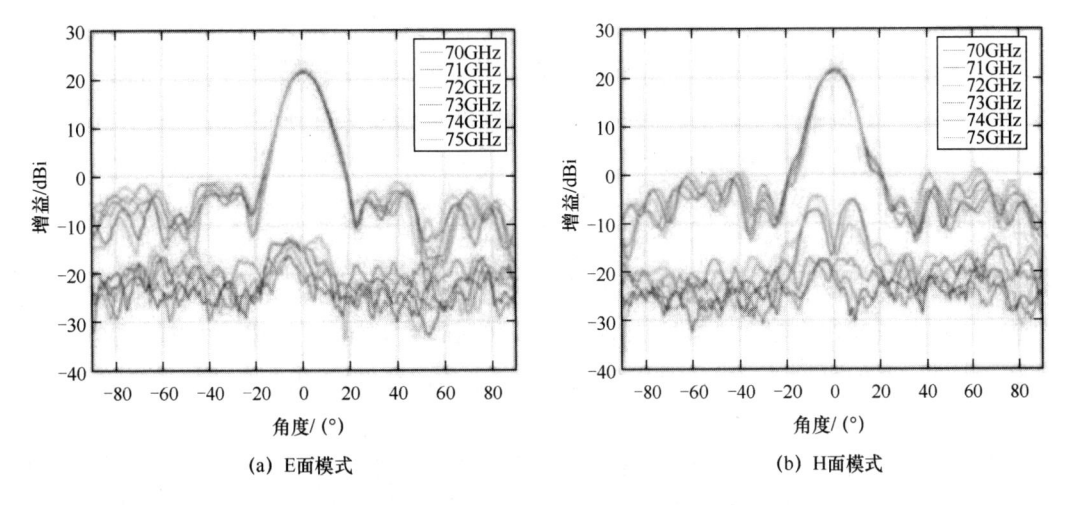

(a) E面模式

(b) H面模式

图 9.26　在微波暗室内，对 ISL 天线在 70～75GHz 频率范围内的主波束进行测量

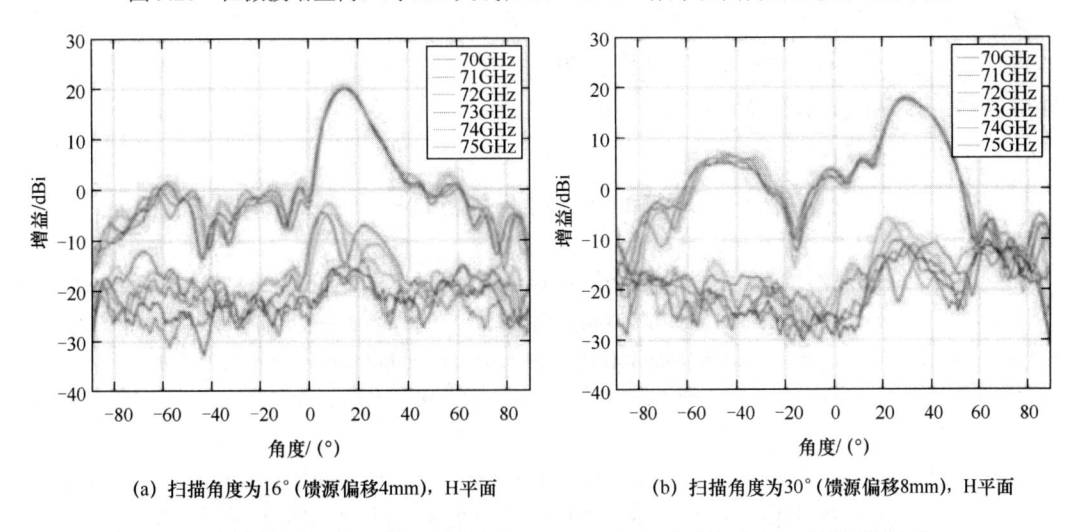

(a) 扫描角度为16°（馈源偏移4mm），H平面

(b) 扫描角度为30°（馈源偏移8mm），H平面

图 9.27　在微波暗室内，对 ISL 天线在 70～75GHz 频率范围内的辐射模式进行测量

9.7　结论

新型 NGSO 星座的成功很大程度上取决于一系列经济和技术问题，其中使用 ISL 是关键要素之一。通过采用 ISL 技术，NGSO 系统在地面站数量、E2E 延迟、容量、服务区域和安全性等方面的性能得到显著提升。此外，采用 ISL 作为远程网关，使得超出视线范围的卫星也能接入，这促进了 5G 系统在空间应用的发展。实际上，当前大多数用于宽带接入的 NGSO 系统都将 ISL 作为系统内在的一部分加以利用。不仅如此，ISL 还能促进多样化的通信架构，并且在除了通信任务的其他应用中发挥作用，如数据采集太空系统、分离式航天器或科学探测任务等。

然而，将 ISL 引入 NGSO 卫星会对平台子系统、通信架构及系统运行带来重大影响。正如 9.4 节所展示的那样，ISL 的存在会引发一系列复杂的技术和运营挑战。

在宽带星座中，ISL 可以采用 RF 或光学技术。这两种技术各有优缺点，因此在选择时必须考虑系统层面的因素，如任务概念、平台需求、通信链路需求及 TRL。对于 RF ISL，其发展路线应重点关注设计在 ISL 频段内具有更高效率的 PA 和更先进的具备波束指向能力的天线孔径。由于 RF 信号受大气衰减的影响，提升 HPA 效率和优化天线性能将有助于改善 RF 频谱资源的利用效率和链路质量。而对于光学 ISL，由于不受大气效应限制，其一个关键方面在于 ATP 子系统的研发，应确保在平台振动情况下能够准确地对准激光束。这要求开发高精度且适应性强的光束指向与稳定技术，以保持稳定的光通信链路。同时，光学 ISL 还需要解决诸如空间碎片影响、光源稳定性等问题，以确保整个光学链路的可靠性。无论是 RF 还是光学技术，在实现 ISL 时，都需要降低 ISL 终端的质量和功率。

最后，本章通过一个案例研究展示了在由小型卫星组成的 NGSO 星座中设计 RF ISL。该案例研究了一款满足质量、损耗、波束扫描及与平台集成等要求的 E 频段的 ISL 天线原型。概念验证阶段的测量结果进一步巩固了这一观点：自 20 世纪 90 年代首次提出第一代 NGSO 系统以来，得益于 RF 和光学技术的显著进步，即便是小型卫星也能成功将 ISL 功能集成到 NGSO 星座中。

本章原书参考资料

[1] Butash T., Garland P., Evans B. 'Non-geostationary satellite orbit communications satellite constellations history'. International Journal of Satellite Communications and Networking. 2021, vol. 39(1), pp. 1-5.

[2] International Telecommunication Union (ITU) 'Section IV. radio stations and systems, article 1.22, definition: inter-satellite service/inter-satellite radiocommunication service' in ITU radio regulations. ITU; 2016.

[3] Kodheli O., Lagunas E., Maturo N, et al. 'Satellite communications in the new space era: a survey and future challenges'. IEEE Communications Surveys & Tutorials. 2021, vol. 23(1), pp. 70-109.

[4] Hauri Y., Bhattacherjee D., Grossmann M., Singla A. '"Internet from space" without inter-satellite links'. HotNets '20; Virtual Event, New York, NY, 2020. pp. 4-6.

[5] Iridium Constellation LLC. Iridium next engineering statement, appendix 1. 2013.

[6] Pratt S.R., Raines R.A., Fossa C.E., Temple M.A. 'An operational and performance overview of the IRIDIUM low earth orbit satellite system'. IEEE Communications Surveys & Tutorials. 1999, vol. 2(2), pp. 2-10.

[7] LEOSAT Enterprises L. LeoSat - satellite communication redefined.

[8] European Space Agency. Perfect images transmitted via a laser link between Artemis and SPOT 4. 2001.

[9] Benzi E., Troendle D.C., Shurmer I., James M., Lutzer M., Kuhlmann S. 'Optical inter-satellite communication: the Alphasat and Sentinel-1A inorbit experience'. 14th AIAA International Conference on Space Operations(SPACEOPS 2016); Daejeon, South Korea, 2016.

[10] European Space Agency. European Data Relay Satellite system (EDRS) overview.

[11] Bandyopadhyay S., Subramanian G.P., Foust R., Morgan D., Chung S.-J., Hadaegh F. 'A review of impending small satellite formation flying missions'. 53rd AIAA Aerospace Sciences Meeting; Kissimmee, FL, Reston, VA, 2015.

[12] Martinez Rodriguez-Osorio R., Fuey Ramírez E. 'A hands-on education project: antenna design for inter-cubesat communications'. [Education Column] IEEE Antennas and Propagation Magazine. 2012, vol. 54(5), pp. 211-224.

[13] Radhakrishnan R., Edmonson W.W., Afghah F., Martinez Rodriguez Osorio R., Pinto F., Burleigh S.C. 'Survey of inter-satellite communication for small satellite systems: physical layer to network layer view'. IEEE Communications Surveys & Tutorials. 2016, vol. 18(4), pp. 2442-2473.

[14] Poghosyan A., Lluch I., Matevosyan H, et al. Unified classification for distributed satellite systems 2016.

[15] Chi L., Sun F., Liu Z., Lin C. 'Overview of fractionated spacecraft technology'. Presented at 2020 International Conference on Computer Engineering and Application (ICCEA); Guangzhou, China, 2020.

[16] European Space Agency. Hera ESA's planetary defence mission.

[17] Michel P., Küppers M., Topputo F., Karatekin Hera Ö. The ESA Hera mission: planetary defense and science return.

[18] Telesat Telesat lightspeed. 2021.

[19] Pachler N., del Portillo I., Crawley E.F., Cameron B.G. 'An updated comparison of four low earth orbit satellite constellation systems to provide global broadband'. IEEE International Conference on Communications Workshops(ICC Workshops); Montreal, QC, 2021. pp. 1-7.

[20] Starlink 2021.

[21] Space exploration holdings, LLC. spacex non-geostationary satellite system. attachment A. technical information to supplement schedule S. 2016.

[22] Space.com SpaceX paused Starlink launches to give its internet satellites lasers. 2021.

[23] WorldVu Satellites Limited. OneWeb non-geostationary satellite system(LEO). phase 2: amended modification to authorized system [Attachment B. Technical Information to Supplement Schedule S - FCC]. 2021.

[24] Kuiper Systems LLC. Application of kuiper systems LLC for authority to launch and operate a non-geostationary satellite orbit system in ka-band frequencies. 2021.

[25] Amazon.com Services LLC. job position: optical test engineer.

[26] Spire Global. Spire: global data and analytics.

[27] Brown C. Using inter-satellite links to reduce data latency collected by the spire constellation. San Luis Obispo, CA. 2021.

[28] Handley M.J. 'Delay is not an option: low latency routing in space'. Proceedings of the 17th ACM Workshop on Hot Topics in Networks (HotNets'18);Redmond, WA, New York, NY: ACM, 2018. pp. 85-91.

[29] Kur T., Liwosz T., Kalarus M. 'The application of inter-satellite links connectivity schemes in various satellite navigation systems for orbit and clock corrections determination: simulation study'. Acta Geodaetica et Geophysica. 2021, vol. 56(1), pp. 1-28.

[30] European space agency. optical inter-satellite links are best techfor galileo. 2019.

[31] Li X., Jiang Z., Ma F., Lv H., Yuan Y., Li X. 'LEO precise orbit determination with inter-satellite links'. Remote Sensing. 2021, vol. 11(18), p. 2117.

[32] International telecommunication union. 5G-fifth generation of mobile technologies. 2021.

[33] Lin X., Rommer S., Euler S., Yavuz E.A., Karlsson R.S. '5G from space: an overview of 3GPP non-

terrestrial networks'. IEEE Communications Standards Magazine. 2021, vol. 5(4), pp. 147-153.

[34] 3rd Generation Partnership Project (GPP) TR 38.811 v15.2.0: study onnew radio (NR) to support non-terrestrial networks (release 15).

[35] Slalmi A., Chaibi H., Chehri A., Saadane R., Jeon G. 'Toward 6G: understanding network requirements and key performance indicators'. Transactions on Emerging Telecommunications Technologies. 2021, vol. 32(3), pp. 1-5.

[36] 3rd generation partnership project (3GPP). TR 38.821 v16.0.0: solutionsfor NR to support non-terrestrial networks (NTN) [Release16].

[37] Pan J., Hu X., Zhou S, et al. 'Time synchronization of new-generation BDS satellites using inter-satellite link measurements'. Advances in Space Research. 2018, vol. 61(1), pp. 145-153.

[38] Ananda M.P., Bernstein H., Cunningham K.E., Feess W.A., Stroud E.G. 'Global positioning system (GPS) autonomous navigation'. IEEE Symposium on Position Location and Navigation. A Decade of Excellencein the Navigation Sciences; Las Vegas, NV, IEEE, 1990. pp. 497-508.

[39] Panahi A., Kazemi A.A., Kress B.C., Kazemi A.A., Chan E.Y. 'Optical laser cross-link in space-based systems used for satellite communications'. SPIE Defense, Security, and Sensing; Orlando, Florida, WA: SPIE, 2010.

[40] Baister G.C., Dreicher T., Grond E.R., Gallmann L., Thieme B., Kudielka K. 'The OPTEL terminal development programme'. Presented at Enabling Technologies for Future Optical Crosslink Applications. Collection of the AIAA Space 2003 Conference and Exposition Technical Papers; Long Beach, CA, 2003.

[41] Arya M. 2016. 'Packaging and Deployment of Large Planar Spacecraft Structures'. [PhD Thesis]. California Institute of Technology.

[42] Wood L. 'Appendix A: satellite constellation design for network interconnection using non-geo satellites' in HuY. M.G., E F. (eds.). Service efficient network interconnection via satellite. Wiley; 2002. pp. 215-230.

[43] Leyva-Mayorga I., Soret B., Popovski P. 'Inter-plane inter-satellite connectivity in dense LEO constellations'. IEEE Transactions on Wireless Communications. 2021, vol. 20(6), pp. 3430-3443.

[44] Chen Q., Yang L., Liu X., Guo J., Wu S., Chen X. 'Multiple gateway placement in large-scale constellation networks with inter-satellite links'. International Journal of Satellite Communications and Networking. 2021, vol. 39(1), pp. 47-64.

[45] Ravishankar C., Gopal R., BenAmmar N., Zakaria G., Huang X. 'Next-generation global satellite system with mega-constellations'. International Journal of Satellite Communications and Networking. 2021, vol. 39(1), pp. 6-28.

[46] Soret B., Smith D. 'Autonomous routing for LEO satellite constellations with minimum use of inter-plane links'. ICC 2019-2019 IEEE International Conference on Communications (ICC); Shanghai, China, Shanghai, China, 2019. pp. 1-6.

[47] Madkour A., Aref W.G., Rehman F.U., Rahman M.A., Basalamah S. A survey of shortest-path algorithms. 2017 May 4.

[48] Leyva Mayorga I., Roeper M., Matthiesen B., Dekorsy A., Popovski P., Soret B. 'Inter plane inter satellite connectivity in LEO constellations: beam switching vs. Beam Steering'. Proc. IEEE Global Commun. Conf; GLOBECOM, 2021.

[49] European space agency. reentry and collision avoidance. 2017.

[50] Tiainen A. 2017. 'Inter-satellite Link. Antennas Review and The Near Future'. [Master Thesis]. Luleå University of Technology.

[51] Park J., Ryu H., Ha K.-W., Kim J.-G., Baek D. '76-81-Ghz CMOS transmitter with a phase-locked-loop-based multichirp modulator for automotive radar'. IEEE Transactions on Microwave Theory and Techniques. 2015, vol. 63(4), pp. 1399-1408.

[52] Oh J., Jang J., Kim C.-Y., Hong S. 'A W-band 4-GHz bandwidth phasemodulated pulse compression radar transmitter in 65-nm CMOS'. IEEE Transactions on Microwave Theory and Techniques. 2015, vol. 63(8), pp. 2609-2618.

[53] Uzunkol M., Gurbuz O.D., Golcuk F., Rebeiz G.M. 'A 0.32 THz SiGe 4x4 imaging array using high-efficiency on-chip antennas'. IEEE Journal of Solid-State Circuits. 2013, vol. 48(9), pp. 2056-2066.

[54] Sarkas I., Hasch J., Balteanu A., Voinigescu S.P. 'A fundamental frequency 120-GHz SiGe BiCMOS distance sensor with integrated antenna'. IEEE Transactions on Microwave Theory and Techniques. 2012, vol. 60(3), pp. 795-812.

[55] Yan Y., Zihir S., Lin H., Shin W., Rebeiz G., Inac O. 'A 155 GHz 20 Gbit/s QPSK transceiver in 45 nm CMOS'. IEEE Radio Frequency Integrated Circuits Symposium; Tampa, FL, IEEE, 2014. pp. 365-369.

[56] Suh B., Lee H., Kim S., Jeon S. 'A D-band multiplier-based OOK transceiver with supplementary transistor modeling in 65-nm bulk CMOS technology'. IEEE Access: Practical Innovations, Open Solutions. 2019, vol. 7, pp. 7783-7793.

[57] Macom.

[58] Analog devices.

[59] Eravant.

[60] ERAVANT. E-band power amplifier 67 to 76 GHz, 35 dB gain, +34 dBm p1dB,in-line WR-12 waveguide.

[61] Wagner E., Rebeiz G.M. 'Single and power-combined linear E-band power amplifiers in 0.12-µm SiGe with 19-dBm average power 1-GBaud 64-QAM modulated waveforms'. IEEE Transactions on Microwave Theory and Techniques. 2019, vol. 67(4), pp. 1531-1543.

[62] Lin H.-C., Rebeiz G.M. 'A 70-80-GHz SiGe amplifier with peak output power of 27.3 dBm'. IEEE Transactions on Microwave Theory and Techniques. 2016, vol. 64(7), pp. 2039-2049.

[63] Mailloux R.J. (ed.) Phased array antenna handbook. Third Edition. Norwood, MA: Wiley; 2017.

[64] Mohammod A. Reconfigurable antenna design and analysis. Boston, MA: Artech House; 2021.

[65] Motovilova E., Huang S.Y. 'A review on reconfigurable liquid dielectric antennas'. Materials (Basel, Switzerland). 2020, vol. 13(8), pp. 1-28.

[66] Christodolou C., Tawk Y., Lane S., Erwin S. 'Reconfigurable antennas for wireless and space applications'. Proceedings of the IEEE. 2012, vol. 100(7), pp. 2250-2261.

[67] Jakoby R., Gaebler A., Weickhmann C. 'Microwave liquid crystal enabling technology for electronically steerable antennas in SATCOM and 5G millimeter-wave systems'. Crystals. 2020, vol. 10(6), p. 514.

[68] Ferrari P., Jakoby R., Karabey O.H., Rehder G.P., Maune H. 'Reconfigurable circuits and technologies for smart millimeter-wave systems' in Millimeter-wave Systems. Cambridge: Cambridge University Press; 2022 May 26.

[69] Cuzzola M. 'KA-band LEO-LEO ISL for small satellites'. 5th IAA Conference. 2020, Rome.

[70] Rui Y., Wenjun G., Chunbang W., HongbinL. 'Inter-satellite link antenna' in Technologies for Spacecraft Antenna Engineering Design. Springer; 2020. pp. 103-35.

[71] Salas-Natera M.A., Rodriguez-Osorio R.M., de Haro Ariet L., Sierra-Perez M. 'Novel reception and transmission calibration technique for active antenna array based on phase center estimation'. IEEE Trans Antennas Propag. 2017, vol. 65(10), pp. 5511-5522.

[72] Salas-Natera M.A., Martínez Rodríguez-Osorio R., de Haro-Ariet L. 'Procedure for measurement'. 'Characterization and Calibration of Active Antenna Arrays'. IEEE Transactions on Instrumentation and Measurement. 2012, vol. 62(11), pp. 377-391.

[73] Sai Sandeep B., Vijayendra S., Vineeth Reddy B. 'High gain antenna design for inter satellite link at millimeter range'. International Journal of Scientific& Technology Research. 2020, vol. 9(1), pp. 1946-1948.

[74] Swissto12. Electronically steered antenna array for LEO. 2021.

[75] Anteral Innovative antennas. Passives and radar technologies.

[76] Melero Frago M., Calero Fernández I., Arregui Padilla I, et al. 'Nuevas antenas y diplexores de bajo coste para radioenlaces 5G'. XXXVI Simposium Nacional de la Unión Científica Internacional de Radio; Vigo, Spain, 2021.

[77] Teberio F., Calero I., Arregui I., Martín-Iglesias P., Teniente J., Gómez-Laso M.A. 'High-yield waveguide diplexer for low-cost E-band 5G'. Point-to-Point Radio Links. European Microwave Week. 2022.in press.

[78] SSTL.

[79] Chi P.-L., Pao C.-H., Huang M.-H., Yang T. 'High-gain patch-fed 3D-printing Fresnel zone plate lens antenna for 60-GHz communications'. IEEE International Symposium on Antennas and Propagation & USNC/URSI National Radio Science Meeting; Boston, MA, 2018.

[80] Petosa A., Ittipiboon, A. 'A Fresnel lens designed using a perforated dielectric'. 9th International Symposium on Antenna Technology and Applied Electromagnetics; 2002.

[81] Petosa A., Ittipiboon A. 'Design and performance of a perforated dielectric Fresnel lens'. IEE Proceedings-Microwaves Antennas and Propagation. 2003, vol. 150(5), pp. 309-314.

[82] Kadri I., Petosa A., Roy L. 'Ka-band Fresnel lens antenna fed with an active linear microstrip patch array'. IEEE Trans Antennas Propag. 2016, vol. 53(12), pp. 4175-4178.

[83] Vourch C.J., Drysdale T.D. 'V-band bull's eye antenna for multiple discretely steerable beams'. IET Microwaves, Antennas & Propagation. 2016, vol. 10(3), pp. 318-325.

[84] Chaudhry A.U., Yanikomeroglu H. 'Free space optics for next-generation satellite networks'. IEEE Consumer Electronics Magazine. 2021, vol. 10(6), pp. 21-31.

[85] Kaushal H., Kaddoum G. 'Optical communication in space: challenges and mitigation techniques'. IEEE Communications Surveys & Tutorials. 2009, vol. 19(1), pp. 57-96.

[86] Smutny B., Hemmati H., Kaempfner H, et al. '5.6 Gbps optical intersatellite communication link'. SPIE LASE: Lasers and Applications in Science and Engineering; San Jose, CA, 2009.

[87] Li Q., Guo H., Xu S, et al. 'TRC-based high-precision spot position detection in inter-satellite laser communication'. Sensors (Basel, Switzerland). 2020, vol. 20(19), p. 19.

[88] Mynaric.Space terminal products. 2021.

[89] Mynaric. CONDOR MK3. optical communications terminal for intersatellite operations. 2021.

[90] General atomics. optical communications terminal. 2020.

[91] TESAT. Products 2021.

[92] Rödiger B., Menninger C., Fuchs C, et al. 'High data-rate optical communication payload for cubesats'. SPIE Optics + Photonics conference Digital Forum. SPIE Optical Engineering + Applications; San Diego, CA: SPIE, 2020. pp. 1-13.

[93] TESAT. CubeLCT terminal datasheet. 2019.

[94] TESAT. ConLCT terminal. 2021.

[95] TESAT. TESAT' S ConLCT modem successfully demonstrates sda laser communication standard. 2021.

[96] Yang Q., Tan L., Ma J. 'Doppler characterization of laser inter-satellite links for optical LEO satellite constellations'. Optics Communications. 2009, vol. 282(17), pp. 3547-3552.

[97] Song T., Wang Q., Wu M.-W., Kam P.-Y. 'Performance of laser inter-satellite links with dynamic beam waist adjustment'. Optics Express. 2016, vol. 24(11), pp. 11950-11960.

[98] European telecommunications standard institute (ETSI). digital videobroadcasting (DVB); second generation framing structure, channel codingand modulation systems for broadcasting, interactive services, news gathering and other broadband satellite applications; part 2: DVB-S2 extensions(DVB-S2X). 2021.

[99] Hong W., Hiang Z.H., Yu C., Zhou J., Chen P., Yu Z. 'Multibeam antenna technologies for 5G'. IEEE Transactions on Antennas and Wireless Communications. 2017, vol. 65(12), pp. 6231-6249. in press.

[100] Imbert M., Romeu J., JofreL. GHz WPAN applications. IEEE Antennas and Propagation Society International Symposium (APSURSI).; Orlando, FL, 2013.

[101] Salas-Natera M.A., Martínez Rodríguez-Osorio R. 'Analytical evaluation of uncertainty on active antenna arrays'. IEEE Transactions on Aerospace and Electronic Systems. 2012, vol. 48(3), pp. 1903-1913.

[102] European Space Agency (ESA). 3D printing cubesat bodies for cheaper, faster missions. 2017.

[103] Rinaldi M., Cecchini F., Pigliaru L., Ghidini T., Lumaca F., Nanni F. 'Additive manufacturing of polyether ether ketone (PEEK) for space applications: A nanosat polymeric structure'. Polymers. 2020, vol. 13(1), pp. 1-16.

[104] Kalra S., Munjal B.S., Singh V.R., Mahajan M., Bhattacharya B. 'Investigations on the suitability of peek material under space environment conditions and its application in a parabolic space antenna'. Advances in Space Research. 2019, vol. 63(12), pp. 4039-4045.

第 10 章 面向全球连接的 NGSO 星座设计

伊斯拉尔·莱瓦·马约加[1]，比阿特丽斯·索雷特[1,2]，
博·马蒂森[3,4]，迈克·罗珀[3]，德克·乌本[3]，
阿尔明·德科斯基[3]，佩塔尔·波波夫斯基[4]

10.1 引言

单靠地面基础设施无法实现全球范围的连接，这是多种因素造成的，其中最重要的是地理条件和经济因素。迄今为止，每一代新的移动无线通信都尝试过为人口稀少的地区提供通信连接，但事实证明，地面解决方案并未展现出良好的成本效益。虽然提供无线电通信只需要在目标区域部署基站或接入点，但将这些基础设施与 CN 连接起来，进而通过回程链路及可能存在的前向链路接入互联网，则要困难得多。一个明显的应用场景是在开阔海洋上为船只提供全球连接，在这种情况下，为众多航线部署基站及其必要的回程链路（如海底电缆）并不现实。

相比之下，GEO 卫星几十年来一直用于提供全球通信覆盖，如电视广播或海上通信服务。此外，全球定位系统（Global Positioning System，GPS）就是一个广泛应用的 MEO（Medium Earth Orbit）服务的例子。尽管 GEO 卫星能够为欠发达和偏远地区提供全球服务[1]，但其本身并不是一个具有竞争力的全球连接解决方案。由于轨道高度较高，GEO 卫星存在较长的传播延迟及严重的信号衰减问题。特别是在能量和尺寸受限的设备尝试进行上行链路通信时，信号衰减问题尤为突出，而这恰恰是物联网设备的一些典型特征[2-3]。

NGSO 星座在新航天时代扮演着核心角色，且已成为工业界、学术界乃至各国航天部门和监管机构最热门的研究课题之一。例如，全球范围内众多公司如 SpaceX、OneWeb、SPUTNIX 及亚马逊等已开始或即将部署自己的 NGSO 星座[4]，这些星座旨在提供宽带服务[5-6]或物联网服务[2]。对 NGSO 星座如此高度关注的主要驱动力之一是，通过适当设计，它们能够实现全球覆盖和连接。虽然少量的 GEO 卫星也能提供全球连接，但与地面通信和 GEO 卫星通信相比，NGSO 星座主要具备以下三个优势。

---

1 丹麦奥尔堡大学电子系统系。
2 西班牙马拉加大学电信研究所（TELMA）。
3 德国不来梅大学通信工程系高斯–奥尔伯斯中心。
4 德国不来梅大学通信工程系，不来梅大学卓越教授职位。

- **低传播延迟**：电磁波在真空中的传播速度要快于在折射率为 1.44～1.5 的光纤中[7]。此外，NGSO 卫星部署的高度远低于 GEO 卫星，这使得从地面到卫星（Ground-to-Satellite, G2S）的单程传播延迟降低到了几毫秒的水平。因此，对于长距离通信来说，使用 NGSO 卫星实现的 E2E 延迟更具有竞争力，甚至可能比 TN 更低[7]。
- **全球连通性**：NGSO 卫星能够为地面基础设施匮乏的偏远地区提供覆盖。此外，如果实现了适当的功能，数据可以通过卫星自身实现 E2E 路由。
- **小型设备可行的上行链路通信**：由于部署的高度相对较低及信号主要通过自由空间传播，小型设备直接与 LEO 卫星通信成为可能。这促使企业和组织致力于利用低功耗广域网络（LPWAN）技术，如 LoRaWAN 和 NB-IoT，来实现天基与地面基础设施的集成[8-9]。

基于上述优势，NGSO 星座的主要应用场景如下。
- **回程传输**：卫星间通信可以帮助将数据传向地球，即使数据的源和目的地不在同一颗卫星的覆盖范围内[10]。
- **卸载**：NGSO 星座可以作为城市热点区域的额外基础设施，在 TN 容量临时不足时提供服务，如在体育赛事、文化活动期间。
- **恢复能力**：在地面基站主干网络因自然灾害等失效时，NGSO 卫星可以作为备用回程网络。
- **边缘计算与"人工智能即服务"（AIaaS）**：物联网设备的处理能力和能源供应（如电池电量）有限。因此，NGSO 卫星可以作为边缘计算节点[11]来减轻物联网设备的计算负载。此外，卫星可以在其轨道沿线从多个设备和位置收集数据，并利用自身的计算能力，为那些数据量或处理能力不足以支持 AI 应用的设备提供 AIaaS[12]。
- **地球观测**：NGSO 卫星可以作为移动传感设备，以图像或视频的形式捕捉地球表面或大气中的物理现象数据。为了获取足够高的分辨率，LEO 通常是大多数地球观测卫星任务的首选。此外，太阳同步轨道，即卫星相对于地球保持恒定太阳角度的轨道，在执行地球观测任务时通常具有有利特性。

对于上述提到的使用场景，以及其他众多应用场景而言，全球连接至关重要。因为它能够充分利用 NGSO 星座的优势，确保地面生成的数据、空中飞行器收集的数据及卫星自身产生的数据可以在不过度依赖额外（如地面）基础设施的情况下直接送达目的地。

尽管如此，评估一个 NGSO 星座设计是否适合目标应用时，需要考虑多个 KPI，包括但不限于以下几个方面。
- **服务可用性**：指地面终端能够与星座进行通信的时间比例[8]。在本章中，我们将根据星座在不同地点（包括偏远地区如极地）的覆盖情况来评估这一 KPI。
- **传输容量**：指星座在单位时间内能够 E2E 传输的最大数据量。
- **吞吐量**：指用户所体验到的数据传输速率。
- **可扩展性**：指星座在单位面积内能够支持的最大设备数量。

- **卫星间连接性**：指卫星之间实现通信的能力。通常，通过统计具有活跃连接的卫星数量[13]，或者依据处于通信范围内的卫星数量[14]来评估这一特性。
- **延迟和可靠性**：指数据可以在给定的时间 t 内传输到目的地的概率。
- **能源效率**：由于物联网设备和卫星通常是由电池供电的，因此尽量减少通信所需的能量是至关重要的。

Del Portillo[6]在研究中考虑了上述多项 KPI，用以对比 OneWeb、Starlink（过时的1000km 以上高度的配置）及 Telesat 这三种星座系统。

还有其他针对卫星星座定义的 KPI，例如，Soret 等人[10]强调了在某些卫星跟踪或遥感应用中，除数据包延迟之外的时间度量的重要性，比如信息更新率（Age of Information，AoI）及其衍生指标。

10.2 NGSO 星座设计

卫星星座是由一组卫星按照轨道平面有序排列而成的集合。在一个轨道平面上，通常有 N_{op} 颗卫星沿同一轨道路径依次排列，并且在轨道上均匀分布。此外，一个轨道壳层是指在同一高度附近部署的一组 P 个轨道平面，它们共同构成了星座的一部分；某些轨道壳层之间可能存在几千米的小幅变化，这种变化被称为轨道间隔。为了最大化通信覆盖范围，一个轨道壳层中卫星的布局通常属于两种基本类型之一：极轨道星座（Walker Star）和倾斜星座（Walker Delta，也叫 Rosette）[2, 5, 15-16]。卫星星座设计可能包含一个或多个轨道壳层，以满足不同地理区域、持续覆盖时间及通信带宽的需求。通过精心设计这些布局，可以确保星座系统在全球范围内提供连续且高效的通信服务。

Walker Star 轨道壳层通常由接近极地的轨道构成，其典型倾角 δ 约为 90°，且在 180°范围内均匀分布。因此，相邻轨道平面之间的角度间隔是 $180°/P$。

Walker Delta 轨道壳层通常由具有一定倾角的轨道构成，其典型倾角 δ 小于 60°，并且这些轨道在 360° 范围内均匀分布。因此，相邻轨道平面之间的角度间隔是 $360°/P$。

由于采用倾角轨道设计，Walker Delta 轨道壳层并不能覆盖极地区域或像格陵兰岛这样位于最北部的区域。然而，这种设计使卫星能更多地停留在人口密集、数据流量产生和消耗最为频繁的地区。因此，尽管在极地地区的覆盖受限，但通过这种方式可以更高效地满足于大部分人口分布区域的数据通信需求。

由于 Walker Star 和 Walker Delta 这两种几何构型各有优缺点，一些公司如 SpaceX 考虑采用包含多个轨道壳层的混合设计方案。具体来说，Starlink 星座设计中包含了位于大约 550km 高度和约 1100km 高度的 Walker Delta 轨道壳层。不过，FCC 已经批准 SpaceX 修改星座构型，并将原计划部署在 1100km 轨道壳层中的 2814 颗卫星降至 540~570km 的高度范围[17]。图 10.1 展示了 Walker Star、Walker Delta 及混合构型的几何图。此外，表 10.1 列出了某些具有代表性的 NGSO 星座的设计参数。表格中的数值来源于各公司的官方网站、相关论文[6, 14]及 FCC 备案文件，其中部分参数尚未获得最终批准。

(a) Walker Star　　　　(b) Walker Delta　　　　(c) 混合构型

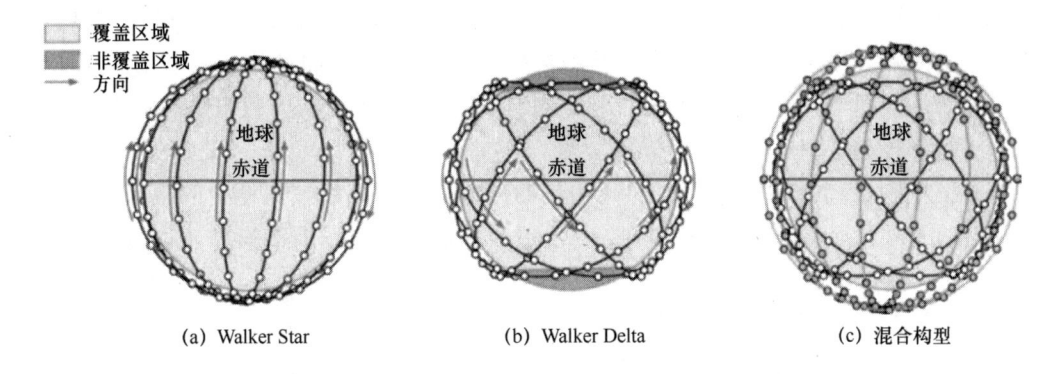

图 10.1　Walker Star、Walker Delta 及混合构型几何图

表 10.1　一些商业 NGSO 星座的参数

星座参数	Starlink					OneWeb	Kepler
类型	混合构型					Walker Star	Walker Star
卫星数量 N/颗	1584	1584	720	348	172	648	140
轨道平面数 P/个	72	72	36	6	4	18	7
高度 h/km	550	540	570	560	560	1200	575
倾角 $\delta/(°)$	53	53.2	70	97.6	97.6	86.4	98.6
预期服务	宽带					宽带	物联网

除了技术层面，由于 NGSO 星座的部署，围绕地球的轨道上的物体数量急剧增加，这也引发了人们对 NGSO 星座长期可持续性的担忧。自然而然地，卫星数量越多，碰撞风险就越大。因此，为了最小化碰撞风险，相关部门已经探索了一些措施，并应用在商业星座中[18]。特别是，将轨道平面部署在略有不同的高度上（高度差小于 4km），大大减少了卫星故障导致的碰撞风险，但卫星故障本身是无法避免的。然而，这会在星座中引入轻微的不对称性，使得几个技术变得复杂，这些将在 10.4.2 节中进一步介绍。星座中还有一个不对称性的例子是，邻近轨道平面之间的卫星可能会在轨道上偏移，使得一个轨道平面上的卫星与邻近平面上的卫星相对旋转一个相对较小的角度。图 10.1 显示了这一情况。

10.3　通信链路

在 NGSO 星座中，通信的端点可以位于地面或卫星层级。因此，数据在星座内可能经过的路径被归类为以下四种逻辑链路[19]：

- 地面到地面（G2G）：数据的源和目的地都是地面或空中终端。这是星座用于地面回传通信的典型应用场景。
- 地面到卫星（G2S）：数据的源为地面或空中终端，而目的地是卫星。这种链路主要用于由专用地面站（GS）发起的操作，如星座建立与维护、路由和链路设置、遥测控制和指令传输，以及内容缓存等任务。

- 卫星到地面（S2G）：数据源是卫星，目的地则是地面或空中终端。这种链路主要用于当卫星自身生成的应用数据需要传输至地面站进行存储或处理时，如用于地球和空间观测，也用于遥测、切换、链路维护和自适应调整，以及故障报告。
- 卫星到卫星（S2S）：数据的源和目的地均为不同高度或轨道上的卫星。这种链路主要用于局部网络维护、路由表更新、邻近节点发现等操作，以及分布式处理、感知与推理等其他应用。

这些通信链路必须在移动的基础设施上实现。NGSO 卫星由于部署在不同的高度和轨道平面上，彼此间相对运动速度较快。同时，卫星还因自身的轨道速度及地球自转而相对于地球表面发生运动[20]。具体来说，卫星的轨道速度 v_o 是由其部署的高度 h 决定的：

$$v_o(h) \approx \sqrt{\frac{GM_E}{R_E + h}} \quad (10.1)$$

式中，G 是万有引力常数；M_E 和 R_E 分别是地球的质量和半径。然后，根据开普勒行星运动的第三定律，一颗卫星的轨道周期可以近似表示为

$$T_o(h) \approx \frac{2\pi(R_E + h)}{v_o(h)} = \sqrt{\left(\frac{4\pi^2}{GM_E}\right)(R_E + h)^3} \quad (10.2)$$

根据式（10.2），考虑典型的 LEO 高度，如 h=600km，我们可以轻松推算出 NGSO 卫星的轨道速度通常会超过 7.6km/s。同时，其轨道周期大约为 90min。

此外，在星座的不同位置，卫星之间相对于彼此的运动速度可能会非常快。因此，选择星座部署高度的一个重要方面是确定是否希望轨道具有重复性。也就是说，卫星是否应在特定的一个时间点之后经过指定的天数 m 再次经过地球上的同一地点。为此，我们需要找到一个高度 h_{rec}，使得 $nT_o = mT_E$，其中 T_E = 86164s，是一个春分点日（平均太阳日）的长度[2]。为了找到这种重复轨道所需的适当高度，我们首先将式（10.2）进行改写以便计算：

$$T_o^2 = \left(\frac{4\pi^2}{GM_E}\right)(R_E + h)^3 \quad (10.3)$$

在适当变换后，我们可以将卫星的轨道高度 h 表示为周期 T_o 的函数：

$$h = \left(\frac{T_o^2 GM_E}{4\pi^2}\right)^{1/3} - R_E \quad (10.4)$$

最后，为了找到一颗具有回归轨道（每天经过地球上同一地点）的卫星所对应的轨道高度，我们将式（10.4）中的周期 T_o 替换为 mT_E / n：

$$h_{rec} = \left(\frac{(mT_E)^2 GM_E}{(2n\pi)^2}\right)^{1/3} - R_E \quad (10.5)$$

根据式（10.5）计算，位于 h=554km 高度的 NGSO 卫星，在 n=15 和 m=1 的情况下具有回归轨道特性。这意味着这些卫星每天将精确地绕地球旋转 15 圈，这与 Starlink 星座部署的高度相近。另外，处于 h=1248km 高度的卫星，接近 OneWeb 星座

的部署高度，当 $n=13$ 且 $m=1$ 时也拥有回归轨道，即它们每天会围绕地球准确地完成 13 圈的运行。

关于 NGSO 星座的一个重要观察点是，尽管卫星相对于其他卫星和地面终端的位置与速度都是动态变化的，但整个星座的动力学完全由系统物理规律决定，因此其运动状态是完全可以预测的。这意味着在任意时刻 t，无论是空间部分还是地面部分的网络拓扑结构都能够以高度的确定性被精确预测。由于 NGSO 星座的动态特性是完全可预测的，因此在设计和优化这类星座网络时，既可以借鉴自组织网络[21]的方法，也可以采用完全结构化网络的技术手段。

此外，各种正在进行的过程具有不同的时间尺度，这为通过时间尺度分离实现简化提供了机会。例如，与星座内部大多数通信任务相比，卫星的轨道周期极其漫长。因此，在较短的时间段内可以假设卫星星座是静态的，以便简化分析。接下来，我们将通过计算不同链路的一跳延迟来举例说明这一特性。

根据我们考虑的是地面到卫星的链路（GSL）还是 ISL，一跳延迟由不同的因素决定。显然，它取决于在时间 t 时发射端 u 和接收端 v 的位置，以及准备传输的数据包长度 p。下面在假设时间段 $[t, \Delta t]$ 内的发射端 u 相对于接收端 v 的位置保持固定的情况下，计算一跳延迟的三个主要组成部分。

首先，传输队列中的等待时间 $q_t(u,v)$ 是从数据包准备好发送到实际开始传输的时间差。需要注意的是，根据所采用的通信协议（如信令和帧结构），即使在队列中没有其他数据包，也可能出现 $q_t(u,v) > 0$ 的情况。其次，传输时间是指以选定速率 $R_t(u,v)$（bps）发送 p 位所需的时间。最后，传播时间是电磁波从 u 至 v 传播距离 $d_t(u,v)$ 所需的时间。因此，在时间 t 时，从节点 u 向节点 v 传输大小为 p 的数据包的延迟可以通过式（10.6）给出。

$$L_t(u,v) = \underbrace{q_t(u,v)}_{\text{等待时间}} + \underbrace{\frac{p}{R_t(u,v)}}_{\text{传输时间}} + \underbrace{\frac{d_t(u,v)}{c}}_{\text{传播时间}} \tag{10.6}$$

值得注意的是，影响一跳数据包延迟的所有因素都与数据包生成的时间有关。此外，由于卫星的移动性，已建立的链路和通信路径（路由）会随 t 的变化而变化。这导致了一个高度动态的网络拓扑结构，给设计和实现各种物理链路带来了独特的挑战。下面将详细探讨用于卫星通信的主要技术：RF 链路和 FSO 链路。

RF 链路通常在 S 频段、Ka 频段或 Ku 波段工作。这些链路主要受自由空间路径损耗和热噪声的影响，因此在很多情况下会考虑将其建模为加性高斯白噪声信道。两个终端 u 和 v 在时间 t 的自由空间路径损耗由它们之间的距离 $d_t(u,v)$ 和载波频率 f 决定，表示为

$$\mathbb{L}_t(u,v) = \left(\frac{4\pi d_t(u,v) f}{c}\right)^2 \tag{10.7}$$

式中，c 是光速。接下来，假设发射端 u 的传输功率为 $P^{(u)}$，并为了简化起见，视其为恒定不变。令 σ_v^2 表示接收端 v 处的噪声功率，并令 $G_t^{(u,v)}$ 和 $G_t^{(v,u)}$ 分别表示发射端 u 指向接收

端 v 和接收端 v 指向发射端 u 的天线增益。基于这些参数，在时间 t 时，计算两颗卫星之间或一颗卫星与地面终端之间可靠通信的最大数据传输速率，可以将其表示为 SNR 的函数：

$$R_t(u,v) = B\log_2(1+\text{SNR}_t(u,v)) = B\log_2\left(1+\frac{P^{(u)}G_t^{(u,v)}G_t^{(v,u)}}{\mathbb{L}_t(u,v)\sigma_v^2}\right) \quad （10.8）$$

当然，在存在干扰的情况下，可实现的最大数据传输速率会低于通过式（10.8）计算的结果。然而，通过使用定向天线或正交资源分配技术[13]，可以在星座内部大大降低干扰程度。基于此，实际可达到的最大数据传输速率主要取决于传输功率、大尺度衰减（路径损耗）及噪声功率，同时也与通信双方在指向接收端/发射端方向上的天线增益有关。由于星座是一个移动的基础设施，因此天线指向技术是星座设计中的一个关键要素。

在未特别说明的情况下，本章将根据表 10.2 列出的参数来评估 RF 链路的性能。这些参数的选择旨在对比星座设计而非实际（或设想中）通信技术的实现效果。

表 10.2 物理链路的参数配置：GSL 和 ISL

参　　数	符　　号	GSl	ISL
载波频率/GHz	f	20	26
带宽/MHz	B	500	500
传输功率/W	P_t	10	10
噪声温度/K	T_N	150	290
噪声系数/dB	N_f	1.2	2
噪声功率/dBW	σ^2	−117.77	−114.99
抛物线天线直径（Tx-Rx）/m	D	0.26～0.33	0.26～0.26
天线增益（Tx-Rx）/dBi	$G_{\max}$	32.13～34.20	34.41～34.41
指向损耗/dB	L_p	0.3	0.3
天线效率	η	0.55	0.55

FSO 链路根据其部署位置（GSL 或 ISL）面临不同的挑战，下面将简要介绍这些挑战。

10.3.1 GSL

部署在地面上的设备与卫星之间的通信是通过 GSL 进行的。这种通信可以由 UE（如物联网设备）直接进行，也可以通过网关间接实现。这些网关不仅可部署在地面上，还可以部署在空中，如 UAV 或 HAP。为简化表述，我们将任何部署在地面上的设备统称为地面终端。G2S 通信可行的区域称为覆盖区域，而卫星与地面终端能够保持通信的时间段称为卫星过顶时间。

接下来，我们将提供用于计算覆盖区域的表达式，从而确定地面终端能否在给定时间 t 时与特定卫星进行通信。

在时间 t，NGSO 卫星与地球表面 LoS 的设备之间的距离取决于卫星的高度 h 和卫星相对于设备的仰角 ε_t。具体而言，可以使用勾股定理在一个三角形中计算 GSL 的距离，该三角形的边长为：① R_E+h；② $R_E+d_{\text{GSL}}(h,\varepsilon_t)\sin\varepsilon_t$；③ $R_E+d_{\text{GSL}}(h,\varepsilon_t)\cos\varepsilon_t$。

然后应用二次方程求解：

$$d_{\text{GSL}}(h,\varepsilon_t) = \sqrt{R_E^2 \sin^2(\varepsilon_t) + 2R_E h + h^2} - R_E \sin(\varepsilon_t) \tag{10.9}$$

对于位于地球表面以上的设备（如 UAV、HAP 等）可以采用类似的处理方法，只需将三角形边长②替换成 $R_E + h_u + d_{\text{GSL}}(h,\varepsilon_t)\sin\varepsilon_t$。其中，$h_u$ 代表设备的海拔高度。为了简化表示，以下所展示的方程式仅适用于部署在地球表面的设备。但是，可以通过上面介绍的替换方法，将以下方程式适配到部署在地球表面以上的设备上。一旦得到 $d_{\text{GSL}}(h,\varepsilon_t)$，我们计算得到地球中心角 $\alpha(h,\varepsilon_t)$ 为

$$\alpha(h,\varepsilon_t) = \arccos\left(\frac{(R_E+h)^2 + R_E^2 - d_{\text{GSL}}^2(h,\varepsilon_t)}{2(R_E^2 + hR_E)}\right) \tag{10.10}$$

这确定了设备相对于卫星天顶点的位置偏移。

NGSO 卫星的覆盖区域通常由一个最小仰角 $\varepsilon_{\min}$ 来定义。因此，若一个设备所处的仰角 $\varepsilon_t > \varepsilon_{\min}$，则认为该设备在时间 t 时处于卫星的覆盖区域内。相应地，一颗卫星的覆盖区域是其部署高度 h 和最小仰角 $\varepsilon_{\min}$ 的函数。通过使用 h 和 $\varepsilon_{\min}$，我们可以得到角度 $\alpha(h,\varepsilon_{\min})$，这个角度 $\alpha(h,\varepsilon_{\min})$ 使我们能够计算覆盖面积，即

$$A(h,\varepsilon_{\min}) = 2\pi R_E^2 (1 - \cos\alpha(h,\varepsilon_{\min})) \tag{10.11}$$

此外，若假设地球为球形，则在给定某一时刻 t，可以便捷地判断地面终端 u 是否处于卫星 v 的覆盖区域内，不过这一判断的使用条件是两者之间的距离满足 $d_t(u,v) < d_{\text{GSL}}(h,\varepsilon_{\min})$。

接下来，我们根据 $\alpha(h,\varepsilon_{\min})$ 和 $T_o(h)$ 来计算最长的卫星过顶时间。设初始时刻 $t=0$ 时，地面终端进入卫星的覆盖区域。最长的卫星过顶时间发生在：在过顶过程的精确中点时刻，卫星正好位于地面终端的天顶点位置，此时，相对于地球中心，地面终端与卫星之间的角度 ε_t 恰好为 90°。在这种情况下，卫星在其轨道上行进了 $\alpha(h,\varepsilon_{\min})/180°$ 的距离，因此卫星过顶时间为

$$T_{\text{pass}}(h,\varepsilon_{\min}) \leqslant \frac{T_o(h)\alpha(h,\varepsilon_{\min})}{\pi} \tag{10.12}$$

对于其他情况，即地面终端和卫星不完全对齐的情况，我们定义角度

$$\alpha_{\min} = \min_t \alpha(h,\varepsilon_t) \ \ \text{s.t.} \ t \in [0, T_{\text{pass}}(h,\varepsilon_{\min})] \tag{10.13}$$

这个角度决定了地面站与卫星轨道平面的错位程度。当地面站与卫星轨道平面完全对齐时，$\alpha_{\min} = 0$。

图 10.2 展示了 NGSO 卫星的地面覆盖区域，以及 Kepler 和 OneWeb 部署高度上，沿轨道可实现的数据传输速率变化。我们考虑了最小仰角的典型值 $\varepsilon_{\min} = 30°$。对于部署在地球表面以上的设备，这个角度可能会更大，因为它们的视线通常受障碍物的影响较小。从这些数据可以很容易地观察到，较低的部署高度会导致较低的传播延迟，但也会导致较快的轨道速度、较短的卫星过顶时间和较小的覆盖区域。

需要注意的是，覆盖区域简单地定义了可以进行通信的区域。然而，波束通常具有比覆盖区域窄得多的波束宽度。因此，波束必须指向所需的通信方向[8]。由于这一点，在通信范围内拥有多颗卫星可能是有益的，因为访问负载可以在覆盖同一区域的卫星之间共享。因此，它提供了网络的可扩展性和容量指标。

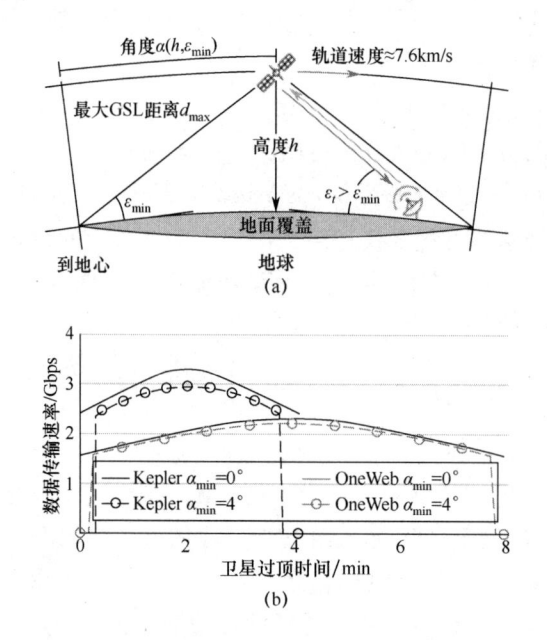

图10.2 （a）高空 NGSO 卫星地面覆盖区域；（b）地面覆盖沿途可实现的数据传输速率变化

从覆盖区域和特定卫星星座的几何布局出发，可以计算出服务可用性和覆盖区域内的平均卫星数量。图10.3 展示了 Kepler 星座、OneWeb 星座与考虑了最新 FCC 文件申请求修改后的 Starlink 550km 轨道高度层的服务可用性及其在 $A=25°$ 条件下的平均卫星数量。

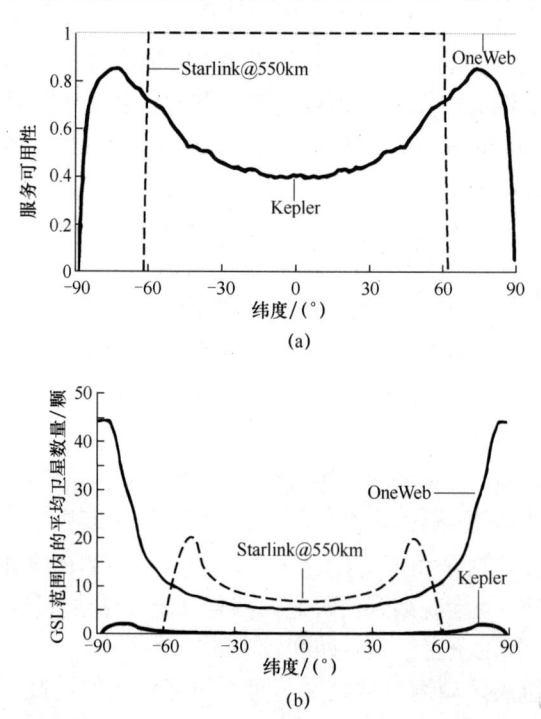

图10.3 （a）服务可用性：卫星覆盖区域内概率与纬度之间的函数关系；
（b）GSL 通信范围内的平均卫星数量

从图 10.3 中可以看出，Kepler 星座的密度及所设定的 $A = 30°$ 并不能在赤道附近提供全时段的服务可用性，而其服务可用性在接近两极地区的比例有所增加。相反，Starlink 轨道壳层在纬度[60°,-60°]保证了全时段的服务可用性，而 OneWeb 星座则在全球范围内提供了全时段服务。从图 10.3（b）中可以观察到，在极地覆盖区域内有大量 OneWeb 卫星，而在赤道区域内的卫星数量明显较少。这是 Walker Star 星座的一个独特特征，因为在赤道附近的卫星间距离最大。相比之下，Starlink 轨道壳层在纬度[60°,-60°]的覆盖相对均衡。为了解决在极地地区覆盖不足的问题，Starlink 计划整合部署处于极地轨道上的卫星，这一规划已在表 10.1 中列出。

在 GSL 中使用 RF 而非 FSO 具有许多优势。例如，RF 链路的波束宽度较大，因此覆盖范围更广。这简化了波束切换过程，并能够同时为多个地面终端提供服务。此外，采用 RF 链路的好处还包括可以沿用与 TN 相同的物理层技术。比如，3GPP 正致力于通过 NB-IoT 和 5G NR 等蜂窝通信技术来整合卫星网络与蜂窝网络[1,3,8]。这意味着，卫星网络可以利用与 TN 相同的技术标准，从而简化硬件设计，并通过成熟的 TN 技术实现卫星网络与 TN 的无缝集成。

相比之下，FSO GSL 主要受大气影响。特别是，大气会吸收和散射光束。这些影响取决于不同的因素，如温度、湿度和气溶胶颗粒的浓度。此外，上行链路和下行链路之间的效果差异很大，由于发射机周围存在大气，上行链路受到的影响最大[22]。

多普勒频移也会影响 GSL。由于卫星轨道速度快及与时间相关的相对位置和速度的变化，多普勒频移在卫星经过期间会有很大的变化。也就是说，多普勒频移在覆盖区域的边缘和中心是不同的，因此必须考虑这一点，以选择适当的频段，并在波形和天线设计过程中进行补偿。如果可获得 GNSS 信息，则可以利用卫星的可预测运动，相对于参考点在卫星上预先补偿多普勒频移。然后，就像在 TN 中一样[8]，使用传统的多普勒补偿技术，在地面终端上补偿剩余的频率偏移。

10.3.2 ISL

卫星间通信发生在：①同一轨道平面；②同一轨道壳层的不同轨道平面；③不同轨道高度。这三种情况的动态变化有很大差异。然而，以高效的方式建立这些链路是至关重要的，以便最大化星座内部的连接性。

同平面 ISL 主要用于连接处于同一轨道平面内的卫星，通常是在与速度矢量对齐的滚转轴两侧。具体来说，在某一特定高度上，轨道平面内相邻卫星之间的相对距离，即轨道平面内距离可以视为一个恒定值：

$$d_{\text{intra}}(N_{\text{op}},h) = 2(R_{\text{E}}+h)\sin\left(\frac{\pi}{N_{\text{op}}}\right) \tag{10.14}$$

因此，同平面 ISL 相当稳定。然而，必须考虑卫星的轨道速度。但是，通过选择适当的提前角度很容易进行补偿；卫星不是将天线直接指向接收机在时间 t 的瞬时位置，而是在考虑了传播时间 $t + d_{\text{intra}}(h)/c$ 后指向其位置。因此，用于同平面通信的天线可以是高定向的，并且波束可以固定在适当方向上。由于使用窄波束，FSO 链路为同平面通信提供了一个有趣的选择,因为其功率效率可能大于 RF 链路[22]。然而,与 FSO 链路相比,具有抛物面或补丁天线阵列的 RF 链路也是高效的候选方案,它结合了相对较高的增益、低成本组件和低功耗要求。

跨平面 ISL 连接位于同一轨道壳层但位于不同轨道平面的卫星。通常,卫星将配备一个或两个跨平面通信的收发机,天线指向俯仰轴的两端。根据星座的几何形状,不同轨道平面的卫星之间的距离和速度向量可能非常相似或变化很大。例如,在 Walker Star 几何形状中,轨道平面由角 π/P 隔开,最短的跨平面距离发生在轨道接近极点的交叉点处。相比之下,最长的跨平面距离发生在接近赤道的卫星附近。

设 u 和 v 是位于相邻轨道平面的两颗卫星,其中 v 是 u 在时间 t 时的最近跨平面卫星。为了简化,我们假设两个轨道平面的部署高度都为 h。我们分别将卫星 u 和 v 的极角标记为 $\theta_t^{(u)}$ 和 $\theta_t^{(v)}$。首先,我们回顾一下,在半径为 $R_E + h$ 的球上,点 u 和 v 的方位角分别为 ϕ_u 和 ϕ_v,两点的距离可以表示为

$$d_{uv}(t) = \sqrt{2(R_E+h)^2(1-\cos\theta_t^{(u)}\cos\theta_t^{(v)} - \cos(\phi_u-\phi_v)\sin\theta_t^{(u)}\sin\theta_t^{(v)})} \quad (10.15)$$

这可以用于在假设完全极轨的 Walker Star 中近似计算相邻轨道平面上两颗卫星之间的距离。为此,请记住 Walker Star 中的轨道平面相互分隔了 π/P 的角度;因此,这也是相邻轨道平面上卫星之间的方位角。

如果 u 和 v 正好位于赤道上,有 $\theta_t^{(u)} = \theta_t^{(v)} = \pi/2$,并且当卫星始终完美对齐时,最大跨平面距离仅取决于 P 和 h:

$$d_{\text{inter,aligned}}^*(P) = \sqrt{2(R_E+h)^2\left(1-\cos\left(\frac{\pi}{P}\right)\right)} = 2(R_E+h)\sin\left(\frac{\pi}{2P}\right) \quad (10.16)$$

然而,在一般情况下,卫星 u 和 v 没有完美对齐,如果 v 是 u 最接近的跨平面邻近卫星,那么可以得出 $|\theta_t^{(v)} - \theta_t^{(u)}| \in [0, \pi/N_{\text{op}}]$。因此,最大跨平面距离发生在 $\theta_t^{(u)} = \pi/2$ 和 $\theta_t^{(v)} = \pi/2$ 时,可以近似为

$$d_{\text{inter}}^*(N_{\text{op}}, P) = \max_t d_{uv}(t) \text{ (s.t. } \theta_t^{(v)} \in [-\pi/N_{\text{op}}, \pi/N_{\text{op}}])$$
$$\approx (R_E+h)\sqrt{2-2\cos\left(\frac{\pi}{P}\right)\sin\left(\frac{\pi}{2}\pm\frac{\pi}{N_{\text{op}}}\right)} \quad (10.17)$$

因此,为了确保赤道上空的卫星至少能够与一个不同轨道平面上的邻近卫星进行通信,必须保证在该位置能够实现非零的数据传输速率。以卫星并非完美对齐的一般情况为例,假设 $\mathcal{R}$ 是一组可用的通信速率集合,这个集合取决于可选用的调制编码方案(MCS),并且 $0 \notin \mathcal{R}$。那么,要保证全球 ISL 连接性,要求任意给定的卫星 u 都能够选择一个速率 $R \in \mathcal{R}$,使得其无论何时都能与最近的跨平面上的邻近卫星 v 实现可靠的通信。综上所述,如果要实现全球范围内的 ISL 连通性,需要满足条件:

$$\exists \mathcal{R} \in \mathcal{R}: 0 < R < B\log_2\left(1 + \frac{P^{(u)}G_t^{(u,v)}G_t^{(v,u)}c^2}{(2\pi\sigma_v d_{\text{inter}}^*(N_{\text{op}},P)f)^2}\right) \quad (10.18)$$

正如看到的那样，对于固定速率集合$\mathcal{R}$，全球 ISL 连接可以通过增加功率或天线增益或减小最大跨平面距离来实现，后者通常通过增加轨道平面的数量 P 及每个轨道平面的卫星数 N_{op} 来实现。有兴趣的读者可以参考我们之前的工作，其中考虑了轨道分离，并说明了增加轨道平面数量 P 的影响[13]。

Walker Star 星座还有一个特点是，相邻轨道平面的卫星的速度向量通常指向相似的方向。因此，这些卫星之间的相对速度相对较小。然而，当存在特定的轨道平面对时，其速度向量指向几乎相反的方向，即所谓的交叉缝 ISL。在后者中，卫星的相对速度增加到接近 $2v_o$，并且随时间变化而变化。

由于这些显著的差异，跨平面 ISL 所经历的多普勒频移和通信接触时间（两颗卫星能够通信的时间段）也会有极大的变化。因此，考虑卫星的运动以选择需要建立的跨平面 ISL，并将波束指向期望的方向是至关重要的[13,23]。图 10.4 显示了在特定链路建立机制下，跨平面 ISL 可实现的数据传输速率的累积分布函数（CDF）。虽然 ISL 建立机制和波束指向方法在 10.4.2 节中有描述，但图 10.4 表明，Starlink 轨道壳层中跨平面 ISL 实现的数据传输速率明显高于 OneWeb 和 Kepler。造成这一现象的主要因素是部署的低轨道高度、采用 Walker Delta 构型，以及卫星总数庞大，这些都导致了卫星密度更高。

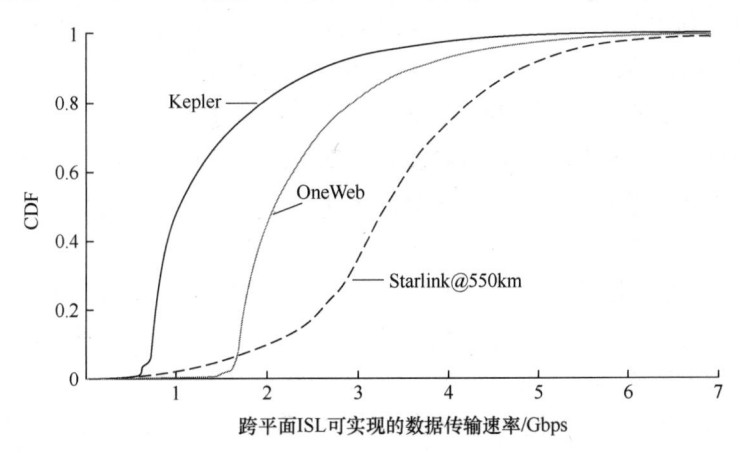

图 10.4　带有抛物面天线的跨平面 ISL 可实现的数据传输速率的 CDF

最后，跨轨道 ISL 用于连接不同轨道高度的卫星[22]。例如，它们可以连接不同轨道壳层中的 LEO 卫星，或者将 LEO 卫星与 MEO 卫星甚至 GEO 卫星相连。一个明显的例子是在欧洲数据中继系统中使用的 FSO 链路，以及设想中用于连接 Starlink 星座中不同轨道壳层的链路。

10.4　功能和挑战

10.4.1　物理层

无论是在 GSL 中还是在 ISL 中，纯 LoS 连接、高速度及卫星与地面终端之间的长传输距离都为 NGSO 星座的物理层设计引入了一些独特的特性。

在 GSL 中，延续地面系统中使用的波形，如 5G NR 和 NB-IoT 中的 OFDM[9,24]，特别具有吸引力。这将允许地面设备完全兼容，并直接实现物联网设备至卫星的访问，进而遵循即插即用的理念，最大限度地提高了部署的灵活性。然而，地面 OFDM 系统的子载波间隔较窄——NB-IoT 中为 3.75kHz，而 5G NR 中的子载波间隔则为 15～240kHz[25]。如此狭窄的子载波间隔使 OFDM 对多普勒频移极为敏感，因此，为了实现可靠的通信，需要精确的多普勒补偿。为了克服这些限制，近年来文献中已深入研究了几种替代方案，如通用滤波多载波（Universal Filtered Multi-Carrier，UFMC）、广义频分复用（Generalised Frequency Division Multiplexing，GFDM）和滤波器组多载波（FBMC）[26]。这些波形提高了对多普勒频移的鲁棒性，并允许灵活的时频资源分配，但代价是增加了均衡的复杂性。然而，在遭遇严重多普勒频移的情况下，基于因子图的 FBMC 传输均衡在复杂性和性能方面优于 OFDM 系统[27]。

保持可靠的 GSL 和 ISL 所面临的一个挑战是实现自适应调制和编码。在 3GPP 网络中，用户与基站交换有关信道质量的信息[9]，基站根据错误率调整 MCS。由于部署的高度，地面终端与卫星之间的 RTT 通常大于 4ms。因此，这种反馈链路将引入显著的延迟。相反，可以利用卫星沿着轨道的完全可预测的运动，结合自由空间传播和大气条件对 RF 链路的微小影响，实现最小信号的有效自适应调制和编码。对于自适应调制和编码，可以利用卫星轨道的已知参数，如卫星的位置、速度和加速度，以及地面终端的位置，来预测卫星与地面终端之间的链路质量。基于这些预测，可以预先确定适当的调制和编码方案，以优化数据传输速率和可靠性。这种方法可以减少对实时反馈的需求，从而降低延迟并提高系统效率。此外，由于卫星通信中的传播环境相对稳定，大气条件对 RF 链路的影响较小。因此，与地面无线通信系统相比，卫星通信系统可以更准确地预测信道质量，并更有效地应用自适应调制和编码技术。这有助于在保持可靠性的同时，最大限度地提高卫星通信系统的容量和性能。

此外，虽然 MIMO 技术在 TN 中经历了显著的进步，但在 NGSO 卫星上实现高效的 MIMO 通信则更为复杂。具体而言，由于发射机与接收机之间的长距离，要充分利用 MIMO 增益需要大的阵列孔径，即发射天线和接收天线之间要有较大的距离，这对于单个卫星来说是不可行的[28]。然而，这种空间分离可以通过一组近距离编队飞行的卫星（通常称为卫星群）来实现。具体来说，通过在卫星群中的每颗卫星上放置天线，可以将它们作为分布式 MIMO 阵列来操作。这样做可以为 GSL 形成极窄的波束，通过协调波束成形实现更好的空间分离，最终在服务地理位置相近的不同地面终端时，达到更高的频谱效率[29]。图 10.5 展示了在一个拥有 N_S 颗卫星的卫星群中，分布式 MIMO 可实现的增益示例，其中 $N_r = 1$ 和 $N_r = 6$ 分别代表接收天线的数量。总的发射功率及天线增益都被标准化，以便它们在所有场景中保持一致，即每颗卫星的发射功率为 $10/N_S$ W，发射天线的增益为 32.13 dBi $-10\lg(N_S)$，而接收天线的增益为 34.20 dBi $-10\lg(N_r)$。图 10.5 表明，尽管在所有情况下总发射功率不变，但在拥有多个接收天线的情况下，使用分布式 MIMO 的数据传输速率约提升了 33%。然而，当仅有单一接收天线时，无法实现 MIMO 增益，反而会导致更低的数据传输速率，因为发射信号以相同概率相互叠加，无论是建设性叠加还是破坏性叠加，都会减少总体接收到的信号能量。

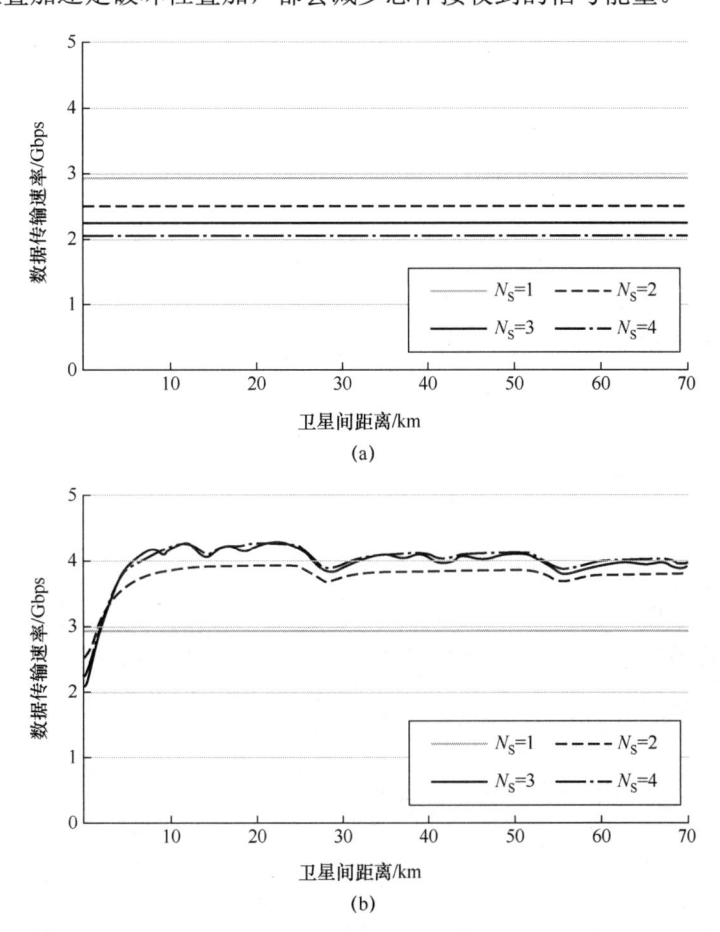

图 10.5 （a）具有一个接收天线的卫星群数据传输速率与卫星间距离的关系；
（b）具有六个接收天线的卫星群数据传输速率与卫星间距离的关系

在 NGSO 星座中，由于卫星的持续快速移动，波束指向/转向功能是一项基本功能。随着波束变窄（这对于获得高 SNR 至关重要），RF 天线的机械转向成了一个问题。此外，在 FSO 中出现的超窄波束需要高的指向精度和快速的重定向，以保证一定的链路质量。

最近天线技术的进步使在小型卫星上使用相控阵天线成为可能，这是一种不同的方法。在这种天线中，天线单元之间由一个小的距离 d_e 分隔，这个距离与波长 λ 成正比，并可以用来产生高度定向的波束。波束成形利用空间域 SDMA 或速率分割多址（Rate-Splitting Multiple Access，RSMA）实现高效干扰管理，从而可以实现对带宽的有效利用。此外，通过可变移相器操纵天线单元的输入信号，这些波束能够电子化地进行指向调整，从而实现了波束的电子操控。

假设一个装备了 $K \times K$ 天线阵列的卫星 u 在给定的时间 t 尝试将波束指向卫星 v。为了做到这一点，它首先需要计算方位角 $\phi_t^{(u,v)}$ 的 K 维转向矢量：

$$\boldsymbol{a}_{t,\mathrm{az}}^{(u,v)} = \left[1, \mathrm{e}^{\frac{-\mathrm{j}2\pi d_{\mathrm{e}}}{\lambda}\sin\left(\phi_t^{(u,v)}\right)}, \cdots, \mathrm{e}^{\frac{-\mathrm{j}2\pi d_{\mathrm{e}}(K-1)}{\lambda}\sin\left(\phi_t^{(u,v)}\right)}\right]^{\mathrm{T}} \quad (10.19)$$

及极角 $\Theta_t^{(u,v)}$ 的 K 维转向矢量：

$$\boldsymbol{a}_{t,\mathrm{pol}}^{(u,v)} = \left[1, \mathrm{e}^{\frac{-\mathrm{j}2\pi d_{\mathrm{e}}}{\lambda}\cos(\Theta_t^{(u,v)})}, \cdots, \mathrm{e}^{\frac{-\mathrm{j}2\pi d_{\mathrm{e}}(K-1)}{\lambda}\cos(\Theta_t^{(u,v)})}\right]^{\mathrm{T}} \quad (10.20)$$

接下来计算总体转向矢量：$\boldsymbol{a}_t^{(u,v)} = \boldsymbol{a}_{t,\mathrm{pol}}^{(u,v)} \otimes \boldsymbol{a}_{t,\mathrm{az}}^{(u,v)}$。这种方法通常被称为数字波束指向，它因精确性和切换速度而受到青睐，特别适用于应对 NGSO 卫星的快速轨道速度。然而，它的主要缺点是，使用可变移相器会给硬件带来相当高的复杂性，这可能对于纳米卫星和立方体卫星等小型卫星而言是一种限制。

巴特勒（Butler）矩阵 BFN 提供了一种更简单的波束指向机制，因此在卫星通信中变得越来越重要[30-31]。这些网络是成本低、复杂性低的波束切换网络，可以在预定的方向上产生一系列波束[32-33]。与数字波束指向不同，巴特勒矩阵中的波束是通过简单地馈送一个或多个固定移相器（输入端口）来切换的，这在性能、成本和操作的复杂性之间提供了一个有趣的权衡，尤其适用于立方体卫星，因为它们通常依赖小型且简单的偶极子天线，具有较低的指向性。

特别地，巴特勒矩阵极角的转向矢量固定在一个特定的方向 θ：

$$\boldsymbol{b}_{\mathrm{pol}} = \frac{1}{\sqrt{K}}\left[1, \mathrm{e}^{\frac{-\mathrm{j}2\pi d_{\mathrm{e}}}{\lambda}\cos(\theta)}, \cdots, \mathrm{e}^{\frac{-\mathrm{j}2\pi d_{\mathrm{e}}(K-1)}{\lambda}\cos(\theta)}\right]^{\mathrm{T}} \quad (10.21)$$

而第 k 个波束在方位角上的转向矢量被设置为

$$\boldsymbol{b}_{k,\mathrm{az}} = \frac{1}{\sqrt{K}}\left[1, \mathrm{e}^{\frac{-\mathrm{j}\pi(2k-1)}{K}}, \cdots, \mathrm{e}^{\frac{-\mathrm{j}\pi(2k-1)(K-1)}{K}}\right]^{\mathrm{T}} \quad (10.22)$$

波束 k 的总体转向矢量为 $\boldsymbol{b}_k = \boldsymbol{b}_{\mathrm{pol}} \otimes \boldsymbol{b}_{k,\mathrm{az}}$。图 10.6 展示了一个 4×4 天线阵列的巴特勒矩阵中 K 为 4 的波束增益情况。

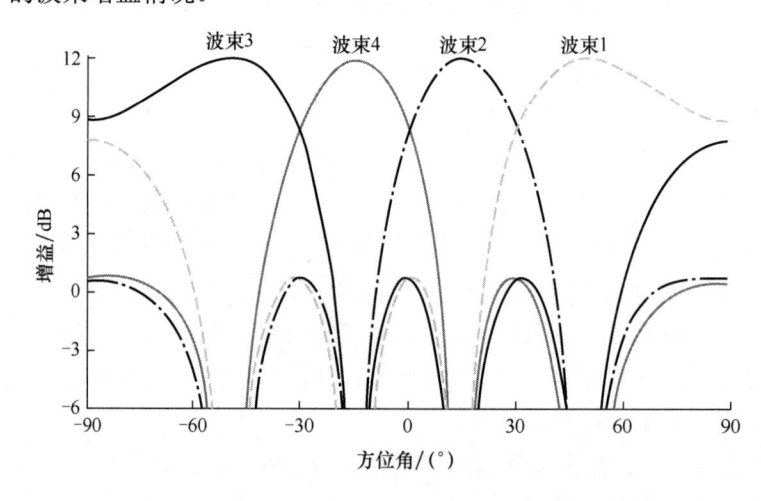

图 10.6 在采用巴特勒矩阵的 4×4 天线阵列中的波束增益

最后，虽然使用 LPWAN 技术与 NGSO 实现直接的物联网通信是可行的，但使用网关通常是有益的。这些网关可以集成传统的碟形天线或相控天线阵列，收集来自具有非定向天线的物联网设备的传输信号，然后使用高度定向的天线向卫星发送信号。然而，由于卫星的可预测运动，还有一种可行的选择是部署智能反射面。这些低复杂性的元件可以修改入射信号的特性，因此可以帮助将信号直接导向卫星[34]。

10.4.2 频繁的链路建立和适应

由于卫星的运动特性，物理链路必须频繁地重新建立和调整适应。这包括选择成对卫星以建立 ISL、在巴特勒矩阵案例中的波束指向/转向或切换，以及速率适配等操作。鉴于星座运动完全可预测，这些难题可以通过预设特定优化目标来提前解决。这些目标取决于所服务的目标业务，并且如 10.1 节所述，可能包括最大化星座传输容量[35-36]或者针对一组特定路径最小化 E2E 延迟等。

一些星座设计具有完全对称性，其中每个轨道平面都包含相同数量的卫星，并且这些卫星部署在完全相同的高度上。在这种情况下，所有卫星的轨道周期 T_o 完全相同，因此它们都会周期性地处于相同的地理位置。对于这样的星座，在其周期 T_o 内的多个时刻都可以获取最优链路配置，并可以周期性地应用这些配置。

然而，星座中通常存在不对称性，这可能是由于以下原因：①通过考虑轨道分离来增强星座的可持续性，如 OneWeb 所做的那样[18]；②通过引入多个轨道壳层来满足特定的覆盖和服务可用性目标，如 Starlink 所做的那样；③在星座部署的初始阶段提供服务。在这些情况下，无法使用固定的解决方案，必须在飞行中建立链路。

链路建立和维护的一个关键方面是实施适当的波束指向技术。此外，还可以调整 MCS 和发射功率，以最大化吞吐量和可靠性，同时最小化潜在干扰。当然，在链路建立过程中，必须考虑天线和波束的特性[23]。

重新建立链路的一种选择是将链路建立视为动态加权图 $G_t = (V, E_t)$ 中的一对一匹配问题，其中卫星天线、收发机或波束（对于波束选择的情况）形成多部顶点集 V，而 t 时刻的加权边集 E_t 表示具有非零速率的可行 ISL。因此，匹配 M_t 是指在时间 t 天线/收发机/波束之间的配对，以及用于通信的速率的集合。在这种情况下，匹配 M_t 可以在拥有完全了解星座参数和动态信息的集中式实体中，按照 Δt（单位：s）的周期进行计算更新。那么，针对时刻 t 的卫星位置匹配，解决方案必须在该时刻之前在整个星座中传播。由于星座运动的完全可预测性，可以提前足够的时间计算解决方案，这样将该方案传达给卫星所需的时间延迟变得无关紧要。因此，这种方法可以在向网络注入周期性流量的情况下，实现接近最优或最优的解决方案。ISL 建立的一个重要方面是，表示单个轨道壳层的图 G 是多部图，每个子集代表一个轨道平面，因此无法使用传统的算法（如匈牙利算法），而需要其他解决方案。这可能需要采用更复杂的图匹配算法或启发式方法，以在多部图中找到最优或接近最优的匹配。

另外，可以采用局部决策方法，如使用分布式算法进行匹配。其中的一个例子是延迟接受算法[37]。在这个算法中，每个个体节点维护并将其偏好信息告知邻近节点，在经过几次迭代之后，匹配问题能够得到并行解决。尽管需要更多研究来对比分布式匹配解决方案与集中式匹配解决方案的性能，但在以下两种情况下，分布式算法是必要的：①当在星座完全运行之前的部署阶段建立链路时；②当与集中式实体之间的连接丢失时。

为了解决跨平面 ISL 建立的问题，我们探索使用贪婪匹配算法，该算法包含以下两点：①理想的波束指向（在每个时间点 t）和资源分配；②通过数字波束成形实现周期性重新指向，以及借助巴特勒矩阵 BFN 在时间 Δt 内进行波束切换[13,23]。算法 10.1 给出了一种通用贪婪匹配算法进行链路建立的步骤。此算法可进一步扩展，纳入正交资源分配（例如，频段子载波）以最小化干扰[19]。

算法 10.1　多波束贪婪卫星匹配

输入：可行加权边集 E_t 和 $E_{t+\Delta t}$，以及匹配 M_t 的初始状态

输出：天线配置

1：初始化指示变量
2：**while** 更多边缘被匹配 **do**
3：　　选择具有最大权重的边
4：　　**if** 所选的顶点不在 M_t 中 **then**
5：　　　　将顶点添加到匹配 M_t 中
6：　　　　更新指示变量
7：　　　　从 E_t 和 $E_{t+\Delta t}$ 中删除选定顶点的所有相邻边
8：　　　　更新 M_t、E_t 和 $E_{t+\Delta t}$ 中的所有边缘的干扰和权重
9：　　**endif**
10：**end while**

请注意，算法 10.1 在匹配中试图最大化权重总和。在我们之前的研究中，我们将权重定义为在 E_t 内的 ISL 通信可实现的速率。遵循这种方法，图 10.7（a）展示了对于 Kepler 星座，在巴特勒矩阵 BFN 中，随着阵元数量 K 的增加，每个 ISL 的速率提升情况。如图 10.7（a）所示，增加阵元数量 K 可以极大地提高数据传输速率；然而，这也意味着匹配算法需要考虑更多的波束，因此会增加算法的运行时间。

图 10.7（b）展示了重新建立周期 Δt 对采用数字波束成形的跨平面 ISL 平均数据传输速率的影响。其中，理想指向（$\Delta t =0$）和抛物面天线所达到的数据传输速率被作为参考纳入图中。可以看出，增加链路重新建立和适应的频率可以提高数据传输速率，并且使用 $K = 64$ 的相控阵天线可以在即使采用理想指向的情况下，也能实现与高度定向的抛物面天线相似的数据传输速率。然而，重新建立周期不能无限制地缩短，因为这可能会引发问题。例如，网络拓扑频繁变化，可能给路由算法带来挑战。

在分析过程中，我们注意到，在资源受限的卫星（如立方体卫星和小型卫星）中，使用相对较低维度的巴特勒矩阵 BFN 是实现跨平面链路建立的一个颇具吸引力的选择。然而，如果能够在卫星上实现大型天线阵列和可变移相器技术，波束成形将能够带来超过 200% 的数据传输速率增益，因此在这种情况下应优先考虑采用波束成形技术。

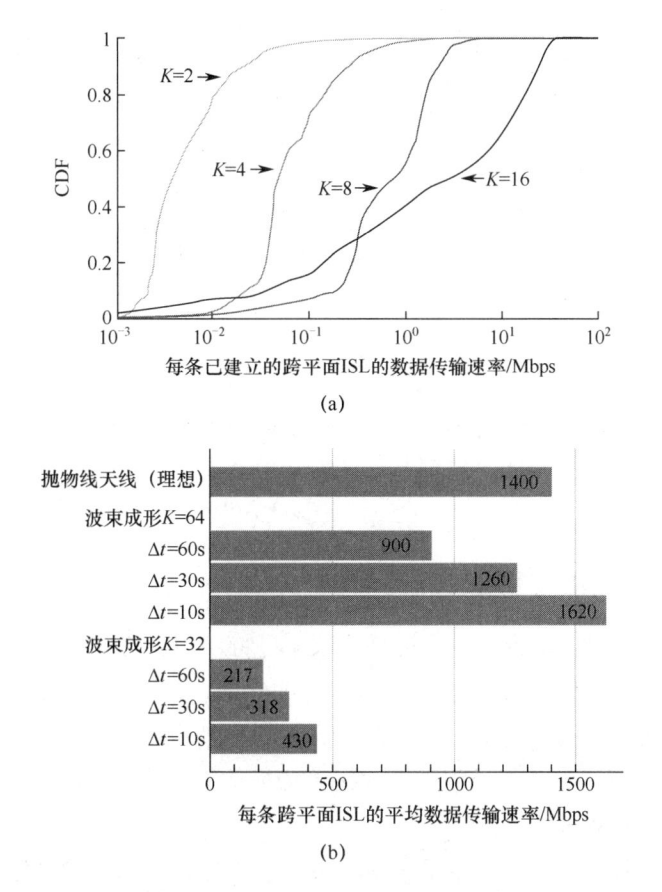

图 10.7 (a) 使用巴特勒矩阵天线阵列时,跨平面 ISL 数据传输速率的 CDF;(b) 不同的链路重新建立周期 Δt 下采用抛物面天线(理想指向)和数字波束成形技术时,跨平面 ISL 的平均数据传输速率

值得注意的是,传输容量是一个难以精确定义的复杂度量,速率最大化并不直接增加网络的传输容量。通常情况下,会指定特定的源-目的地对,传输容量是指在这两个点之间可以传输的最大数据量(流量)[38]。在计算传输容量时,通常需要像 Edmonds-Karp 算法那样,将流量分配给从源到目的地的所有可能路径,这种方法已被用于计算具有多个轨道壳层的星座系统的容量[36]。然而,在动态且规模庞大的网络中,这一过程变得相当复杂,因此研究者们采用了基于从网络图中选择切割的方法来估算上限[35]。此外,使用 Edmonds-Karp 算法的一大障碍在于它假设存在理想的机制,能够重新分配流量。但在一个包含多个源-目的地对的网络中,某些链路的容量很可能需要被多个源-目的地对共享,并且由于实际部署的路由、负载均衡和拥塞控制机制,可用的备用路径数量可能会受到限制。另外,不同路径之间的流量分布通常也是不平衡的。因此,要明确界定卫星星座的传输容量是一项复杂的任务。

在一种简单的场景中,可以计算每个地面站生成的最大(地对地)流量。这种场景的特点是所有地面站具有相同的流量特性,并且采用单路径源路由[39]。在这个场景下,我们可以定义 P_t 为时间 t 时可能存在的路径集合。路径 $p \in P_t$ 是一个有序的边集,表示为 $E(p) = (e_1, e_2, e_3, \cdots)$。这里共有 N_{GS} 个地面站,每个地面站的负载 λ 均匀分配给其余

的 $N_{GS}-1$ 个地面站，并利用 P_t 中的路径进行传输。因此，分配给每条路径 $p \in P_t$ 的负载量为

$$\lambda_p = \frac{2\lambda}{N_{GS}-1} \tag{10.23}$$

最大流-最小割定理表明，通过一条路径所能传输的最大流量是由该路径中容量（吞吐量）最小的链路（边）决定的[38]。因此，在时间 t 时，我们有

$$\sum_{p \in P_t} \sum_{uv \in E_t(p)} \lambda_p = N_p(uv)\lambda_p \leqslant R_t(u,v), \forall u,v \in V \tag{10.24}$$

式中，$N_p(uv)$ 是在 P_t 中包含边 uv 的路径数量。显然，这个数量取决于所采用的路由度量标准。基于这一点，我们可以在时间 t 时计算每个地面站的最大负载：

$$\lambda_t^* = \min_{uv \in E_t} \frac{R_t(u,v)(N_{GS}-1)}{N_p(uv)} \tag{10.25}$$

10.4.3 路由、负载均衡与拥塞控制

在设计高层算法时，一个普遍目标是兼顾流量特性和链路/路径的瞬时状态，包括负载、队列及 QoS /体验质量（QoE）需求等因素。然而，在 TN 和卫星网络中，流量和信道的变化特性有所不同。例如，传统的传输控制协议/互联网协议（TCP/IP）栈对于 NGSO 通信中的高延迟、丢包及间歇性连接等特征并不有效。因此，需要特定的网络解决方案来应对这些挑战。

路由算法是一种协作过程，用于在每个中间节点决定如何尽快到达目的地[1]。NGSO 星座中的路由问题具有以下独特特性。

- 拓扑结构高度动态，地面与 NGSO 之间及不同轨道平面上的 NGSO 之间的链路经常切换。
- 来自地面终端（地面站和用户）的负载是不平衡的，这体现在：①部分卫星负责服务的区域可能是沙漠或海洋这类人烟稀少的地区，而其他卫星则恰好飞越人口密集的城市区域；②一些源-目的地对经历比其他源-目的地对更强烈的数据流。
- 需要一种可靠且适应性强的路由解决方案，这意味着卫星段必须拥有足够的自主性来应对如排队延迟、局部链路或卫星故障等问题，并在每个时刻找到替代路径。然而，在实现这一目标的同时，必须尽量减少反馈和路由信息的交换，以限制信令开销。

对于卫星路由协议方面，在文献[40]中可以找到很好的概述。大多数先前的研究工作为了专注于 QoS 等挑战而简化了地面段/空间段的几何结构和 ISL 连接性。其中一个明显的例外是文献[7]，尽管该文献针对特定商业星座[39]进行研究，但它采取了一种更通

---

[1] 在下一代 NGSO 星座和其他卫星通信系统中，对于延迟容忍型应用的第二种选择是"存储-携带-转发"策略。这种策略允许节点临时存储中转数据，并携带这些数据直至找到合适的链路进行传输，如直到下一个经过地面站的通信窗口出现。

用的方法，并关注到 NGSO 星座中路由问题的两个独特元素。首先，传播时间对总体延迟有重大影响，这一点与地面网状网络不同。其次，地面站的位置极大地影响注入星座的流量负载及数据流被注入的地理位置。如同 10.4.2 节所述，在给定时间 t 时，将空间和地面基础设施建模为一个动态加权无向图 $G_t = (V, E_t)$。但通过加入地面站，顶点集合现在定义为 $V = U \bigcup_{a \in P} V_a$。其中，$U$ 是地面站集合，V_a 是在轨道平面 a 部署的卫星集合，$P = \{1,2,3,\cdots,p\}$ 是轨道平面集合。边集 E_t 代表可用于通信的无线链路。例如，卫星可能始终保持四个 ISL：两个同平面的内层 ISL，以及两个跨平面的外层 ISL。在这种情况下，同平面 a 内的内层 ISL 构成了固定的边集 $E^{(a)} = \{uv : u, v \in V_a\} \subset E_t$；轨道平面 a 和轨道平面 b 之间的跨平面 ISL 构成了边集 $E_t^{\text{inter}} = \{uv : u \in V_a, v \in V_b, a \neq b\} \subset E_t$。正如 10.4.2 节所述，由于卫星的运动，这些链路需要频繁地重新建立。此外，地面站始终保持与其最近卫星的一个 GSL。这些 GSL 构成边集：

$$E_t^G = \{uv : u \in U, v \in V_b, a \in P\}$$

最后，我们将边集定义为

$$E_t = E_t^G \bigcup E_t^{\text{inter}} \bigcup_{a \in P} E_t^a$$

在给定时间 t 时，单个数据包传输的路由是在 $G_t = (V, E_t)$ 图中的一条加权路径 $\boldsymbol{p}$，其中边集为 $E(\boldsymbol{p})$。所有边 $e \in E_t$ 的权重 $w(e)$ 由路由度量定义，该度量考虑了如路径损耗和通信延迟等因素。特别是，考虑 ISL 中非线性的路径损耗，倾向于选择具有高数据传输速率的路径，从而减少缓冲区中的等待时间。相较于采用复杂的反馈机制收集最新的网络状态信息，这种更简洁的方法已被证明能够在复杂性和性能之间取得良好的平衡。

NGSO 星座与地面基础设施的集成程度也会对流量负载产生影响。实际上，5G 卫星通信的一个重要应用就是在拥堵的城市地区减轻 TN 的压力，这可以通过直接卫星接入或通过网关实现[10]。在这两种情况下，都会进一步加剧负载不均衡的问题。还有一个相关情况是将星座用作回传，在两个通信终端之间透明地传输网络负载。这种应用场景通常用于将偏远地区的基站连接到 CN。

关于系统韧性，传统空间路由的方法是集中计算所有路径，并将这些信息广播至所有卫星。卫星根据基于集中计算结果配置的星载路由表转发数据包。对于 NGSO 星座来说，中心位置的寄存器可以是一个地面站或一颗 GEO 卫星。然而，由于网络拓扑高度动态变化，节点间和终端间的频繁切换事件会导致显著的信令开销，这种集中式方法在扩展性上表现不佳。此外，应当将卫星的当前状态（如负载、缓冲区及电池电量）纳入决策考虑，但这需要从图中的每个节点向中心位置的寄存器提供大量的反馈信息。因此，替代方案是朝着更分布式的解决方案发展。从半分布式到完全自主算法，核心理念是让每颗卫星根据所掌握的所有可用信息（包括过去的先验知识和预测的未来路径）为接收的每个数据包决定下一跳的目的地。

与 TN 类似，空间网络可能需要服务于多种具有不同需求的服务。例如，一些宽带用户需要高速率服务，这通常由 GEO 部分提供；而物联网设备对信息传输的延迟或新鲜度非常敏感，这一需求更适宜通过 NGSO 部分来满足，或者某些服务要求额外的卫星计算能力。总的来说，大多数源-目的地对之间存在多条路径可供选择，应当充分利用这种多样性来满足不同服务需求的异质性。

图 10.8 中展示了不同路由度量标准的性能表现，以平均延迟作为 KPI。其考虑了三种不同的配置：（a）使用表 10.2 中列出的通信参数的 Kepler 星座；（b）发射功率 P_t =1W 的 Kepler 星座；（c）采用具有 5 个轨道平面、高度为 600km、每个轨道平面有 40 颗卫星及发射功率为 1W 的 Walker Star 星座。时变数据传输速率会随信道的变化而变化。地面段由 23 个地面站组成，这些地面站按照 KSAT GS 服务[1]的规定进行布局。

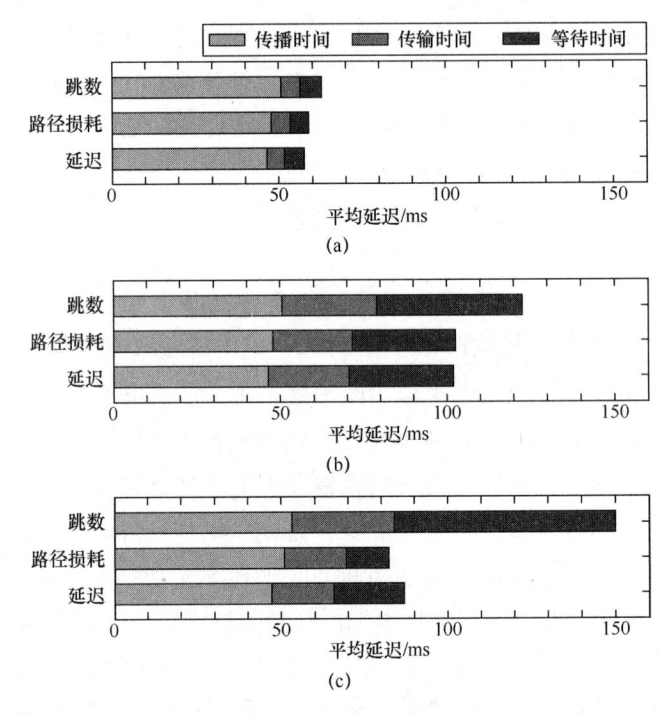

图 10.8 对于三种拓扑感知指标，传播时间、传输时间和等待时间引起的每个数据包的平均延迟：
（a）Kepler 星座；（b）Kepler 星座，其中 P_t =1W；（c）Walker Star 星座

比较的指标包括：①跳数度量，仅最小化到达目的地所需的跳数；②路径损耗度量，考虑了 ISL 的非线性特性；③延迟度量，考虑了传播时间和传输时间的影响，但通过建立队列等待时间的统计模型，避免了反馈信道的需求。正如预期的那样，在三种情况下，延迟度量都能有效地选择具有最短传播时间和传输时间的路由。然而，路径损耗度量下的等待时间更短。这是因为路径损耗度量强调选择具有高数据传输速率的短路线，这些路线可以承载更大的流量负载。因此，在配置（c）的情况下，路径损耗度量导致的总延迟最低，并且在配置（a）和配置（b）两种情况下与延迟度量的总延迟结果相似。其原因是配置（c）中轨道平面上的卫星密度较大（P=5，N_{op}=40），相比跨平面 ISL，同平面内的 ISL 具有更高的数据传输速率。在这种情况下，路径损耗度量会

---

1 关于这些模拟的更多细节，可以在文献[39]中找到。

优先选择这些具有高数据传输速率的链路。此外，可以看出，尽管传播延迟的变化相对较小，通信参数和星座配置的选择对传输时间和等待时间的影响非常大。最后，图 10.8 说明了高级路由度量的重要性：即使配置（c）中的卫星数量多于其他两种配置，但在该情况下，采用跳数度量所得到的延迟反而更高。

路由的一个辅助功能是拥塞控制，其目的在于在确保高带宽利用率的同时避免网络拥塞。这通过在传输层调节流量源向网络注入数据包的速度来实现。然而，标准的 TCP 假设瓶颈链路会随时间保持不变，并且其容量的变化是随机的。这在卫星网络中并不成立，因为卫星网络中链路的容量是可预测的，因此，具有位置感知功能的拥塞控制机制可以提高吞吐量和降低延迟。在这一方向上，已经有若干项工作提出了适用于空间网络的 TCP 变体。尽管这个话题并非新话题[41]，但初期的工作所针对的空间网络与 NGSO 星座差异很大，其中容忍延迟和中断的卫星应用，以及地球与 GSO 之间的长距离是常态。例如，主要由美国 NASA 和美国国防部开发的空间通信规范传输协议，具有选择性否定确认功能，以适应非对称信道和明确的拥塞通知[41]。还有一种不修改底层协议的选择是容忍延迟和中断的网络架构，该架构在中间节点上提供长期信息存储，以应对中断或间歇性链路[42]。一种更近期的替代方案是使用 QUIC[快速用户数据报协议（UDP）互联网连接]，这是由谷歌定义的一种通用传输协议[43]，旨在结合面向连接的 TCP 和低延迟 UDP 的优点。当存在高 RTT 和低带宽时，NGSO 网络可以从 QUIC 中受益[44]。此外，QUIC 引入连接 ID 代替 IP 地址作为标识，这从本质上避免了在拓扑空间网络频繁变化时需要重新连接的问题。

10.5 结论

本章介绍了 NGSO 星座设计中实现全球连接的相关方面，即提供对地面终端的全球服务可用性，并确保星座内的卫星间能够建立连接。我们强调了星座几何形状、部署高度及卫星密度对这些和其他 KPI 的重大影响，并对比分析了三种商业设计方案：Kepler、OneWeb 和 550km 轨道壳层的 Starlink 星座。观察发现，尽管 Starlink 轨道壳层拥有的卫星数量多于其他两个星座，但它仍需要额外的近极轨道平面来提供接近两极地区的连接。另外，在接近两极区域，大约有 45 颗来自 OneWeb 星座的卫星同时处于通信范围内，这可能导致通信资源的浪费。此外，Kepler 星座可能在赤道附近存在覆盖空洞，平均来说，从地球表面看，通信范围内只有不到一颗卫星。为了提供完整的全球覆盖，一个类似于 Kepler 但拥有稍多轨道平面和卫星数量的星座就足够了。然而，旨在提供宽带服务的 NGSO 星座将受益于进一步提高部署密度，这将为跨平面和同平面 RF ISL 带来更高的数据传输速率。

除了主要参数对星座设计的影响，本章还详细阐述了在物理层实现全球连接以建立链路和路由的主要挑战与技术。这些挑战源于 NGSO 星座的独特特性，NGSO 星座具有高度动态性，但又是一个完全可预测的大规模基础设施。

本章原书参考资料

[1] 3GPP 5G; Study on scenarios and requirements for next generation access technologies. TR 38.913 V16.0.0; 2020.

[2] Qu Z., Zhang G., Cao H., Xie J. LEO satellite constellation for Internet of Things. IEEE Access. 2017, vol. 5, pp. 18391-401.

[3] Liberg O., Lowenmark S.E., Euler S, et al. Narrowband Internet of Things for non-terrestrial networks. IEEE Communications Standards Magazine. 2020, vol. 4(4), pp. 49-55.

[4] Di B., Song L., Li Y., Poor H.V. 'Ultra-dense LEO: integration of satellite access networks into 5G and beyond'. IEEE Wireless Communications. 2019, vol. 26(2), pp. 62-69.

[5] Su Y., Liu Y., Zhou Y., Yuan J., Cao H., Shi J. Broadband Leo satellite communications: architectures and key technologies. IEEE Wireless Communications. 2019, vol. 26(2), pp. 55-61.

[6] del Portillo I., Cameron B.G., Crawley E.F. A technical comparison of three low Earth orbit satellite constellation systems to provide global broadband. Acta Astronautica. 2021, vol. 159, pp. 123-135.

[7] Handley M. 'Delay is not an option: low latency routing in space'. Proceedings of the 17th ACM Workshop on Hot Topics in Networks; 2018. pp. 85-91.

[8] 3GPP. Solutions for NR to support non-terrestrial networks (NTN). TR 38.821 V16.0.0; 2019.

[9] Guidotti A., Vanelli-Coralli A., Conti M, et al. Architectures and key technical challenges for 5G systems incorporating satellites. IEEE Transactions on Vehicular Technology. 2021, vol. 68(3), pp. 2624-2639.

[10] Soret B., Leyva‑Mayorga I., Cioni S., Popovski P. 5G satellite networks for Internet of Things: offloading and backhauling. International Journal of Satellite Communications and Networking. 2021, vol. 39(4), pp. 431-444.

[11] Xie R., Tang Q., Wang Q., Liu X., Yu F.R., Huang T. 'Satellite-terrestrial integrated edge computing networks: architecture, challenges, and open issues'. IEEE Network. 2020, vol. 34(3), pp. 224-231.

[12] Razmi N., Matthiesen B., Dekorsy A., Popovski P. Ground-assisted federated learning in LEO satellite constellations. IEEE Wireless Communications Letters. 2022, vol. 11(4), pp. 717-721.

[13] Leyva-Mayorga I., Soret B., Popovski P. 'Inter-plane inter-satellite connectivity in dense LEO constellations'. IEEE Transactions on Wireless Communications. 2021, vol. 20(6), pp. 3430-3443.

[14] Kak A., Akyildiz I.F. 'Large-scale constellation design for the internet of space things/cubesats'. IEEE Globecom Workshops (GC Wkshps); Waikoloa, HI, USA, 2019.

[15] Walker J.G. 'Circular orbit patterns providing continuous whole earth coverage'. Royal Aircraft Establishment, Technical Report 702011. 1970, pp. 369-384.

[16] Walker J.G. 'Satellite constellations'. Journal of the British Interplanetary Society. 1984, vol. 37, pp. 559-571.

[17] Federal Communications Commission (FCC) SEH. 'LLC request for modification of the authorization for the spacex NGSO satellite system'. IBFS File No. SAT-MOD-20200417- 00037. 2021, p. 00037.

[18] Lewis J.T., Maclay H.G., Sheehan J.P., Lindsay M. 'Long-term environmental effects of deploying the oneweb satellite constellation'. 70th International Astronautical Congress (IAC); 2019. pp. 21-25.

[19] Leyva-Mayorga I., Soret B., Roper M, et al. 'LEO small-satellite constellations for 5G and beyond-5G communications'. IEEE Access. 2020, vol. 8, pp. 184955-184964.

[20] Ye J., Pan G., Alouini M.S. 'Earth rotation-aware non-stationary satellite communication systems:

modeling and analysis'. IEEE Transactions on Wireless Communications. 2021, vol. 20(9), pp. 5942-5956.

[21] Marcano N.J.H., Norby J.G.F., Jacobsen R.H. 'On AD hoc on-demand distance vector routing in low earth orbit nanosatellite constellations'. IEEE 91st Vehicular Technology Conference (VTC2020-Spring); Antwerp, Belgium, 2020.

[22] Kaushal H., Kaddoum G. 'Optical communication in space: challenges and mitigation techniques'. IEEE Communications Surveys & Tutorials. 2017, vol. 19(1), pp. 57-96.

[23] Leyva-Mayorga I., Roper M., Matthiesen B., Dekorsy A., Popovski P., Soret B. 'Inter-plane inter-satellite connectivity in LEO constellations: beam switching vs. beam steering'. IEEE Global Communications Conference; Madrid, Spain, GLOBECOM, 2021.

[24] Kodheli O., Guidotti A., Vanelli-Coralli A. 'Integration of satellites in 5G through LEO constellations'. IEEE Global Communications Conference(GLOBECOM); Singapore, GLOBECOM, 2017.

[25] 3GPP Physical channels and modulation. TS 38.211 V16.1.0; 2020.

[26] Wunder G., Jung P., Kasparick M, et al. 5GNOW: Non-orthogonal, asynchronous waveforms for future mobile applications. IEEE Communications Magazine. 2014, vol. 52(2), pp. 97-105.

[27] Woltering M., Wubben D., Dekorsy A. 'Factor graph-based equalization for two-way relaying with general multi-carrier transmissions'. IEEE Transactions on Wireless Communications. 2018, vol. 17(2), pp. 1212-1225.

[28] Schwarz R.T., Delamotte T., Storek K.-U., Knopp A. MIMO applications for multibeam satellites. IEEE Transactions on Broadcasting. 2019, vol. 65(4), pp. 664-681.

[29] Röper M., Dekorsy A. 'Robust distributed MMSE precoding in satellite constellations for downlink transmission'. IEEE 2nd 5G World Forum; Dresden, Germany, 2019. pp. 642-647.

[30] Chang C.-C., Lee R.-H., Shih T.-Y. Design of a beam switching/steering Butler matrix for phased array system. IEEE Trans Antennas Propag. 2010, vol. 58(2), pp. 367-374.

[31] Yu X., Zhang J., Letaief K.B. 'A hardware-efficient analog network structure for hybrid precoding in millimeter wave systems'. IEEE Journal of Selected Topics in Signal Processing. 2017, vol. 12(2), pp. 282-297.

[32] El Zooghby A. Smart antenna engineering. Norwood, MA: Artech House, Inc; 2005.

[33] Wang Y., Ma K., Jian Z. 'A low-loss butler matrix using patch element and honeycomb concept on SISL platform'. IEEE Transactions on Microwave Theory and Techniques. 2017, vol. 66(8), pp. 3622-3631.

[34] Matthiesen B., Bjornson E., De Carvalho E., Popovski P. Intelligent reflecting surface operation under predictable receiver mobility: a continuous time propagation model. IEEE Wireless Communications Letters. 2017, vol. 10(2), pp. 216-220.

[35] Liu R., Sheng M., Lui K.S., Wang X., Zhou D., Wang Y. Capacity of two-layered satellite networks. Wireless Networks. 2017, vol. 23(8), pp. 2651-2669.

[36] Jiang C., Zhu X. Reinforcement learning based capacity management in multilayer satellite networks. IEEE Transactions on Wireless Communications. 2000, vol. 19(7), pp. 4685-4699.

[37] Gu Y., Saad W., Bennis M., Debbah M., Han Z. Matching theory for future wireless networks: fundamentals and applications. IEEE Communications Magazine. 2000, vol. 53(5), pp. 52-59.

[38] Ahlswede R., Cai N., Li S.-Y.R., Yeung R.W. 'Network information flow'. IEEE Transactions on Information Theory. 2000, vol. 46(4), pp. 1204-1216.

[39] Rabjerg J.W., Leyva-Mayorga I., Soret B., Popovski P. Exploiting topology awareness for routing in Leo satellite constellations. IEEE Global Communications Conference (GLOBECOM); Madrid, Spain, 2021.

[40] Ruiz de Azua J.A., Calveras A., Camps A. Internet of satellites (IoSat): analysis of network models and routing protocol requirements. IEEE Access. 2000, vol. 6, pp. 20390-20411.

[41] Durst R.C., Miller G.J., Travis E.J. TCP extensions for space communications. Wireless Networks. 1997, vol. 3(5), pp. 389-403.

[42] Caini C., Cruickshank H., Farrell S., Marchese M., Disruption-Tolerant Networking An alternative solution for future satellite networking applications. Proceedings of the IEEE. 2011, vol. 99(11), pp. 1980-1997.

[43] Hamilton R., Iyengar J., Swett I., Wilk A. QUIC: a UDP-Based secure and reliable transport for HTTP/2. 2016.

[44] Yang S., Li H., Wu Q. Performance analysis of QUIC protocol in integrated satellites and terrestrial networks. International Wireless Communications & Mobile Computing Conference (IWCMC); Limassol, Cyprus, 1997. pp. 1425-1430.

第 11 章 NGSO 的大规模 MIMO 传输

李科新[1]，尤力[1]，高西奇[1]

11.1 引言

近年来，NGSO 卫星，特别是 LEO 和 MEO 卫星，因其较低的 RTT、较低的路径损耗及相对更低的发射成本等，成了研究领域的热点话题[1-3]。在这些 NGSO 卫星中，LEO 卫星最为典型，因此本章主要围绕 LEO 卫星展开讨论，但本章提出的传输方法同样适用于其他类型的 NGSO 卫星。

作为卫星通信不可或缺的一部分，多波束卫星通过使用点波束为其覆盖区域内的众多 UE 提供服务[4]。对于 LEO 卫星，由于相控阵天线具有宽角度覆盖能力，更常被用来生成点波束[5]，如 Globalstar 系统[6]和 Starlink 项目[7]。在当前的卫星系统中，通过采用多色复用方案可以抑制波束间的干扰，即为相邻波束分配不同的频段和正交极化方式[8]。这样一来，就能在间隔足够大的波束间重复使用频谱资源，从而大幅度提高系统容量。

为了充分利用稀缺的频谱资源，全频谱复用（Full Frequency Reuse，FFR）方案已被提出，该方案允许所有波束共享同一频段，以此进一步提高频谱效率[9-10]。在这种情况下，使用先进的信号处理技术来缓解严重的波束间干扰变得至关重要。现今，源自多用户 MIMO 通信的预编码技术已经被应用于多波束卫星系统中，用以处理波束间及用户间的干扰问题[11-15]。

在以前的工作中，通常假设卫星端的 BFN 是固定的[11-15]。传统的 BFN 只能以非常缓慢的速度进行修改[10]，并且无法适应 UE 的动态链路条件。在过去的十年中，大规模 MIMO 已成为地面 5G 通信中的关键技术之一[16]。由于基站处部署了大量的天线，大规模 MIMO 可以在波束域提供高分辨率，并显著提高频谱和能效[17]。随着 5G 通信的快速发展，卫星端使用更灵活、更通用的全数字 BFN 成为可能[18]，这可以适应 UE 的动态链路条件。本章考虑了一种配备大规模天线阵列的 LEO 卫星，即大规模 MIMO LEO 卫星。假设 LEO 卫星上的 BFN 可以实时进行数字重构，则有望提高宽带 LEO 系统的吞吐量。

值得注意的是，多用户 MIMO/大规模 MIMO 预编码性能极大依赖发射端可用的 CSI 质量。在大多数关于多波束卫星的先前研究中，通常假设发射端可以获得即时 CSI（iCSI）[11-13, 15]。然而，在实际的卫星通信系统中，固有的信道缺陷，如较高的传播延迟

---

1 东南大学国家移动通信研究实验室。

和多普勒效应，使得发射端获取 iCSI 变得困难。特别是对于 TDD 系统，其利用估计的上行链路 iCSI 指导下行链路传输，但由于较高的传播延迟，这些信息可能会过时。同时，在 FDD 系统中，每个 UE 首先估计下行链路的 iCSI，然后反馈给卫星，这一过程会消耗大量的信道估计和反馈开销。并且，由于高传播延迟，反馈的信息也会过时。相比之下，统计 CSI（sCSI）在更长时间间隔内是稳定的[19]，因此在发射端更容易获取。鉴于此，本章考虑了一个更为实际的场景，即在大规模 MIMO 卫星通信系统中，卫星端仅基于 sCSI 进行下行链路传输设计。

在大规模 MIMO 地面无线通信中，使用发射端 sCSI（sCSIT）的传输设计已成为一个引人注目的话题。到目前为止，许多传输策略被提出，如两阶段预编码器设计[20]、波束域传输[21]和鲁棒预编码器设计[22]。然而，上述工作没有考虑特殊的大规模 MIMO LEO 卫星通信信道的特性。此外，有限的卫星有效载荷给传输设计带来了相当大的限制。因此，寻找更适用于大规模 MIMO LEO 卫星通信的具有 sCSIT 的更高效的下行链路传输设计具有重要意义。

在本章中，我们研究一个配备了均匀平面阵列（Uniform Planar Arrays，UPA）的大规模 MIMO LEO 系统。主要目标是通过设计合适的下行链路发射策略，仅利用变化较慢的 sCSIT，实现整个系统的高速数据传输。首先，针对卫星和每个 UE 均采用 UPA 配置的情况，推导了下行链路大规模 MIMO LEO 卫星通信信道模型。为了便于下行链路宽带传输，每个 UE 都会执行频率和时间同步以补偿不利的多普勒频移及时延效应。其次，在充分考虑大规模 MIMO LEO 卫星通信信道特性的基础上，进一步研究了如何利用 sCSIT 优化下行链路发射设计，从而最大化系统的平均总速率。

已经证明，在最大化系统遍历总和速率的意义上，即便每个 UE 拥有多根天线，对于线性发射机而言，每个 UE 采用单流传输策略也是最优的。这一结论非常重要且有利，因为它将传输协方差矩阵的复杂设计简化为预编码向量的设计，而且这一简化并未牺牲任何优化性能。为了进一步降低计算复杂度，有一种传输设计方案通过将平均总速率近似为其上界来构建。在这种情况下，单流传输策略的最优性被证明依然成立。更重要的是，预编码向量的设计进一步简化为标量变量的设计，极大地简化了实际实现的复杂度。本章仿真结果验证了所提方法的有效性，显示与现有方案相比，其在性能上有显著提升。

本章的其余部分组织如下。11.2 节介绍了系统模型，其中给出了配备 UPA 的卫星和 UE 的信道模型；11.3 节介绍了下行链路传输设计及其低复杂度实现；11.4 节讨论了用户分组策略；11.5 节提供了仿真结果；11.6 节总结了本章内容。

在本章中，所使用的符号约定如下：所有 $n \times m$ 阶复数（实数）矩阵的集合表示为 $C^{n \times m}(R^{n \times m})$；$\text{tr}(\cdot)$、$\det(\cdot)$、$\text{rank}(\cdot)$、$(\cdot)^*$、$(\cdot)^T$ 和 $(\cdot)^H$ 分别代表针对矩阵的迹、行列式、秩、共轭、转置和共轭转置运算；$|\cdot|$ 表示绝对值；向量 x 的欧几里得范数表示为 $\|x\| = \sqrt{x^H x}$；$\otimes$ 表示克罗内克积；$[A]_{n,m}$ 表示矩阵 A 的第 n 行、第 m 列的元素；$\text{diag}(a)$ 表示沿主对角线的对角矩阵；$E\{\}$ 表示期望运算；$CN(0, C)$ 表示均值为零、协方差矩阵为 C 的圆对称复高斯随机向量。

11.2 系统模型

本章考虑的是一个工作在较低频段（如 L/S/C 频段）的全频谱复用大规模 MIMO LEO 系统，如图 11.1 所示。其中，移动 UE 由位于高度 H 的单颗 LEO 卫星提供服务。卫星和移动 UE 均配备了由数字有源天线组成的 UPA[18]，这意味着 UPA 中每个天线单元的幅度和相位都可以通过数字方式进行控制。卫星上配备了一个大规模 UPA，其 x 轴和 y 轴分别有 M_x 和 M_y 个单元。卫星上的总天线数量为 $M_x M_y \stackrel{\text{def}}{=} M$。我们假设卫星上的 UPA 的每个天线单元都是有方向性的。另外，每个 UE 的 UPA 在 x' 轴和 y' 轴上分别由 $N_{x'}$ 和 $N_{y'}$ 个全向单元组成，每个 UE 的总天线数量为 $N_{x'} N_{y'} \stackrel{\text{def}}{=} N$。本章的方法可直接拓展到 UE 天线单元数量不同的情况。

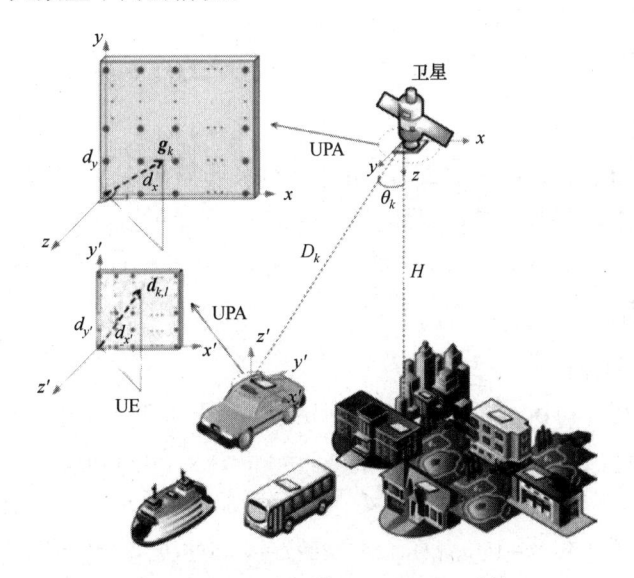

图 11.1 FFR 大规模 MIMO LEO 系统

11.2.1 模拟基带中的下行链路信号和信道模型

在时刻 t，UE k 接收的下行链路信号可以表示为

$$y_k(t) = \int_{-\infty}^{\infty} \check{\boldsymbol{H}}_k(t,\tau) \boldsymbol{x}(t-\tau) \mathrm{d}\tau + \boldsymbol{z}_k(t) \tag{11.1}$$

式中，$\check{\boldsymbol{H}}_k(t,\tau) \in \mathbb{C}^{N \times M}$，$\boldsymbol{x}(t) \in \mathbb{C}^{M \times 1}$ 和 $\boldsymbol{z}_k(t) \in \mathbb{C}^{N \times 1}$ 分别是 UE k 在时刻 t 的信道脉冲响应、发射信号和加性噪声信号。更具体地说，LEO 卫星通信信道的脉冲响应 $\check{\boldsymbol{H}}_k(t,\tau)$ 可以表示为

$$\check{\boldsymbol{H}}_k(t,\tau) = \sum_{l=0}^{L_k-1} a_{k,l} \mathrm{e}^{\mathrm{j}2\pi v_{k,l}\delta(\tau-\tau_{k,l})} \boldsymbol{d}_{k,l} \boldsymbol{g}_{k,l}^{\mathrm{H}} \tag{11.2}$$

式中，$\mathrm{j} = \sqrt{-1}$，$\delta(x)$ 是狄拉克函数，L_k 是 UE k 信道的多径数量，$a_{k,l}, v_{k,l}, \tau_{k,l}$，

$d_{k,l} \in C^{N\times 1}$ 和 $g_{k,l} \in C^{M\times 1}$ 分别表示 UE k 的第 l 条路径对应的下行链路信道增益、多普勒频移、传播延迟、UE 端的阵列响应向量及卫星端的阵列响应向量。

为了简化模型，我们假设在每个相干时间间隔内信道矩阵保持不变，并且按照某种遍历过程从一个块（或时隙）到下一个块发生变化。接下来将逐一介绍 LEO 卫星通信信道的主要特性，包括多普勒频移、传播延迟及阵列响应向量。

1. 多普勒频移

对于 LEO 卫星通信信道，由于卫星与 UE 之间的相对速度较大，其多普勒频移相比地面无线通信信道要大得多。在 4GHz 的载波频率下，一颗位于 1000km 高度的 LEO 卫星产生的多普勒频移可以达到 80kHz[23]。UE k 的第 l 条路径上的多普勒频移 $v_{k,l}$ 主要由两部分组成[24]，即 $v_{k,l} = v_{k,l}^{\text{sat}} + v_{k,l}^{\text{ue}}$。其中，$v_{k,l}^{\text{sat}}$ 和 $v_{k,l}^{\text{ue}}$ 分别是与卫星和 UE k 的运动相关联的多普勒频移。第一部分 $v_{k,l}^{\text{sat}}$ 对于 UE k 的不同路径几乎相同，这是卫星的高度较高导致的[24]。因此，可以将 $v_{k,l}^{\text{sat}}$ 重写为 v_k^{sat}，其中 $0 \leqslant l \leqslant L_k - 1$。$v_k^{\text{sat}}$ 随时间的变化具有相当的确定性，它可以在每个 UE 上进行估计并补偿。而 $v_{k,l}^{\text{ue}}$ 对于不同的路径通常是不同的。

2. 传播延迟

对于 LEO 卫星而言，由于卫星与 UE 之间的长距离传输，传播延迟问题相较于地面无线通信更为严重。例如，在一颗位于 1000km 高度的 LEO 卫星上，RTT 大约为 17.7ms[25]。此外，令 $\tau_k^{\min} = \min_l \tau_{k,l}$ 和 $\tau_k^{\max} = \max_l \tau_{k,l}$ 分别表示 UE k 信道中的最低传播延迟和最高传播延迟。

3. 阵列响应向量

将 $\boldsymbol{\theta}_{k,l} = (\theta_{k,l}^x, \theta_{k,l}^y)$ 和 $\boldsymbol{\varphi}_{k,l} = (\varphi_{k,l}^{x'}, \varphi_{k,l}^{y'})$ 分别定义为 UE k 的第 l 条路径对应的发射方向角对（Angles-of-Departure，AoDs）和接收方向角对（Angles-of-Arrival，AoAs）。在式（11.2）中，阵列响应向量 $g_{k,l}$ 和 $d_{k,l}$ 可以分别表示为 $g_{k,l} = g(\boldsymbol{\theta}_{k,l})$ 和 $d_{k,l} = d(\boldsymbol{\varphi}_{k,l})$。对于任意 $\boldsymbol{\theta} = (\theta_x, \theta_y)$ 和 $\boldsymbol{\varphi} = (\varphi_{x'}, \varphi_{y'})$，有 $g(\boldsymbol{\theta}) = a_{M_x}(\sin\theta_y \cos\theta_x) \otimes a_{M_y}(\cos\theta_y)$ 和 $d(\boldsymbol{\varphi}) = a_{N_{x'}}(\sin\varphi_{y'} \cos\varphi_{x'}) \otimes a_{N_{y'}}(\cos\varphi_{y'})$。此处，$a_{n_v}(x) \in C^{n_v \times 1}$ 由式（11.3）给出。

$$a_{n_v}(x) = \frac{1}{\sqrt{n_v}}\left(1, e^{-j\frac{2\pi d_v}{\lambda}x}, \cdots, e^{-j\frac{2\pi d_v}{\lambda}(n_v-1)x}\right)^T \tag{11.3}$$

式中，$\lambda = c/f$ 为载波波长，c 为光速，f 为载波频率；d_v 为沿 v 轴的天线间距，其中 $v \in \{x, y, x', y'\}$。在卫星通信信道中，由于卫星与 UE 之间的长距离关系，地面的散射主要发生在每个 UE 周围几千米的范围内。因此，对于 UE k 的不同路径而言，它们对应的发射方向角几乎是相同的[26]，即 $\boldsymbol{\theta}_{k,l} = \boldsymbol{\theta}_k$，$0 \leqslant l \leqslant L_k - 1$。因此，$g_{k,l} = g_k = g(\boldsymbol{\theta}_k)$，其中 $\boldsymbol{\theta}_k = (\theta_x^k, \theta_y^k)$ 是指 UE k 的物理角度。由于卫星与 UE k 之间的距离非常远，g_k 变化相当缓慢，并且通常假设在卫星端可以完全精确地获知 g_k 的值。UE k 的空间角度 $\tilde{\boldsymbol{\theta}}_k = (\tilde{\theta}_k^x, \tilde{\theta}_k^y)$ 由 $\tilde{\theta}_k^x = \sin\theta_k^y \cos\theta_k^x$ 和 $\tilde{\theta}_k^y = \cos\theta_k^y$ 定义，它体现了 UE k 信道的空间域特性[26]。此外，UE k 的物理角度 $\boldsymbol{\theta}_k$ 与天底角 v_k 之间存在关联，具体为 $\cos v_k = \sin\theta_k^y \sin\theta_k^x$。空间

角度 $\tilde{\boldsymbol{\theta}}_k = (\tilde{\theta}_k^x, \tilde{\theta}_k^y)$ 应该满足 $(\tilde{\theta}_k^x)^2 + (\tilde{\theta}_k^y)^2 \leqslant \sin^2 v_{\max}$，因为 $\cos v_k = \sin \theta_k^y \sin \theta_k^x = \sqrt{1-(\tilde{\theta}_k^y)^2-(\tilde{\theta}_k^x)^2} \geqslant \cos v_{\max}$，其中 $v_{\max}$ 是最大天底角。

OFDM 因其对频率选择性衰减的鲁棒性和高效实现的优势，在 LEO 系统中被用于促进宽带传输。子载波的数量为 N_{sc}，循环前缀（CP）的长度为 N_{cp}。设 T_s 为系统采样周期。循环前缀的时间长度为 $T_{cp} = N_{cp} T_s$。不包含和包含循环前缀的 OFDM 符号的时间长度分别为 $T_{sc} = N_{sc} T_s$ 和 $T = T_{sc} + T_{cp}$。

设 $\{\boldsymbol{x}_{s,r}\}_{r=0}^{N_{sc}-1}$ 为在第 s 个 OFDM 符号内的 $M \times 1$ 频率域下行链路传输信号。那么，OFDM 符号中的时间域下行链路传输信号可以表达为[27]

$$\boldsymbol{x}_s(t) = \sum_{r=0}^{N_{sc}-1} \boldsymbol{x}_{s,r} e^{j2\pi r \Delta f t}, -T_{cp} \leqslant t - sT < T_{sc} \tag{11.4}$$

式中，$\Delta f = 1/T_{sc}$。UE k 在第 s 个 OFDM 符号接收的时间域信号可以表示为

$$\boldsymbol{y}_{k,s}(t) = \int_{-\infty}^{\infty} \overset{\vee}{\boldsymbol{H}}_k(t,\tau) \boldsymbol{x}_s(t-\tau) d\tau + \boldsymbol{z}_{k,s}(t) \tag{11.5}$$

式中，$\boldsymbol{z}_{k,s}(t)$ 是 UE k 在 OFDM 符号 s 处的加性噪声信号。下面对每个 UE 进行多普勒频移和延迟补偿。根据文献[26]中的结果，UE k 在 OFDM 符号 s 中经过补偿后的时域接收信号可以表示为

$$\boldsymbol{y}_{k,s}^{cps}(t) = \boldsymbol{y}_{k,s}(t+\tau_k^{cps}) e^{-j2\pi v_k^{cps}(t+\tau_k^{cps})} \tag{11.6}$$

经过多普勒频移和延迟补偿后，可以精心设计 OFDM 参数以对抗多径衰减效应。因此，在第 s 个 OFDM 符号中，UE k 在子载波 r 上的频率域接收信号可以表示为[27]

$$\boldsymbol{y}_{k,s,r} = \frac{1}{T_{sc}} \int_{sT}^{sT+T_{sc}} \boldsymbol{y}_{k,s}^{cps}(t) e^{-j2\pi r \Delta f t} dt \tag{11.7}$$

令 $\tau_{k,l}^{ut} = \tau_{k,l} - \tau_k^{\min}$，并定义经过多普勒频移和延迟补偿后，UE k 的有效信道频率响应为

$$\boldsymbol{H}_k(t,f) = \boldsymbol{d}_k(t,f) \boldsymbol{g}_k^{H} \tag{11.8}$$

式中，$\boldsymbol{d}_k(t,f) = \sum_{l=0}^{L_k-1} a_{k,l} e^{j2\pi(tv_{k,l}^{ue}-f\tau_{k,l}^{ue})} \boldsymbol{d}_{k,l} \in C^{N \times 1}$。式（11.7）中的接收信号 $\boldsymbol{y}_{k,s,r}$ 可以进一步表示为

$$\boldsymbol{y}_{k,s,r} = \boldsymbol{H}_{k,s,r} \boldsymbol{x}_{s,r} + \boldsymbol{z}_{k,s,r} \tag{11.9}$$

式中，$\boldsymbol{H}_{k,s,r}$ 和 $\boldsymbol{z}_{k,s,r}$ 分别是 UE k 在子载波 r 上的信道矩阵和加性高斯噪声。注意，式（11.9）中的 $\boldsymbol{H}_{k,s,r}$ 可以写为

$$\boldsymbol{H}_{k,s,r} = \boldsymbol{H}_k(sT,r\Delta f) = \boldsymbol{d}_k(sT,r\Delta f) \boldsymbol{g}_k^{H} = \boldsymbol{d}_{k,s,r} \boldsymbol{g}_k^{H} \tag{11.10}$$

既然在每个 UE 上都进行了多普勒频移和延迟补偿，因此，在接下来的分析中假设卫星与各个 UE 之间的时间和频率是完全同步的。

11.2.2 下行链路卫星通信信道的统计特性

为了方便描述卫星通信信道的统计特性，我们省略了 $\boldsymbol{H}_{k,s,r} = \boldsymbol{d}_{k,s,r} \boldsymbol{g}_k^{H}$ 中 OFDM 符号 s 和子载波 r 的下标。令 $\boldsymbol{H}_k = \boldsymbol{d}_k \boldsymbol{g}_k^{H}$ 表示在特定子载波上 UE k 的下行链路信道矩阵。假设该信道矩阵 $\boldsymbol{H}_k$ 服从莱斯分布，其形式如下：

$$H_k = d_k g_k^H = \sqrt{\frac{\kappa_k \beta_k}{\kappa_k+1}} H_k^{\text{LoS}} + \sqrt{\frac{\beta_k}{\kappa_k+1}} H_k^{\text{NLoS}} \tag{11.11}$$

式中，$\beta_k = E\{\text{tr}(H_k, H_k^H)\} = E\{\|d_k\|^2\}$ 是平均信道功率，κ_k 是莱斯因子，$H_k^{\text{LoS}} = d_{k,0} g_k^H$ 是确定性 LoS 部分，$H_k^{\text{NLoS}} = \tilde{d}_k g_k^H$ 是随机散射部分，其中 $\tilde{d}_k$ 服从 $\mathbf{CN}(\mathbf{0}, \Sigma_k)$ 分布（$\text{tr}(\Sigma_k)=1$）。信道参数 $H \overset{\text{def}}{=} \{\beta_k, \kappa_k, g_k, d_{k,0}, \Sigma_k\}_{\forall k}$ 与所使用的工作频段、实际链路条件等因素密切相关[5]。这里假设卫星和 UE 在一定范围内移动，因此信道参数 H 可以视为基本不变。但当卫星或某些 UE 超出这个范围时，应相应地在卫星端更新信道参数 H。

卫星端和 UE 端的信道相关矩阵分别为

$$R_k^{\text{sat}} = E\{H_k^H H_k\} = \beta_k g_k g_k^H \tag{11.12a}$$

$$R_k^{\text{ue}} = E\{H_k H_k^H\} = \frac{\kappa_k \beta_k}{\kappa_k+1} d_{k,0} d_{k,0}^H + \frac{\beta_k}{\kappa_k+1} \Sigma_k \tag{11.12b}$$

矩阵 R_k^{sat} 的秩为 1，这意味着卫星上不同天线上的信号高度相关。同时，矩阵 R_k^{ue} 的秩取决于 UE k 周围的具体传播环境。

11.3 下行链路传输设计

本节基于 11.2 节中建立的信号和信道模型，研究大规模 MIMO LEO 系统的下行链路传输设计。首先，利用 LEO 卫星通信信道特性，我们证明了为了最大化系统的平均总速率，每个 UE 的最优传输协方差矩阵的秩必须不大于 1。这意味着最优的下行链路传输策略是向每个拥有多个天线的 UE 发送单一数据流，即使它们具有多个天线。这一结果尤为重要，因为它表明原本复杂的传输协方差矩阵的设计可以简化为预编码向量的设计，且不损失任何最优性。为了降低计算复杂度，我们将平均总速率近似为其闭式上界。有趣的是，结果显示，向每个 UE 仅发送单一数据流的最优性仍然成立。在这种情况下，预编码向量的设计进一步简化为标量变量的设计。

11.3.1 传输协方差矩阵的一阶秩性质

为简化表达，我们省略了在信号 $x_{s,r}$ 中 OFDM 符号 s 和子载波 r 的下标，令 $x \in \mathbb{C}^{M \times 1}$ 表示卫星在一个特定子载波上发送的信号。假设下行链路传输同时服务于 K 个 UE，这些 UE 的索引集合记为 $\bar{K} = \{1, \cdots, K\}$，则传输信号 x 可以表示为

$$x = \sum_{k=1}^{K} s_k \tag{11.13}$$

式中，$s_k \in \mathbb{C}^{M \times 1}$ 是与 UE k 相关的传输信号。本章考虑了传输信号 $\{s_k\}_{k=1}^{K}$ 的最一般设计，其中 s_k 是一个均值为零且协方差矩阵为 $Q_k = E\{s_k s_k^H\}$ 的高斯随机向量。为简单起见，假设下行传输信号满足文献[11]中的总功率约束，即 $\sum_{k=1}^{K} \text{tr}(Q_k) \leq P$。在 UE k 处的下行链路接收信号表示为

$$y_k = H_k \sum_{i=1}^{K} s_i + z_k \tag{11.14}$$

其是 UE k 处的加性复高斯噪声,即 $z_k \sim \mathbf{CN}(\mathbf{0}, \sigma_k^2 \mathbf{I}_N)$。UE k 的下行链路遍历率定义为

$$I_k = E\left\{\log \det\left(\sigma_k^2 \mathbf{I}_N + \mathbf{H}_k \sum_{i=1}^{K} \mathbf{Q}_i \mathbf{H}_k^{\mathrm{H}}\right)\right\} - E\left\{\log \det\left(\sigma_k^2 \mathbf{I}_N + \mathbf{H}_k \sum_{i \neq k} \mathbf{Q}_i \mathbf{H}_k^{\mathrm{H}}\right)\right\}$$

$$\stackrel{(a)}{=} E\left\{\log\left(1 + \frac{\mathbf{g}_k^{\mathrm{H}} \mathbf{Q}_k \mathbf{g}_k d_k^2}{\sum_{i \neq k} \mathbf{g}_k^{\mathrm{H}} \mathbf{Q}_i \mathbf{g}_k d_k^2 + \sigma_k^2}\right)\right\} \quad (11.15)$$

式中,(a) 来自 $\mathbf{H}_k = d_k \mathbf{g}_k^{\mathrm{H}}$ 和 $\det(\mathbf{I} + \mathbf{AB}) = \det(\mathbf{I} + \mathbf{BA})$ [28]。下行链路总速率最大化问题可以表述为以下形式:

$$\mathrm{P}: \max_{\{\mathbf{Q}_k\}_{k=1}^K} \sum_{k=1}^{K} I_k, \text{ s.t. } \sum_{i=1}^{K} \mathrm{tr}(\mathbf{Q}_k) \leqslant P, \mathbf{Q}_k \succeq \mathbf{0}, \forall k \in \bar{K} \quad (11.16)$$

定理 11.1: 问题 P 的最优 $\{\mathbf{Q}_k\}_{k=1}^K$ 必须满足 $\mathrm{rank}(\mathbf{Q}_k) \leqslant 1, \forall k \in \bar{K}$。

定理 11.1 表明,由于 LEO 卫星通信信道的特殊性,每个 UE 的最优传输协方差矩阵的秩应不大于 1。因为矩阵 $\mathbf{Q}_k$ 的秩代表了向 UE k 传输的独立数据流的数量,所以定理 11.1 揭示了即使每个 UE 有多个天线,针对每个 UE 采用单流预编码策略对于线性发射机仍然是最优的。根据传输协方差矩阵的一阶秩性质,我们可以将 $\mathbf{Q}_k$ 表示为 $\mathbf{Q}_k = \mathbf{w}_k \mathbf{w}_k^{\mathrm{H}}$,其中 $\mathbf{w}_k \in \mathbb{C}^{M \times 1}$ 是 UE k 的预编码向量。由于 $\{\mathbf{w}_k\}_{k=1}^K$ 表示线性预编码向量,因此式 (11.13) 中的传输信号 $\mathbf{s}_k$ 可以表示为 $\mathbf{s}_k = \mathbf{w}_k s_k$,其中 s_k 是针对 UE k 期望的数据符号,具有零均值和单位方差。因此,对传输协方差矩阵 $\{\mathbf{Q}_k\}_{k=1}^K$ 的设计现在被简化为对预编码向量 $\{\mathbf{w}_k\}_{k=1}^K$ 的设计。将 $\mathbf{Q}_k = \mathbf{w}_k \mathbf{w}_k^{\mathrm{H}}$ 代入式 (11.15) 得到:

$$I_k = E\left\{\log\left(1 + \frac{|\mathbf{w}_k^{\mathrm{H}} \mathbf{g}_k d_k|^2}{\sum_{i \neq k} |\mathbf{w}_i^{\mathrm{H}} \mathbf{g}_k|^2 d_k^2 + \sigma_k^2}\right)\right\} \stackrel{\text{def}}{=} R_k \quad (11.17)$$

这里,I_k 被替换为 R_k 来表示 UE k 的下行链路的遍历率,因为 R_k 现在是预编码向量 $\{\mathbf{w}_k\}_{k=1}^K$ 的函数。因此,式 (11.16) 中的复杂传输协方差矩阵优化问题 P 可以重新表述为

$$\mathrm{S}: \max_W \sum_{k=1}^{K} R_k, \text{ s.t. } \sum_{k=1}^{K} \|\mathbf{w}_k\|^2 \leqslant P \quad (11.18)$$

式中,$W = [\mathbf{w}_1 \cdots \mathbf{w}_K]$ 表示预编码向量的集合。在最优情况下,功率不等式 (11.18) 应当满足等式条件 $\sum_{k=1}^{K} \|\mathbf{w}_k\|^2 = P$,否则会增大 $\{\mathbf{w}_k\}_{k=1}^K$,这样一来将会增加下行链路的总速率,但这与最优解相矛盾。

下面将推导最优线性接收机的表示形式,以最大化它们对应的下行链路遍历率。

11.3.2 最优线性接收机

根据定理 11.1 所述,卫星最多只能向每个 UE 发送一个数据流。因此,每个 UE 只需要解码最多一个数据流,并且只有通过 UE 的多天线才能获取分集增益。设 $\mathbf{c}_k \in \mathbb{C}^{M \times K}$ 为 UE k 的线性接收机,则 UE k 恢复出的数据符号可以表示为

$$\hat{s}_k = \mathbf{c}_k^{\mathrm{H}} \mathbf{y}_k = \mathbf{c}_k^{\mathrm{H}} d_k \mathbf{g}_k^{\mathrm{H}} \mathbf{w}_k s_k + \sum_{i \neq k}^{K} \mathbf{c}_k^{\mathrm{H}} d_k \mathbf{g}_k^{\mathrm{H}} \mathbf{w}_i s_i + \mathbf{c}_k^{\mathrm{H}} \mathbf{z}_k \quad (11.19)$$

因此，UE k 的 SINR 可以表示为

$$\mathrm{SINR}_k = \frac{\left|\boldsymbol{w}_k^{\mathrm{H}}\boldsymbol{g}_k^{\mathrm{H}}\right|^2 \left|\boldsymbol{c}_k^{\mathrm{H}}\boldsymbol{d}_k\right|^2}{\sum_{i\neq k}\left|\boldsymbol{w}_i^{\mathrm{H}}\boldsymbol{g}_k^{\mathrm{H}}\right|^2 \left|\boldsymbol{c}_k^{\mathrm{H}}\boldsymbol{d}_k\right|^2 + \sigma_k^2 \|\boldsymbol{c}_k\|^2} \tag{11.20}$$

由于当 a,b,c 大于 0 时，$\frac{ax}{bx+c}$ 是 x 的单调递增函数，于是可以推导出

$$\mathrm{SINR}_k \overset{(a)}{\leqslant} \frac{\left|\boldsymbol{w}_k^{\mathrm{H}}\boldsymbol{g}_k\right|^2 \boldsymbol{d}_k^2}{\sum_{i\neq k}\left|\boldsymbol{w}_i^{\mathrm{H}}\boldsymbol{g}_k\right|^2 \boldsymbol{d}_k^2 + \sigma_k^2} \overset{\mathrm{def}}{=} \underline{\mathrm{SINR}}_k \tag{11.21}$$

式中，（a）遵循柯西–施瓦茨不等式 $\left|\boldsymbol{c}_k^{\mathrm{H}}\boldsymbol{d}_k\right|^2 \leqslant \boldsymbol{c}_k^2 \boldsymbol{d}_k^2$，对于任何非零 $\alpha \in C$，当且仅当 $\boldsymbol{c}_k = \alpha\boldsymbol{d}_k$ 时，等式成立。满足不同 α 的具有 $\boldsymbol{c}_k = \alpha\boldsymbol{d}_k$ 形式的接收机将具有相同的 $\underline{\mathrm{SINR}}_k$ 值。因此，具有 $\boldsymbol{c}_k = \alpha\boldsymbol{d}_k$ 形式的接收机对于 UE k 是最优的。我们将在下面进行预编码向量设计。

11.3.3　预编码向量设计

考虑预编码向量优化问题 S 在式（11.19）中是一个非凸优化问题，通常难以找到全局最优解。但是，现有的优化技术允许我们为问题 S 求解局部最优的预编码向量，比如次模极大化（Minorization-Maximization，MM）算法[29]和逐次凸近似（Successive Convex Approximation，SCA）。出于简洁考虑，这里并未详细给出解决问题 S 的具体推导过程。对此感兴趣的读者可以参考文献[22]中的相关推导内容。

考虑下行链路遍历率 R_k 的期望值，需要使用蒙特卡罗方法和详尽的样本平均来计算预编码向量。当在平均过程中考虑大量样本时，这是一个计算密集型任务。接下来将介绍避免样本平均的低复杂度传输设计方法。

11.3.4　低复杂度实现方法

为避免使用穷尽的样本平均法，平均总速率可以通过其封闭形式的上界来近似。首先可以证明，在这种情况下，最优的传输协方差矩阵仍然是一阶秩的。因此，传输协方差矩阵的设计问题可以简化为预编码向量的设计问题。而预编码向量的设计问题可以进一步转化为标量变量的设计问题。

注意，当 a,b,c 大于 0 时，$f(x) = \log\left(1 + \frac{ax}{bx+c}\right)$ 是关于 x（大于 0）的凹函数。通过调用 Jensen 不等式[31]，UE k 的下行链路遍历率 I_k 的上界可以表示为

$$\begin{aligned} I_k &= E\left\{\log\left(1 + \frac{\boldsymbol{g}_k^{\mathrm{H}}\boldsymbol{Q}_k\boldsymbol{g}_k \boldsymbol{d}_k^2}{\sum_{i\neq k}\boldsymbol{g}_k^{\mathrm{H}}\boldsymbol{Q}_i\boldsymbol{g}_k \boldsymbol{d}_k^2 + \sigma_k^2}\right)\right\} \\ &\leqslant \log\left(1 + \frac{\boldsymbol{g}_k^{\mathrm{H}}\boldsymbol{Q}_k\boldsymbol{g}_k \beta_k}{\sum_{i\neq k}\boldsymbol{g}_k^{\mathrm{H}}\boldsymbol{Q}_i\boldsymbol{g}_k \beta_k + \sigma_k^2}\right) \overset{\mathrm{def}}{=} I_k^{\mathrm{ub}} \end{aligned} \tag{11.22}$$

下行链路平均总速率上界的最大化问题可以表示为

$$\mathrm{P}^{\mathrm{ub}}:\max_{\{\boldsymbol{Q}_k\}_{k=1}^K}\sum_{k=1}^K I_k^{\mathrm{ub}},\ \mathrm{s.t.}\ \sum_{k=1}^K \mathrm{tr}(\boldsymbol{Q}_k)\leqslant P,\ \boldsymbol{Q}_k\succeq\boldsymbol{0},\ \forall k\in\bar{K} \quad (11.23)$$

定理 11.2：问题 P^{ub} 的最优 $\{\boldsymbol{Q}_k\}_{k=1}^K$ 必须满足 $\mathrm{rank}(\boldsymbol{Q}_k)\leqslant 1, \forall k\in\bar{K}$。

根据定理 11.2，问题 P^{ub} 的最优传输协方差矩阵的秩不大于 1，说明每个 UE 的单流预编码策略足以使平均总速率的上界最大化。因此，$\boldsymbol{Q}_k$ 可以写成 $\boldsymbol{Q}_k=\boldsymbol{w}_k\boldsymbol{w}_k^{\mathrm{H}}$，再次可以将传输协方差矩阵 $\{\boldsymbol{Q}_k\}_{k=1}^K$ 的设计简化为预编码向量 $\{\boldsymbol{w}_k\}_{k=1}^K$ 的设计。因此，式（11.23）中的 I_k^{ub} 表达式可以进一步写为

$$I_k^{\mathrm{ub}}=\log\left(1+\frac{{\boldsymbol{w}_k^{\mathrm{H}}\boldsymbol{g}_k}^2\beta_k}{\sum_{i\neq k}{\boldsymbol{w}_i^{\mathrm{H}}\boldsymbol{g}_k}^2\beta_k+\sigma_k^2}\right)\overset{\mathrm{def}}{=}R_k^{\mathrm{ub}} \quad (11.24)$$

在这里，I_k^{ub} 被 R_k^{ub} 取代，因为 R_k^{ub} 已经成为预编码向量 $\{\boldsymbol{w}_k\}_{k=1}^K$ 的封闭表达式。然后，可以将式（11.23）中的传输协方差矩阵优化问题 P^{ub} 重新表述为

$$\mathrm{S}^{\mathrm{ub}}:\max_{\boldsymbol{w}}\sum_{k=1}^K R_k^{\mathrm{ub}},\ \mathrm{s.t.}\ \sum_{k=1}^K\|\boldsymbol{w}_k\|^2\leqslant P \quad (11.25)$$

注意，问题 S^{ub} 与下行链路多用户多输入单输出（MISO）信道[32]中的总速率最大化问题类似。问题 S^{ub} 的最优预编码向量必须满足 $\sum_{k=1}^K{\boldsymbol{w}_k}^2=P$，因为任何具有 $\sum_{k=1}^K{\boldsymbol{w}_k}^2$ 的预编码向量都可以被放大以增加目标值。

对于问题 S^{ub}，卫星只需要信道参数 $\{\beta_k/\sigma_k^2,\tilde{\boldsymbol{\theta}}_k\}_{k=1}^K$ 来计算预编码向量，这些参数可以通过 UE 的位置信息和平均信道功率来确定。当 UPA 的放置位置固定时，首先通过 GPS 得知卫星和 UE 的位置信息，然后获取空间角度 $\{\tilde{\boldsymbol{\theta}}_k\}_{k=1}^K$。卫星可以利用上行链路探测信号和 sCSI[30]的互易性来估计平均信道功率 $\{\beta_k\}_{k=1}^K$。

下面将证明问题 S^{ub} 中的高维预编码向量设计可以转化为 K 个标量变量的设计。为便于说明，我们提出了以下优化问题：

$$\mathrm{M}^{\mathrm{ub}}:\max_{\lambda}\sum_{k=1}^K r_k,\ \mathrm{s.t.}\ \sum_{k=1}^K\lambda_k=P,\ \lambda_k\geqslant 0,\forall k\in\bar{K} \quad (11.26)$$

式中，$\lambda=[\lambda_1\cdots\lambda_K]^{\mathrm{T}}\in R^{K\times 1}$，并且 r_k 是 $\{\lambda_k\}_{k=1}^K$ 的函数，表示为

$$\begin{aligned}r_k(\lambda_1,\cdots,\lambda_K)=&\log\ \det\left(\sum_{i=1}^K\frac{\lambda_i\beta_i}{\sigma_i^2}\boldsymbol{g}_i\boldsymbol{g}_i^{\mathrm{H}}+\boldsymbol{I}_M\right)-\\&\log\ \det\left(\sum_{i\neq k}\frac{\lambda_i\beta_i}{\sigma_i^2}\boldsymbol{g}_i\boldsymbol{g}_i^{\mathrm{H}}+\boldsymbol{I}_M\right)\end{aligned} \quad (11.27)$$

问题 S^{ub} 和 M^{ub} 的关系将在下面建立。

分别用 $\{\boldsymbol{w}_k^{\mathrm{opt}}\}_{k=1}^K$ 和 $\{\lambda_k^{\mathrm{opt}}\}_{k=1}^K$ 表示问题 S^{ub} 和 M^{ub} 的最优解。如定理 11.3 所述，只要标量变量 $\{\lambda_k^{\mathrm{opt}}\}_{k=1}^K$ 已知，预编码向量 $\{\boldsymbol{w}_k^{\mathrm{opt}}\}_{k=1}^K$ 可以立即以封闭形式导出。

定理 11.3：预编码向量 $\{\boldsymbol{w}_k^{\mathrm{opt}}\}_{k=1}^K$ 可以写成

$$w_k^{\text{opt}} = \sqrt{q_k^{\text{opt}}} \cdot \frac{(V^{\text{opt}})^{-1} g_k}{\|(V^{\text{opt}})^{-1} g_k\|}, \forall k \in \bar{K} \tag{11.28}$$

在式（11.28）中，矩阵 $V^{\text{opt}} \in C^{M \times M}$ 和 q_k^{opt} 由式（11.29）给出。

$$V^{\text{opt}} = \sum_{k=1}^{K} \frac{\lambda_k^{\text{opt}} \beta_k}{\sigma_k^2} g_k g_k^H + I_M \tag{11.29a}$$

$$q_k^{\text{opt}} = \frac{\lambda_k^{\text{opt}} \beta_k (\gamma_k^{\text{opt}} + 1)}{\mu^{\text{opt}} \sigma_k^2} \|(V^{\text{opt}})^{-1} g_k\|^2 \tag{11.29b}$$

式（11.29b）中的参数 γ_k^{opt} 和 μ^{opt} 也由 $\{\lambda_k^{\text{opt}}\}_{k=1}^{K}$ 确定，如下：

$$\gamma_k^{\text{opt}} = \frac{1}{1 - (\lambda_k^{\text{opt}} \beta_k / \sigma_k^2) g_k^H (V^{\text{opt}})^{-1} g_k} - 1 \tag{11.30a}$$

$$\mu^{\text{opt}} = \frac{1}{P} \sum_{k=1}^{K} \frac{\lambda_k^{\text{opt}} \beta_k (\gamma_k^{\text{opt}} + 1)}{\sigma_k^2} \|(V^{\text{opt}})^{-1} g_k\|^2 \tag{11.30b}$$

在大规模 MIMO LEO 系统中，预编码向量 $\{w_k\}_{k=1}^{K}$ 的维度可能极其庞大。定理 11.3 指出，由于大规模 MIMO LEO 卫星通信信道的特性，问题 S^{ub} 中高维预编码向量 $\{w_k\}_{k=1}^{K}$ 的设计可以简化为问题 M^{ub} 中的 K 个标量变量 $\{\lambda_k\}_{k=1}^{K}$ 的设计。通过标量变量 $\{\lambda_k\}_{k=1}^{K}$，预编码向量 $\{w_k\}_{k=1}^{K}$ 可以采用封闭形式计算得出。

尽管问题 M^{ub} 的非凸性使其难以求得全局最优解，但仍有许多优化算法可以保证收敛至 M^{ub} 问题的局部最优解，如 MM 算法、SCA、凹−凸程序（Concave-Convex Procedure，CCP）、块坐标下降（Block Coordinate Descent，BCD）等[33]。为了简洁见，此处省略了解决问题 M^{ub} 的具体步骤和流程。

11.4 用户分组

在卫星通信系统中，UE 的数量通常远大于卫星配备的天线数量。因此，探究用户分组策略具有重要的实用价值，使得针对大规模 MIMO LEO 系统设计的下行链路传输方案能够充分发挥其潜力。在本节中，我们将提出一种创新的用户分组策略，该策略仅利用 UE 的空间角度信息进行分组。

需要注意的是，$\tilde{\theta}_k^x$ 和 $\tilde{\theta}_k^y$ 都位于 $[-\sin\vartheta_{\max}, \sin\vartheta_{\max})$ 内。因此，假设空间角度范围 $[-\sin\vartheta_{\max}, \sin\vartheta_{\max})$ 在 x 轴方向上被划分为 $M_x G_x$ 个相等的部分，在 y 轴方向上被划分为 $M_y G_y$ 个相等的部分。二维空间角度间隔可以表示为

$$A_{(u,v)}^{(m,n)} = \left\{ (\phi_x, \phi_y) : \phi_x \in \left[\phi_{u,m}^x - \frac{\delta_x}{2}, \phi_{u,m}^x + \frac{\delta_x}{2} \right), \right.$$
$$\left. \phi_y \in \left[\phi_{v,n}^y - \frac{\delta_y}{2}, \phi_{v,n}^y + \frac{\delta_y}{2} \right) \right\} \tag{11.31}$$

$\phi_{a,b}^v$ 定义为

$$\phi_{a,b}^v = -\sin\vartheta_{\max} + \frac{\delta_v}{2} + (a + bG_v)\delta_v \tag{11.32}$$

式中，$0 \leqslant a \leqslant G_v - 1$，$0 \leqslant b \leqslant M_v - 1$，且 $\delta_v = \dfrac{2\sin\vartheta_{\max}}{M_v G_v}$，$v \in \{x, y\}$。因此，UE k 被安排到 (u, v) 组中，当且仅当存在 $0 \leqslant m \leqslant M_x - 1$ 和 $0 \leqslant n \leqslant M_y - 1$，使得

$$\tilde{\boldsymbol{\theta}}_k = (\tilde{\theta}_k^x, \tilde{\theta}_k^y) \in A_{(u,v)}^{(m,n)} \tag{11.33}$$

令 $\bar{K}_{(u,v)}^{(m,n)} = \{k : \tilde{\boldsymbol{\theta}}_k \in A_{(u,v)}^{(m,n)}\}$ 表示空间角度位于 $A_{(u,v)}^{(m,n)}$ 中的 UE 的集合。为简单起见，假设 $\bar{K}_{(u,v)}^{(m,n)} \leqslant 1$。因此，在 (u, v) 组中的 UE 的集合表示为

$$\bar{K}_{(u,v)} = \bigcup_{\substack{0 \leqslant m \leqslant M_x - 1 \\ 0 \leqslant n \leqslant M_y - 1}} \bar{K}_{(u,v)}^{(m,n)} \tag{11.34}$$

另外，分配在同一组中的 UE 使用相同的时频资源，而分配在不同组中的 UE 使用不同的时频资源。

11.5 仿真结果

在本节中，我们将展示仿真结果以验证所提出的下行链路传输设计方案在大规模 MIMO LEO 系统中的性能表现，仿真参数见表 11.1。在仿真过程中，UE 的空间角度在圆区域内生成，该区域定义为 $\{(x, y) : x^2 + y^2 \leqslant \sin^2 \vartheta_{\max}\}$。卫星和 UE 的每个天线的增益分别表示为 G_{sat} 和 G_{ue}。天线增益计算的详细信息可在文献[4]中找到。为了简化模型，假设卫星上的每个天线单元具有理想的定向功率模式：如果 $(\sin\theta_y \cos\theta_x)^2 + (\cos\theta_y)^2 \leqslant \sin^2\vartheta_{\max}$，则 $R(\theta_x, \theta_y) = G_{\text{sat}}$，否则 $R(\theta_x, \theta_y) = 0$，这与卫星视角下的覆盖区域相符。

表 11.1 仿真参数

参　　数	值	参　　数	值
地球半径 R_e	6378km	天线间距 $d_x, d_y, d_{x'}, d_{y'}$	$\lambda, \lambda, \dfrac{\lambda}{2}, \dfrac{\lambda}{2}$
轨道高度 H	1000km	天线增益 G_{sat} 和 G_{ue}	6dBi 和 0dBi
中心频率 f_c	4GHz	最大俯仰角 $\vartheta_{\max}$	30°
带宽 B	50MHz	UE 数量 K	60
噪声温度 T_n	290K	传输功率 P	10～30 dBW
天线数量 $M_x, M_y, N_{x'}, N_{y'}$	12, 12, 6, 6		

UE k 的仰角可以通过式 $\alpha_k = \arccos\left(\dfrac{R_s}{R_e}\sin\vartheta_k\right)$ 计算得出[5]。其中，R_e 是地球半径，$R_s = R_e + H$ 是卫星轨道半径。卫星与 UE k 之间的距离由 $D_k = \sqrt{R_e^2 \sin^2\alpha_k + H^2 + 2HR_e} - R_e\sin\alpha_k$ 给出[34]。在式（11.11）中，随机向量 $\boldsymbol{d}_k = \sqrt{\dfrac{\kappa_k \beta_k}{\kappa_k + 1}} \boldsymbol{d}_{k,0} + \sqrt{\dfrac{\beta_k}{\kappa_k + 1}} \tilde{\boldsymbol{d}}_k$ 是通过模拟式（11.8）中的 $\boldsymbol{d}_k(t, f)$ 来实现的，其中第一条路径用于产生 LoS 方向 $\boldsymbol{d}_{k,0} = \boldsymbol{d}(\boldsymbol{\varphi}_{k,0})$，剩余的 $L_k - 1$ 条路径用于 $\tilde{\boldsymbol{d}}_k$。为了简化处理，假定每个 UE 的 UPA 水平放置，这意味着 $\boldsymbol{\varphi}_{k,0}$ 满足 $\sin\varphi_{k,0}^{y'} \sin\varphi_{k,0}^{x'} = \sin\alpha_k$（如取 $\varphi_{k,0}^{x'} = 90°$，

$\varphi_{k,0}^{y'} = \alpha_k$)。对于 $\tilde{d}_k$ 的模拟，路径增益集合 $\{a_{k,l}\}_{l=1}^{L_k-1}$ 是通过指数型功率延迟分布产生的，而配对的入射角 $\{\varphi_{k,l}\}_{l=1}^{L_k-1}$ 则是根据 3GPP NTN 技术报告中描述的包裹高斯功率角谱产生的[34]。此外，路径损耗、阴影衰减及莱斯因子均按照郊区场景进行计算，并且电离层损耗大约设定为 1dB[34]。平均信道功率 β_k 通过 $\frac{1}{N_s}\sum_{n=1}^{N_s}\|d_{k,n}\|^2$ 模拟得到，其中 $d_{k,n}$ 是 d_k 的第 n 个样本，且信道样本的数量设为 $N_s = 1000$。噪声方差定义为 $\sigma_k^2 = k_B T_n B$，其中，$k_B = 1.38 \times 10^{-23}$ J/K 是玻尔兹曼常数，T_n 是噪声温度，B 是系统的带宽。

图 11.2 展示了本章所提出的下行链路传输设计方案在不同用户组数量下的总速率。结果显示，本章所提出的下行链路预编码方案与其低复杂度实现方案之间的总速率差异可以忽略不计。此外，无论是本章所提出的下行链路预编码方案还是其低复杂度实现方案，都表现出明显优于采用固定波束的传统方案的性能。由于本章所提出的预编码方案仅利用了缓慢变化的 sCSI，并且在同一稳定 sCSI 期间，不同子载波和 OFDM 符号的 sCSI 是相同的，其在卫星端的实现复杂度极低。因此，这些提出的方案对于追求高吞吐量的大规模 MIMO LEO 系统来说是极具前景的。

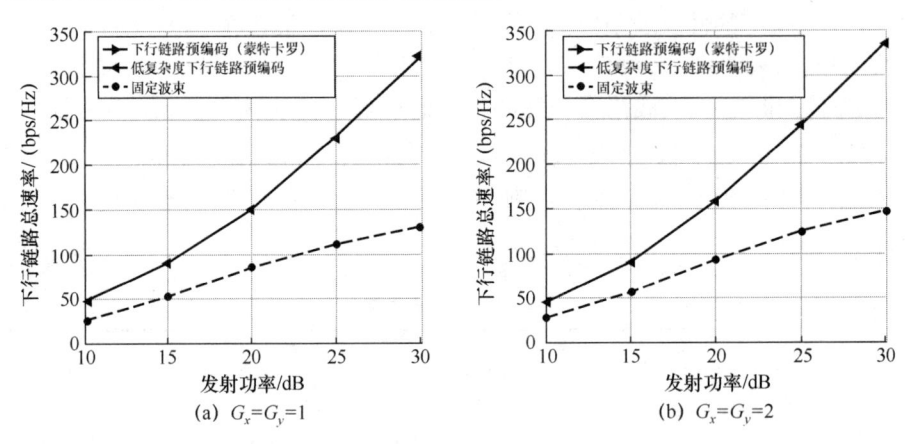

图 11.2 下行链路传输设计方案的总速率性能

11.6 结论

在本章中，我们研究了使用 sCSIT 的大规模 MIMO LEO 系统的下行链路传输设计。首先，我们推导了下行链路大规模 MIMO LEO 卫星通信信道模型，其中卫星和 UE 均配备了 UPA。其次，我们证明了针对每个 UE 采用单流预编码能够在线性发射机中最大化平均总速率。为了降低计算复杂度，我们还提出了一种基于平均总速率上界的传输设计方案，在该方案中，单流预编码的最优性同样得以保持。此外，本章还揭示了预编码向量的设计可以简化为标量变量的设计。仿真结果验证了我们所提出的下行链路传输设计方案的有效性和性能提升。未来高吞吐量的 LEO 系统仍面临诸多挑战，简要概括为如下几点：低复杂度混合预编码技术、实时资源管理、多卫星协同工作、NGSO 卫星与 GSO 卫星的共存等问题。

本章原书参考资料

[1] Kodheli O., Lagunas E., Maturo N, et al. 'Satellite communications in the new space era: A survey and future challenges'. IEEE Communications Surveys & Tutorials. 2009, vol. 23(1), pp. 70-109.

[2] Su Y., Liu Y., Zhou Y., Yuan J., Cao H., Shi J. 'Broadband leo satellite communications: architectures and key technologies'. IEEE Wireless Communications. 2019, vol. 26(2), pp. 55-61.

[3] Kourogiorgas C.I., Lyras N., Panagopoulos A.D. 'Capacity statistics evaluation for next generation broadband MEO satellite systems'. IEEE Transactions on Aerospace and Electronic Systems. 2009, vol. 53(5), pp. 2344-2358.

[4] Maral G., Bousquet M. Satellite Communications Systems. 5th ed. Chichester: Wiley; 2009 Dec 18.

[5] LutzE., Werner M., JahnA. Satellite systems for personal and broadband communications. Berlin, Heidelberg: Springer; 2009 Dec 18.

[6] Metzen P.L. 'Globalstar satellite phased array antennas'. Presented at 2000 IEEE International Conference on Phased Array Systems and Technology; Dana Point, CA. USA,207-210.

[7] del Portillo I., Cameron B.G., Crawley E.F. 'A technical comparison of three low earth orbit satellite constellation systems to provide global broadband'. Acta Astronautica. 2019, vol. 159, pp. 123-135.

[8] Fenech H., Tomatis A., Amos S., Soumpholphakdy V., Serrano Merino J.L. 'Eutelsat HTS systems'. International Journal of Satellite Communications and Networking. 2019, vol. 34(4), pp. 503-521.

[9] Vazquez M.A., Perez-Neira A., Christopoulos D., et al. 'Precoding in multibeam satellite communications: present and future challenges'. IEEE Wireless Communications. 2016, vol. 23(6), pp. 88-95.

[10] Perez-Neira A.I., Vazquez M.A., Shankar M.R.B., Maleki S., Chatzinotas S. 'Signal processing for high-throughput satellites: challenges in new interference-limited scenarios'. IEEE Signal Processing Magazine. 2019, vol. 36(4), pp. 112-131.

[11] Gan Z., Chatzinotas S., Ottersten B. 'Generic optimization of linear precoding in multibeam satellite systems'. IEEE Transactions on Wireless Communications. 2012, vol. 11(6), pp. 2308-2320.

[12] Christopoulos D., Chatzinotas S., Ottersten B. 'Multicast multigroup precoding and user scheduling for frame-based satellite communications'. IEEE Transactions on Wireless Communications. 2015, vol. 14(9), pp. 4695-4707.

[13] Joroughi V., Vazquez M., Perez-Neira A. 'Precoding in multigateway multibeam satellite systems'. IEEE Transactions on Wireless Communications. 2016, pp. 1-1.

[14] Wang W., Liu A., Zhang Q., You L., Gao X., Zheng G. 'Robust multigroup multicast transmission for frame-based multi-beam satellite systems'. IEEE Access. 2018, vol. 6, pp. 46074-46083.

[15] Schwarz R.T., Delamotte T., Storek K.-U., Knopp A. 'MIMO applications for multibeam satellites'. IEEE Transactions on Broadcasting. 2019, vol. 65(4), pp. 664-681.

[16] Marzetta T.L. 'Noncooperative cellular wireless with unlimited numbers of base station antennas'. IEEE Transactions on Wireless Communications. 2010, vol. 9(11), pp. 3590-3600.

[17] Ngo H.Q., Larsson E.G, Marzetta T.L. 'Energy and spectral efficiency of very large multiuser MIMO systems'. IEEE Transactions on Communications. 2013, vol. 61(4), pp. 1436-1449.

[18] Hong W., Jiang Z.H., Yu C., et al. 'Multibeam antenna technologies for 5G'. IEEE Transactions on Antennas and Propagation Wireless Communications. 2017, vol. 65(12), pp. 6231-6249.

[19] Gao X., Jiang B., Li X., Gershman A.B., McKay M.R. 'Statistical eigenmode transmission over jointly correlated MIMO channels'. IEEE Transactions on Information Theory. 2009, vol. 55(8), pp. 3735-3750.

[20] Adhikary A., Junyoung N., Junyoung A., Caire G. 'Joint spatial division and multiplexing—the large-scale array regime'. IEEE Transactions on Information Theory. 2013, vol. 59(10), pp. 6441-6463.

[21] Sun C., Gao X., Jin S., Matthaiou M., Ding Z., Xiao C. 'Beam division multiple access transmission for massive MIMO communications'. IEEE Transactions on Communications. 2015, vol. 63(6), pp. 2170-2184.

[22] Lu A.-A., Gao X., Zhong W., Xiao C., Meng X. 'Robust transmission for massive MIMO downlink with imperfect CSI'. IEEE Transactions on Communications. 1998, vol. 67(8), pp. 5362-5376.

[23] Ali I., Al-Dhahir N., Hershey J.E. 'Doppler characterization for LEO satellites'. IEEE Transactions on Communications. 1998, vol. 46(3), pp. 309-313.

[24] Papathanassiou A., Salkintzis A.K., Mathiopoulos P.T. 'A comparison study of the uplink performance of W-CDMA and OFDM for mobile multimedia communications via LEO satellites'. IEEE Personal Communications. 1998, vol. 8(3), pp. 35-43.

[25] Guidotti A., Vanelli-Coralli A., Foggi T., et al. 'LTE-based satellite communications in LEO mega-constellations'. International Journal of Satellite Communications and Networking. 2019, vol. 37(4), pp. 316-330.

[26] You L., Li K.-X., Wang J., Gao X., Xia X.-G., Ottersten B. 'Massive MIMO transmission for LEO satellite communications'. IEEE Journal on Selected Areas in Communications. 2020, vol. 38(8), pp. 1851-1865.

[27] Hwang T., Yang C., Wu G., Li S., Ye Li G. 'OFDM and its wireless applications: A survey'. IEEE Transactions on Vehicular Technology. 2004, vol. 58(4), pp. 1673-1694.

[28] Horn R.A., Johnson C.R. Matrix Analysis. 2nd ed. New York, NY: Cambridge University Press; 2013.

[29] Hunter D.R., Lange K. 'A tutorial on MM algorithms'. The American Statistician. 2004, vol. 58(1), pp. 30-37.

[30] Sun C., Gao X., Jin S., Matthaiou M., Ding Z., Xiao C. 'Beam division multiple access transmission for massive MIMO communications'. IEEE Transactions on Communications. 2004, vol. 63(6), pp. 2170-2184.

[31] Boyd S., Vandenberghe L. Convex Optimization. New York, NY: Cambridge University Press; 2004 Mar 8.

[32] Bjornson E., Bengtsson M., Ottersten B. 'Optimal multiuser transmit beamforming: A difficult problem with A simple solution structure [lecture notes]'. IEEE Signal Processing Magazine. 2014, vol. 31(4), pp. 142-148.

[33] Shi Q., Razaviyayn M., Luo Z.-Q., He C. 'An iteratively weighted MMSE approach to distributed sum-utility maximization for a MIMO interfering broadcast channel'. IEEE Transactions on Signal Processing. 2011, vol. 59(9), pp. 4331-4340.

[34] 3GPP TR 38 811. 'Study on new radio (NR) to support nonterrestrial networks (release 15)'.2020.in press. Sophia Antipolis Valbonne, France.

第12章　NGSO 系统中的物联网和 RA

里卡多·德·高登齐[1]，纳德·阿拉加[1]，斯特凡诺·奇奥尼[1]

本章探讨了 NGSO 系统（见图 12.1）设计中的物联网应用，以及 RA 方面的问题，并为希望对本章涉及内容有更深入理解的读者提供了大量精选文献。本章结构安排如下。

- 12.1 节回顾了 NGSO 系统中物联网方面的知识，涉及物联网使用的频段、卫星轨道效应（多普勒效应、传播特性）、地面移动卫星信道、多普勒频移和路径损耗补偿技术。
- 12.2 节讨论了 NGSO 网络中 RA 的合理性与挑战，特别关注了物联网流量模型、RA 与按需分配多址接入（DAMA）的比较、时隙与非时隙 RA 解决方案、RA 方案的权衡，以及信号处理方面的内容。
- 12.3 节涉及 NGSO 系统中 RA 方案的设计，具体涵盖了前向链路和反向链路的设计、RA 的关键性能指标，以及如何进行详细和简化的 RA 分析。
- 12.4 节涵盖了 NGSO RA 的标准与专有解决方案，并提供了系统实施的例子。涉及的 RA 解决方案包括 S 频段的移动交互多媒体（S-MIM）、甚高频数据交换（VDE）、NB-IoT 和通用物联网网络（UNIT）。本节还介绍了新兴卫星物联网系统的在轨演示、面临的机遇与挑战。

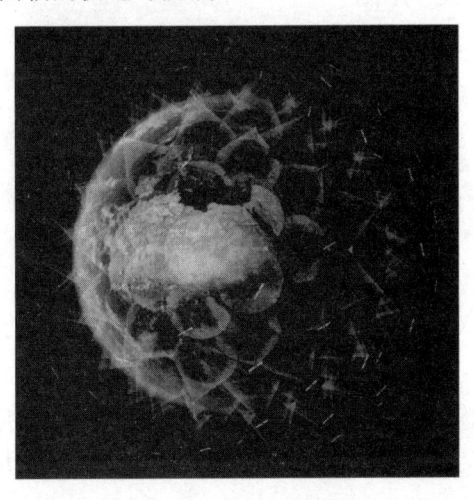

图 12.1　NGSO 系统

---

1 欧洲航天局欧洲航天与技术中心。

12.1　NGSO 系统中的物联网

物联网服务正日益成为数字化转型不可或缺的一部分，它正在使很多行业的众多方面变得现代化。借助物联网技术，企业能够实时跟踪、监控和管理资产，同时大幅改进远程操作流程。这种转型带来的经济社会前景合理地催生了一个期待，即物联网无线网络将在 21 世纪 20 年代轻松实现数十亿连接。然而，当前的地面通信基础设施仅能覆盖地球表面不足 20%的区域。因此，为了确保服务覆盖连续性，考虑非地面接入解决方案是不可避免的。通过卫星提供的物联网服务是对地面服务覆盖的自然延伸。

传统上，卫星通信系统主要用于支持监控与数据采集（Supervisory Control and Data Acquisition，SCADA）服务。然而，在一些新兴的系统场景中，卫星可以接入物联网终端节点（IoT 设备）。图 12.2 展示了三种卫星物联网网络连接的场景。第一种场景是，物联网服务可以作为独立服务直接在卫星与终端设备之间提供。在这种情况下，物联网设备无须经过 TN，直接与卫星进行通信。第二种场景是，物联网设备通过地面链路与一个公共卫星终端进行通信。这个卫星终端负责收集信息并通过卫星为多个物联网设备提供接入服务。也就是说，物联网设备首先通过 TN 连接至卫星地面站，再经由卫星实现广域互联。第三种场景是针对移动服务的新兴应用场景，设想使用混合式的地面-卫星物联网终端。在这种情况下，根据服务可用性和所需的 QoS，UE 可根据实际情况选择使用 TN 服务，而在缺乏地面通信基础设施的偏远地区则无缝漫游至卫星接入服务。

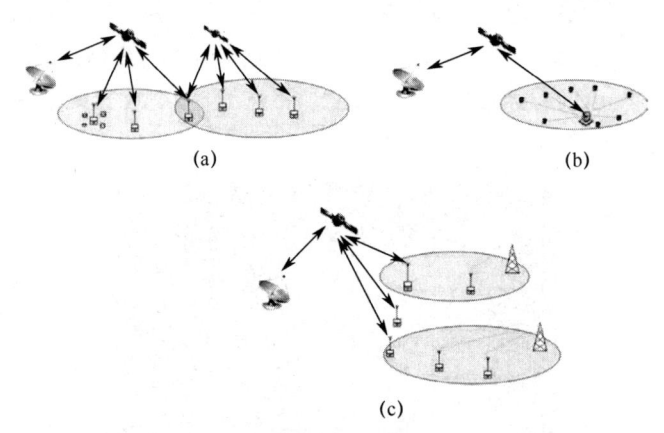

图 12.2　卫星物联网网络连接场景：(a) 直接通过卫星接入；(b) 通过卫星接入节点间接接入；(c) 混合地面-卫星接入

卫星物联网的最大增长与移动服务相关，这些服务针对的是具有相对低吞吐量、低功耗及宽松的延迟要求的设备。由于潜在的链路预算优势[1]和更低的空间段、发射段成

---

[1] 这是假设 NGSO 卫星和 GSO 卫星具有类似的卫星天线口径；否则，GSO 卫星可以通过采用较大的天线发射机来补偿额外的路径损耗。这适用于 Inmarsat、Thuraya 和 Dish Network 等移动卫星运营商的 L/S 频段的 GSO 星座。

本，以及更频繁的发射机会，基于少量或中等数量卫星的 NGSO 星座的解决方案自然适合这类服务。

12.1.1 工作频段

尽管许多行业参与者发表了计划通过 NGSO 卫星提供物联网服务的各种技术，但在获取运行此类服务所需的频谱资源方面仍面临重大挑战。

当选择通过 NGSO 卫星提供物联网接入的频段时，有多项因素需要考虑。尽管存在多种物联网应用，但大致可以归纳为以下两大类服务。在第一类服务中，通常会在广阔的地理区域内部署大量固定设备或移动设备，用于收集间歇性和小数据量的信息。这类物联网应用的总服务成本对物联网设备的成本非常敏感。因此，在整体系统设计折中的方案中，低成本和低复杂性技术，尤其是 RF 前端和天线子系统，是关键要素。因此，对于卫星物联网设备而言，使用低于 6GHz 的较低频段结合全向天线被认为是最合适的解决方案。低于 6GHz 的频段在大众市场应用中非常普及，这有助于采用价格实惠的 COTS 组件，这些组件可能具备同时用于地面和卫星物联网接入的双重用途。

对于第二类服务，高可靠性和可用性是关键特性。对于这种系统，提供不间断的服务并确保数据及时交付的高概率是关键性能要素。例如，用于关键基础设施监控和监管的系统属于这一类别。与第一类服务相比，其终端设备的数量较少，并且服务总成本对终端设备的复杂性和相关成本的敏感性较低，因此，可以部署更复杂的天线和 RF 子系统。这可能包括使用更高频段（高于 6GHz），具有更高 UE 天线定向性和更高增益的设备。这样的设备可以在终端节点上配备主动天线，从而跟踪 NGSO 卫星，并在卫星切换过程中确保服务的连续性。第二类服务还可以包括物联网流量回传，其中用户段的卫星节点汇聚了从地面物联网网络收集的流量，并通过卫星链路将其连接到 CN。在该类别下，卫星链路可以按照专用接入协议以永久性方式建立。这类服务已经利用传统的卫星专用频段（如 C、Ku 和 Ka 频段）很好地建立了。然而，对于这种类别的服务，特别是对于固定 UE，由于 UE 的天线和 RF 前端的复杂性及成本较低，GSO 卫星是 NGSO 星座的有力竞争对手。因此，下面将重点关注在低于 6GHz 频率下运行的 NGSO 系统。

ITURR[1]明确规定了全球三大 ITU 区域内 MSS 的频谱分配。一些为 MSS 指定的频谱分配在全球所有区域，可作为主要或次要分配使用。表 12.1 提供了 MSS 频段分配的一些示例。

表 12.1 用于 NGSO 卫星物联网的潜在管制频谱示例

频率/MHz	服 务 分 配	说　　明
137～137.025	空对地	全球主要 MSS 分配
137.025～137.175	空对地	全球次要 MSS 分配
137.175～137.825	空对地	全球主要 MSS 分配
149.9～150.05	地对空	全球主要 MSS 分配
157.1875～157.3375	双向	海洋地面和卫星 VDE 系统
161.7875～161.9375	双向	海洋地面和卫星 VDE 系统

（续表）

频率/MHz	服务分配	说明
399.9～400.05	地对空	全球主要 MSS 分配
400.15～401	空对地	全球主要 MSS 分配
1518～1525	空对地	全球主要 MSS 分配
1670～1675	地对空	全球主要 MSS 分配
1980～2010	地对空	全球主要 MSS 分配
2170～2200	空对地	全球主要 MSS 分配

在欧洲，电子通信委员会有关通过卫星实现物联网运行的报告[2]显示，对于新兴的卫星物联网系统，在 5GHz 以下缺少合适的频段。文献[2]中确认了地面移动服务和卫星移动服务在 3GHz 以下重叠频段的使用情况。然而，不仅是在地面服务和卫星服务之间，甚至在不同的卫星网络之间进行频率共享都被视为一项颇具挑战性的任务。这需要现有的运营商开展合作，同时需要考虑现有系统对全球或区域覆盖所需的频段的利用。

鉴于 MSS 频谱分配的稀缺及物联网设备在所谓"免授权频段"的部署日益增加，一些商业实体采取的方法是重新利用短距离设备的频谱分配。这种方法在 LPWAN 中获得了成功应用，这些网络通常属于一般授权范畴，或免于个体授权，以提供 NGSO 卫星物联网服务。在欧洲，这样的频段例子包括 433.05～434.79MHz、862～870MHz 及 2.4GHz（见文献[2]中的表 12.5）。然而，需要注意的是，使用这些频率进行卫星物联网服务可能存在一定的商业风险，因为在现行的 RR 中并没有专门的规定或认可来防止现有或新出现的地面服务造成的过度干扰。

关于不同 NGSO 系统间卫星上行链路接入的频率共享，有两种不同的策略。一种传统的方法是对每个设备施加发射辐射功率限制，这允许多个系统无须进一步协调就能共存。如前所述，这种方法由于无法事先得知干扰程度，可能会带来影响服务可用性和 QoS 的风险。另一种方法则基于不同 NGSO 系统之间更为主动的合作。这种方法的实施更具挑战性，但由于频谱资源的稀缺，特别是在感兴趣的频段中，随着越来越多的 NGSO 卫星服务提供商的出现，为了提供更高品质的服务，采取这种方法符合共同利益，即使面对挑战也是值得的。

在 WRC-19 准备期间及会议期间，多个管理机构及其相关行业认识到了对新兴卫星物联网服务进行频率使用协调的必要性。WRC-19 的第 811 号决议批准了新的议程项目 1.18[3]，以考虑评估窄带移动卫星系统的新频谱分配。这一议程项目主要关注 ITU 区域 1 内的频段（2010～2025MHz），以及区域 2 内的频段（1690～1710MHz，3300～3315MHz，3385～3400MHz）。这一议程项目主要针对 NGSO 系统，尤其是提供低数据传输速率服务的 NGSO 系统。然而，目前这些频段已分配给了部分地区现有的地面服务，以及某些区域的卫星服务。在这些频段内使用频谱需要与已存在的主要服务进行共享研究。第 248 号决议邀请各国管理机构参与有关频谱需求和潜在新分配的研究。此外，与 2023 年 WRC 的结果紧密相连，2027 年 WRC 已经为可能的全球频谱分配预留了一个跟进议程项目，旨在为 1.5～5GHz 频段内的低数据传输速率服务提供可能的全球频谱分配（参见第 812 号决议的条款 2.3[3]）。

在接下来的章节中，除非另有明确说明，物联网服务的参考卫星频谱分配为 S 频段（2GHz）。

12.1.2 NGSO 轨道力学效应

1. 多普勒频移与多普勒速率

在 NGSO 系统中，多普勒频移和多普勒速率均取决于卫星与地面移动终端之间的相对速度及发射载波频率 f_c。具体来说，多普勒频移是指信号源与接收点之间相对运动导致的接收到的载波频率相对于发射载波频率的变化。而多普勒速率则是指多普勒频移随时间的变化率，即其一阶导数。图 12.3 给出了关于地面移动终端的一般性 NGSO 轨道的基本几何关系，以便从文献[4]中推导相关的解析公式。

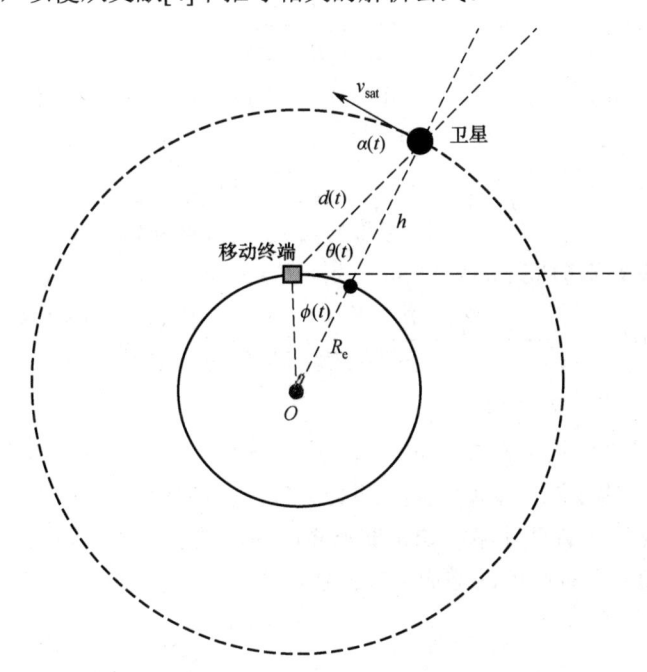

图 12.3 多普勒几何计算的示例

特别地，在接下来的解析推导中有三个关键角度：θ 是在地面移动终端测量的卫星相对于地平线的仰角；ϕ 是在地球中心测量的，从卫星正下方点（地面上的垂直点，也称为下射点）到移动终端的地球中心角；α 是测得的卫星运动方向与卫星切向方向的相对运动角度。需要注意的是，通常情况下定义的角度 $\eta=90°-\alpha$ 称为扫描角，该角度是在卫星上测量的下射点与移动终端之间的角度。卫星过境期间这些角度之间关于时间的相关关系为[4]

$$\phi(t)+\theta(t)=\alpha(t) \tag{12.1}$$

卫星的线速度 v_{sat} 随时间保持不变，它仅是轨道高度的函数。它可以表示为卫星角速度 ω_{sat} 的函数：

$$v_{\text{sat}} = (R_e + h)\omega_{\text{sat}}; \quad \omega_{\text{sat}} = \sqrt{\frac{G \cdot M_e}{(R_e + h)^3}} \tag{12.2}$$

式中，R_e 是地球半径（$R_e = 6371\text{km}$），h 是卫星高度，G 是引力常数（$G = 6.671 \times 10^{-11} \text{m}^3 \cdot \text{kg}^{-1} \cdot \text{s}^{-2}$），$M_e$ 是地球质量（$M_e = 5.98 \times 10^{24} \text{kg}$）。只要移动终端是准静态的，或者假设其速度相对于卫星可以忽略不计，那么所生成的多普勒频移 $f_d(t)$ 就可以通过经典方程计算出来：

$$f_d(t) = \frac{f_c}{c} \cdot v_{\text{sat}} \cdot \cos\alpha(t) \tag{12.3}$$

式中，c 为光速。在遵循图 12.3 中的符号约定的前提下，当卫星从右侧（$0° \leq \theta \leq 90°$）接近移动用户时，多普勒频移为正值；而当卫星从左侧（$90° \leq \theta \leq 180°$）远离移动用户时，多普勒频移则变为负值。结合系统几何结构和正弦定理/余弦定理[4-5]，我们可以推导出：

$$\cos\alpha(t) = \frac{R_e \cdot \sin\phi(t)}{\sqrt{R_e^2 + R_s^2 - 2R_e R_s \cos\phi(t)}} \tag{12.4}$$

式中引入了 $R_s = (R_e + h)$ 来简化符号。回顾式（12.3）和式（12.4），仅由 NGSO 卫星产生的多普勒频移如下：

$$f_d(t) = \frac{f_c}{c} \cdot \frac{v_{\text{sat}} \cdot R_e \cdot \sin\phi(t)}{\sqrt{R_e^2 + R_s^2 - 2R_e R_s \cos\phi(t)}} \tag{12.5}$$

而多普勒速率，即 f_d 对时间 t 的导数为

$$\frac{df_d}{dt}(t) = -\frac{f_c}{c} \cdot \frac{v_{\text{sat}} \cdot R_e(R_e R_s \cos^2\phi(t) - (R_e^2 + R_s^2)\cos\phi(t) + R_e R_s)}{(R_e^2 + R_s^2 - 2R_e R_s \cos\phi(t))^{3/2}} \cdot \omega_{\text{sat}} \tag{12.6}$$

其中，ω_{sat} 在式（12.2）中引入。

图 12.4 展示了当假设 UE 位于卫星轨道投影轨迹上时，随着仰角的变化，两个不同卫星高度下 2GHz 的载波频率所产生的多普勒频移。同样地，图 12.5 展示了同一情况下，随着仰角变化的多普勒速率。如预期那样，仰角越小，多普勒频移越大，多普勒速率越小。另外，随着卫星高度的增加，多普勒频移和多普勒速率都会减小。

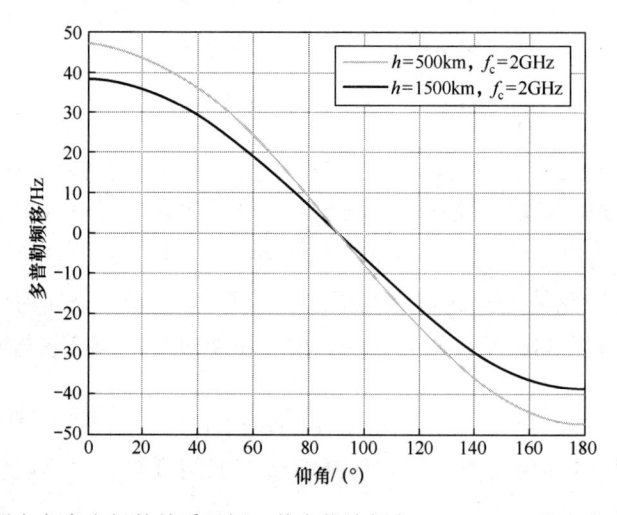

图 12.4 多普勒频移与仰角之间的关系示例，其中载波频率 $f_c = 2\text{GHz}$，且存在两个不同的轨道高度

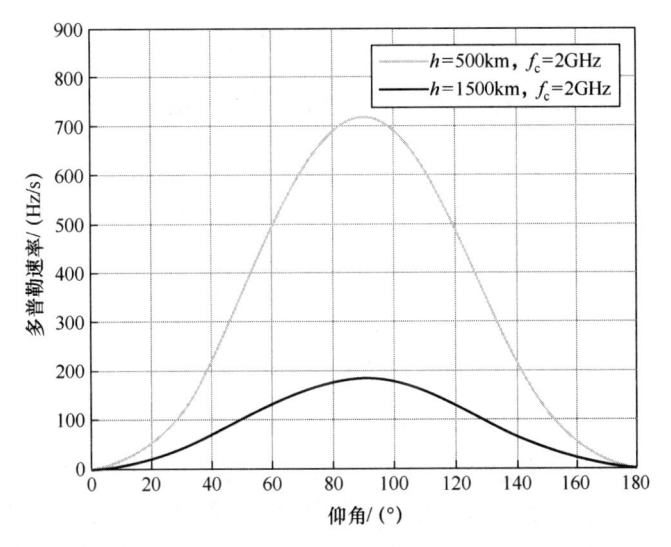

图 12.5 多普勒速率与仰角之间的关系示例，其中载波频率 $f_c = 2\text{GHz}$，且存在两个不同的轨道高度

不同于由发射端和接收端链路上下变频引入的载波频率偏移，多普勒频移的影响不仅作用于中心频率，还会对信号带宽和符号率产生影响。如图 12.6 所示，接收的信号带宽会成比例地扩展或收缩。对于较长持续时间突发信号的符号定时估计，符号率的影响尤其重要，因为在发射端和接收端之间积累的符号定时偏移可能会导致显著的性能下降。为此，解调器不仅需要恢复初始定时偏移估计，还常常需要在整个接收到的突发信号期间跟踪多普勒效应引起的符号时钟漂移，以确保累积的定时偏移不会严重影响解调器的性能。

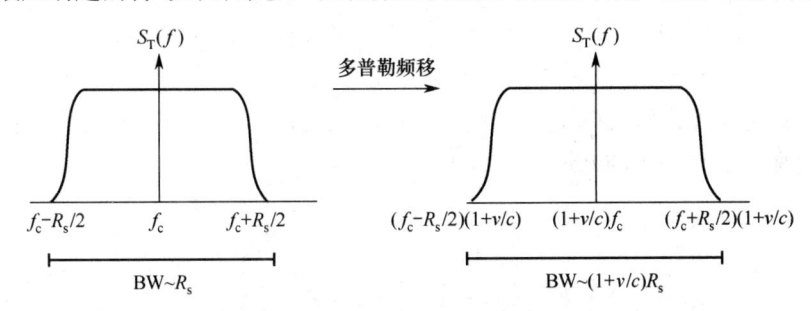

图 12.6 多普勒效应导致的信号带宽和符号率扩展/收缩

2. 卫星距离和波束尺寸

地面终端与卫星之间的距离（通常称为斜距）是卫星高度及天线仰角的函数。再次参考图 12.3，斜距用 $d(t)$ 表示，它可以按照下面的公式计算：

$$d(t) = \sqrt{R_e^2 \sin^2 \theta(t) + h^2 + 2R_e h} - R_e \sin \theta(t) \tag{12.7}$$

既然已经给出了斜距，那么计算信号从卫星到用户的传播延迟就相当直接了，只需要用这个距离除以光速。除此之外，总的延迟还包括一个附加成分，即考虑卫星与地面服务网关之间的距离，这部分的延迟计算遵循相同的表达式。

还有一个有用的参数是移动终端与下射点之间的距离，计算如下：

$$\rho_{\text{SSP}}(t) = R_e \sin[\phi(t)] \tag{12.8}$$

有趣的是，结合式（12.8），再根据 $\phi(t)$ 的最大值，即 $\phi_0 = \arccos\left(\dfrac{R_e}{R_e + h}\right)$（仰角 θ 为 0°或 180°），可计算出给定卫星高度的整个视场的半径：$\rho_{\text{Fov}} = R_e \sin\phi_0$。另外，考虑卫星的角速度恒定，并且已知该视场的最大角度，很容易根据卫星的高度推导出卫星的最大可见时间：

$$T_{\text{max-vis}} = \dfrac{2\phi_0}{\omega_{\text{sat}}} \tag{12.9}$$

其中，设置 $h = 500\text{km}$ 和 $h = 1500\text{km}$，分别得到最大可见时间为 $T_{\text{max-vis}} \approx 692\text{s}$ 和 $T_{\text{max-vis}} \approx 1338\text{s}$。

在多波束卫星系统中，相比于根据式（12.8）计算移动终端与下射点之间的距离，更相关的是在给定地面终端仰角的情况下，计算从波束中心到波束边缘的距离，也就是波束半径。图12.7展示了在简化假设地球为平面的情况下，计算波束半径所需的必要信息。这里沿用了前述引入的角度符号，其中下标 c 和 e 分别代表波束中心和波束边缘。已知波束中心的仰角 θ_c，则可以通过以下公式计算与波束中心相关的其他两个角度：

$$\eta_c = \arcsin\left[\left(\dfrac{R_e}{R_e + h}\right) \cdot \cos\theta_c\right]; \quad \phi_c = \dfrac{\pi}{2} - \eta_c - \theta_c \tag{12.10}$$

通常情况下，地面上的波束与其对应的卫星天线的半功率波束宽度（Half Power Beam Width，HPBW）相关；因此，η_e 和 η_c 的差值等于 HPBW 的一半。由此，一旦知道 η_e，就可以应用先前的公式推导出与波束边缘位置相关的其他两个角度。最后，波束半径可以通过 $R_e(\sin\phi_e - \sin\phi_c)$ 近似得到。例如，图12.8显示了卫星波束直径的大小（以 km 为单位），其取决于在波束中心所看到的卫星仰角 θ_c，假设 HPBW = 5°，载波频率 $f_c = 2\text{GHz}$，并分别取两个不同的卫星高度。正如预期那样，在 $\theta_c = 90°$ 时可以获得最小的直径值，约为 45km 和 130km（对应两个不同的卫星高度），而对于非常小的仰角，波束直径会迅速增加至约 1000km。

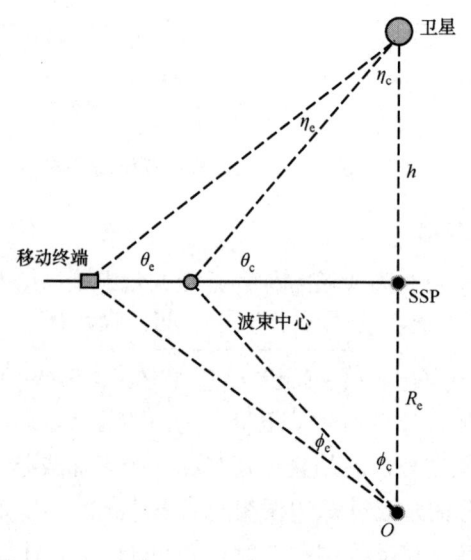

图12.7 推导地面上的卫星波束半径的简化几何模型

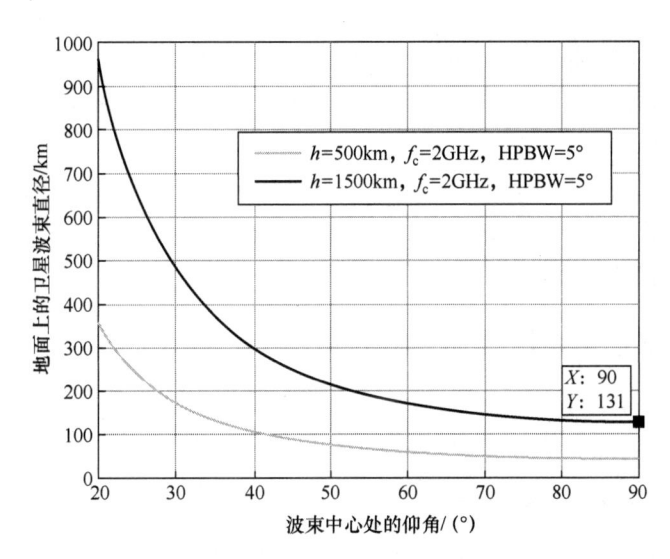

图 12.8　地面上的卫星波束直径与仰角 θ_c 的关系，假设 HPBW = 5°，f_c = 2GHz，且存在两个不同的卫星高度

3. LoS 信号衰减

卫星与地面终端之间的信号路径会因链路几何结构和传播效应经历多个阶段的衰减[6]。通常情况下，总的路径损耗计算如下：

$$PL(dB) = FSPL(dB) + PL_g(dB) + PL_r(dB) + PL_s(dB) + PL_e(dB) \quad (12.11)$$

式中，FSPL 表示自由空间路径损耗，PL_g 表示大气造成的衰减，PL_r 表示雨水和云层造成的衰减，PL_s 表示电离层或对流层闪烁造成的衰减，PL_e 表示建筑物入口损耗。自由空间路径损耗的 dB 值通常表示为

$$FSPL(dB) = 32.45 + 20\lg(f_c) + 20\lg(d) \quad (12.12)$$

自由空间路径损耗是载波频率（Hz）和斜距（m）的函数。大气造成的衰减主要取决于频率、仰角、海拔高度及水汽密度（绝对湿度），但在低于 10GHz 的频率下，通常可以忽略这种衰减。当频率超过 10GHz 时，特别是在小仰角条件下，大气造成的衰减的重要性会显著增强。ITU-R P.676 建议书的附录 1 提供了计算大气造成的衰减的完整方法。

对于低于 6GHz 的频率，通常认为雨水和云层造成的衰减是可以忽略不计的。文献[6]的 2.2 节介绍了预测斜向传播路径上雨水和云层造成衰减的一般方法。对此感兴趣的研究者可以在文献[7]中找到关于地球-空间通信链路中雨水衰减模型的全面概述。

闪烁表现为接收信号幅度和相位的快速波动。电离层传播主要考虑 6GHz 以下的频率，而对流层传播则主要考虑 6GHz 以上的频率。电离层闪烁效应在低纬度和高纬度的表现有所差异，在中纬度地区通常不会观察到，除非在强烈的地磁暴期间。文献[8]对电离层闪烁进行了全面的特性描述，其 4.8 节介绍的模型适用于大约位于磁赤道南北两侧 20°的区域。在高纬度地区（如北纬或南纬 60°以上），该模型不再适用；而在其他纬度位置，电离层闪烁的影响通常可以忽略不计。对流层闪烁的幅度取决于沿传播路径折射

率变化的大小和结构。幅度闪烁随频率和路径长度的增加而增加，并且由于孔径平均效应，其随天线波束宽度的减小而减小。读者可以在文献[6]的 2.4 节找到对流层闪烁的预测模型。

最后，如果地面终端位于室内，额外的信号损失会极大地受到建筑物位置和构造细节的影响，因此通常需要进行统计评估。文献[9]为此提供了一个合适的建筑物穿透损失模型，而实验结果则可在文献[10]中找到。

12.1.3 移动信道特性

卫星通信系统的构建高度依赖所使用的频段、UE 类型，当然还有 UE 的使用环境。下面将重点关注与地面环境相关的移动信道特性[11]。

1. NGSO 地面移动卫星信道

过去几十年来，由于人们对卫星数字广播、个人通信和导航应用的兴趣，地面移动卫星信道的建模工作得到了广泛的研究。大部分研究焦点集中在 L 频段和 S 频段，尽管也有一些针对更高频段的结果。重要的是要认识到随机模型的重要性，这些模型能够模拟信号幅度和相位在时域的演变。这种建模能够准确地表征在衰减/遮挡条件下物理层的性能，从而支持系统设计优化并合理确定所需的链路余量。

关于地面移动卫星信道模型，截至 1999 年，已提出的模型综述可以在文献[12]中找到。最早被广泛应用的随机模型之一是由 Loo 在文献[13]中提出的，主要针对乡村环境。该模型假设在植被遮挡（阴影）下的直射分量服从对数正态分布，而多径效应符合莱斯分布，整体上形成莱斯/对数正态分布。通常情况下，与上述两种不同现象导致的衰减相比，阴影效应是一个较慢的过程。这两种过程彼此相关，Loo 的模型已被证实与实地测量数据吻合得很好。尽管 Loo 的模型与实验数据的匹配度很高，但其适用范围有限，主要用于植被遮挡的乡村环境。

Perez-Fontan 在文献[14]中提出了一种更为全面的地面移动卫星信道模型，该模型能够涵盖不同的环境、不同的卫星仰角、窄带和宽带信号及不同的频段（L、S 和 Ka 频段）。其关键创新在于引入了一个三状态马尔可夫链来模拟直射条件（状态 1）、中等遮挡条件（状态 2）和严重遮挡条件（状态 3）。对于窄带信号，在每个状态下都假设了符合 Loo 分布的状态相关参数。而对于不太适用于物联网应用的宽带模型，则假设有大量具有指数型多径功率谱的射线。基于大量的卫星测量数据，文献[14]以表格形式提供了大量案例下的 Loo 信道参数、马尔可夫过程转移矩阵概率及最短状态持续时间。

上述三状态地面移动卫星信道模型的一个演进版本体现为文献[15]中提出的两状态（好/坏）模型。两状态模型在给定状态下允许对 Loo 分布参数进行更灵活的选择。两个状态均可取不同参数的各种可能值。相比之下，原来的三状态模型则假设在一个给定状态和环境、关注的卫星仰角下，具有固定的单一 Loo 分布及其参数。这一改进后的模型强化了非直射情况下的建模，对于能够利用分集技术或像广播系统前向链路那样的大链路余量的场合尤为重要。其所提供的信道模型参数基于一系列实验活动，涵盖了不同的移动环境，但限于 L 和 S 频段。

这两类模型代表了目前用于分析移动物联网性能最为完整且通用的模型。值得注意的是，3GPP NTN 平坦衰减信道模型[16]也在重复利用前述的两状态模型[15]。

2．多样性

NGSO 卫星通信在物联网应用中的关键优势不仅体现为路径损耗的减少，还在于其能充分利用单颗可见卫星的时变几何链路特性（包括仰角和方位角的变化），以及在多颗卫星同时可见的情况下提供的时间多样性[1]和空间多样性。

文献[17]是少数几篇关于多卫星接收环境下地面移动卫星信道建模的文献之一。该文献通过引入信道状态之间的相关性及快慢变化的统计参数来实现这一目标。与文献[15]一致，其假设每颗卫星有两个状态。文中描述了一种新的主从方法以生成状态序列。实际上，假设每颗从卫星的参数仅依赖一颗主卫星。

文献[18]研究了地面移动卫星信道模型及卫星几何参数与 UE 运动方向的关系。这项研究发现，卫星相对于移动轨迹的方位角位置需要被明确地建模。文中提出了一个统计地面移动卫星信道模型，其参数是基于图像的态势估计方法获取的，并通过与 S 频段的卫星实测数据的对比验证了其有效性。该模型的特点在于，它能够为任意卫星仰角和方位角提供完整的统计信道描述，从而将先前适用于单颗卫星的灵活的两状态模型扩展到多卫星场景中。

3．多普勒和多普勒速率预补偿

本节介绍的技术适用于具有移动波束和地球固定波束的 NGSO 系统。

1）基于 GNSS 的解决方案

一种预先补偿 NGSO 卫星轨道多普勒效应的初步方案依赖对卫星星历及 UE 位置的了解。一颗或多颗卫星可能会周期性地广播星座的星历数据，而当前 UE 的位置可以通过集成在终端内部的 GNSS 接收机精确获取。通过这种方式，UE 能够预测下行链路载波频率的多普勒频移及其变化率，并预校正上行链路的载波频率，从而消除卫星发射时所观测到的多普勒效应。然而，这种解决方案的主要缺点在于需要在 UE 上配备 GNSS 接收机，这不仅会消耗物联网移动终端的极大电量，而且会增加物料清单的成本。此外，为了获得定位信息，GNSS 接收机需要有良好的视角，以便接收卫星信号（理想情况下是半球形覆盖或者至少大部分无遮挡）。

采用上述解决方案面临的一个实现挑战是，当存在未知载波频率偏移时，有下行链路载波同步问题。载波频率不确定性主要源于物联网设备本地振荡器的漂移和下行链路的多普勒频移。为了应对相对于下行链路符号速率较大的载波频率偏移，可能需要采用更为复杂的技巧，比如多重假设测试或多频率扫描技术。然而，在 SNIR 较小的条件下，由于物联网设备的天线增益较小及卫星发射机的功率限制，此类复杂技术的处理难度将会更大。

---

1 在这种情况下，对于像物联网这样的非延迟敏感的服务，可能的链路阻塞只会对其产生暂时影响，因为卫星与 UE 之间的几何关系在通信过程中会发生变化，从而有望解决阴影/阻塞问题。

2）不依赖 GNSS 的解决方案

为了克服上述基于 GNSS 的预补偿技术存在的弊端，一种替代解决方案被现有的移动卫星星座采用，即基于波束中心的多普勒预补偿。这种预补偿可以在卫星上实现，如 Iridium 系统就是这样处理的；或者像 Globalstar 那样，在地面网关实施该补偿。这种解决方案的主要缺点在于，多普勒补偿仅在波束中心有效。因此，当 UE 位于不同位置时，会存在一些残余的多普勒频移。

预补偿最差情况下的误差显然出现在终端位于波束边缘的时候，这时终端与波束中心的距离最大。设 α_c 和 α_e 分别表示波束中心点和波束边缘处的运动角度，那么残余多普勒频移计算方式如下：

$$\Delta f_d(t) = \frac{f_c}{c} \cdot v_{sat} \cdot [\cos\alpha_c(t) - \cos\alpha_e(t)] \qquad (12.13)$$

通常，这两个角度的差也是已知的，它等于 HPBW 的一半。例如，假设 HPBW = 5°，f_c = 2GHz，以及取两个不同的卫星高度，图 12.9 显示了残余多普勒频移的绝对值随波束中心仰角 θ_c 的变化。残余多普勒频移不仅在 UE 接收机处引入载波频率偏移，而且对 UE 上行链路传输的载波频率对齐有间接影响。对于独立的 GNSS 解决方案，UE 接收机必须依赖来自卫星的下行链路信号来提取时钟参考，以便调整上行链路传输的时间和载波频率。接收信号的残余多普勒频移可能会在物联网设备参考时间提取时引入误差。这对于 OMA 方案[如单载波 FDMA（SC-FDMA）]尤为重要，因为在接收机处（在卫星上或地面网关站上），来自不同用户的信号频率错位可能会降低性能。因此，这可能会导致系统在波束尺寸与网关解调器所能容忍的最大频率偏差之间进行权衡。

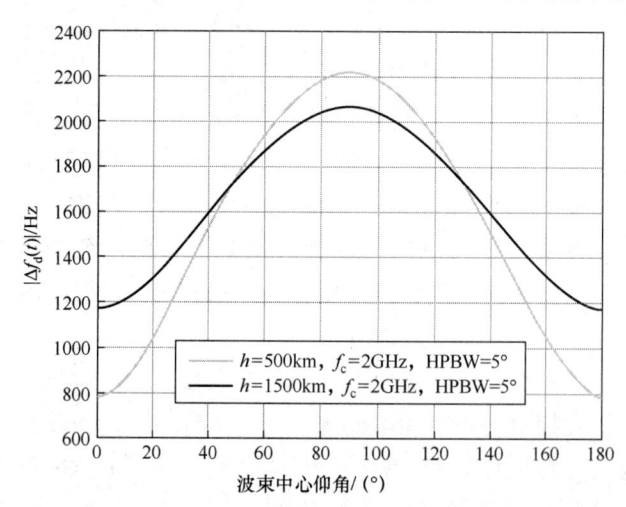

图 12.9　残余多普勒频移的绝对值随波束中心仰角的变化，假设 HPBW = 5°，f_c = 2GHz，且存在两个不同的卫星高度

4．路径损耗和链路损耗变化补偿（等通量天线设计，功率控制）

由于地球表面的球面形状，NGSO 卫星在地球表面上投射规则天线网格时会产生相当大的波束形状畸变。因此，在 LEO 上设计多波束布局更为复杂，这是由于从天底点

到覆盖区域边缘的斜距变化相当大，斜距 d 可以使用式（12.7）来计算。例如，在 1200km 的高度上，从天底点到 15°仰角（75°天底角）的斜距变化会导致路径损耗增加 7.2dB。而对于 600km 高度的 LEO 卫星，这种额外的路径损耗会增大到 8.7dB。

通过使用具有适当波束成形设计的星载有源天线，可以采用所谓的等通量设计来补偿这种与仰角相关的路径损耗。在文献[20]中可以找到多波束 LEO 卫星等通量天线设计的一个实例。除了天线的等通量类型补偿，还有其他可能的对策。对于通常具有下行链路载波的物联网系统，文献[21-22]中描述的开环传输和功率控制方法是一种有趣且实用的解决方案。首先，采用基于 SNR 的估计算法[23]进行下行链路 SNIR 的引导估计；其次，通过存储最大中期估计 SNIR 值，解调器计算出直射路径的 SNIR 参考值。这样，UE 只需简单地从最小系统运行 SNIR 中减去当前 SNIR（两者都以 dB 表示），就能实时估计当前的链路余量。当需要发送数据包时，UE 可以判断是否有足够的余量以确保成功接收数据包，以及可以采用多大的最大功率随机化范围来进一步提高系统吞吐量。文献[21]中的仿真结果显示，其提出的数据包传输控制算法在地面移动卫星信道模型的三种状态及速度高达 170km/h 的情况下，表现出良好的性能。这种开环传输和功率控制方法已在文献[24]提到的现场试验中得到验证。

12.1.4 UE 和卫星的频率参考确定

在本节中，我们将回顾网络同步的需求及解决方案，同时探讨卫星及 UE 上时钟稳定性的影响。

卫星与 UE 上的时钟误差直接影响载波频率的长期/短期稳定性、符号时钟定时，以及帧的发送和接收定时。发射机和接收机的时钟不确定性会直接影响接入网络的性能。更重要的是，某些网络接入协议要求来自多个源头的信号具有严格的时间和频率同步，以保持信号间的正交性［如 TDMA、多频时分多址（MF-TDMA）或正交 FDMA（OFDMA）］。接收机和发射机时钟的稳定性与同步性将在整个系统性能中起到关键作用。事实上，多址协议对时钟定时、频率不确定性和抖动的敏感程度是选择接入方案时的重要考虑因素。

1．基于 GNSS 的解决方案

使用 GNSS 接收机已经成为为卫星和 UE 提供稳定时钟参考的关键突破。如同 GNSS 接收机提供的每秒一次的脉冲（PPS）信号这样的稳定参考，常常被用来校准本地振荡器并纠正时钟漂移。

已有适用于 NGSO 卫星的具有飞行历史的 GNSS 接收机，能够为卫星上的计算机及通信有效载荷提供参考时钟。虽然 GNSS 时钟参考在消除长时期时钟误差方面非常有效，但本地振荡器的短期稳定性并不会因 GNSS 时钟参考而受到影响。这种短期波动可能会表现为相位噪声，从而妨碍相位相干检测的性能。这一点对于物联网上行链路的低比特率传输尤为重要。因此，精心选择关键组件，如振荡器，并设计合适的定时反馈回路，对于控制相位噪声特性至关重要。

正如在 12.1.3 节中讨论的那样，装有 GNSS 的 UE 能够从中提取自身的位置及稳定的时钟参考（PPS），这有助于降低发射机载波频率和符号定时的不确定性。但是，正如

在 12.1.3 节中提到的，对于某些种类的物联网设备，GNSS 接收机的功耗可能会超过其可用的电力或能量预算。

2. 不依赖 GNSS 的解决方案

对于某些物联网服务应用，由于服务特性和避免对外部系统的依赖，在卫星上搭载 GNSS 接收机并不现实。然而，为 NGSO 物联网卫星复制类似 GNSS 的全套原子钟是一项昂贵的任务。在此背景下，基于新开发的芯片级原子钟（Chip Scale Atomic Clock，CSAC）的替代解决方案可能成为一个选择。尽管使用 CSAC 可能导致时钟稳定性的精度降低，但这对于物联网网络同步仍然是可以接受的。使用 CSAC 并不能完全满足卫星时钟校正的需求，但根据所需的精度，校正可能只需在每个轨道周期进行一次，甚至更少频次即可。

假设 NGSO 卫星能够接收到一个稳定的时钟参考信号，该卫星可以通过信标信号将时钟参考分发给 UE。或者，卫星向 UE 发送的下行链路信号可在下行帧格式中封装网络时钟参考。这种做法类似于数字视频广播标准中针对交互式服务采用的网络同步方法（如 DVB-RCS2 标准）。然而，这种方法的缺点在于需要宽带的下行链路信号，因此对 UE 来说意味着较高的功耗。

因此，卫星物联网应用更倾向于采用不需要 UE 具备精确频率和时钟参考的无时隙（异步）RA 解决方案。

12.2 NGSO 网络 RA 的基本原理和挑战

12.2.1 为何及何时在卫星网络中使用 RA

1. 物联网流量特性

毫无疑问，物联网或机器类型的通信网络生成的数据量及其流量特征受到多种因素的影响，这使得定义一个通用模型变得困难。然而，我们可以确定物联网数据模式的特征，以设计具备高效支持物联网服务特性的协议。更具体地说，物联网节点生成的流量受以下因素影响。

- **节点密度**：通常以单位面积内的节点数量来量化，这一因素主要影响通过卫星连接传感器和网络中心时交换的总流量。一般来说，预期每单位面积（如每平方千米）的传感器数量可能从数百个到数十万个不等，具体数量取决于环境因素，比如密集的城市区域、乡村地区，甚至是海洋等。
- **生成数据包的频率**：通常以每单位时间生成的数据包数量衡量，或者以连续生成两个数据包的时间间隔来衡量。同样地，单个节点生成的流量的预期频率可以从每天一个数据包到每小时几个数据包不等。
- **生成数据包的大小**：以比特或字节表示，是影响生成流量的第三个因素。数据包的大小主要影响单个数据包传输所需的时间。通常情况下，单个节点生成的流量的预期大小从每个数据包几十字节到几千字节不等。例如，在用于跟踪坐标或计量数据的应用中，较小的数据包尺寸为 50~100 字节；而在诸如管理与控制数据、警报系统或电子交易数据等应用中，较大的数据包尺寸则可能达到 1～2 千字节。
- **生成数据包的周期性**：表明了流量生成的变化性。确切地说，若节点生成的流量不具备周期性（例如，在紧急事件或警报导致消息生成与传输的情形下），则每个节点生成数据包的频率在时间上是可变的，因此，整个网络的总流量在时间上也可能存在显著的波动性。

当前，已有数十亿的物联网设备连接在线，并且这一数量在不久的将来会迅速增加。这些海量数据在网络中周期性或非规律性地出现，并且传输速率也是可变的。因此，建立一个能够描述这种大规模异构流量特性的模型对于管理和优化物联网网络至关重要，同时也是对其进行有效调节所必需的。然而，在现有文献中，没有一种单一模型能够准确地刻画机器类型通信网络的所有这些特性。举例来说，基于泊松过程的流量生成模型适用于大量可能随机向网络输入数据包的数据源，但是，这种方法始终无法精确估计重尾分布数据流量和数据包到达时间的长期相关性变化。

为了应对上述问题及其他相关的方面，读者可以参考文献[25-27]中关于物联网流量分类和特性分析的有趣研究。例如，在文献[25]中，作者基于不同类型的物联网设备（如遥测跟踪设备、报警设备或流量聚合器等）进行了分类，并识别出一些关键参数以描述其各自生成的流量的特点。文献[26]则基于不同的物联网应用场景（如智能电网、智能生活与建筑、智能环境等）收集并总结了相应的流量特性。在文献[27]中，作者探讨了分析模型的应用，用于量化在聚合周期性流量情况下采用泊松过程假设引入的误差。

2. 卫星与 TN 的特性

之前概述的突发性和低占空比物联网流量特性促使 TN 选择了共享型信道接入解决方案。这种类型的接入方式面临的挑战是，如何在保证良好性能的同时，以可接受的实现复杂度来控制对公共信道资源的访问。正如文献[28]所述，为了应对这个问题，许多地面 RA 技术采用了信道感知和分布式预留解决方案。然而，这些技术并不适用于卫星网络，因为其传播延迟远大于传输一个数据包所需的时间，发送方可能在接收方开始接收第一个数据包（或在冲突情况下无法接收到）之前就已经发送了若干个数据包。这种固有的、不可避免的系统延迟使采用可能的重传技术效率降低，因为它可能会进一步增加延迟和信道负载。另外，卫星小区（波束）通常远大于 TN 的小区。这意味着一个卫星波束可能需要服务于更多的潜在 UE。然而，这种情况通常会被卫星网络针对的较低流量密度所补偿。

3. RA 与 DAMA 接入对比

针对上述卫星特有的问题，已经出现了一系列多址接入解决方案，以支持卫星 VSAT 在零售销售点交易和数据采集与监视控制系统中的应用。在常规的 DAMA 基础上，有人开发了基于快速预约的特殊协议[28]。然而，这些解决方案在面对典型的物联网突发性流量时表现出效率低[29]的问题。此外，由于前向信令所产生的开销，在网络中部署大量 UE 时，基于 DAMA 的解决方案变得不太具有吸引力。

4．同步访问与异步访问对比

增强型 DAMA 解决方案需要一种时隙型的多址接入，这种时隙型多址在 VSAT 网络的反向链路中通常采用 MF-TDMA 技术。所有 DAMA 解决方案都引入了控制子帧，这是 UE 进行容量请求和与卫星网络参考保持紧密时间同步（例如，在 MF-TDMA 中）所必需的。相应的信令在由低占空比流量 UE 组成的大型网络的上行信道中占据了相当大的开销。简而言之，DAMA 协议要求 UE 在请求时进行一些资源分配，UE 需要与网络保持同步以便利用 MF-TDMA，这两者的结合是研究更高效的物联网类流量多址技术的关键驱动因素。

12.2.2 从 ALOHA 到现代 NOMA 方案

1．物联网 RA 解决方案

从先前的讨论中明显可以看出，一个高效的卫星物联网解决方案不能依赖传统的多址接入技术。在详细介绍最近开发的针对卫星物联网的高性能且可扩展的 RA 解决方案之前，我们将简要回顾最常见的资源共享技术，以便突出它们的优点和局限性。我们讨论的重点主要集中在三种经典的多址接入技术上，即 FDMA、TDMA、CDMA。

显然，这些接入技术的组合是可行的，并且在实际系统中常常被采纳。在 FDMA 中，系统资源在频率域内进行共享，上行链路频谱被划分为多个子频段。对于物联网应用，子频段的大小与 UE 的波特率有关，通常情况下，虽然采用 FEC 方案波特率会有所提高，但仍然是适度的。显然，对于固定的比特信息速率，使用更低编码率的 FEC 会增加信号传输占用的带宽，从而降低了多址接入的频谱效率。在这种情况下，通过分配（或选择）一个 FDMA 子频段来传输所需信息，以实现多址接入。如果多个 UE 在同一时间访问同一个子频段，则会导致数据包冲突。为了在支持的不同数据传输速率下保持卫星接收机处恒定的 PFD，UE 的发射功率需要与其传输带宽成正比。这可能会导致 UE PA 的过大设计或 PA 的使用效率不高（例如，需要较大的输出退耦），而这可能不适合物联网应用。在 UE 同步方面，只需要频率同步（而不必进行时间同步，因为没有分配时隙）。12.1.4 节讨论了与在 UE 中提取频率参考相关的技术。

如前所述，TDMA 通常与 FDMA 结合使用，常见于 VSAT 网络中。每个载波被划分为帧，然后每个帧又被细分为时隙。可以根据 DAMA 方式将时隙分配给特定 UE 一段时间，或者 UE 也可以采取无协调 RA 的方式使用时隙。一个重要特点是，UE 拥有一个时隙，即帧持续时间的一部分，用于传输所需数据。因此，尽管 UE 在整个帧时段内的平均数据传输速率可能较低，但由于有限的时间长度，其时隙数据传输速率被人为提高。这意味着在 TDMA 中，UE 的传输功率必须根据累积的 TDMA 比特率而非单个 UE 的比特率来调整。为此，卫星 VSAT 网络采用了 MF-TDMA，它允许将上行链路的频谱分割成 N_F 个子频段。然后，每个 FDMA 子频段以 TDMA 方式组织，这样相比于纯 TDMA，可以将 UE 所需的峰值比特率降低为原来的 $1/N_F$。此外，（多频）TDMA 的一个负面特点是，即使网络接入并不频繁[1]，也需要 UE 在时间和频率上保持同步。这一点对信令开销和 UE 的功耗产生了负面影响，特别是在 NGSO 系统中，由于延迟具有很高的时变性，这种影响尤为显著。

最后考虑的多址接入技术是 CDMA。在 CDMA 系统中，通常所有 UE 共享可用的频谱资源，并通过 DAMA 或 RA 方式异步接入该频谱。这些 UE 通常使用来自一组具有良好互相关性和自相关性扩展码家族的不同扩频序列。采用低速率 FEC 编码在这种情况下对频谱效率有积极影响，因为它能够更好地应对热噪声和同信道干扰[29]。然而，这种做法唯一的缺点在于，在恒定占用带宽的情况下会降低扩频因子（每符号的码片数）。与 FDMA 类似，发射功率会随单个 UE 比特率的需求而调整。由于访问方式为异步，因此不需要时间和频率同步，而且一些载波频率误差除了可能导致解调器捕获范围扩大，并不会造成显著影响。

2. 总体权衡分析

如前所述，每种接入技术都有其独特的特点，分别适合不同的应用场景。接下来，我们将总结与物联网应用相关的多址接入技术的关键特性。在比较这些多址接入技术时，我们做了以下假设：

- 总带宽 B_W 和资源分配窗口 T_{frame} 都是固定的。
- 假设相同数量的单个活动终端信息 $N_b = \bar{R}_b \cdot T_{\text{frame}}$（bit）在帧持续时间内传输。
- 采用相同的物理层 FEC（一般来说，可能不是这样）。
- 可用的多维资源数量 N_R（TDMA 时隙的数量 N_T、FDMA 载波的数量 N_F 和 CDMA 扩频序列的数量 N_C）保持不变，即 $N_T \cdot N_F \cdot N_C = N_R$。

图 12.10 提供了上述假设的图形表示。由图易得，以下关系是成立的：

$$\bar{P}_{\text{TDMA}} = \frac{P_{\text{TDMA}}^{\max}}{N_T} = \frac{P_{\text{TDMA}}^{\max}}{N_R}, \bar{R}_b = \frac{[R_b]_{\text{TDMA}}}{N_T} \quad (12.14)$$

$$\bar{P}_{\text{MF-TDMA}} = \frac{P_{\text{MF-TDMA}}^{\max}}{N_R} N_F = \frac{P_{\text{MF-TDMA}}^{\max}}{N_T}, \bar{R}_b = \frac{[R_b]_{\text{MF-TDMA}}}{N_T} \quad (12.15)$$

$$\bar{P}_{\text{CDMA}} = P_{\text{CDMA}}^{\max}, \bar{R}_b = [R_b]_{\text{CDMA}} \quad (12.16)$$

因此，当我们比较在一个帧内传输 N_b 所需的最大功率时，我们得到：

$$\frac{P_{\text{TDMA}}^{\max}}{P_{\text{CDMA}}^{\max}} = N_R, \frac{P_{\text{MF-TDMA}}^{\max}}{P_{\text{CDMA}}^{\max}} = \frac{N_R}{N_F} \quad (12.17)$$

显然，如果我们希望节省 UE 的最大发射功率，我们应该优先考虑 CDMA 解决方案或 FDMA 解决方案。CDMA 的一个额外优势是不需要时间或频率同步，这对于物联网应用来说是一个关键特性。相反，当终端发送 N_b 时，MF-TDMA 所需的最大发射功率介于 TDMA 和 CDMA 之间，因此 MF-TDMA 成了一个折中的选择。FDMA 在发送 N_b 时所需的发射功率与 CDMA 相同。

---

[1] 另一种可能的替代方案是在每次需要传输数据时重复进行网络同步过程。但是，这种方案会带来较大的开销，并增加 UE 的电量消耗。

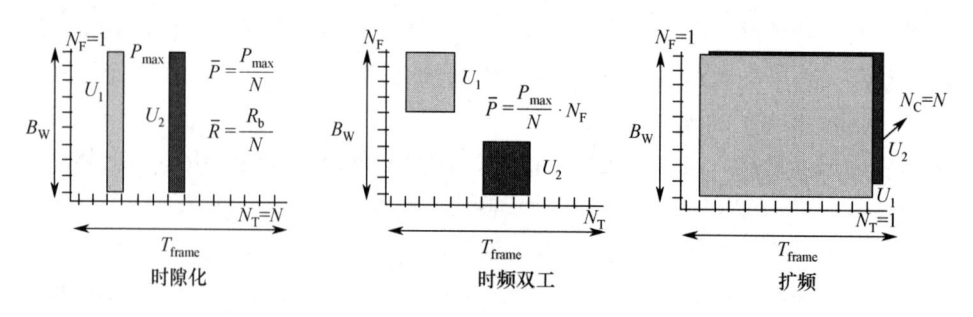

图 12.10　FDMA、MF-TDMA 和 CDMA 的对比

3. ALOHA 和 SS-ALOHA 的优点及局限性

由 Abramsom[30]提出的著名的 ALOHA RA 方案最初被设计用于连接夏威夷大学分散的计算机站点，其优点在于不需要网络同步；主要缺点是在可接受的丢包率（Packet Loss Rate，LR）下吞吐量有限。尽管其经常引用的吞吐量峰值为 0.368，在更实际的 PLR 为 10^{-3} 的情况下[1]，归一化吞吐量仅为 10^{-3} bit/符号。如果考虑我们的目标是经济有效地利用稀缺的可用带宽来服务大量 UE，那这一效率显得非常低。

地面系统是一个特殊情况，它们可以根据流量需求通过增加基站密度来提高频谱复用率，LoRa 和 SigFox 就是此类系统的典型例子。

LoRa 技术基于一种专有的 M 进制扩频（CSS）ALOHA 类型的 RA 协议，该协议在文献[31]中有描述。CSS 调制使不同的用户可以通过使用不同的扩频因子参数 SF 在同一频段内复用，从而实现不同的数据传输速率。根据文献[32]所述，具有不同 SF 的碰撞数据包被视为加性噪声，而具有相同 SF 的数据包发生碰撞可能导致数据包丢失，除非功率不平衡大于 6dB。在 TN 中，链路损耗严重依赖到基站的距离，因此不同的小区位置需要不同的 SF 来建立链路。而在卫星网络中，这种情况通常并不成立。LoRa CSS ALOHA RA 方案具有一些有趣的特性，但似乎在物理层的编码保护能力有限，且不支持基于干扰消除的碰撞效应缓解。文献[33]中给出了一些 LoRa 低功耗广域 TN 的容量分析。据作者所知，目前还没有针对卫星网络的类似分析；然而，预计其性能将与后续讨论的扩频 ALOHA（SSA）相似。

另一个有趣的选择可能是 SSA[34]，当它与强大的低速率 FEC 结合时，可以实现每芯片 0.5bit 的吞吐量，PLR 为 10^{-3} [29]。这个结果是在接收的数据包功率完美平衡的理想情况下得出的。由于众所周知的 CDMA 近端问题，SSA 的致命弱点在于其对数据包功率不平衡的高灵敏度。如文献[28]所示，当接收的数据包功率呈对数正态分布，标准差为 2~3dB 时，SSA 的吞吐量会减少几个数量级。相比之下，传统的 ALOHA[或时隙 ALOHA（S-ALOHA）[35]]在面对功率不平衡时，由于数据包捕获效应，反而能表现出更好的性能。

我们可以得出结论，SSA 是一种适用于非协调卫星物联网的有趣 RA 方案。然而，

---

[1] 这个特定的 PLR 值在卫星网络中通常是必需的，以避免过于频繁的数据包重传。

为了使其成为真正吸引人的解决方案，需要克服其对功率不平衡的脆弱性。相比之下，ALOHA 在相对较低的 PLR 目标应用（如卫星物联网）方面的吞吐量非常低。与 ALOHA 相比，时隙 ALOHA 在实际 PLR 值方面提供了一些非常有限的吞吐量改进，但这需要 UE 实现时间同步。

12.2.3　RA 信号处理

1. 接近 MAC 容量的实用解决方案

前文讨论指出，现有的 ALOHA 方案都无法完全满足我们的应用需求。近年来的一项重大创新是设计相对简单的解决方案，以缓解 ALOHA 类 RA 中的数据包冲突问题。按照时间顺序，首先提出的解决方案是对时隙 ALOHA 进行改进，特别是它的多样性版本——多样性 S-ALOHA（DSA），该方案会让同一个数据包在两个随机选择的时隙中重复发送两次，以此提高至少一个副本被成功接收的概率[36]。随后出现的争议解决多样性 S-ALOHA（CRDSA）[37]的概念，是利用已正确解码的 DSA 副本数据包来抵消其孪生数据包。孪生数据包在帧中的位置包含在嵌入了数据包有效载荷的信号字段中。其还有一个创新之处在于，接收信号样本被保存在数据包解调器的内存中，以便多次重复时隙检测过程，最大限度地提高数据包冲突解决的效果。这项对 DSA 的简单附加功能使 S-ALOHA 的性能提高了 450 倍，从而在 PLR $=10^{-3}$ 时达到了 0.45bit/符号的吞吐量（参见文献[28]中的图 12.8）。此外，一种异步版本的 CRDSA，即异步争议解决多样性 ALOHA（ACRDA）[38]，在同等功率的条件下，实现了惊人的 1bit/符号的吞吐量。沿着同样的思路，一些其他方案也被提出，文献[28]中进行了相关总结。然而，当采用现实系统模型时，其中一些方案虽然增加了解调器的复杂性，却没有带来实质性的性能提升[39]。解调器的复杂性是一个需要重点考虑的因素，特别是在 NGSO 系统中，通常需要在卫星上实现解调器功能时更是如此。

进一步的改进与 SSA 有关。增强型 SSA（E-SSA）[40]通过借鉴 CRDSA/ACRDA 的思想并针对 SSA 不使用数据包副本的特点进行了定制，克服了 SSA 的主要弱点。E-SSA 采用基于三个数据包窗口的迭代逐次干扰消除（iSIC）技术，在 PLR $=10^{-3}$ 时实现了 1.2bit/chip 的吞吐量，而在数据包功率不平衡的情况下甚至可以达到更高的吞吐量。这一成果相较于传统的 ALOHA 有了三个数量级的提升。实际上，得益于 iSIC 处理，E-SSA 能够充分利用功率不平衡的优势，因为在解码后，功率较大的数据包更容易被取消。E-SSA 解调器在工作过程中，首先会对 SNIR 最大的数据包进行解码，以利用高质量的信道解码结果来优化消除干扰的过程。文献[41]提供了一种在不完全消除干扰情况下的 E-SSA iSIC 性能的近似但准确的分析。

E-SSA 方案特别吸引人的一点在于，它仅需在 UE 处进行最低程度的处理改动，而 iSIC 处理主要在中心（卫星或地面站）解调器一侧完成。换句话说，从波形设计角度来看，可以对 SSA 传输波形应用 iSIC 技术，以提高整体吞吐量。该设计本身也意味着发射端无须使用网络同步。E-SSA 的一个强大特点是，所有用户可以共享同一扩频序列，因此，在用户数据包检测和解码之前，无须预先识别用户身份。实际上，由于采用了真正异步的传输方式及长扩频码（在一个数据包内不重复），即使所有用户共享相同的已知前导码和同一扩频序列，也能实现对每个单独数据包的检测。通常在 E-SSA 系统中，所有用户都使用单一的扩频码，目的是简化接收端的复杂性。这样一来，只需执行一次前导码搜索就能检测空中是否存在数据包。需要注意的是，数据包获取是接收机实现中最耗费计算资源的部分。因此，采用单一签名可以确保接收机的复杂度维持在一个可接受的水平。

2. 在 SIC 基础上应用 MMSE 是否值得

尽管 iSIC 方案在 SSA 类型的随机数据包传输中实现了显著的性能提升，但从理论上讲，iSIC 方案达到的性能与多址接入信道容量之间仍存在一定的差距。E-SSA 方案使用传统的单用户匹配滤波器（Single-User Matched Filter，SUMF）接收机对收到的数据包进行解扩。众所周知，线性最小均方误差（Minimum Mean Square Error，MMSE）检测器能够提升扩频方案的可实现性能。而且，MMSE 与 iSIC 处理相结合有可能达到多址接入信道的容量[42]。然而，实现 MMSE 检测器需要对协方差矩阵进行求逆，这在硬件实现上计算负担较大。一种更适合硬件实现的替代方案是基于多级检测器设计，该设计可以近似 MMSE 性能[43]。尽管如此，诸如权重系数的动态更新等因素可能会增加 MMSE-iSIC 实现的复杂度。考虑接收机的整体复杂度，数据包获取（前导码搜索和检测）通常是对解调器复杂度影响最大的部分。因此，与基于 SUMF 的 iSIC 相比，接收机中 MMSE-iSIC 实现的整体贡献被认为是可接受的。至于迭代次数，iSIC 算法所需的迭代次数通常要比 MMSE-SIC 检测器和解码器所需的迭代次数更多。

在最近关于 MMSE-iSIC 算法实现的研究工作[44]中，据报道，可实现的总吞吐量有所提升。然而，数据包获取的准确性及在处理窗口内现有数据包的识别准确性可能会影响 MMSE-iSIC 解调器最终的表现性能。因此，当解调过程在卫星上进行时，一般不建议在 iSIC 上使用 MMSE 技术。这是因为卫星上的硬件资源有限，而 MMSE 算法的计算密集型特性可能会加大其在卫星上的实现难度和复杂度，从而影响整个系统的性能和可靠性。

3. 针对 RA 信道的 FEC 和接收端的 SIC

对于在接收端采用 iSIC 机制的 RA 方案而言，FEC 编码优化相较于传统的仅考虑 AWGN 信道的通信系统更为复杂。这是因为在文献[45]的研究中发现，即使在较高的数据包错误率（Packet Error Rate，PER）条件下（如大于 0.5），SIC 机制也可能被激活。不同于在 AWGN 信道中，更强有力的 FEC 编码因其陡峭的 PER 曲线特性更有优势，在接收端进行 iSIC 操作的干扰受限的信道中，FEC 在高 PER 区域的表现会直接影响整体吞吐量。事实上，研究表明，对于具有相对较小数据包的 3GPP 宽带 CDMA（W-CDMA）涡轮（Turbo）码，其平滑的 PER 曲线可以获得优于或等于更大块尺寸或低密度奇偶校验（LDPC）码等更强大 FEC 的 RA 性能。文献[42]调查研究了在采用 SIC 机制的 RA 方案中，对于小数据包使用卷积码而非 Turbo 码或 LDPC 码的可能优势。研究结果显示，对于几百比特的短数据包，使用基于硬判决的 iSIC RA 方案时，Turbo 码的性能优于卷积码。而仅在使用软判决 iSIC 方案时，卷积码才显示出相对于 Turbo 码的一些微弱优势。

4. 何时不使用 iSIC

使用 iSIC 的过程依赖在接收端对传入的样本进行缓冲，然后进行数据包检测、解码、重构，并将其从内存窗口样本中删除，再在每轮数据包删除后进一步重复该过程以检测和解码更多的数据包。此过程的迭代性质允许首先检测最强的数据包，即 SNIR 最大的数据包。一旦这些数据包被从内存中移除，其他数据包将变得可检测。如果到达的数据包功率不平衡，即使执行较少的迭代，iSIC 的最高吞吐量性能也会进一步提升。实际上，如文献[41]所述，如果到达的数据包功率在对数尺度上具有均匀分布，那么 iSIC 的性能将大大提高。

如果总频谱效率不是系统设计的主要驱动因素，并且对于传入的数据包，功率平衡适中或需要最小化（在卫星上）解调器的复杂性，那么可以逐步减少 iSIC 的迭代次数，直到为零。

还有一个需要考虑的方面是解调延迟，因为 iSIC 过程是顺序执行的，这会增加数据包检测的处理延迟。对于某些应用，这种延迟可能是不可接受的。然而，对于大多数物联网应用，性能提升和处理延迟之间的权衡可以促进总速率的提高，这会间接降低接收数据包的延迟，从而避免数据包的重新传输。

12.2.4 拥塞控制

正如 12.2.1 节所提到的，需要注意物联网流量的突发性，以避免短期过载（可能导致 RA 操作不稳定）。如文献[28]所述，拥塞控制算法应确保短期平均流量负载能将 RA PER 保持在目标值以下（通常应小于10^{-2}，以避免过多的重传）。用于拥塞控制的典型技术基于 p-持久性算法、指数退避或两者的组合。这些技术在以太网网络中广泛使用。在卫星物联网网络中，拥塞控制算法的参数通常在前向信道上广播，并根据平均信道负载动态调整。诸如 SSA 和 E-SSA 之类的 RA 方案在同一频段上聚合了更多用户，增强了负载平均效果，从而简化了拥塞控制算法的操作[46]。

12.3 NGSO RA 方案设计

12.3.1 物联网前向链路设计

1. 关键要求

在开始寻找现有的前向链路解决方案或设计新的前向链路之前，明确需求是至关重要的。根据物联网服务的特定特点并考虑我们感兴趣的是低于 6GHz 的 NGSO 系统，以下是一些通用的基本要求。

- 支持 NGSO 操作（例如，应对大的多普勒频移）。
- 支持有限的信道化带宽（例如，几百千赫兹）。
- 支持使用低成本且简单的终端设备。

- 同时支持固定传感器和移动传感器。
- 支持不同类型的消息传递（例如，单播、广播或多播）。
- 支持多种活动模式以最大限度减少 UE 的能耗。
- 支持循环和流程[例如，功率控制、自动重传请求（ARQ）和拥塞控制]以提高系统容量。

2．可能的解决方案

目前市面上存在多种已被广泛商用的卫星通信标准。然而，尚未有任何一种标准是为 NGSO 星座中的 NB-IoT 应用专门设计的。

DVB-S2 标准的波形[47]虽然不特定于任何频段，但其主要针对的是 GSO 卫星上运行的卫星广播/宽带系统，这些系统通常工作在 6GHz 以上的频段。DVB-S2 标准的几个突出优势包括提供了非常强大的 FEC 方案、自适应编码和调制技术，并结合了一系列数字调制格式。然而，由于窄带移动服务并不是其主要针对的应用场景，因此存在一些明显的不足。例如：缺乏针对慢衰减信道的对抗措施（如缺乏中长期交织器）；帧长度可变（这意味着在间歇性接入网络中，初始同步变得较为困难）；导航符号之间的间距较大（在存在快速的移动信道载波相位变化和相位噪声的情况下，不适合低符号速率的场景）。

DVB-SH 标准[48]针对这些问题采取了一些解决措施，如引入了时域中的可编程卷积交织器，以及适用于移动信道的规则帧结构和导频结构。然而，该标准中较长的数据包格式（如 12282bit）和较大的信道化带宽（如 5MHz）仍然与物联网的窄带需求不兼容。

最后，为了完整性，值得一提的是 GEO-Mobile Radio-1（GMR-1）[49]和宽带全球区域网络（BGAN）[50]，这两个标准都是为支持 GSO 卫星上的语音通话及中高速终端数据传输速率而设计的，这些卫星通常工作在 L 频段。

3．一种稳健的设计解决方案

由于当时没有一个统一的标准解决方案能够满足 NB-IoT 的需求，ESA 于 2017 年启动了一个项目，旨在设计一种合适的前向链路波形，以与反向链路中的 E-SSA 等 RA 方案配对使用[51]。新空口设计借鉴并整合了卫星通信标准中最为适用的技术解决方案，正如上述讨论的那样。具体来说，其关键设计主要包括以下几个要点。

- 基于 3GPP LTE Turbo 码的信道编码技术[52]，因为它们在短数据包传输（如几千比特以内）时，能够提供性能与复杂度之间的良好平衡。
- 为了抵消移动场景中阴影或短暂阻断导致的中断，采用了可编程长度时间交织器。该技术基于卷积交织（如 DVB-SH 中所使用的），它的内存占用为块交织器的 1/2。
- 数据和控制信息以等长度的帧及恒定的导频符号间隔组织，以简化在终端的获取过程。
- 引入物理层管道（Physical Layer Pipes，PLP）的概念[53]，旨在支持不同的 QoS 需

求。每个 PLP 都可以编程配置，并通过一组物理层参数（包括调制阶数、编码率及卷积交织器参数）进行识别和定义。这些参数组合后会被映射到传输帧中。
- 为了在必要时提高所有帧中各 PLP 的最小 SNR 解调阈值，采用了一种可编程扩频技术，其扩频因子最高可为 4，这一技术对帧中的所有 PLP 都是通用的。
- 为了传输不同类型（如单播或广播）的数据流量，引入了最小化的链路层功能。实现的关键第二层协议循环主要包括：拥塞控制、数据包确认及功率控制。
- 采用了通用流封装协议[54]。

图 12.11 给出了文献[51]中所提出的前向链路发射机功能的示意图。

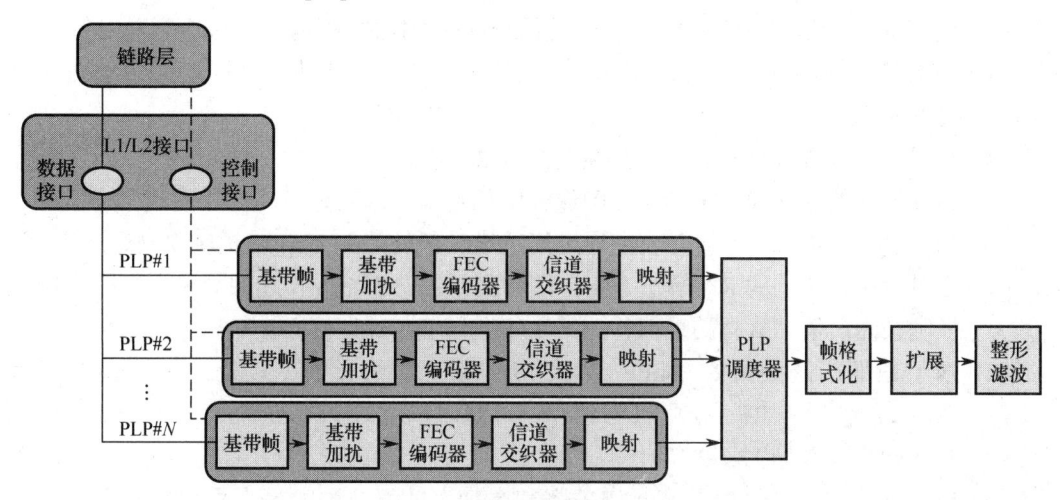

图 12.11 前向链路发射机功能示意图

12.3.2 物联网反向链路设计

1. 关键要求

物联网流量具有一些特性，这些特性对反向链路通信中的 RA 设计产生了深远影响。具体来说，典型的卫星物联网需求可以概括如下。
- 高效且可靠地支持大量用户间歇式发送小型至中型数据包，这是基于卫星的物联网应用的典型特征。
- 能够在每个服务区域具有有限信道化带宽的系统中运行（例如，从几十千赫兹到几兆赫兹）。
- 针对物联网对象通信中的小规模交易进行优化，尽量减小诸如 IP 报头、带宽分配请求及同步信号等开销。
- 一种能源效率高的解决方案，使得终端能够长期无人值守地运行。
- 具有高频谱效率，因为可用的频谱资源有限。
- 大规模可扩展性，即能够处理数量庞大的 UE。
- 在典型的地面移动卫星信道中表现出可靠的性能。

- 对于 UE，采用低成本且易于安装的技术。
- 低成本的服务。

2. 可能的解决方案

正如前面所述，近年来人们已经提出了多种适用于 NGSO 物联网的 RA 解决方案。下面将重点讨论基于反向链路中的 E-SSA RA，以及时分复用下行链路的首选方案。选择 E-SSA 的原因在于它最能满足前述的关键需求。其他正在实施的解决方案将在 12.4 节中简要介绍。具体来说，参照前述的关键需求，E-SSA 解决方案具有以下优点。

- 允许异步无协调 RA，与物联网流量特性完美匹配，适应性强。
- 允许灵活调整可用服务带宽，可根据需求选择最佳扩频因子，提高带宽利用率。
- 提供节能解决方案，因其具有极大的数据包正确接收概率和最短的信号交互及传输时间。
- 实现前所未有的频谱效率，在纯无协调 RA 模式下可达 2bps/chip。
- 具备简单的拥塞控制机制，在确保网络稳定运行的同时最小化开销。
- 当通道达到饱和状态时，支持通过简单增加额外的 FDMA 信道实现网络扩容。
- 提供近乎无错误的 RA 解决方案，结合类似 12.1.3 节中描述的简单上行链路传输控制技术，能在典型的地面移动卫星信道环境中保证可靠性能。
- 基于地面广泛采用的 3GPP W-CDMA 物理层进行演变设计，允许重复使用 COTS 组件用于 RF 和数字 UE 组件，并且限制了 UE 的 RF 功率，不需要严格的时间同步（参见 12.2.2 节）。
- 提供低成本服务，兼具高频谱效率和高功率效率，同时最大限度地减少了信令开销。
- 与针对物联网小规模交易优化的 IP 协议相结合。

12.3.3 关键解调方面

1. 波形属性

考虑 NGSO 卫星信道的特性，应仔细选择在 RA 信道中使用的波形属性，以便在维持发射端功率限制、EIRP 和频谱模板的同时，有助于接收端信号的检测、解调和解码。类似于通信传输过程，发送出去的数据包都将以某种结构进行组织，以辅助接收端数据包的检测、载波同步及相干解调。

每个数据包都包含一段精心选择的符号序列作为前导码。选择已知符号的长度及实际序列，是在存在载波频率不确定性的情况下，确保前导码能有效探测存在的数据包的关键。虚警概率和漏检概率之间的权衡，以及实际的运行点，将决定所需前导码的长度和检测策略。

存在两种结合信息部分（数据信道）和信号控制（控制信道）的截然不同的方法。12.4.1 节介绍了一种称为 S-MIM 的开放标准，在这种方法中，数据信道与控制信道在进行长扩频之前被组合为复合信号的同相和正交分量。采用这种方法时，根据信道劣化程度及强化每个符号中已知段落的需求，分配给数据信道和控制信道的功率会相应调整。

由此产生的星座图对应一种非对称的八相移键控星座。

或者，作为一种替代方案，在近期类似 E-SSA 架构的实现中，使用正交相移键控（QPSK）调制数据符号，并插入时分复用导频符号，以便更好地支持在 iSIC 前端采用 MMSE 技术[44]。类似的方法也被用于 VDE RA 信道中，这将在 12.4.2 节中介绍。

如 12.2.3 节讨论的那样，对传输波形的 FEC 编码选择也可能影响 iSIC 方案的性能。

发射波形的一个重要特性是降低信号包络的峰均比，创造近似恒定包络的信号。这是提升 UE 中功率放大器效率的关键特性，同时确保发射机的频谱掩模和带外辐射保持在可控范围内。如文献[55]所述，通过结合 QPSK 与二进制相移键控（BPSK）调制，并在每个符号边缘仔细选择扩频序列的相位，可以使符号边缘转换时的相位跳变最小化。

正如文献[44]所述，发射波形的额外灵活性还包括支持多种扩频因子、数据包大小、FEC 编码率及芯片速率。这样的灵活性使传输能够适应信道干扰和噪声条件，并通过调整信息数据包大小，在 UE 出现间歇性流量时减少开销，从而实现更好的适应性和效率。

2. 解调

在 NGSO 系统中，数据包解调器可以在卫星上或地面站上实现。考虑 LEO 星座往往因成本及站点可用性（如在海洋上空）无法持续与地面中心站保持连接，因此在卫星上实现解调几乎成为必需，除非采取星载存储转发的方式。相反，对于 MEO 星座，由于地面网关覆盖范围可能足够支持服务，所以有可能采用弯曲管转发器。显然，在处理能力方面，实现星载解调器是最具挑战性的选择。

解调器需要在存在载波频率偏移（残余多普勒效应和多普勒速率，参见 12.1.2 节）、随机到达时间和大量同信道多址干扰（MAI）的情况下，可靠地检测并解调传入的异步时间数据包。解调器面临的主要挑战如下。

- 数据包前导码检测。
- 数据包解调的信道估计。
- 已解码数据包的信道精细估计。

正如 12.3.2 节中讨论的那样，对于卫星物联网而言，以最少的漏检事件实现大的数据包检测概率至关重要。因此，数据包前导码设计及其检测器成了系统性能的关键驱动因素。关于 E-SSA 前导码设计的深入讨论，可以在文献[22]的 4.1 节中找到。文献[56]描述了一种适用于 CDMA 的鲁棒非相干非决策导向最大似然前导码检测方案。该方案提供了恒虚警率检测特性，并可通过单比特量化实现，尽管这会带来 2dB 的实施损耗。文献[57]及文献[22]的 4.5.1 节介绍了一种高计算效率的方法来应对载波频率误差问题。对输入信号进行测试的不同频率假设是通过 FFT 实现的，这一变换也可应用于文献[56]提出的前导码检测方案。需要强调的是，E-SSA 的 iSIC 过程是在滑动窗口内存上操作的。因此，在首次处理时，能够检测到存储在数字内存中的数据包子集尤为重要。一旦检测到一个数据包，它就会从内存中移除，从而简化后续的数据包前导码检测步骤。

在检测阶段的信道估计是基于 S-MIM（如文献[22]4.2 节所述）中的前导码和导频信道完成的。如前所述，导频信号与 3GPP W-CDMA 标准相似，是以正交方式与数据包有效负载进行复用的。通过使用沃尔什哈达玛信道化序列，有效负载和导频分量保持正交。连续正交的导频分量为数据辅助信道估计（载波幅度和相位）提供了一个包长的参考。然而，为了限制开销，通常情况下，导频信道的功率设置相比有效负载分量会适度降低，因此在信道具有时变特性、平均时间受限的情况下，估计结果可能会较为嘈杂。正如文献[22] 4.5.2 节所解释的，导频信道的功率设置代表了一个依赖信道假设的系统折中平衡点。

在衰减或 UE 相位噪声导致信道快速时变的情况下，人们可能会考虑采用非相干检测方案。然而，非相干检测带来的解调损耗（通常约为 2dB）可能会严重影响 RA 方案的性能，因此应尽可能避免这种情况的发生。

如前所述，在数据包被成功检测到之后，为了将其从内存中移除，需要对其进行本地重建。用于数据包检测的前导码和导频信道估计往往不足以进行精确重构。一旦数据包被解码并通过循环冗余校验（CRC）成功验证，就可以利用本地重新编码和重调制的数据包比特擦除影响有效载荷信号样本的数据调制。这样，就能够更精确地重建数据包的幅度、载波频率和相位，进而从内存中移除该数据包。有关数据包移除过程中信道估计过程的更多分析细节，可以在文献[58-59]中找到。文献[41]研究了不完美数据包移除对 E-SSA 解调器的影响。本章建立了一个半解析模型，用来评估不准确的干扰消除对 iSIC 过程的影响。显而易见，上述描述的细化信道估计对于实现优良性能至关重要。信道估计误差的影响随着数据包平均 SNR 的升高而增大。

3. E-SSA 实际设计的示例

除了上面讨论的解调器算法，下面将提供一些关于 E-SSA 解调器在地面和空间两种应用场景下的实现信息。特别是，文献[60]的 4.3 节概述了一种利用地面网关实现 E-SSA 解调器的情况。同一文献的 5.4.1 节则专门介绍了针对使用 COTS 解决方案的 LEO 小型卫星（如立方体卫星）设计的星载 E-SSA 解调器实现方案。如前所述，为了降低星载解调器的复杂性，减少 iSIC 迭代次数是一种明智的做法。这是针对特定卫星实现约束的系统特定复杂度与性能之间的一种权衡。文献[44]也给出了 E-SSA 及其类似算法的实现，并将其应用于 VDE 信号检测和解码，这一点在文献[61]中有详细介绍，同时也将在 12.4.2 节中进行讨论。

12.3.4 性能评估

对 RA 方案进行公正且有意义的性能评估对于实现恰当的优化和系统性能分析至关重要。下面将简要提供一些建议，说明如何完成这项既具挑战性又十分重要的任务。

1. KPI

评估 RA 方案性能的 KPI 有很多[39]。在文献中，通常会着重关注吞吐量与（平均）MAC 负荷的关系，尤其是其峰值。尽管这一点很重要，但提供的信息并不完整，因为它并未立即显示丢包的数量。为此，最好还提供 PER 或 PLR 的结果，将其表示为（平均）MAC 负荷的函数。在任何系统中，特别是在卫星系统中，保持低的 PLR（如小于

10^{-2}）至关重要，以减少重传次数，避免不必要的拥塞情况和不可接受的延迟。数据包交付延迟和能源效率也是某些应用中的 KPI。由于流量具有突发性，特别是互联网类型的流量，其聚合显示了相当大的随机性，因此，MAC 聚合负荷是随时间变化的，通常使用其平均值。为了便于比较不同的系统配置（例如，分配的不同带宽或传输的比特率），也可以对 MAC 负荷和 RA 吞吐量进行归一化处理。因此，建议使用 bit/符号或 bit/chip 来衡量 MAC 负荷和 RA 吞吐量。有关建议的 KPI 的详细定义，请参阅文献[39]。

2. 详细 MAC 层分析

为了获得可靠且精确的 RA 性能结果，推荐的方法是开发一款能够准确模拟以下方面的 RA 模拟器。

- 用户流量。
- 物理层及所选 RA 方案。
- 信道模型（特别是对于移动系统）。
- 解调器关键功能（例如，前导码检测、解调错误率、FEC 方案及可能采用的信号处理技术，以减少数据包冲突造成的影响）。

最后一个点特别重要，因为过于简化的模型可能导致错误的结果和不正确的权衡分析。例如，文献[39]中提到，基于冲突事件或 SNIR 阈值来简化模拟冲突检测失败效果的物理层模型可能会导致不准确的数值结果和设计决策。如实的物理层模型的重要性在于，在网络过载情况下，会发生大量的数据包冲突，导致相对较小的 SNIR。但是，即使在 SNIR 对应的 PLR 为 0.8（20%的数据包可以被正确解码）的情况下，这部分正确解码的数据包足以启动 iSIC 过程，从而使处理器滑动窗口内其余所有数据包在过程结束时有可能被成功检测到[1]。这个 SNIR 阈值取决于物理层的具体配置（如 FEC 编码方式、调制方式、扩频因子等），并且可以通过模拟实验得出。实际上，这个实验得出的 SNIR 阈值对应的 PER 通常远大于经过 iSIC 处理后的最终目标 PER。因此，仅基于 SNIR 阈值，甚至更简化地基于冲突的数据包检测失败的物理层模型都无法准确模拟 iSIC 的实际运行情况。同样，对于适用于 E-SSA（如文献[41]所述）或 CRDSA（如文献[62]所述）等半解析 RA 模型的精确物理层建模也是必要的。

3. 简化系统性能分析

RA 系统由于 UE 随机占用共享信道资源传输数据包，自然会受到同信道干扰的影响。尤其是在卫星通信系统中，由于固有的系统延迟，TN 常用的信道感知技术难以发挥作用。繁忙音拥塞控制技术[63]通过监控汇聚的交通干扰来避免 MAC 层过载，这种技术同样适用于卫星物联网网络。然而，在设计系统时，应当考虑同信道干扰对 MAC 层的影响。由于存在数据包冲突缓解技术（如 iSIC），需要对 RA 解调器的行为进行适当的高层建模，以适应标准链路预算计算的调整。如下面描述的链路预算示例所示，基于详尽的模拟结果，我们可以确定数据包能被检测到的最小 SNIR 值。对于采用 iSIC 的 RA 方

---

[1] 通常对应于实现达到 10^{-2} 或更低的 PER。

案，这个检测条件对应于 iSIC 过程启动所需要的 $[\text{SNIR}]_{\min}^{\text{boot}}$ 阈值。设 r 为 FEC 编码率，M 为调制阶数，SF 为扩频因子，则从 $[\text{SNIR}]_{\min}^{\text{boot}}$ 可以衍生出对应的 $[E_b/(N_0+I_0)]_{\min}^{\text{boot}}$，表示为

$$\left[\frac{E_b}{N_0+I_0}\right]_{\min}^{\text{boot}} = \frac{\text{SF}}{r\log_2 M}[\text{SNIR}]_{\min}^{\text{boot}} \tag{12.18}$$

请注意，由于目标 PLR 的设定值不同，当假设同信道干扰已经被 iSIC 过程消除时，$[E_b/(N_0+I_0)]_{\min}^{\text{boot}}$ 小于 $[E_b/N_0]_{\min}^{\text{phy}}$，后者是可以检测到满足所需 PLR 的数据包的最小阈值。因此，应在以下两个不同的条件下分别计算两种链路预算。

- 第一种链路预算是在无同信道干扰的条件下，假设 iSIC 已经完全消除了 MAI[1]，检查在网关站接收的数据包 E_b/N_0。在没有 MAI 的情况下计算的 E_b/N_0 应当大于实现目标 PER 所需的 $[E_b/N_0]_{\min}^{\text{phy}}$。如果不满足这一条件，则需要调整一些系统参数，如 UE 的 RF 功率，以及比特率、卫星天线增益相对于噪声温度的值，以满足这一链路闭合条件。在没有 MAI 的情况下，具有相当大的链路余量可以容纳 UE 的链路预算差异，并在接收的数据包 E_b/N_0 中产生一定的扩散，这有助于提高可实现的 MAC 吞吐量[41]。

- 另一种链路预算是在网关解调器去扩频之前，在存在选定 MAC 平均负荷（与 UE 数量成比例）的情况下计算 SNIR。应当调整 MAC 负荷，确保所有待服务的 UE 接收的 SNIR 都大于 $[\text{SNIR}]_{\min}^{\text{boot}}$。然后，为了估算允许的最大系统负荷，或者说，活动 UE 的最大数量 $N_{\text{UE}}^{\max}$，可以通过改变活动 UE 的数量来满足这个 SNIR 链路余量条件。这一过程也可以通过式（12.18）以 $E_b/(N_0+I_0)$ 的形式进行。在多波束系统中，一个考虑了天线波束模式的多维链路预算将允许计算每个波束的最大活动 UE 数量 $N_{\text{UE}}^{\max}(b)$。为了简化起见，我们可以假设所有 UE 在卫星天线波束端口的接收功率是相同的。功率随机化对吞吐量性能的影响可以在后续步骤通过模拟得出的修正系数进行近似估计（详细内容请参见文献[41]）。

上述链路预算是根据单个终端所占用的带宽和所有卫星波束计算的。扩展文献[25]中提供的公式，可以估计网络可以支持的终端总量：

$$[N_{\text{UE}}^{\max}]_{\text{tot}} = \frac{N_{\text{FDM}}\psi_{\text{ps}}}{\eta_{\text{a}}}\sum_{b=1}^{N_b}N_{\text{UE}}^{\max}(b) \tag{12.19}$$

式中，N_{FDM} 表示波束中可用的 FDM 数量，N_b 表示波束数，ψ_{ps} 表示由于功率扩展[41]而产生的估计吞吐量增加因子，$0<\eta_{\text{a}}<1$ 表示物联网流量活动因子。

4. 链接预算假设和示例

我们将基于 L 频段最先进的 NGSO 卫星有效载荷假设，并考虑在移动物联网终端中实现的 E-SSA 波形，给出一次链路预算评估。就卫星有效载荷而言，相关参数与当前 1500km 高度的 Globalstar 星座保持一致。每颗 Globalstar 卫星使用 S 频段的 16.5MHz 进

---

[1] 在实践中，更现实的做法是假设由于 iSIC 解调器信道估计不完善，一定比例的 MAI 无法完全消除。

行下行链路通信，并使用 L 频段的 16.5MHz 进行上行链路通信。整个频谱带宽被划分为 13 个 1.23MHz 宽的信道，图 12.12 展示了上行链路方向的信道分配。馈线下行链路（从卫星到网关）对链路预算的影响通常被认为是可以忽略不计的。假设以下物联网终端需求，如峰值数据传输速率为 5kbps，最大发射功率为 200mW，并配备全向天线，链路预算分析的相关计算已在图 12.13 中总结。为了适应可用的信道带宽，最优的 E-SSA 扩频因子被设置为 64。首先，专注于单用户传输（无 MAI），可以观察到接收的 E_b/N_0 为 6.8dB，证实它明显高于 PER=10^{-3} 所需的检测阈值 $[E_b/N_0]_{\min}^{\text{phy}} \approx 0.5$dB。其次，回顾前述存在 MAI 情况下的方法论，所选择的扩频因子对应所需的 $[\text{SNIR}]_{\min}^{\text{boot}}$ 约为 23.8dB，这相对于单个终端传输情况提供了约 8dB 的余量（$C/N = -15.6$dB）。为了通过增加活动物联网终端的数量将 MAI 余量降至零，已有报告显示，在同等功率分配下，最多可允许 $N_{\text{UE}}^{\max} = 78$ 个用户同时传输，同时保持接收的 $E_b/(N_0+I_0)$ 略大于 $[E_b/(N_0+I_0)]_{\min}^{\text{boot}}$。进一步，在最佳功率分配情况下，大约可成功解码约 $\psi_{\text{ps}} N_{\text{UE}}^{\max} = 182$ 个用户[41]。现在假设 $\eta_a = 2.7 \times 10^{-4}$（每小时传输一次），$N_b = 16$，$N_{\text{UE}}^{\max}(b) = N_{\text{UE}}^{\max}$，并采用最佳功率分配，我们得到单一卫星通过充分利用所有可用信道（$N_{\text{FDM}} = 13$）可支持大约 $[N_{\text{UE}}^{\max}]_{\text{tot}} = 1.362 \times 10^8$ 个用户。

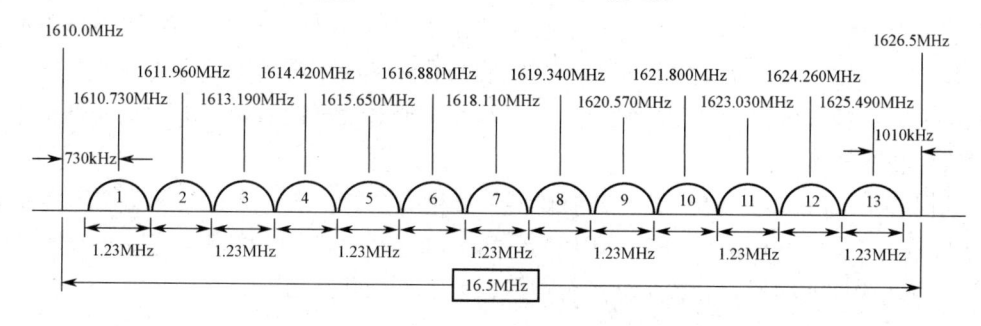

图 12.12 Globalstar L 频段频率计划

波形特性			链路预算结果		
终端比特率	bps	5000	接收的数据包的SNR（去扩频之前，无MAI）	dB	-15.6
扩频因子		64	接收的数据包的E_s/N_0（无MAI）	dB	2.0
终端码片速率	kbps	960	接收的数据包的E_b/N_0（无MAI）	dB	6.8
占用带宽	kHz	1170	需要数据包$[E_b/N_0]_{\min}^{\text{phy}}$（PER=$10^{-3}$）	dB	0.5
终端特性			针对iSIC（理想）后的数据包检测的链路余量	dB	6.3
发射频率	GHz	1.6			
发射功率	dBW	-7.0	SIC启动所需数据包$[\text{SNIR}]_{\min}^{\text{phy}}$（包括实施损耗）	dB	-23.8
总EIRP	dBW	-7.0	对于无MAI卸载系统配置的链路余量	dB	8.2
卫星的特性及其传播方式			最大可同时激活的终端数量（同等功率分配）		78
卫星高度	km	1500	接收的数据包的$E_b/(N_0+I_0)$（iSIC之前，无MAI）	dB	-0.96
仰角	°	30	SIC启动所需数据包$[E_b/(N_0+I_0)]_{\min}^{\text{boot}}$	dB	-1.0
自由空间路径损耗	dB	164.5	iSIC启动链路加载配置的余量	dB	0.04
衰减余量	dB	3.0	系统频谱效率	bps/Hz	0.33
卫星G/T	dB/K	-10.0	最大可同时激活的终端数量（最佳功率分配）		182
			系统频谱效率	bps/Hz	0.77

图 12.13 全 Globalstar 上行链路预算及采用 E-SSA 波形的简化系统性能示例

12.4　NGSO RA（标准和专有）解决方案及系统实现示例

12.4.1　S频段移动交互式多媒体

S-MIM 是 ETSI 于 2004 年发布的标准[64-69]。S-MIM 主要致力于两大服务：一是基于 DVB-SH 标准[48]的鲁棒下行链路，用于广播音频/视频信息和信号信息；二是基于 S 频段的低功耗终端，通过 GSO 卫星或 NGSO 卫星提供普遍消息服务的上行链路。反向链路很大程度上基于 3GPP W-CDMA 物理层，针对物联网应用的分组模式传输进行了特定适应。反向链路利用了前几节所述的带有开环上行链路功率/发射控制的 E-SSARA 技术。文献[70]提供了对 S-MIM 标准的全面概述。S-MIM 标准为短消息提供了一种低成本带宽和高功效且对终端侧的功率要求适中的解决方案。Eutelsat 实现了符合 S-MIM 标准的原型 UE 和网关，并在 S 频段 Solaris 计划[24]框架下进行了实地试验。试验使用位于东经 10°的 Eutelsat 10A GSO 卫星上的 S 频段有效载荷，试验环境涵盖真实的移动信道环境（高速公路、树木遮挡、郊区等）。对反向链路的性能分别在有背景流量和无背景流量的情况下进行了评估，以便尽可能公平地比较这两种情况。试验确认了 S-MIM 消息协议的有效性，特别是其发射功率控制算法的有效性。后者智能地利用卫星带宽，允许数千个低功耗移动终端同时传输数据包，从而证明了 S-MIM 标准非常适合低成本的消费级物联网产品。

遗憾的是，Eutelsat 10A 卫星 S 频段的天线部署未能完成，导致其无法推出商业 S-MIM 服务。但是，Eutelsat 已将 S-MIM 技术发展成为一个专有的标准，称为 F-SIM，其用于 Ku/Ka 频段的应用，并在全球多个地区实现了商业化部署[71]。

12.4.2　VDE

WRC-19 修订了 RR[1]的附录 18，为通过卫星实现的双向 VDE 分配了海上 VHF 频段，从而使空间通信成为 VDE 系统（VDES）不可或缺的一部分[72]。图 12.14 和图 12.15 展示了 VDES 中地面及卫星组成部分的频谱使用情况。根据 ITU 的相关推荐[74]，VDE 信号传输会占用一个或多个 VHF 信道，承载的波形具有 25kHz、50kHz、100kHz 或 150kHz 的带宽。在时间域上，每次传输都会遵循一个帧结构，该帧结构与协调世界时同步，每个传输的时间长度为一个或多个 26.667ms 长的时隙。

在几种工作模式中，ITU 建议书[74]为 VDE 卫星上行链路定义了一个 RA 信道，被称为链接 ID 20。RA 信道与 VDE 帧结构的具体分配遵循特定模式。按照文献[74]中设定的默认时隙映射，在每个包含 2250 个时隙（60s）的帧内，分配了三组 RA 信道，每组持续时间为 179 个时隙。RA 信道的物理层经过精心设计，以支持解决多个数据包重叠接收的问题。对于 RA 物理层设计的一些初步考虑已经在文献[55]中研究过。最终，链接 ID 20 的规格进一步演进，包含了以下主要属性。

- 信息块包含 80 位数据，之后是 16 位 CRC 校验，共同构成了进入 Turbo 编码器输入端的 96 位有效负载数据。

- 应用了类似 LTE 和 DVB-SH 标准的 Turbo FEC 编码器（Turbo FEC Encoder），其有效编码率为 1/4（经过穿孔处理后），并包含 18 位 FEC 尾部校验位。
- 对由此产生的 402 个码字进行了逐比特的能量扩散打乱处理，之后执行从比特到 QPSK 符号的映射。
- 插入了前导码和导频。每隔 16 个数据符号插入一个导频符号，总计 12 个导频符号。前导码包含 48 个已知符号。一个突发包含 261 个符号。
- 执行了一种扩频过程，对应于一个扩频因子 16，目的是在每个 QPSK 符号[1]的边沿创建最小相位过渡。
- 相应的信号以 33.6kchip/s 的芯片速率进行传输，并占用两个 VDE 信道，总带宽为 50kHz，其中包含了保护频段。

图 12.14　VDES 方案（来自文献[73]）

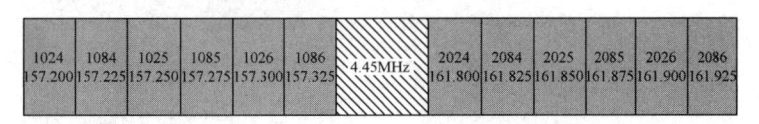

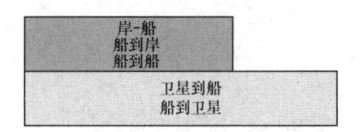

图 12.15　VDES 频率计划

文献[61]给出了依据链接 ID 20 标准，在 VDE 信道中 RA 信道的空中实测结果。这次试验基于单一上行链路站设置，模拟了一群移动站（多艘船）同时占用 RA 信道的情况，充分考虑了实际场景几何分布引起的到达时间延迟和多普勒频移，同时分析并比较了具有 iSIC 技术的接收机的性能与常规 SSA 接收机的性能。此外，此试验给出并讨论了外部干扰源对 VDE 卫星上行链路信道的影响。

12.4.3　NB-IoT

过去 20 年间，3GPP 已为 3G、4G 及现在的 5G 蜂窝系统标准化了地面移动宽带技

---

[1] 关于准恒定包络扩展的更多详细信息可在文献[55]中找到。

术。在机器类型通信服务方面，3GPP 最新的解决方案被称为 NB-IoT，并于 2016 年中期左右投入使用[75]。NB-IoT 技术在上行链路使用 SC-FDMA，在下行链路使用 OFDMA。

RA 过程基于终端与基站之间交换的四条消息进行，如图 12.16 所示，这是从空闲模式转变为连接模式所需的登录过程的关键步骤。其中最至关重要的一步是第一条消息的发送/接收，此时所有试图连接到网络的终端都需要共享时间和频率资源。第一条消息是一个简单的 RA 前导码，由四个符号组构成，每个符号组包含一个循环前缀，其后跟着五个符号[76]。频率跳变技术在符号组级别上也得到了应用，即每个符号组都在不同的子载波上传输。第一个符号组的第一个子载波是随机选择的，而后续子载波的选择则是由根据初始子载波确定的一个确定性码决定的。由于窄带物理 RA 信道最多由 48 个子载波组成，因此只有 48 个正交的前导码可以被唯一识别。换句话说，如果有两个终端选择了相同的初始子载波，则这两个终端在整个前导码期间都会发生冲突。

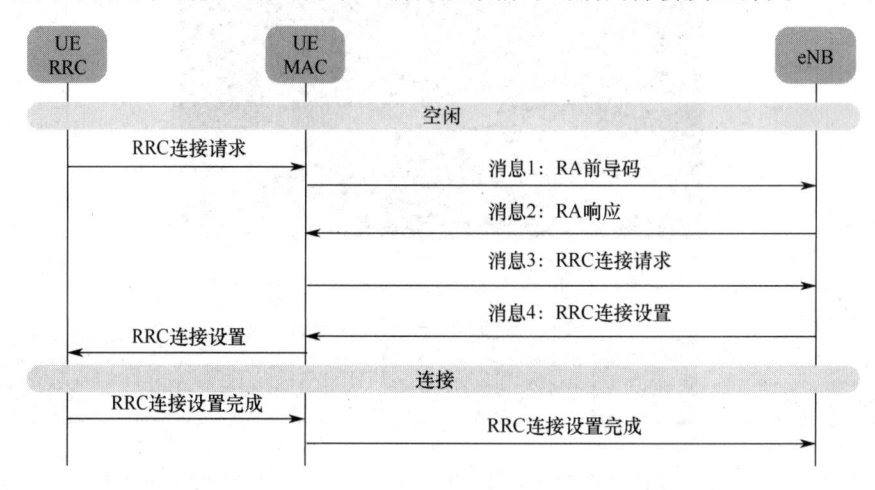

图 12.16 NB-IoT 中，终端与基站间的消息交换示例

关于将地面 NB-IoT 技术应用于 NGSO 系统的研究已在文献[77]中给出了。尽管如此，仍不可避免地需要对 RA 过程中的时序关系等做一些修改，但在 Rel.17 中，与前导码生成相关的物理层特性基本保持不变。在文献[78]中可以找到一些针对 NGSO 星座的 NB-IoT 协议性能评估及参数优化的内容。该文献指出，即便针对 NGSO 环境对 NB-IoT 进行了优化，但由于采用了 ALOHA RA 机制，支持的用户数量仍然相当有限。这将促进更多适用于 5G 物联网应用的 RA 解决方案的发展。

12.4.4 物联网通用网络

SigFox 公司拥有的一项专有解决方案，致力于解决地面 LPWAN 中的机器类通信服务问题，其基于超窄带（UNB）信号传输技术。Anteur 等人在文献[80]中研究了这项超窄带技术在 NGSO 系统中的性能表现。最近，Airbus 公司在文献[81]中宣布了一项针对物联网的专有适应方案，名为物联网通用网络（Universal Network for IoT，

UNIT）。这项空中接口技术已被 AstroCast 系统采纳，但遗憾的是，其波形特性的相关信息尚未公开。

12.4.5 在轨演示及后续

尽管 NGSO 星座的概念早在 20 多年前就已成为现实，以 Globalstar 和 Iridium 等先驱者为例，近年来又兴起了一股新型在轨物联网技术展示的热潮。

自 2018 年以来，世界各地已经策划并执行了多项旨在展现卫星物联网概念的示范任务。在大多数情况下，这些演示活动始于单颗 LEO 卫星，主要功能是存储并转发短消息。在最近发布的一项调查（文献[82]的第五部分）中，作者列举了一些已公开的积极通过 LEO 小型卫星探索物联网解决方案的公司。这些公司的目标物联网技术涵盖了专有解决方案、行业标准（如 LoRa）及针对卫星适配的开放 NB-IoT 标准等各种技术。

截至 2021 年第一季度，多个物联网 LEO 星座（如 Kepler、Swarm 和 AstroCast）已有多颗卫星在轨运行，不再局限于研发阶段，而是进入了（预）运营阶段，开始提供物联网服务。

与传统的 GSO 卫星相比，NGSO 卫星物联网解决方案旨在为数量庞大的设备提供全球性的、价格合理的服务。在飞行段设计、资格认证及寿命设定方面，"新太空"范式创造了新的动力和期待，推动着全球范围内低成本、灵活高效的物联网服务的建立和发展。尽管这方面近期取得了进步，也充满了令人兴奋的机会，但前方仍有许多挑战，需要进一步的技术发展、协调与规划。

- **频谱资源稀缺及监管层面的挑战**：频谱使用权对许多新兴参与者来说是一大严峻障碍。正如 12.1.1 节所讨论的那样，当前在不同地区的频谱分配和服务安排使新兴参与者很难建立卫星物联网服务。为了解决这一问题，已有一些倡议提出要分配新的频谱资源，并考虑在多个参与者之间共享频谱。这些举措已被视为 WRC 讨论的新议程项目。
- **系统间干扰**：随着卫星通信系统数量的增长，此类系统之间有意或无意的 RF 干扰的可能性也会显著增加。传统的将频谱资源分割给不同运营商的做法会限制个体服务的部署，并在全球范围内阻碍服务的增长。为了在全球范围内实现服务的可持续性，有必要建立一种新的资源共享范式，让不同的卫星系统之间，以及卫星系统与地面系统之间实现资源共享。
- **可扩展性**：技术演示阶段通常以网络中部署的极少量 UE 开始。这种配置可能在终端用户数量大幅增长时，无法揭示系统资源消耗中的隐藏开销。例如，网络同步所需的信令开销、有限的总吞吐量，以及对流量负荷的限制，都可能导致系统无法扩展，进而影响所提供服务的商业可行性。这是一个在设计阶段需要特别关注的重要方面。同时，建立清晰的从基于有限太空资产的在轨演示阶段过渡到运营阶段的桥梁也至关重要，以避免设计方法过于简化，确保系统的可扩展性和商业价值。
- **UE 的尺寸、重量、功耗及成本和服务连续性**：对于许多物联网服务应用来说，

UE 的尺寸、重量、功耗及成本对于服务的连续性至关重要。通常情况下，为了在一个大规模地理区域内保持服务连续性，无缝整合卫星和地面服务极为重要。虽然这并不意味着地面和卫星接入解决方案必须完全相同，但从最终用户的角度来看，同一台设备应当能够保证服务的连续性和 QoS。

本章原书参考资料

[1] Radio regulations. International Telecommunication Union; 2020.

[2] M2M/IoT operation via satellite. The European Conference of Postal and Telecommunications Administrations (CEPT), Electronic Communications Committee; 2020.

[3] World radiocommunication conference 2019 final acts. ITU; 2019.

[4] Wertz J.R., Larson W.J. Space mission analysis and design. 3rd ed. Microcosm Press and Kluwer Academy Publishers; 1999.

[5] Zheng C., Chen X., Huang Z. 'A comprehensive analysis on doppler frequency and doppler frequency rate characterization for GNSS receivers'. 2016 2nd IEEE International Conference on Computer and Communications (ICCC); Chengdu, China, 2016. pp. 2606-2610.

[6] Propagation data and prediction methods required for the design of earthspace telecommunication systems [ITU-R P618-13 Recommendation]. International Telecommunication Union; 2017.

[7] Abdus Samad M., Debo Diba F., Choi D.Y. 'A survey of rain fade models for earth-space telecommunication links—taxonomy, methods, and comparative study'. MDPI Remote Sensing. 2021, vol. 13(1965), pp. 1-44.

[8] Ionospheric propagation data and prediction methods required for the design of satellite services and systems [ITU-R P531-13 Recommendation].International Telecommunication Union; 2016.

[9] Prediction of building entry loss [ITU-R P2109-1 recommendation].International Telecommunication Union; 2019.

[10] Compilation of measurement data relating to building entry loss[ITU-R P2346-14 Recommendation]. International Telecommunication Union; 2021.

[11] Propagation data required for the design systems in the land mobile-satellite service [ITU-R P681-11 Recommendation]. International Telecommunication Union; 2019.

[12] Karaliopoulos M.S., Pavlidou F.N. 'Modelling the land mobile satellite channel: a review'. Electronics & Communication Engineering Journal. 1999, vol. 11(5), pp. 235-248.

[13] Loo C. 'A statistical model for a land mobile satellite link'. IEEE Transactions on Vehicular Technology. 1999, vol. 34(3), pp. 122-127.

[14] Fontan F.P., Vazquez-Castro M., Cabado C.E., Garcia J.P., Kubista E. 'Statistical modeling of the LMS channel'. IEEE Transactions on Vehicular Technology. 1999, vol. 50(6), pp. 1549-1567.

[15] Prieto-Cerdeira R., Perez-Fontan F., Burzigotti P., Bolea-Alamañac A., Sanchez-Lago I. 'Versatile two-state land mobile satellite channel model with first application to DVB-SH analysis'. International Journal of Satellite Communications and Networking. 2010, vol. 28(5-6), pp. 291-315.

[16] '3rd generation partnership project; technical specification group radio access network; study on new radio (NR) to support non-terrestrial networks'. 2019, vol. Release 15(5G 3GPP;. 3GPP TR 38.811).

[17] Arndt D., Ihlow A., Heuberger A., Eberlein E. 'State modelling of the land mobile propagation channel with multiple satellites'. International Journal of Antennas and Propagation. 2012, vol. 2012, pp. 1-15.

[18] Rieche M., Ihlow A., Arndt D., et al. 'Modeling of the land mobile satellite channel considering the terminal's driving direction'. Hindawi International Journal of Antennas and Propagation. 2015, vol. 2015, pp. 1-21.

[19] Siwiak K. Method for compensating for frequency shifts for satellite communication system. Motorola; IL: Inventor; Inc; 1997.

[20] Sherman K.N. 'Phased array shaped multi-beam optimization for LEO satellite communications using a genetic algorithm'. IEEE International Conference on Phased Array Systems and Technology; Dana Point, CA, IEEE, 2012. pp. 501-504.

[21] Del Rio Herrero O., De Gaudenzi R. 'High efficiency satellite multiple access scheme for machine-to-machine communications'. IEEE Transactions on Aerospace and Electronic Systems. 2014, vol. 48(4), pp. 2961-2989.

[22] De Gaudenzi R., del Rio Herrero O., Gallinaro G. 'Enhanced spread ALOHA physical layer design and performance'. International Journal of Satellite Communications and Networking. 2014, vol. 32(6), pp. 457-473.

[23] 'Signal-to-noise monitoring. JPL space programs summary'. 1976, pp. 37-169.

[24] Hermenier R., Del Bianco A., Marchitti M.-A, et al. 'S-MIM field trials results'. International Journal of Satellite Communications and Networking. 2014, vol. 32(6), pp. 535-548.

[25] Cioni S., De Gaudenzi R., Del Rio Herrero O., Girault N. 'On the satellite role in the era of 5G massive machine type communications'. IEEE Network. 2014, vol. 32(5), pp. 54-61.

[26] Li Y., Tu W. 'Traffic modelling for IoT networks'. Proceedings of the 2020 10th International Conference on Information Communication and Management (ICICM); Paris, France, New York, NY, 2020. pp. 4-9.

[27] Nguyen-An H., Silverston T., Yamazaki T., Miyoshi T. 'IoT traffic: modeling and measurement experiments'. IoT. 2020, vol. 2(1), pp. 140-162.

[28] De Gaudenzi R., Del Rio Herrero O., Gallinaro G., Cioni S., Arapoglou P.-D. 'Random access schemes for satellite networks, from VSAT to M2M: a survey'. International Journal of Satellite Communications and Networking. 2020, vol. 36(1), pp. 66-107.

[29] del Rio Herrero O., Foti G., Gallinaro G. 'Spread-spectrum techniques for the provision of packet access on the reverse link of next-generation broadband multimedia satellite systems'. IEEE Journal on Selected Areas in Communications. 2020, vol. 22(3), pp. 574-583.

[30] Abramson N. 'The ALOHA system - another alternative for computer communications'. Proceedings of 1970 Fall Joint Conference AFIPS; AFIPS, 1970. pp. 281-285.

[31] Chiani M., Elzanaty A. 'On the lora modulation for IoT: waveform properties and spectral analysis'. IEEE Internet of Things Journal. 1994, vol. 6(5), pp. 8463-8470.

[32] What are LoRa® and LoRaWAN®. [Tecnical Documentation]. SEMTECH 2019.

[33] Mikhaylov K., Petaejaejaervi J., Haenninen T. '22nd European Wireless Conference'. 2016. pp. 1-6.

[34] Abramson N. 'Multiple access in wireless digital networks'. Proceedings of the IEEE. 1994, vol. 82(9), pp. 1360-1370.

[35] Abramson N. 'The throughput of packet broadcasting channels'. IEEE Transactions on Communications. 1994, vol. 25(1), pp. 117-128.

[36] Choudhury G.L., Rappaport S. 'Diversity ALOHA-a random access scheme for satellite communications'. IEEE Transactions on Communications. 1983, vol. 31(3), pp. 450-457.

[37] Casini E., De Gaudenzi R., Herrero Od. R. 'Contention resolution diversity slotted ALOHA (CRDSA): an enhanced random access scheme for satellite access packet networks'. IEEE Transactions on Wireless Communications. 1983, vol. 4, pp. 1408-1419.

[38] De Gaudenzi R., Del Rio-Herrero O., Acar G, et al. 'Asynchronous contention resolution diversity ALOHA:

making CRDSA truly asynchronous'. IEEE Trans on Wireless Communications. 2007, vol. 6(4), pp. 1408-1419.

[39] Mengali A., De Gaudenzi R., Stefanovic C. 'On the modeling and performance assessment of random access with SIC'. IEEE Journal on Selected Areas in Communications. 1983, vol. 36(2), pp. 292-303.

[40] Del Rio Herrero O., De Gaudenzi R. 'High efficiency satellite multiple access scheme for machine-to-machine communications'. IEEE Transactions on Aerospace and Electronic Systems. 1983, vol. 48(4), pp. 2961-2989.

[41] Collard F., De Gaudenzi R. 'On the optimum packet power distribution for spread ALOHA packet detectors with iterative successive interferencecancelation'. IEEE Transactions on Wireless Communications. 2004, vol. 13(12), pp. 6783-6794.

[42] Caire G., Muller R.R., Tanaka T. 'Iterative multiuser joint decoding: optimal power allocation and low-complexity implementation'. IEEE Transactions on Information Theory. 2004, vol. 50(9), pp. 1950-1973.

[43] Gallinaro G., Alagha N., De Gaudenzi R., Kansanen K., Muller R., Salvo Rossi P. 'ME-SSA: an advanced random access for the satellite return channel'. 2015 IEEE International Conference on Signal Processing for Communications (ICC); London, IEEE, 2004. pp. 856-861.

[44] Isca A., Alagha N., Andreotti R., Andrenacci M. 'Recent advances in design and implementation of satellite gateways for massive uncoordinated access networks'. Sensors (Basel, Switzerland). 2022, vol. 22(2), 565.

[45] del Rio Herrero O., Pijoan Vidal J. 'Design guidelines for advanced satellite random access protocols'. 30th AIAA International Communications Satellite System Conference (ICSSC); Ottawa, Canada, Reston, VA: AIAA, 2004. pp. 24-27.

[46] del Rio Herrero O., Pijoan Vidal J. 'Design guidelines for advanced satellite random access protocols'. 30th AIAA International Communications Satellite System Conference (ICSSC); Ottawa, Canada, Reston, VA, 2012.

[47] 'European telecommunication standards institute'. Part. 2014, vol. 1(ETSI Technical Specification EN 302 307-1 V1.4.1), p. DVB-S2.

[48] 'Digital video broadcasting (DVB); framing structure, channel coding and modulation for satellite services to handheld devices (SH) below 3 GHz'. [ETSI Technical Specification EN] European Telecommunication Standards Institute. 2011.

[49] Route des Lucioles L. 'GEO-mobile radio interface specifications (release 3); third generation satellite packet radio service; part 1: general specifications; sub-part 3: general system description'. European Telecommunication Standards Institute. 2015, p. 101.

[50] 'Satellite earth stations and systems (SES); family SL satellite radio interface (release 1); part 2: physical layer specifications; sub-part 1: physical layer interface'. European Telecommunication Standards Institute. 2015, p. 102.

[51] 'Final report on gateway demonstrator for E-SSA-based machine-to-machine applications'. European Space Agency-Telecommunications and Integrated Applications (TIA). 2020.

[52] 'Evolved universal terrestrial radio access (E-UTRA); multiplexing and channel coding. 3rd generation partnership project (3GPP)'. Technical Specification TS. 2016, vol. 36.

[53] 'Satellite earth stations and systems (SES); satellite digital radio (SDR) systems; outer physical layer of the radio interface'. [ETSI Technical Specification TS] European Telecommunication Standards Institute. 2008, p. 102.

[54] 'Digital video broadcasting (DVB); generic stream encapsulation (GSE) protocol'. [ETSI Technical Specification TS] European Telecommunication Standards Institute. 2007, p. 102.

[55] Gallinaro G., Alagha N., Müller R, et al. 'Quasi constant envelope CDMA for VHF maritime communications via satellite'. Ka and Broadband Communications Conference (Ka); 2017.

[56] De Gaudenzi R., Giannetti F., Luise M. 'Signal recognition and signature code acquisition in CDMA mobile

packet communications'. IEEE Transactions on Vehicular Technology. 1998, vol. 47(1), pp. 196-208.
[57] Sust M.K., Kaufmann R.F., Molitor F., Bjornstrom G.A. 'Rapid acquisition concept for voice activated CDMA communication'. GLOBECOM '90; San Diego, CA, USA, IEEE, 1998. pp. 1820-1826.
[58] Casini E., Del Rio Herrero O., De Gaudenzi R. Method of packet model digital communication over a transmission channel shared by a plurality of user[United States patent 8,094,672 B2]. 10 January 2012.
[59] Liva G. 'Graph-based analysis and optimization of contention resolution diversity slotted ALOHA'. IEEE Transactions on Communications. 1998, vol. 59(2), pp. 477-487.
[60] Arcidiacono A., Finocchiaro D., De Gaudenzi R, et al. 'Is satellite ahead of terrestrial in deploying NOMA for massive machine-type communications?'. Sensors (Basel, Switzerland). 2021, vol. 21(13), pp. 4290-4321.
[61] Andreotti R., Nanna L., Andrenacci M., Isca A., Haugli H., Alagha N. 'On-field test campaign performance of VDE‐SAT link ID 20 over norsat-2 LEO satelli4te'. International Journal of Satellite Communications and Networking. 2021.
[62] del Rio Herrero O., De Gaudenzi R. 'Generalized analytical framework for the performance assessment of slotted random access protocols'. IEEE Transactions on Wireless Communications. 2014, vol. 13(2), pp. 809-821.
[63] Corazza G.E., Cioni S., Padovani R. 'Application of closed loop resource allocation for high data rate packet transmission'. IEEE Transactions on Wireless Communications. 2007, vol. 6(11), pp. 4049-4059.
[64] Satellite earth stations and systems (SES); air interface for S-band mobile interactive multimedia (S-MIM) MIM); part 1: general system architecture and configurations. 650 Route des Lucioles, F-06921 Sophia Antipolis CEDEX[ETSI Technical Specification TS]. FRA: European Telecommunication Standards Institute; 2013. p. 102.
[65] Satellite earth stations and systems (SES); air interface for S-band mobile interactive multimedia (S-MIM); part 2: forward link subsystem requirements. 650 Route des Lucioles, F-06921 Sophia Antipolis CEDEX [ETSI Technical Specification TS]. FRA: European Telecommunication Standards Institute; 2013. p. 102.
[66] Satellite earth stations and systems (SES); air interface for S-band mobile interactive multimedia (S-MIM); part 3: physical layer specification,return link asynchronous access. 650 Route des Lucioles, F-06921 Sophia Antipolis CEDEX [ETSI Technical Specification TS]. FRA: European Telecommunication Standards Institute; 2013. p. 102.
[67] Satellite earth stations and systems (SES); air interface for S-band mobile interactive multimedia (S-MIM): part 4: physical layer specification, return linksynchronous access. 650 Route des Lucioles, F-06921 Sophia Antipolis CEDEX[ETSI Technical Specification TS]. FRA: European Telecommunication Standards Institute; 2013. p. 102.
[68] Satellite earth stations and systems (SES); air interface for S-band mobile interactive multimedia (S-MIM): part 5: protocol specifications, link layer.650 Route des Lucioles, F-06921 Sophia Antipolis CEDEX [ETSI Technical Specification TS]. FRA: European Telecommunication Standards Institute; 2013. p. 102.
[69] Satellite earth stations and systems (SES); air interface for S-band mobile interactive multimedia (S-MIM): part 6: protocol specifications, system signalling. 650 Route des Lucioles, F-06921 Sophia Antipolis CEDEX [ETSI Technical Specification TS]. FRA: European Telecommunication Standards Institute; 2013. p. 102.
[70] Scalise S., Niebla C.P., De Gaudenzi R., Del Rio Herrero O., Finocchiaro D., Arcidiacono A. 'S-MIM: A novel radio interface for efficient messaging services over satellite'. IEEE Communications Magazine. 2013, vol. 51(3), pp. 119-125.
[71] Arcidiacono A., Finocchiaro D., De Gaudenzi R, et al. 'Is satellite ahead of terrestrial in deploying NOMA for

massive machine-type communications?'. Sensors (Basel, Switzerland). 2021, vol. 21(13), p. 13.

[72] 'ITU-R M.2435 technical characteristics for an automatic identification system using time division multiple access in the VHF maritime mobile frequency band'. ITU. 2018.

[73] 'From satellites to the sea: VDES offers global link for ships'. ESA. 2018.

[74] 'ITU-R M.2092 technical characteristics for a VHF data exchange system in the VHF maritime mobile band'. ITU. 2021.

[75] Wang Y.-P.E., Lin X., Adhikary A, et al. 'A primer on 3GPP narrowband Internet of Things'. IEEE Communications Magazine. 2017, vol. 55(3), pp. 117-123.

[76] 'Evolved universal terrestrial radio access (E-UTRA); physical channels and modulation. 3rd generation partnership project (3GPP);'. Technical Specification TS. vol. 36(211). 2016.

[77] 'Study on narrow-band internet of things (NB-iot) / enhanced machine type communication (EMTC) support for non-terrestrial networks (NTN)'. [Technical Report TR 36.763] 3rd Generation Partnership Project (3GPP). 2021, vol. V17.

[78] Amatetti C., Conti M., Guidotti A., Vanelli-Coralli A. 'Submitted to IEEE International Communication Conference (ICC)'. 2022. pp. 1-6.

[79] Fourtet C., Bailleul T., assignee S.A. Terminals and telecommunication system [inventors; Sigfox]. 2013.

[80] Anteur M., Thomas N., Deslandes V., Beylot A. 'On the performance of UNB for machine-to-machine low earth orbit (LEO) satellite communications'. International Journal of Satellite Communications and Networking. 2019, vol. 37(1), pp. 56-71.

[81] 'Delivering internet of things (iot) services world-wide'. [Press Release] Airbus. 2021.

[82] Centenaro M., Costa C.E., Granelli F., Sacchi C., Vangelista L. 'A survey on technologies, standards and open challenges in satellite IoT'. IEEE Communications Surveys & Tutorials. 2021, vol. 23(3), pp. 1693-1720.

第 13 章　虚拟网络嵌入 NGSO-地面系统：并行计算和基于 SDN 的测试平台的实现

马里奥·米纳迪[1]，法比安·门多萨[1]，雷磊[1]，
唐旭武[1]，西米昂·查齐诺塔斯[1]

　　B5G 和未来的 6G 网络旨在满足覆盖范围、数据传输速率、延迟等方面的严苛性能参数要求，以充分利用尽可能多的物理网络资源（如容量），实现最佳的性能表现。在此背景下，智能、高效地利用可用资源及卫星网络提供的无处不在、持续不断的覆盖已经成为一种必然需求。网络虚拟化（Network Virtualization，NV）已被证明是满足未来电信网络挑战性需求的关键使能技术。NV 基于一种能够根据特定目标在底层基础设施上实例化虚拟服务的算法，这种算法被称为虚拟网络嵌入（Virtual Network Embedding，VNE）。本章重点关注 VNE 的两个主要方面。首先，本章介绍了一种针对 VNE 问题的有效并行处理方法。更具体地说，其旨在展示资源映射的并行计算如何进一步提升算法性能。其次，本章介绍了在基于 SDN 的测试平台中 VNE 算法的实际实现。本章提出了一个支持 NGSO 星座 VNE 算法的实验测试平台。该测试平台已经开发并验证完毕，它由基于 Mininet 的模拟器、带 E2E TE 应用的 RYU SDN 控制器[用于建立虚拟网络（Virtual Network，VN）]及在 MATLAB®中实现的 VNE 算法组成。

13.1　引言

　　如今，日益复杂的异构新兴电信网络，加上极具挑战性的网络性能需求（如 Tbps 级别的数据传输速率、低于 1ms 的延迟、高达 99.9999%的可靠性等），催生了对新的优化技术/策略的需求，以有效地最大化物理网络（底层网络）的利用效率。预期 5G 及未来的 6G 网络将通过采用"网络切片"技术来适应和支持大量具有各种 QoS 要求的应用及服务场景[1-2]。

　　由于高度差异化服务需求的持续增长，网络切片变得极具吸引力。网络切片的主要目标是在同一底层网络上分配这些所需的服务（切片）。每个服务都有其独立的资源池待分配，在嵌入过程中必须满足指定的 QoS。因此，网络提供商的角色转变为探索新的虚拟化技术，并找出能够提供最佳性能的技术。上述场景所提出的雄心勃勃的要求使卫星网络在满足所需 QoS 方面的作用越发重要。卫星一直以来都证明了其能提供无处不

1　卢森堡大学安全、可靠和可信跨学科中心（SnT）。

在、随时随地的覆盖能力，同时最大限度减少对地面基础设施的依赖。此外，现今NGSO 系统已成为支持日益增长的服务请求的关键使能技术之一，能够提供更低的延迟和链路损耗[3-4]，因而吸引了网络提供商的关注。鉴于这些前提，本章的主要目标是提供网络切片的一些实现细节，指出每个场景的挑战和优势。特别是，本章将关注网络切片的两个主要方面。

一方面，网络切片基于优化算法，其目标是为每个服务在物理网络上分配所需的资源，这被称为 VNE 问题。通常，每个服务被视为一个虚拟网络请求（Virtual Network Request，VNR），由节点、链路及其各自的要求（如计算节点容量、链路带宽、延迟等）组成。VNE 是一个资源配置过程，涉及将一个接收的 VNR 或多个 VNR 中的节点和链路映射到物理网络中。

另一方面，针对 NGSO 卫星巨型星座的网络切片优化算法的有效性，很大程度上依赖新型技术（如 SDN）的支持。SDN 通过其网络感知能力和经深入研究的可编程性，促进了管理和路由越来越多的流量。此外，SDN 概念已被证实是一种有效应对高度动态环境（如 NGSO 网络）的技术。

网络切片的这两个不同但相互关联的方面，正是本章的主要探讨内容。接下来，将对这两个主题做进一步的详细介绍。

在本章中，13.2 节深入探讨了 VNE 问题，并介绍了链路映射的并行表达式，这是 VNE 细分出的两个子过程之一。为了证明性能的提升，本章考虑了一组所需服务的并行计算。13.3 节介绍了集成的卫星/TN 这样的动态环境下的 NV，这一部分也介绍了使能技术。13.4 节讨论了在内置 SDN 的测试平台中的 VNE 实现。更具体地说，测试平台模拟了一个简化的 NGSO 网络与 TN 的集成。VNE 算法计算了随时间变化的动态物理网络的实时嵌入。那些已经在卫星上嵌入的服务预计将因地面站与 NGSO 卫星之间的有限可见性而被重新计算。并且，本章实现了一个 SDN 控制器，以支持算法与基础网络之间的交互。13.5 节对理论模拟及算法与测试平台集成的实际结果的性能进行分析。

13.2 VNE

VNE 已被证明是一个 NP-Hard 问题[5]，这意味着在解决方案中不可避免地要在复杂性或计算时间与最优性之间进行折中。如前所述，考虑底层网络和 VNR 通常通过由节点和链路组成的图来描述，VNE 问题可分解为两个资源映射问题：将虚拟节点映射到底层节点的过程被称为节点映射；而将虚拟链路嵌入物理链路的过程被称为链路映射。从数学角度来看，这些映射对应于函数关系。因此，下面描述这种函数关系，设 N_S 代表底层节点集合，N_V 代表虚拟节点集合，E_S 代表底层链路集合，E_V 代表虚拟链路集合，那么节点映射函数 M_N 可描述为 $M_N:N_V \to N_S$，链路映射函数 M_L 可描述为 $M_L:E_V \to E_S$。

图 13.1 展示了 VNE 的一个简化示例，其中两个具有各自资源需求的 VNR 被映射到同一个底层网络上。

第 13 章 虚拟网络嵌入 NGSO-地面系统：并行计算和基于 SDN 的测试平台的实现

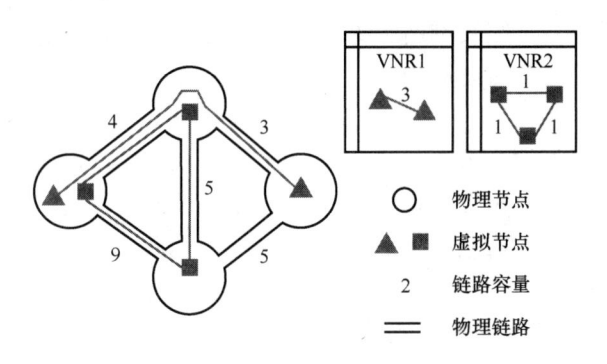

图 13.1 VNE 示例

由于物理资源有限，映射问题在电信领域成为一个极具挑战性的研究领域，随着网络服务需求的增长，这一问题变得越来越复杂且引人关注。这就是为什么在文献中能找到许多与此相关的研究工作，如文献[6]中的综述及提出的不同解决方案，这些将在本节后续部分介绍。问题的复杂性激发了不同的视角和求解方法。确实，根据对时间及解决方案质量的重视程度的不同，可以提出不同的方法。在更详细地介绍 VNE 的现有研究进展之前，有必要强调此问题的一些主要特征[6]。通常，VNE 的特征如下：

- 静态映射是指一旦完成映射后便固定不变，不接受任何修改；而动态映射则是指考虑对先前计算的映射进行调整（资源重新分配的过程），如为了改善平均网络负载和物理资源利用率。在这种情况下，当网络需求发生变化或底层网络资源状态发生变动时，动态映射允许对已有的 VN 映射进行调整优化，以实现更高效、灵活的资源分配。
- 集中式或分布式，这取决于决策是由一个集中实体做出的还是以更加分布的方式做出的。
- 简洁或冗余，分别指算法是以严格的还是更具容错性的方式来分配资源。简洁的 VNE 严格按需分配资源，而冗余的 VNE 则为每个服务分配额外的一些资源，以便在实时故障发生时提供备份。

由于这些特征被认为是相互独立的，因此每种映射算法都可以根据这些特征的任意组合进行开发。正如前面提到的，VNE 涉及分配与节点和链路相关的多种资源。值得注意的是，应考虑底层资源和虚拟资源各自的物理特性。例如，算法需要处理可消耗资源和静态资源。CPU（中央处理器）、带宽和延迟是一些主要的可消耗映射资源。也就是说，随着映射数量的增加，这些资源会逐渐减少。当服务不再可用时，可消耗资源会被释放。相反，也有一些静态资源，如链路延迟和链路损失概率，与映射数量无关。由于可用物理资源的稀缺性，VNE 解决方案的效率变得越来越重要；评估算法性能、满足需求请求及最大化其 QoS 已成为至关重要的环节。因此，下面将介绍一些常见的目标函数/度量指标。

- 接纳率是指成功接纳并嵌入的 VNR 数量与接收的 VNR 总数量之比。
- 收益成本比由基础设施提供商（InP）所分配的请求与其所消耗的底层资源的比例计算得出。显然，InP 的目标是尽可能高效地利用其物理资源。

- 负载均衡评估的是底层网络上流量分布的程度。在某些场景下，这个指标非常重要，因为流量分布得越均匀，物理链路就越不容易过载，也就越能成功应对意外的流量高峰。
- 计算时间在其中起着重要作用，因为它决定了 VNR 到达和开始服务的时间间隔。这个时间长度在很大程度上取决于问题的建模方式，并且本章将分析计算时间与解决方案质量之间的权衡关系。
- QoS 指标包括延迟、抖动、吞吐量和网络元素（Network Element，NE）利用率等，在完成嵌入后及整个服务期间，都应满足 VNR 所需的 QoS 要求。
- 用于描述 VNE 可靠性的度量指标，如备用资源的存在、路径冗余及链路不稳定导致的流量迁移情况。

总的来说，VNE 解决方案通常只涵盖上述提及特征的一部分。下面将展示一个针对 VNE 问题提出的静态、简洁且集中式的解决方案实例，包括其现状、目标和结果。

13.2.1 关于 VNE 的研究

文献中关于 VNE 的研究有很多，以下将介绍本章研究受到启发的一些方向。正如之前所述，VNE 同时考虑节点映射和链路映射。然而，在文献中，相较于链路映射，优化节点映射的研究更为普遍[7-9]。在计算出节点映射后，通常会采用 k 最短路径算法或多商品流算法来计算链路映射。之所以选择这些算法，是因为它们具有较短的计算时间，但这也降低了链路映射解决方案的质量，因为在除了路径长度的其他度量指标上，它们并不总能提供最优解。本章重点研究链路映射的计算，此时节点映射（VNR 的源节点和目标节点）已经被预先分配好了。

另外，服务映射问题本质上是一个按时间顺序进行的计算过程。实际上，每当服务提供商需要新的底层资源时，InP 就需要寻找能满足 QoS 要求的可用资源。因此，VNR 通常在不同的时间点进入和离开网络。基于以上背景，本章研究旨在表明，由于在顺序处理的情况下，解决方案强烈依赖处理 VNR 的顺序，所以顺序方法会影响映射的性能。在网络切片时代，服务需求的异质性促使我们寻求并行解决方案。尽管并行处理会增加复杂性，但并行 VNE 问题的表述对于开发高效服务映射至关重要。众所周知[10-12]，顺序方法只能得到局部近似最优解，因为在每个 VNR 上都独立应用优化策略。相反，考虑同时嵌入一组 VNR，则可能带来全局近似最优解。本章还将考虑资源需求异质性的场景，进一步证明并行嵌入的有效性。

并行计算已经在许多不同领域得到了广泛应用。即便对于 VNE 问题，也已经出现了一些并行实现方案。在文献[10-11]中，作者着重关注链路映射优化而非节点映射，并提出了基于 GA 的并行方法。GA 似乎是解决并行 VNE 问题最常见的方法。然而，文献[10-11]中提出的并行方法仅考虑了链路映射的并行计算（当然假设一个 VNR 包含多个链路），并且一次只嵌入一个 VNR。文献[12]中提出的方案更进一步，作者提议使用 GA 对一组 VNR 进行并行链路映射，而不是仅针对一个 VNR。这种思想认为，通过并行计算可以增强所有 VNR 嵌入之间的协调性，从而获得更好的性能表现。在上述文献提出的并行方法中，GA 似乎是最具前景的一种，因为它通过并行计算减少了计算时间，同时提高了解决方案的质量。计算时间的减少得益于并行机器利用先验知识，在初始阶段就输入一组链路映射（通常是 k 条最短路径），然后从中产生新的可行解决方案。这种方法在静态网络或随时间推移具有已知变化的动态网络中非常高效。但是，并非所有情况都如此。例如，在非常动态的网络（如 LEO 网络）中，可能需要在线实现实时嵌入算法，特别是在某些嵌入不可用导致连通性变化无法预测的情况下。

动态卫星网络也是本章的一个主要内容。确实，一开始，我们的焦点集中在资源映射效率上，考虑的是一个静态场景（物理连接稳定、不随时间变化的情况）；而在 13.3 节和 13.4 节中，我们转向了面向卫星网络的场景，其中物理网络会随时间按照既定的计划发生变化，我们将展示 VNE 是如何与物理网络的变化交互的。

13.2.2 VNE 解决方案

对于 VNE 问题，解决方案是一个 ILP 形式的链路映射模型，同时考虑了广为人知的负载均衡和节能目标函数[13]。这一场景将通过一些软件仿真验证，而不涉及基于 SDN 的测试平台。为了避免术语混淆，这里强调一下，在本章中，"顺序"和"并行"这两个术语指的是如何嵌入一组 VNR，而不是通常文献中所指的节点映射和链路映射计算的顺序。因此，这里的"顺序方法"意味着每次只嵌入一个 VNR；相反，"并行方法"意味着每次迭代中嵌入一组 VNR。这一解决方案旨在阐明：

- 提高 VNE 计算的并行度对应于更高的映射质量。在此情况下，以平均底层链路利用率作为衡量算法效率的指标，以负载均衡作为目标函数。
- 并行度级别和网络规模对算法计算时间的影响。
- 当需求服务的异质性较高时，相较于采用顺序方法，采用并行方法将带来更多优势。
- 对于并行计算，考虑采用介于完全串行和完全并行之间的中间解决方案可能是值得的，因为这样可以在不大幅增加问题复杂度和计算时间的前提下，获得相当好的结果。

13.2.3 问题初始化与表述

底层网络被建模为一个加权有向图 $G_S = (N_S, E_S)$，其中 N_S 是底层节点集合，E_S 是底层边集合。每个底层节点 n_s 都被分配了一个功耗 $p(n_s)$，而每条底层边 (u,v) 被分配了一个剩余容量 $c(u,v)$，表示所有底层节点功率消耗之和。一般而言，第 n 个 VNR 被建模为一个有向图 $G_V^n = (N_V^n, E_V^n)$，其中 N_V^n 是虚拟节点集合，E_V^n 是虚拟边集合。此外，bw(n) 表示第 n 个 VNR 所需的带宽。对于第 n 个 VNR，节点映射在事先就被确定；因此，s^n 和 d^n 分别是源底层节点和目标底层节点，节点映射最初是通过文献[7]中提出的 D-ViNE 算法计算得出的。最后，VN 集合代表了所有需要嵌入的 VNR。需要注意的是，假设初始 VNR 集合是已知的，虽然这并非总成立，但在某些情况下这种假设可能非常现实。例如，当某些服务已经嵌入 NGSO 卫星链路，而突然这条链路不可用时，就会出现这种情况。在这种情况下，一组已经嵌入的服务（其详细信息已知）需要再次嵌入。

接下来将介绍问题的目标函数和约束条件。目标函数式（13.1）结合了负载均衡和节能两大目标。负载均衡目标旨在尽可能高效地在网络底层分布流量，为此需要最小化每个底层链路的总体负载。相反，节能目标力求通过最小化所有活跃底层节点在网络中消耗的电力总量来节省能量。综合这两项目标的函数可以写作：

$$\min_{z_{uv}^n, y_{n_s}} \left(\alpha \cdot \sum_{n \in VN} \sum_{uv \in E_s} \frac{z_{uv}^n \cdot \mathrm{bw}(n)}{c(u,v) + \epsilon} + (1-\alpha) \cdot \frac{1}{p_{\mathrm{sum}}} \cdot \left(\sum_{n_s \in N_s} y_{n_s} \cdot p(n_s) \right) \right) \quad (13.1)$$

式中，第一项表示负载均衡目标，第二项表示节能目标。参数 α 及 $(1-\alpha)$ 分别为负载均衡函数和节能函数的权重系数。当流量通过时，承载一个或多个虚拟节点的底层节点被视为活跃节点。因此，通过节能目标，优先选择功耗较低的底层节点，目的是减少网络中的总功耗。

在负载均衡目标致力于分散网络流量的同时，节能目标倾向于将流量集中，以减少活跃节点的数量，从而降低总功耗。表 13.1 和表 13.2 分别列出了问题中的变量和参数。

表 13.1　式（13.1）～式（13.7）中的变量

变　　量	描　　述
z_{uv}^n	二进制流变量，表示第 n 个 VNR 是否嵌入了 (u,v)
y_{n_s}	二进制变量，表示活跃节点

表 13.2　式（13.1）～式（13.7）中的参数

参　　数	描　　述
s^n	第 n 个 VNR 的源节点
d^n	第 n 个 VNR 的目标节点
$\mathrm{bw}(n)$	第 n 个 VNR 需要的带宽
$c(u,v)$	底层链路 (u,v) 的剩余容量
$p(n_s)$	底层节点 n_s 的功耗
p_{sum}	所有底层节点均处于活跃状态时的总功耗

下面将阐述并解释问题的约束条件。

$$\sum_{n \in VN} z_{uv}^n \cdot \mathrm{bw}(n) \leqslant c(u,v), \ \forall (u,v) \in E_s \quad (13.2)$$

$$\sum_{w \in N_s} z_{s^n w}^n - \sum_{w \in N_s} z_{w s^n}^n = 1, \ \forall n \quad (13.3)$$

$$\sum_{w \in N_s} z_{t^n w}^n - \sum_{w \in N_s} z_{w t^n}^n = -1, \ \forall n \quad (13.4)$$

$$\sum_{w \in N_s} z_{vu}^n - \sum_{w \in N_s} z_{uv}^n = 0, \ \forall n, \forall u \in N_s / \{s^n, d^n\} \quad (13.5)$$

$$z_{uv}^n \in \{0,1\}, \ \forall (u,v) \in E_s, \forall n \quad (13.6)$$

$$y_{n_s} = \begin{cases} 1, & \sum_n z_{u n_s}^n > 0 \text{ 或 } \sum_n z_{n_s u}^n > 0 \\ 0, & \text{其他} \end{cases} \quad (13.7)$$

在式（13.2）中，对于每个底层链路 (u,v)，所有映射到该链路的虚拟链路所占用的总带宽上界被限定为其剩余容量。约束条件式（13.3）～式（13.5）确保了流的守恒定律，这意味着对于每一个 VNR，除了源节点和目标节点，所有底层中间节点的总流量都为零。式（13.6）和式（13.7）定义了问题中两个变量的二元约束条件。算法从底层网络的实际状态及 VNR 的定义（包括图描述和所需资源）开始运行。如果存在可行解，则计算映射关系。接着，更新当前的底层网络状态，并且算法将针对下一个 VNR 再次运行。

13.2.4 模拟设置

模拟的目标是嵌入一组预定义的、定义为 VN 的已生成的 VNR，其中包含 N 个需要嵌入的 VNR。鉴于本章研究旨在展示并行计算相对于顺序计算的优势，因此我们从主集合 VN 中创建了规模为 K 的较小子集，并将其作为输入提供给算法（K 代表并行级别）。这意味着算法一次性并行地嵌入 K 个 VNR。该问题采用 GNU 线性规划工具包（GNU Linear Programming Kit，GLPK）求解器进行表述和编译处理。

K 是一个 1～N 的整数参数。当 $K = 1$ 时，算法是顺序执行的，因为它每次仅嵌入一个 VNR；相反，当 $K = N$ 时，算法实现了完全并行处理。同时，也会考虑 K 取中间值的情况。

MATLAB 是用于管理和执行所有过程的主要工具，涵盖了底层网络图的创建、随机生成 VNR 及其所需资源、报告网络随时间变化的当前状态，以及从 GLPK 获取并更新映射结果。

在求解器中，问题按目标函数和约束条件[式（13.1）～式（13.7）]进行构建。如果有解，GLPK 将会把求解得到的结果反馈给 MATLAB，以便更新底层网络的资源状态，并进一步计算所需的性能指标。整个算法会运行 N/K 次。该算法的伪代码如算法 13.1 所示。底层网络中的节点被随机分布在一个 100×100 的网格上。

算法 13.1　并行链路映射算法

1：**Begin**
2：根据式（13.8）生成底层网格图
3：随机生成 VNR 集合
4：使用 D-ViNE 算法预先计算节点映射
5：用 K 个 VNR 细分子集
6：**Input**
7：目标函数
8：底层链路剩余容量 $c(u,v)$, $\forall (u,v) \in E_s$
9：功耗 $p(n_s), \forall n_s \in N_s$
10：$s^n, d^n, \text{bw}(n), \forall n \in \text{VN}$
11：**Output**
12：每个 VNR 的链路映射
13：**If** 分支定界法找到了一个解
14：MATLAB 更新底层网络资源
15：**Else** 链路映射失败
16：**End if**

给定一对底层节点 u 和 v，它们之间建立连接的概率如下：

$$P(u,v) = \gamma \cdot \exp\left(-\frac{d}{\delta \cdot d_{\max}}\right) \quad (13.8)$$

式中，d 为两个节点在网格中的几何距离，$d_{\max}$ 为任意一对底层节点之间的最大距离，γ 和 δ 为两个可以控制网络复杂性的设计参数。我们使用 $\gamma = \delta = 0.5$ 作为文献[8]中考虑的"简单案例"。每个底层链路的剩余容量在区间[60,80]中随机产生。第 n 个 VNR 所需的虚拟带宽是一个在预定义区间内的随机数。我们考虑了该区间内的不同情况（见表 13.3）。最终，我们考虑了共计 $N = 30$（集合 VN 的基数）个 VNR 来进行嵌入。

表 13.3　VNR 所需带宽

场景	(min,max)	场景	(min,max)
用例 1	(5,20)	用例 3	(5,40)
用例 2	(5,30)		

13.2.5　性能评估

在模拟中，我们采用了 MATLAB 与 GLPK 相结合的方法。用于生成图 13.2 和图 13.3（a）结果的底层网络由 30 个节点组成，而在图 13.3（b）中，底层节点的数量有所变化，以此来演示算法的可扩展性。在本节前两个案例研究中，我们分析了随着并行级别 K 变化，算法的性能表现。这两种极端情况分别是：$K = 1$ 的顺序执行情况，以及 $K = 30$ 的完全并行情况。

图 13.2 展示了并行计算相较于顺序计算的优势。具体来说，图 13.2（a）研究了在需求服务之间的异质性不同时，采用并行方法的效率。在这个例子中，异质性体现在所需求的带宽上。三个不同的场景（见表 13.3）生成需求带宽的范围各异。考虑三个场景的目标是对比并行方法在较不异质的场景（用例 1）与更异质的场景（用例 3）中的性能表现。这些场景的不同之处在于随机生成带宽范围的变化，即不同场景下需求带宽的随机生成范围各不相同。实验证明，随着虚拟需求带宽范围的增加，并行嵌入的效率也提高了。这是因为在需求带宽存在更大异质性的情况下，算法能够更好地管理链路映射，从而达到相比顺序方法更好的效果。因此，对于需要更大带宽的 VNR，算法会选择将其映射到具有更多可用带宽的路径上。例如，在用例 1 中，由于所有 VNR 间几乎不存在差异，所以完全并行方法相较于顺序方法的效率提升几乎可以忽略不计。然而在用例 3 中，完全并行方法的表现则明显优异。这个场景考虑的是负载均衡目标，使用平均底层链路利用率作为衡量指标。同时，图 13.2（b）也展现了并行方法的效率优势。在这种情况下，我们考虑了不同的 $\alpha \in [0,1]$，间隔为 0.25。参考目标函数式（13.1），当 $\alpha = 1$ 时，目标是负载平衡；当 $\alpha = 0$ 时，目标是节能，中间值代表这两个目标的加权组合。为了进行对比，我们设定并行级别为 15，并将此并行情况与顺序执行情况进行对比。

从图 13.2（b）可以看出，对于所有的 α 值，并行方法（实线）总是表现得更好（数值更小），优于顺序方法（虚线）。一般来说，我们也可以观察到，对于较小的 α 值，平均底层链路利用率更高，因为节能目标驱动了性能。这意味着更优先考虑最小化

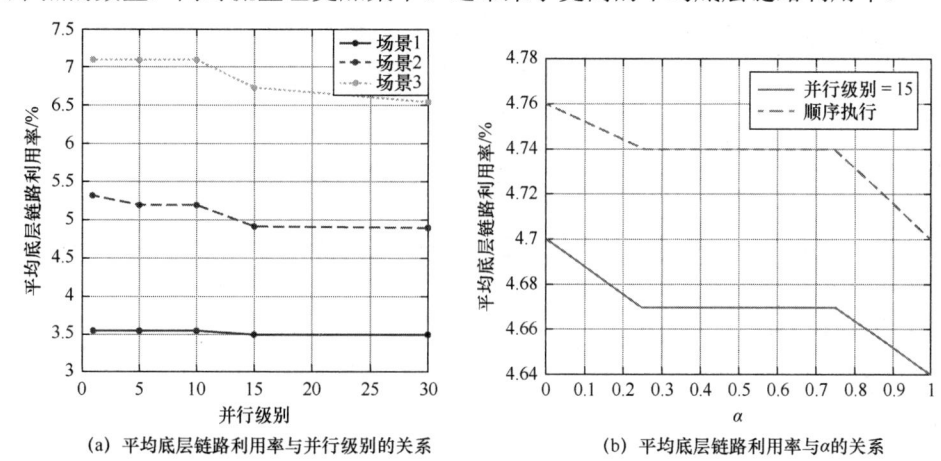

活跃节点的数量，同时流量也更加集中。这带来了更高的平均底层链路利用率。

(a) 平均底层链路利用率与并行级别的关系

(b) 平均底层链路利用率与α的关系

图 13.2　平均底层链路利用率的模拟结果

图 13.3 展示的是关于计算时间的分析。考虑 VNE 问题的 NP-Hard 特性，随着问题规模的增大，其计算时间预期会呈指数级增长。在这个解决方案中，以下三个不同的因素会增大问题的规模。

- 网络中的需求负载。
- 增加的并行级别（每次嵌入更多 VNR）。
- 网络中更多的底层节点和链路。

图 13.3（a）展示了计算时间（y 轴）与并行级别（x 轴）之间的指数关系。对于所有显示的情况，我们可以得出一个主要趋势：计算时间及随之而来的复杂度随着并行级别的增加而呈现指数级增长。图 13.3（a）还表明，给定一定的并行级别（如 15），负载越高（如用例 3），所需的计算时间就会越长。此外，当并行级别较高时，问题的复杂度对网络负载非常敏感。的确，在用例 3（负载最高）中，相较于用例 1 和用例 2，当并行级别达到最大（如 30，相比 15 或 10 这样的较小值）时，高并行级别所带来的增益相当显著。图 13.3（b）展示了第三个增加问题复杂度的因素——底层网络的规模。实际

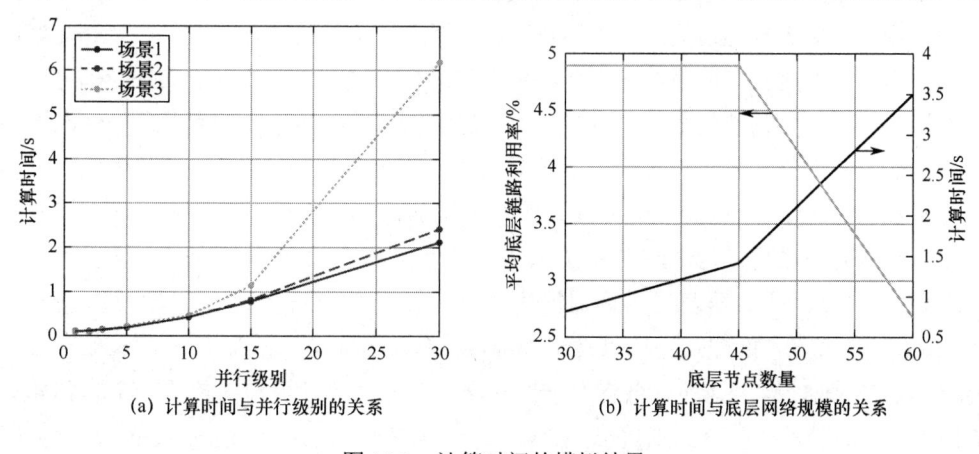

(a) 计算时间与并行级别的关系

(b) 计算时间与底层网络规模的关系

图 13.3　计算时间的模拟结果

上，算法在拥有更多底层节点的情况下进行了测试，正如预期那样，由于网络规模的增加，计算时间（右 y 轴）也随之上升，从而提高了问题的复杂度。对于这些结果，设定的并行级别为 15，并且考虑了负载均衡目标。随着节点数量的增加，平均底层链路利用率（左 y 轴）会下降，这是因为要嵌入的流量仍然是相同的，但由于物理网络规模变大，可用的底层资源增多。

13.3 基于动态 SDN 的卫星-地面网络的新型 NV 方法

随着卫星与 TN 融合变得日益重要，引入新的技术手段以促进这一进程已变得势在必行。传统上，卫星和 TN 被视为独立系统，这严重阻碍了它们之间的互操作性、可扩展性和可编程性，导致无法动态执行虚拟化方案。为解决这一问题，近年来，SDN 作为一种无缝集成卫星-地面网络的关键技术被广泛应用，旨在支持虚拟化方案的实施，并考虑通过联合控制方式来管理多网络基础设施（如 5G 及后续的通信技术）中的异构网络段[14-16]。相比于当前传输网络中采用的传统多协议标签交换（Multiprotocol Label Switching，MPLS）/TE 机制，当用集中式 SDN 框架实现 TE 解决方案时，可以提供对整个网络的全局视角，并配套集中的策略执行机制。沿着这一思路，已有研究针对在卫星网络中运用 SDN/NFV 技术的潜在应用场景、需求及功能性框架定义进行了深入分析并取得进展[17-19]。其中，一些开发成果包括为实现卫星-地面 5G 网络无缝融合而设计的基于 SDN/NFV 技术的网络架构方案[19-20]。同时，一些研究开发了 SDN/NFV 技术的实际应用，如测试平台/概念验证项目[21-24]。正如将在 13.4 节进一步展示的那样，SDN 的可编程性有助于此类网络在高度动态场景下自动执行虚拟化方案。本章主要探讨的是 E2E 网络切片中 SDN 的实现，而对于如何将所实现的概念进一步融入 NFV 管理和编排架构，则有待未来进一步研究和实施[25]。

13.3.1 SDN：网络切片技术的推动者

传统上，老旧网络中的虚拟化主要是通过建立层叠网络来实现的，其中小部分节点利用隧道在底层网络上构建它们自己的拓扑结构。层叠网络是通过在网络入口处对数据包进行标记、封装后穿越整个网络并在离开网络时解封装来构建的（如 MPLS 网络）。这一过程存在诸多缺点，如需要为数据包添加头部信息、需要管理员手动配置及需额外购置运行特定路由协议的网络设备等，这些都降低了整合新技术的效率，并增加了整体成本。相比之下，SDN 允许通过 OpenFlow（OF）协议更快捷、更可扩展地在流表（路由表）中添加、更新和删除流条目。每个网络节点（OF 交换机）都会与 SDN 控制器相连。每个流条目包括匹配字段、计数器及一组针对匹配数据包执行的指令和动作（如数据包转发动作）。在这种方式下，匹配规则可以根据多种数据包头部字段进行配置，如输入端口、源/目标 MAC-IP 地址等。这种信息有助于识别网络中的每个数据包（最终确定其归属哪个 VN 切片），并根据不同 VN 切片的服务等级协议（Service Level Agreement，SLA）区分路由方案。为了简化表示，在本节中，我们将 VNR 简称 VN。

13.3.2　针对 VN 的基于 SDN 的 TE 应用方法

基于 SDN 的虚拟化 TE 应用的一个示例如图 13.4 所示。该应用中的数据流由 SDN 控制器进行配置。控制器通过暴露应用程序编程接口（API）来部署网络管理和控制应用。这些 API 是一系列编程库，提供了对 OF 协议支持的上述机制的访问权限。在应用层面上，可以查看 OF 交换机的相关信息，如网络拓扑结构、网络状态（如交换机状态、端口状态、每个端口/流的流量负载等）、流表信息（如数据流信息）。公开的 API 功能使人们能够编程并演示基于 SDN 的 TE 应用的操作，这种应用能够在底层网络中动态设置嵌入式 VN，并将输入信息传递给 VN 映射算法模块。具体来说，实现的基于 SDN 的 TE 应用能够做到以下几点。

（1）学习网络拓扑结构。
（2）实时监控网络和端口状态。
（3）创建网络统计监测数据。
（4）根据一组用户信息（如源 IP 地址）在输入/输出端口识别 VN 的新流量。
（5）基于 VN 嵌入信息设置转发路径，通过填充 OF 交换机的流表来实现。
（6）通过速率限制器来实现每个 VN 的最大速率。

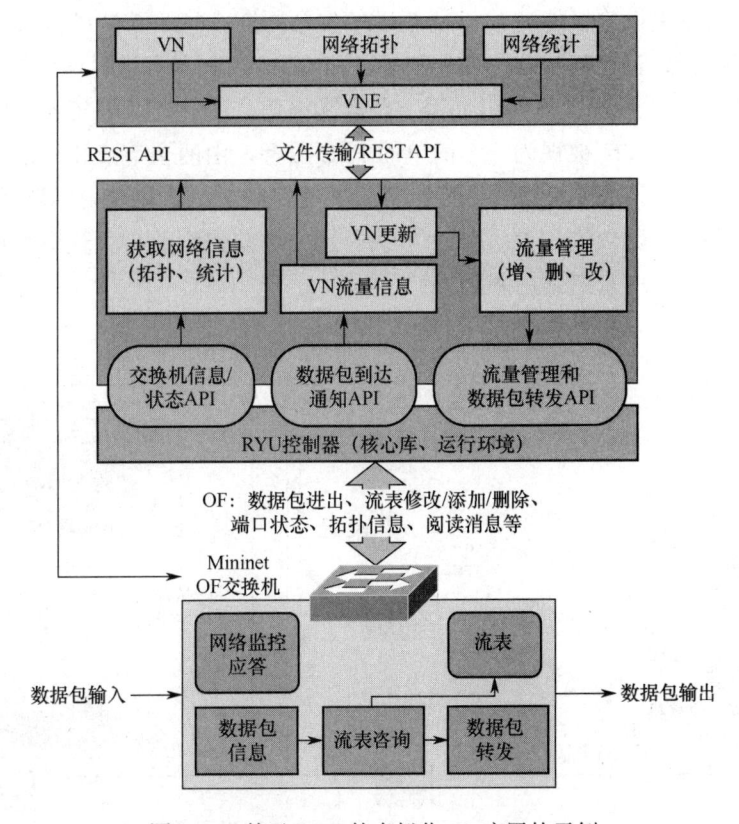

图 13.4　基于 SDN 的虚拟化 TE 应用的示例

13.4 实现基于 SDN 的动态 VNE 测试平台

在本节中，我们将通过一个实际的 VNE 算法实现示例来验证在高度动态场景下，SDN 技术在卫星-地面混合网络真实环境中的可行性。本节的目标是展示这类动态网络的初步结果，重点关注 SDN 如何支持实时网络切片分配管理。因此，我们考虑的用例是一个简化版的真实卫星星座模型，所提出的基于 SDN 的测试平台能够执行 VN 的动态部署。为了实现这一目标，系统中已添加了一些关键功能，如每个 VN 的最大速率限制器、动态网络拓扑学习和网络状态变化报告等。

13.4.1 实验测试平台

实验测试平台的高级视图如图 13.5 所示。该测试平台中的一台个人计算机（PC）用于模拟支持 SDN 功能的混合卫星-地面网络，网络由 OF 交换机构成。卫星和地面链路通过模拟的延迟来区分。基础网络中的任何链路都可以被编程以进行周期性修改，从而模拟典型的 NGSO 卫星轨道运动。另一台 PC 托管外部 RYU SDN 控制器和 VNE 算法脚本，该脚本在 MATLAB 中运行。在仿真过程中，VNE 算法模拟随机到达的 VNR（服从泊松分布）。每个请求到来时都会触发 VNE 算法的计算。每个 VN 的嵌入信息包括两个终端节点（具备主机连接能力）、VN 活动的生命周期、每个 VN 的最大速率及源和目标之间的计算路径列表。基于这些嵌入信息，在 SDN 控制器中进行编程的 TE 应用为每个 VN 创建路径、设置最大速率限制器、获取网络信息统计、读取拓扑结构并实时监控网络拓扑变化。每个 VN 被视为一个简单的 E2E 服务，由两个节点和一条路径组成。两个端点的节点映射已预先定义好，因此只需计算链路映射。链路映射问题通过 13.2 节介绍的带负载均衡目标函数的 ILP 形式来解决。正如之前提到的，负载均衡功能旨在尽可能减小底层网络的平均带宽利用率。

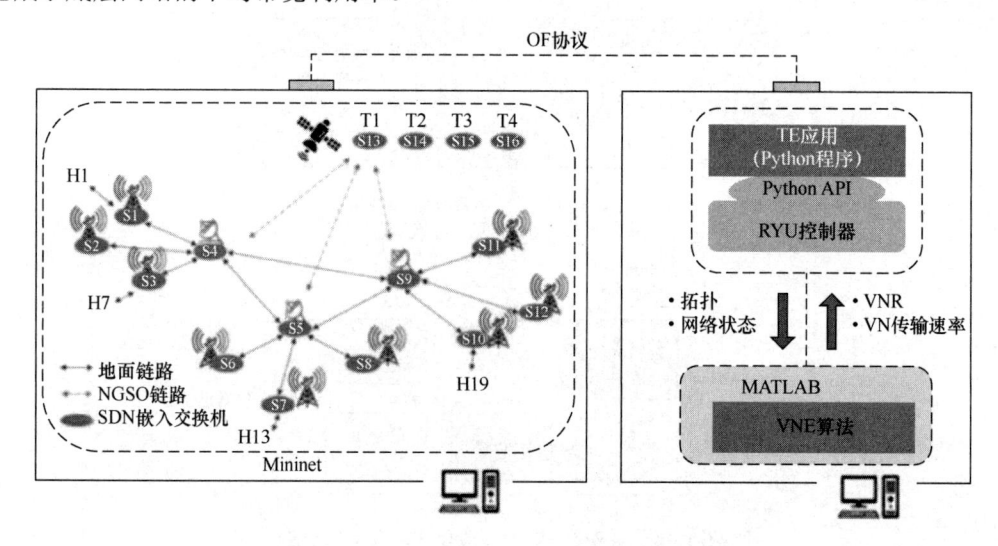

图 13.5 基于 SDN 的测试平台组件的高级视图

13.4.2 操作验证

测试平台操作通过执行三个示例进行验证。第一个示例针对 VN 的安装，验证了基于 SDN 的 TE 应用可以根据 VNE 算法输出，在卫星-地面网络中实现期望的路由方案。第二个示例展示了当 NGSO 网络随时间变化时，如何动态重新配置受影响的 VN。在该场景下，当拓扑结构发生变化时，会重新计算受此变化影响的 VN 的 VNE。第三个示例则展示了几条已建立的 VN 在发生链路故障时的动态配置过程。为了演示，我们采用图 13.5 所示的基础网络结构，并在 Mininet 上进行仿真。交换机 S13~S16 代表 MEO 卫星，而交换机 S4、S5 和 S9 则是具有卫星链路可用性的回传网络设备。其余节点模拟了具有地面主机连接能力的接入网络设备。设置地面链路和卫星链路的可用容量分别为 800kbps 和 400kbps。每个卫星链路上还引入了 27ms 的延迟，以模拟 MEO 链路的实际状况。

1. VN 实现

第一个示例考虑的是如图 13.6（a）所示的嵌入 VN。可以观察到，在节点 S13 中，为 VN1 和 VN2 创建了四个转发规则，以确保其流量能够按照分配的路径正确转发。对于每个 VN，需要一个流规则将从源到目标的流量转发出去，还需要一个规则负责从目标返回至源的流量转发。对于第二个 VN，由于其流量被转发至交换机 S5 而非 S9，因此输出端口不同，但执行相同的处理过程。TE 应用通过识别传入的流量并将其分配给相应的 VN 来管理正确的转发规则安装。一旦数据包被分配到某个 VN，就会安装相应的转发规则（输出端口）。

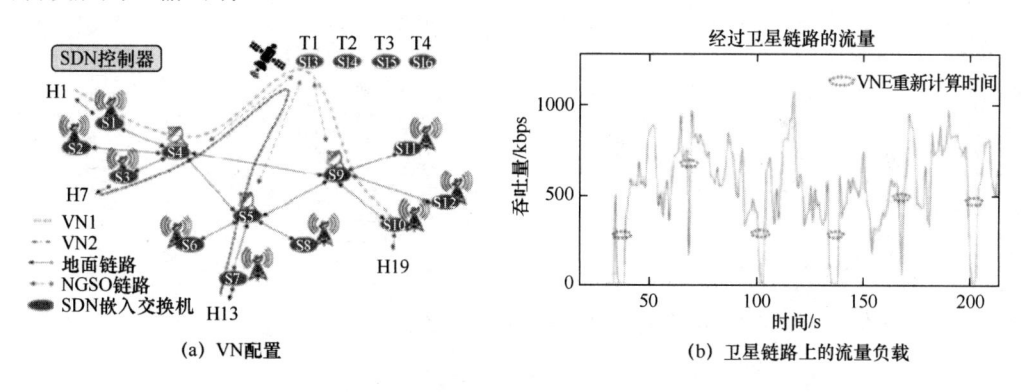

图 13.6 动态仿真场景

2. 动态 VNE

（1）动态 NGSO 卫星-地面网络拓扑：对于动态 VN 计算/建立过程，测试平台在时间 T1 时以图 13.6（a）所示的配置开始运行，此时在所有 NGSO 节点中，仅卫星 S13 可用。因此，两个 VN 通过卫星链路（S13）进行嵌入。每隔 30s，当前的卫星连接会被停用，并激活下一个卫星链路来模拟 MEO 星座。这一过程会在 S13~S16 节点依次重复。值得注意的是，所选择的时间间隔并不表示真实 MEO 卫星与地面站之间的 LoS 持续时间，而是为了演示选择了一个较小的合理值。为了验证动态配置的有效性，测试平台启动了一个视频流传输，源主机和目标主机之间开始通过用户数据报协议（UDP）传输流量。每当卫星链路状态发生变化时，涉及的两个 OF 交换机（即将不可见的那个和新激活的那个）会向控制器发送一个带有"端口关闭"标志的通知（"OFPT_PORT_STATUS"消息），触发 VNE 重新计算的过程。图 13.6（b）展示了由 VN1 产生的流量。每隔 30s，吞吐量会降至 0 或类似数值，但在短暂的时间间隔后，它又恢复到初始值。对于这个场景，尽管链路中断是可预测的，并且流量中断可以避免，但为了演示，测试平台在收到拓扑变化通知后会重新计算 VNE。

（2）动态 VNE 重新计算：该场景包括六个 VN，每个 VN 要求的速率均为 200kbps。其中三个如图 13.7（a）所示。在这样的配置下，我们模拟了节点 S4~S9 地面回传链路的故障，然后观察系统如何对 VN 进行重新配置以应对这一变化。当地面链路发生故障时，如图 13.7（b）所示，我们可以看到三种不同的 VN 映射重配置情况。VN1（S1~S10）从失效的地面路径切换到了另一条不同的地面路径；VN4（S3~S6）由于不受失效链路的影响，保持了原来的地面路径；而VN5（S3~S10）则从失效路径迁移到了卫星回传路径上。这种配置还可以通过测量得到的延迟进行验证。图 13.8 展示了每个 VN 在地面链路故障前后（70s 之后）的 RTT。值得注意的是，每当拓扑发生变化时，网络中的流都会被删除，以便建立新的 VN 路径，这不可避免地会对 RTT 造成影响。实际上，图 13.8 显示的每次卫星链路变更或地面链路故障时出现的 RTT 峰值，代表了系统为新 VN 路径在所有交换机中创建流所需的时间。

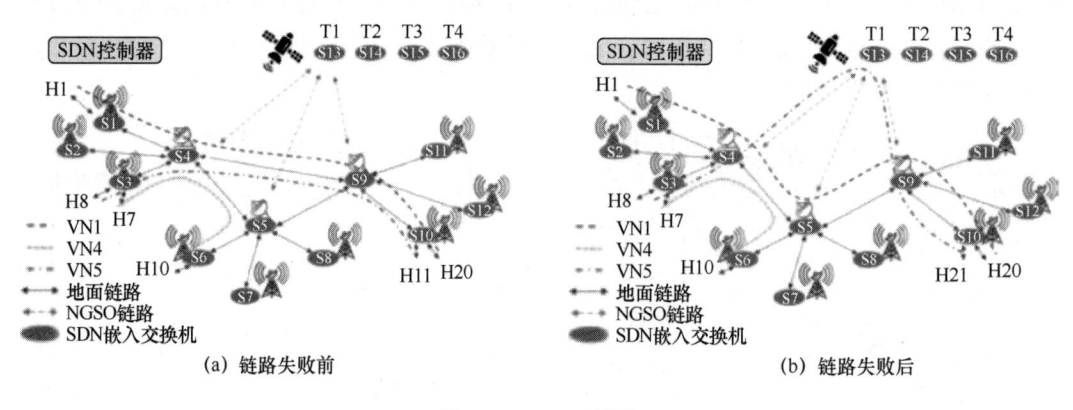

(a) 链路失败前　　　　　　　　　(b) 链路失败后

图 13.7　VNE 配置

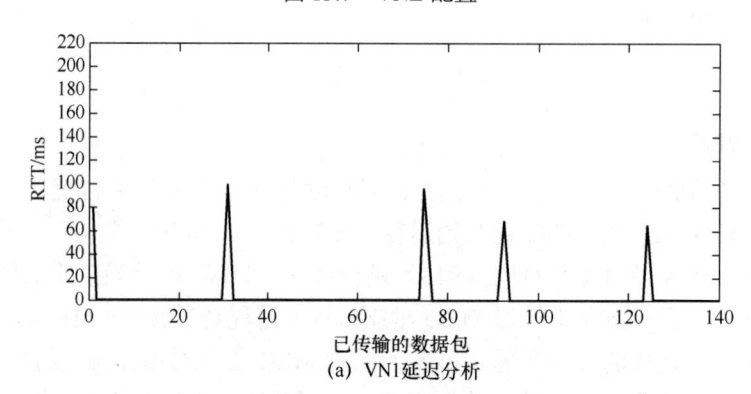

(a) VN1延迟分析

图 13.8　VN 的延迟

(b) VN4延迟分析

(c) VN5延迟分析

图 13.8　VN 的延迟（续）

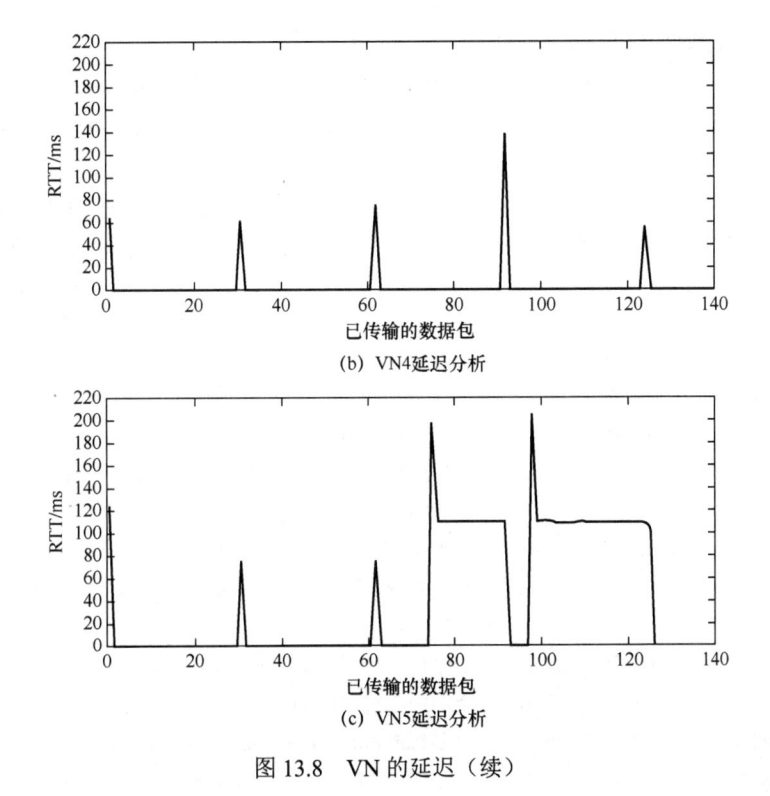

13.5　结论

本章探讨了一个著名的 NP-Hard 问题——VNE。我们分析了 VNE 的两个不同但相关的方面。首先，本章提出了 VNE 中链路映射问题的一种理论公式，并强调了使用并行计算而非顺序计算的优势。理论结果表明，在静态场景下，相比采用顺序计算，采用并行计算更为高效。而且，从并行计算中获得的收益与请求资源的异质性水平直接相关，这意味着需求请求中的异质性越高，最终性能从并行计算中获益越大。其次，我们还在真实测试平台上验证了 VNE 算法。其主要目标是展示 VNE 算法与实时变化的物理网络之间的交互作用。为此，我们利用 Mininet 在测试平台上模拟了一个动态物理网络环境。借助 SDN 控制器，测试平台成功应对了 NGSO 网络中的动态场景，其中，由于卫星和地面段之间时间上的 LOS 可见性或链路降级/故障，连接可能会发生变化。在模拟过程中，VNE 算法与 SDN 控制器协同工作，几乎不间断地保证了服务端点之间的连接。值得一提的是，提供 VNE 的理论方案及其实现方法的研究并不多见。这些实验结果证明了基于 SDN 实现此类算法的高效性，特别是在预期发生大量重新计算的情况下，如对于动态变化的网络。

本章原书参考资料

[1] Afolabi I., Taleb T., Samdanis K., Ksentini A., Flinck H. 'Network slicing and softwarization: A survey on principles, enabling technologies, and solutions'. IEEE Communications Surveys & Tutorials. 2018, vol.

20(3), pp. 2429-2453.

[2] Lei L., Yuan Y., Vu T.X., Chatzinotas S., Minardi M., Montoya J.F.M. 'Dynamic-adaptive ai solutions for network slicing management in satellite integrated B5G systems'. IEEE Network. 2021, vol. 35(6), pp. 91-97.

[3] Kodheli O., Lagunas E., Maturo N, et al. 'Satellite communications in the new space era: A survey and future challenges'. IEEE Communications Surveys & Tutorials. 2021, vol. 23(1), pp. 70-109.

[4] Al-Hraishawi H., Chatzinotas S., Ottersten B. 'Broadband non-geostationary satellite communication systems: research challenges and key opportunities'. 2021 IEEE International Conference on Communications Workshops (ICC Workshops); Montreal, QC, Canada, 2021. pp. 1-6.

[5] Rost M., Schmid S. 'On the hardness and inapproximability of virtual network embeddings'. IEEE/ACM Transactions on Networking. 2020, vol. 28(2), pp. 791-803.

[6] Fischer A., Botero J.F., Beck M.T., de Meer H., Hesselbach X. 'Virtual network embedding: A survey'. IEEE Communications Surveys & Tutorials. 2013, vol. 15(4), pp. 1888-1906.

[7] Chowdhury M., Rahman M.R., Boutaba R. 'ViNEYard: virtual network embedding algorithms with coordinated node and link mapping'. IEEE/ACM Transactions on Networking. 2012, vol. 20(1), pp. 206-219.

[8] Pham M., Hoang D.B., Chaczko Z. 'Congestion-aware and energy-aware virtual network embedding'. IEEE/ACM Transactions on Networking. 2020, vol. 28(1), pp. 210-223.

[9] Cao H., Zhu Y., Zheng G., Yang L. 'A novel optimal mapping algorithm with less computational complexity for virtual network embedding'. IEEE Transactions on Network and Service Management. 2018, vol. 15(1), pp. 356-371.

[10] Nguyen K.T.D., Huang C. 'An intelligent parallel algorithm for online virtual network embedding'. 2019 International Conference on Computer, Information and Telecommunication Systems (CITS); Beijing, China, IEEE, 2019. pp. 1-5.

[11] Lu Q., Huang C. 'Distributed parallel vn embedding based on genetic algorithm'. 2019 IEEE Symposium on Computers and Communications (ISCC); Barcelona, Spain, 2019. pp. 1-6.

[12] Zhou Z., Chang X., Yang Y., Li L. 'Resource-aware virtual network parallel embedding based on genetic algorithm'. 2016 17th International Conference on Parallel and Distributed Computing, Applications and Technologies(PDCAT); Guangzhou, China, 2016. pp. 81-86.358 Non-geostationary satellite communications systems.

[13] Minardi M., Sharma S.K., Chatzinotas S., Vu T.X. 'A parallel link mapping for virtual network embedding with joint load-balancing and energy-saving'. 2021 IEEE International Mediterranean Conference on Communications and Networking (MEDITCOM); Athens, Greece, 2021. pp. 1-6.

[14] Giambene G., Kota S., Pillai P. 'Satellite-5g integration: A network perspective'. IEEE Network. 2018, vol. 32(5), pp. 25-31.

[15] Xu S., Wang X.-W., Huang M. 'Software-defined next-generation satellite networks: architecture, challenges, and solutions'. IEEE Access: Practical Innovations, Open Solutions. 2018, vol. 6, pp. 4027-4041.

[16] Li T., Zhou H., Luo H., Yu S. 'SERvICE: A software defined framework for integrated space-terrestrial satellite communication'. IEEE Transactions on Mobile Computing. 2016, vol. 17(3), pp. 703-716.

[17] Bertaux L., Medjiah S., Berthou P. 'Software defined networking and virtualization for broadband satellite networks'. IEEE Communications Magazine. 2016, vol. 53(3), pp. 54-60.

[18] Ahmed T., Dubois E., Dupé J.-B., Ferrús R., Gélard P., Kuhn N. 'Softwaredefined satellite cloud ran'.

International Journal of Satellite Communications and Networking. 2018, vol. 36(1), pp. 108-133.

[19] Ferrús R., Koumaras H., Sallent O., et al. 'SDN/nfv-enabled satellite communications networks: opportunities, scenarios and challenges'. Physical Communication. 2016, vol. 18(2), pp. 95-112.

[20] VIrtualized hybrid satellite-terrestrial systems for resilient and flexible future networks. VITAL, project. 2015.

[21] Mendoza F., Minardi M., Chatzinotas S., Lei L., Vu T.X. 'An SDN based testbed for dynamic network slicing in satellite-terrestrial networks'. 2021 IEEE International Mediterranean Conference on Communications and Networking (MEDITCOM); Athens, Greece, 2021. pp. 1-6.

[22] Vergütz A., G Prates N., Henrique Schwengber B., Santos A., Nogueira M. 'An architecture for the performance management of smart healthcare applications'. Sensors (Basel, Switzerland). 2020, vol. 20(19), p. 19.

[23] Esmaeily A., Kralevska K., Gligoroski D. 'A cloud-based SDN/NFV testbed for end-to-end network slicing in 4G/5G'. 2020 6th IEEE International Conference on Network Softwarization (NetSoft); Ghent, Belgium, 2020. pp. 29-35.

[24] Mekikis P.-V., Ramantas K., Antonopoulos A, et al. 'NFV-enabled experimental platformfor 5G tactile internet support in industrial environments'. IEEE Transactions on Industrial Informatics. 2020, vol. 16(3), pp. 1895-1903.

[25] ETSI 'Network functions virtualisation (NFV); architectural framework'.ETSI Gs NFV. 2013, vol. 2, p. 2.

第 14 章　3GPP 融合 NGSO 卫星

托马斯·海因[1]，阿尔曼·艾哈迈德扎德赫[1]，亚历山大·霍夫曼[1]

近年来，无线通信领域的连接需求不断增长。实际上，每个人和一切事物都需要互联互通。市场上丰富的应用程序支持了这一趋势。对于需要扩展系统架构的地面电信基础设施来说，这是一个具有挑战性的情况。因此，自 2017 年起，3GPP 开始研究将卫星作为 5G 生态系统的一部分进行整合，这涉及蜂窝网络和卫星行业的相关利益方。现在可以明显看出，卫星作为 5G 接入技术组合的一部分，为 5G 带来了显著的附加值，特别是在任务关键型应用及其他需要全面覆盖的应用场景中[1]。例如，5G NTN 可以通过补充和扩展 TN，扩大服务交付范围，服务于未被充分覆盖或未被覆盖的地区。

融合卫星技术已经成为 3GPP 的 5G NR 路线图的一部分，这是自成立以来，3GPP 首次支持卫星通信。在完成两项研究项目后，目前 3GPP 在 Rel.17 中进行特定规范制定工作，旨在定义 5G NR 标准所需的适应性修改以支持卫星应用场景。在 3GPP 社区，利用基于卫星的网络向不同 UE 提供连接被称为 5G NTN。这种网络中的卫星可以采用透明（弯管式）有效载荷或再生有效载荷，并且可以被放置在 GEO、MEO 或 LEO 上。透明卫星作为 UE 和基站之间的中继器，也称为下一代节点 B（gNB），其在网关侧实现。相比之下，再生卫星可充当整个飞行中的 gNB 或者 gNB-DU。在 gNB-DU 的情况下，根据要分割的层的不同，可以用不同的方案将一个完整 gNB 的功能分割成地面上的 gNB-CU 和卫星内部的 gNB-DU。

3GPP Rel.17 是 5G 标准化工作组中的一个关键工作节点，旨在开发并批准技术规范（Technical Specification，TS），以实现通过卫星链路的直接接入技术。其愿景是在 2025 年将 NTN 作为 5G 的一部分进行部署，以便应对移动网络运营商在覆盖范围、可用性和韧性方面面临的挑战。卫星通信行业对 5G NTN 的兴趣日益增长，多家公司正积极参与 3GPP 标准化进程。本章将详细介绍当前 5G 中针对 NGSO 卫星的 NTN 标准化进展。

14.1　5G 系统和 3GPP 流程

为了理解卫星如何融入 5G 系统，首先需要对 5G 系统架构有一个概括性的了解。一般来说，一个 5G 系统由两个不同的部分组成（见图 14.1）：CN 和 RAN。5G 的 CN

---

1 德国弗劳恩霍夫集成电路研究所。

是一个面向云和基于服务的架构，负责处理与网络相关的系统功能，如身份验证、用户管理、安全等。CN 还与其他数据网络交互，如互联网、运营商网络及 RAN。RAN 则负责使用无线电频率通过基站为 UE 提供无线接入，而在 5G 环境下，这个基站被称为 gNB。

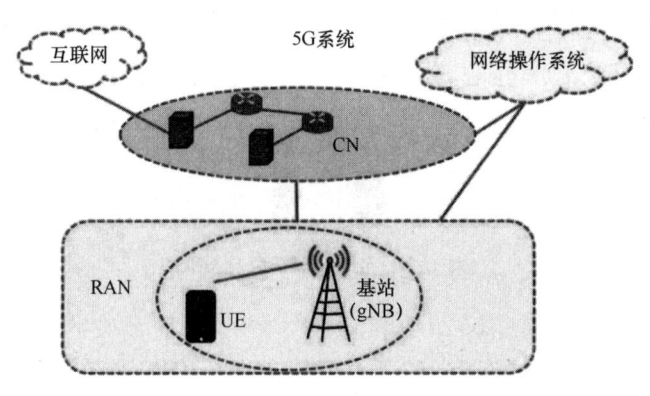

图 14.1　5G 架构

在 3GPP 组织中，标准化流程分为三个不同的工作组（技术规范组），负责处理和标准化 5G 系统的不同部分，即 SA、CN 和终端（CT）、RAN。

总体而言，与 5G 系统相关的整体方面由 SA 工作组负责处理；与 CN 相关的内容则在 CT 工作组中进行管理；而涉及无线接入的相关方面，则由 RAN 工作组来处理。

通常情况下，在 3GPP 中，新议题首先会在所谓的"研究项目"（SI）阶段进行研究，SI 的结果通过一份技术报告来记录。在 SI 阶段，将确定所有预期的挑战及可能克服这些挑战的技术解决方案。当一个 SI 成功完成后，将启动"工作项目"（WI）阶段，对已确定的解决方案进行深入开发，并评估标准所需的必要修改。因此，WI 阶段的结果将会被纳入最终的 5G 技术规范。

14.2　5G NTN 的架构选项

在 5G 中，通常存在三种不同的架构选项：回传、间接接入和包括卫星在内的直接接入。下面将分别描述这些架构选项。

14.2.1　回传

卫星回传是经典的方法，可以在 4G 网络中实现。在这种方法中，卫星通过卫星网关站将地面 RAN（如 gNB）与 5G CN 连接起来，如图 14.2 所示。

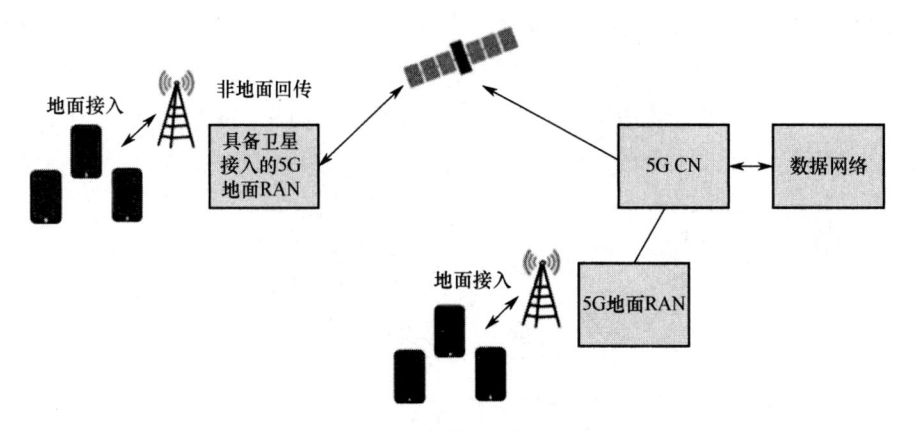

图 14.2　3GPP 中的回传架构

14.2.2　间接接入

第二种架构选项是通过 5G 卫星 RAN 连接地面上所谓的"中继站"，中继站再连接传统的 UE（见图 14.3）。在 5G 中，中继站是一种特殊类型的终端，但其在 RAN 工作组的 NTN 研究项目中尚未被完全定义。因此，在当前的 Rel.17 中，这种架构类型尚未被考虑。但未来版本中可能会包含这种架构，如在 Rel.18 中。

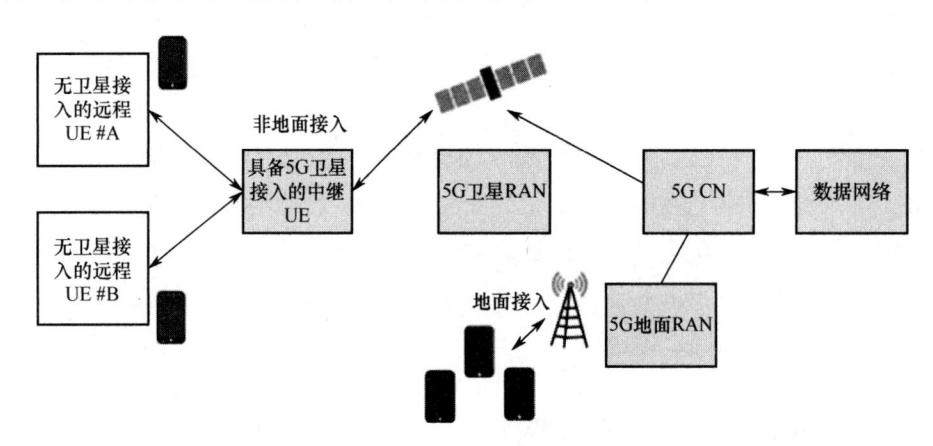

图 14.3　3GPP 中的间接接入架构

14.2.3　直接接入

直接接入，顾名思义，是指 UE 通过 5G 卫星 RAN 实现直接连接（见图 14.4）。在 RAN 工作组中，这一架构选项是研究的重点，因为在此架构中产生了最多的技术挑战，而这些挑战目前正在 Rel.17 中解决。由于 RAN 工作组对直接接入架构给予了最高优先级的关注，下面将重点讨论直接接入架构。

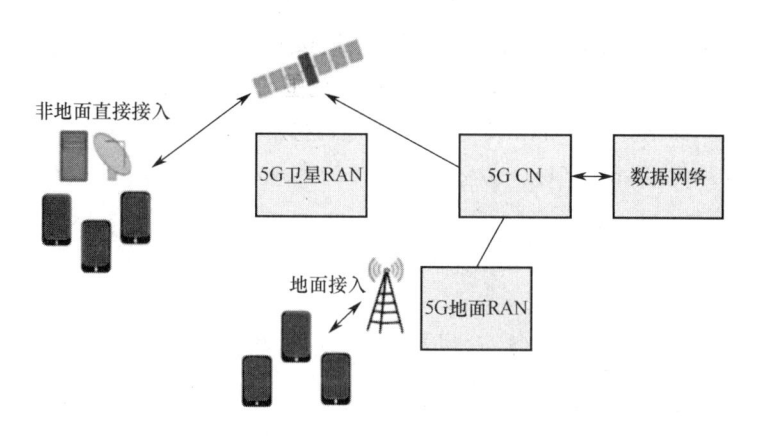

图 14.4　3GPP 中的直接接入架构

14.3　5G 中 NTN 的标准化

5G NTN 包括 HAPS，如气球或无人驾驶飞行器等。HAPS 通常在 8～50km 的高度范围内运行。

图 14.5 展示了在 3GPP 的不同版本中，SA 工作组与 RAN 工作组内部启动的各个 SI 和 WI 的概况。首个 SI 在 SA 工作组和 RAN 工作组中的启动始于 Rel.15。

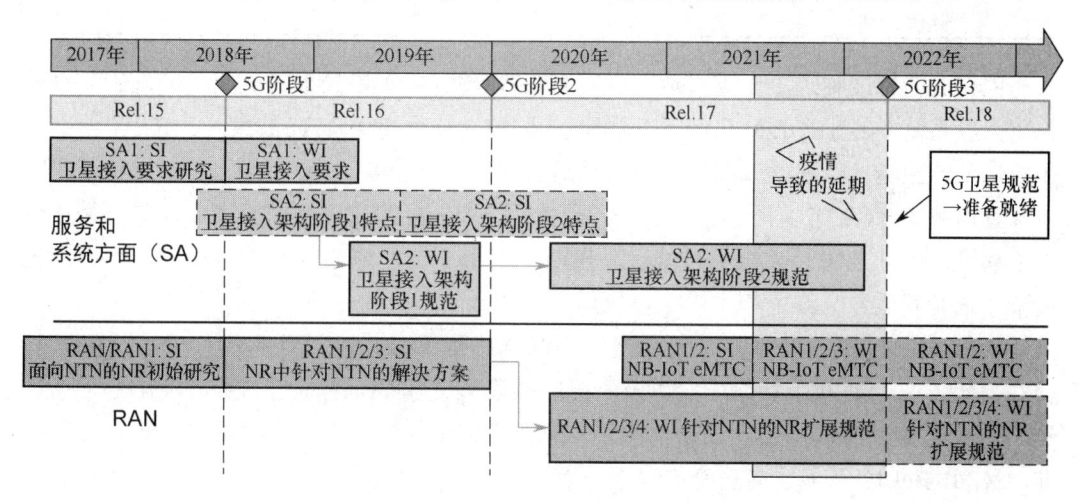

图 14.5　3GPP 对于 5G NTN 的发展路线图

在 3GPP SA 工作组中，有一项关于 5G 中使用卫星接入的研究，该研究在文献[1]中总结了包含卫星的使用场景。另一份研究报告[2]"关于 5G 中使用卫星接入的架构层面研究"详细阐述了卫星链路在 5G 网络中的作用。从架构角度来看，卫星要么用作地面 gNB 的回传，要么提供 5G NR 到 UE 的直接接入。SA2[3]工作组的 Rel.17WI 中，规定了将卫星集成至 5G 网络的具体内容，包括用作回传及为用户提供直接接入服务。

在 3GPP 的 RAN 工作组中，卫星直接接入 5G NR 已被纳入发展蓝图。在完成了 Rel.15[4]和 Rel.16[5]的两个 SI 后，目前 3GPP RAN 工作组正着手在 Rel.17 中指定 5G NR

扩展以支持 NTN。这是 3GPP 标准首次支持直接接入卫星通信，以往该标准仅限于地面蜂窝网络。RAN WI[6]涵盖了 2~30GHz 的频率范围，包括 GEO、MEO 和 LEO 的卫星星座，并指出这些扩展与 HAPS 具有某种意义上的兼容性。可以考虑不同类型的终端，既包括发射功率为 200mW（UE 功率等级 3）的常规智能手机类型和全向天线，也包括配备定向天线的 VSAT，如图 14.6 所示。

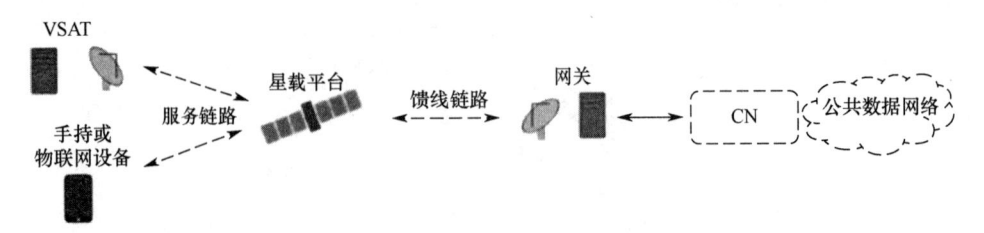

图 14.6 3GPP 中针对 VSAT 及手持或物联网设备的 5G NTN 架构

3GPP 在文献[5]中确定了四个 NTN 参考场景，相关描述如表 14.1 所示。

表 14.1 NTN 参考场景

非地面接入网	透明卫星	再生卫星
基于 GEO	场景 A	场景 B
基于 LEO：可转向波束	场景 C1	场景 D1
基于 LEO：波束随卫星移动	场景 C2	场景 D2

Rel.17 的标准制定工作重点放在了针对 LEO 和 GEO 场景下的透明（非再生）有效载荷卫星系统。对于 LEO 系统，其固定波束（C2,D2）或可转向波束（C1,D1）分别会在地球上产生随地球移动或固定的波束轨迹（进而形成 NR 小区）。在 LEO 星座产生随地球移动波束（C2,D2）的场景中，卫星以大约 7.5km/s 的速度高速运动，需要频繁进行卫星切换，因此部署起来颇具挑战性。然而，由于卫星上成熟的相控阵技术，地球固定波束场景尤其适合窄波束和宽带手持应用。

文献[5]中包含了对各种系统构型的详细链路预算分析，这些构型结合了 GEO 和 LEO 卫星、VSAT 和手持终端，以及不同的频段。文献[7]则包含了支持 NTN 通信所需 5G RAN 调整的全面高层次描述。为了补充即将推出的针对卫星通信的 5G NR 宽带标准，3GPP Rel.17 开展了另一个 SI，旨在针对基于 LTE 技术的大规模机器类通信技术、NB-IoT 和增强型机器类通信（eMTC）进行适应性改造，以支持卫星通信场景下的低数据传输速率应用案例[8]。随后，Rel.17 又启动了一个 WI[9]。

14.4　5G NR 物理层针对 NGSO 的增强内容

在本节中，我们将回顾 3GPP RAN 物理层工作组（RAN1）在 Rel.17 5G NR 中为支持 NTN 所引入的主要增强内容。具体来说，3GPP 将 NTN 所需的增强内容分为以下四大类。第一类涉及现有 5G NR 中定时关系的增强，主要是为了应对 NTN 中较高且多变的传播延迟问题；第二类则聚焦 NGSO 卫星[1]上行链路时频同步面临的挑战；第三类讨论与 HARQ[2]相关的增强措施；最后一个类别涵盖了为确保 NTN 可靠运行而必需的其他增强内容，比如极化信号问题、RACH 等。接下来，我们仅对第一类和第二类，即定时关系和上行链路时频同步的主要增强措施与成果进行回顾。另外，请注意，本节提供的大部分讨论基于作者在文献[10-15]中的贡献。

14.4.1 定时关系的增强

本节内容安排如下：首先，为不太熟悉 5G NR 现有定时关系的读者提供一个概述，重点总结现有定时偏移值（K_1, K_2, k）取值范围选择的关键驱动因素。其次，将详细解释 3GPP RAN1 针对现有定时偏移值所进行的增强，即通过引入一个新的偏移值 K_{offset} 来改进原有定时关系。

1. 5G NR 定时关系概述

接下来，我们将回顾那些为了支持 NTN 而需要进行增强的主要定时关系。

（1）物理上行链路控制信道（Physical Uplink Control Channel，PUCCH）上混合自动重复请求-确认（HARQ-ACK）的传输定时：在接受物理下行链路共享信道（Physical Downlink Shared Channel，PDSCH）后，UE 会在 PUCCH 上发送一个有效的 HARQ-ACK 消息，携带 HARQ-ACK 信息。承载 HARQ-ACK 信息的 PUCCH 的第一个上行链路符号是由 HARQ-ACK 定时参数 K_1 和分配的时间域资源［包括 TA（定时提前）的影响］共同决定的。但是，只有当对应 PUCCH 的第一个上行链路符号的开始时间等于或晚于符号 L_1 时，UE 才能发送有效的 HARQ-ACK。其中，L_1 被定义为下一个上行链路符号，它具有循环前缀（CP），是从 UE PDSCH 处理之后，且在 PDSCH 上承载的传输块的最后一个符号被确认之后开始的。UE 的 PDSCH 处理时间计算如下：

$$T_{\text{proc},1} = (N_1 + d_{1,1})(2048 + 144) \times \kappa 2^{-\mu} \times T_c \tag{14.1}$$

式中，参数 $d_{1,1}$ 是基于 PDSCH 映射类型得出的，即映射类型 A 或映射类型 B，更多细节请参考文献[16]。

在 TN 中，常见的做法是选择使得 $K_1 \geq N_1$ 的最小 K_1 值。换句话说，为了让 UE 有足够的处理时间来处理 PDSCH，会选择这样的最小 K_1 值。基于当前参数 N_1 和 $d_{1,1}$ 的取值范围，粗略估算 UE 处理 PDSCH 所需的时间为 0.5~2 个时隙。然而，K_1 的取值范围是 0~15，这就意味着 gNB 在调度 HARQ-ACK 消息时，可以从大约 13 个时隙的动态

---

[1] 值得注意的是，第一类和第二类中引入的定时问题的主要区别与其应用场景有关。在第一类中研究的定时问题主要涉及调度程序[例如，通过 PDCCH 调度数据共享通道（PDSCH 或 PUSCH），或者通过 PUCCH 调度 PDSCH 的 HARQ-ACK 消息传输]。而在第二类中研究的定时问题只关注上行链路时频同步。由于上行链路时频同步在 NTN 通信中至关重要，3GPP 决定为其分配单独的议程项目进行研究。在本章中，我们也沿用了 3GPP 关于定时问题的分类方式。

[2] 我们注意到，HARQ 的调度是在定时关系类别中考虑和研究的。然而，3GPP 为与 HARQ 相关的其他问题和增强功能分配了一个专门的第三类别，这超出了本章的讨论范围。

范围内自由选择。

（2）由下行链路控制信息（Downlink Control Information，DCI）调度的PUSCH、由随机接入响应（RAR）授权调度的PUSCH及PUSCH上传输CSI的传输定时之间的定时关系：接下来，我们将研究这三者的定时关系，因为它们之间高度相关。潜在情况下，UE可能会被调度传输一个数据块而不携带CSI报告，或者传输一个数据块并携带CSI报告，或者仅仅是为了传输CSI报告而传输PUSCH。对于前两种情况，即传输带/不带CSI报告的数据块，DCI中的时域资源分配字段值m提供了分配表的行索引$m+1$，该索引行定义了时隙偏移量K_2，同时还有起始和长度指示值、PUSCH映射类型和重复次数等其他参数。当前K_2的取值范围是$\{0,1,\cdots,32\}$。而当DCI中的CSI请求字段只为传输CSI报告而调度PUSCH时，时域资源分配字段值m提供了一个分配表的行索引$m+1$，此时K_2的值通过公式$K_2 = \max_j Y_j(m+1)$计算得出。其中，$Y_j(j=0,\cdots,N_{\text{rep}}-1)$是CSI-ReportConfig中触发的$N_{\text{rep}}$次CSI报告设置的高层参数reportSlotOffsetList的相应条目，对于N_{rep}次报告，$Y_j(m+1)$是Y_j的第$(m+1)$个条目。K_2的取值范围同样是$\{0,1,\cdots,32\}$。此外，当UE接收到DCI时，只有当通过参数K_2、起始和长度指示值及TA效应确定的PUSCH的第一个上行链路符号（包括DM-RS）不早于符号L_2时，才会传输被调度的PUSCH。这里，符号L_2被定义为下一个上行链路符号，带循环前缀，它出现在$T_{\text{proc},2}$时刻，具体来说，出现在PDCCH承载DCI（用作PUSCH调度）的最后一个符号之后。这里，$T_{\text{proc},2}$是PUSCH准备过程所需的时间，其计算如下：

$$T_{\text{proc},2} = \max((N_2 + d_{2,1})(2048+144) \times \kappa 2^{-\mu} \times T_c, d_{2,2}) \tag{14.2}$$

式中，μ对应于$(\mu_{\text{DL}}, \mu_{\text{UL}})$中产生最大$T_{\text{proc},2}$的那个值，更多细节请参考文献[16]。

- 如果PUSCH分配的第一个符号仅包含DMRS，那么$d_{2,1}=0$；否则，若该符号中除了DMRS还有其他数据，则$d_{2,1}=1$。
- 如果调度DCI触发了带宽部分（Bandwidth Part，BWP）的切换操作，那么$d_{2,2}$等于文献[17]中定义的切换时间；否则，若DCI未触发BWP切换，则$d_{2,2}=0$。

具体来说，K_2的值被选择以确保保留PUSCH的准备时间，即$K_2 \geq N_2$。鉴于参数N_2的取值范围，PUSCH准备所需的最大时隙数量大约为2.5个时隙。这样一来，gNB就有了约30个时隙的巨大余地来调度PUSCH。

（3）CSI参考资源定时：当UE被调度发送CSI报告时（具体是在PUSCH的n'时隙内，通过DCI的"CSI请求"字段发送），其相应的"CSI参考资源"出现在单个下行时隙$n - n_{\text{CSI\_ref}}$中。其中，$n = \left\lfloor n' \dfrac{2^{\mu_{\text{DL}}}}{2^{\mu_{\text{UL}}}} \right\rfloor$，$\mu_{\text{DL}}$和$\mu_{\text{UL}}$分别是下行链路和上行链路的子载波间隔（Subcarrier Spacing，SCS）；$n_{\text{CSI\_ref}}$的值基于CSI报告设置的属性确定。具体来说，针对周期性及半永久性CSI报告，对于单个CSI-RS资源和多个CSI-RS资源，$n_{\text{CSI\_ref}}$分别是大于或等于$4 \times \mu_{\text{DL}}$和$5 \times \mu_{\text{DL}}$的最小整数值。而对于配置为非周期性CSI报告的情形，$n_{\text{CSI\_ref}}$是大于或等于$\left\lfloor \dfrac{Z'}{N_{\text{symbol}}^{\text{slot}}} \right\rfloor$的最小整数值，其中$Z'$对应UE的CSI计算时间。

（4）非周期性探测参考符号（Sounding Reference Symbols，SRS）传输定时：对于 SRS 传输的情况，特别是非周期性 SRS，在接收到时隙 n 中的 DCI 后，UE 在时隙

$$\left\lfloor 2 \times \frac{2^{\mu_{SRS}}}{2^{\mu_{PDCCH}}} \right\rfloor + k \tag{14.3}$$

内在触发的每一个 SRS 资源集合中发送非周期性 SRS，其中 k 是通过高层参数 slotOffset 为每个触发的 SRS 资源集合配置的，并基于触发 SRS 传输的 SCS，k 的当前取值范围为 $\{0,1,\cdots,32\}$。此外，值得一提的是，每个 SRS 资源集合都可以配置一定的使用条件。具体来说，当 SRS 资源集合的使用条件设置为"码本"或"天线切换"时，对于 SRS 资源集合中的每个 SRS，在触发非周期性 SRS 传输的 PDCCH 最后一个符号与 SRS 资源的第一个符号之间，以符号数量衡量的最小时间间隔为 N_2。对于其他使用场景，该最小时间间隔为 (N_2+14)。从上述讨论可以看出，考虑最大的准备时间 (N_2+14)，gNB 在调度 UE 非周期性 SRS 传输时拥有大约 18 个时隙的灵活性。

2. 针对 NTN 的定时关系增强

本节将介绍 3GPP 针对 NTN 定时关系增强的分析。在地面移动通信系统中，传播延迟通常小于 1ms。相比之下，NTN 中的传播延迟要高得多，这取决于空间飞行器或空中平台的高度及 NTN 中有效载荷的类型，这一延迟范围可以从几毫秒到数百毫秒不等。在 NTN 中，UE 可能需要应用一个较大的 TA 值，这会导致其下行链路和上行链路帧定时出现大的偏移。如图 14.7 所示，假设 UE1 更接近卫星波束中心，而 UE2 靠近波束边缘。可以观察到，相比于 UE1，UE2 的上行链路帧和下行链路帧之间的偏移量更大。

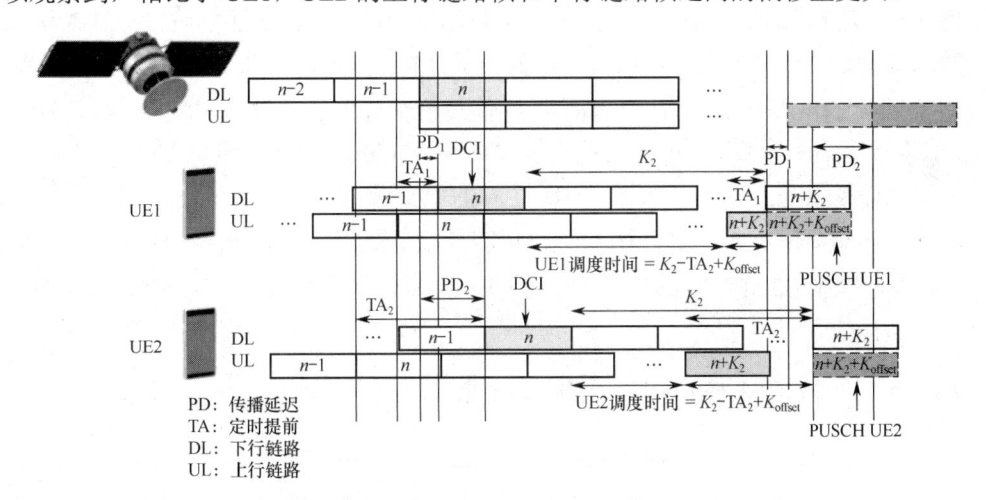

图 14.7 在 NTN 中高传播延迟的影响

基于前述讨论，我们可以看出，现有定时偏移的目的之一是给 gNB 调度器提供灵活性。然而，在 NTN 中，由于较高的传播延迟和其导致的较大 TA 值，gNB 的调度灵活性大大降低（见图 14.7 中的 UE2）。因此，为了在 5G NR 中继续保持当前 gNB 的调度余量，3GPP RAN1 引入了一个称为 K_{offset} 的偏移值，将其加到已有的定时偏移上。换句话说，就是将所有现有定时偏移值的范围通过 K_{offset} 进行扩展，实现了 5G NR NTN 中

的以下定时关系增强。

- 在 PUCCH 上传输 HARQ-ACK 的定时中，UE 应在时隙 $n + K_1 + K_{\text{offset}}$ 内通过 PUCCH 传输相应的 HARQ-ACK 信息。
- 对于通过 DCI 调度的 PUSCH（包括 PUSCH 上的 CSI）的传输定时，为 PUSCH 分配的时隙可修改为 $\left\lfloor n \times \frac{2^{\mu_{\text{PUSCH}}}}{2^{\mu_{\text{PDCCH}}}} + K_2 + K_{\text{offset}} \right\rfloor$。
- 对于通过 RAR 授权调度的 PUSCH 的传输定时，UE 应在时隙 $n + \Delta + K_2 + K_{\text{offset}}$ 内发送 PUSCH。
- 对于 CSI 参考资源的定时，CSI 参考资源出现在下行时隙 $n - n_{\text{CSI\_ref}} - K_{\text{offset}}$ 内。
- 对于非周期性 SRS 的传输定时，UE 应在时隙 $\left\lfloor 2 \times \frac{2^{\mu_{\text{SRS}}}}{2^{\mu_{\text{PDCCH}}}} \right\rfloor + k + K_{\text{offset}}$ 内，在触发的每个 SRS 资源集合中发送非周期性 SRS。

正如前面所述，引入 K_{offset} 的主要原因是 NTN UE 所面临的较高传播延迟及由此产生的大 TA 值。因此，K_{offset} 的具体值与每个 UE 所应用的 TA 值紧密相关。图 14.7 展示了一个通过 K_{offset} 增强 DCI 调度的 PUSCH 定时关系的例子，其中每个 UE 的 K_{offset} 值都是基于其对应的 TA 值选定的。在这个例子中，我们假定 PUSCH 和 PDCCH 的 SCS 相同。如图 14.7 所示，UE1 和 UE2 的上行链路数据包都能在不发生重叠的情况下到达 gNB。

虽然基于 UE 的特定 TA 值来选择 K_{offset} 是一个直观的解决方案，但这并不能应用于 RAR 授权调度的 PUSCH 传输定时。这是因为，在初始接入（RACH 过程）之前，UE 的特定 TA 值是未知的。因此，K_{offset} 的应用被划分为两个阶段：第一阶段是初始接入之前，第二阶段是初始接入之后，此时 UE 获得了其特定 TA 值。在初始接入之前，K_{offset} 的值对小区内的所有 UE 都是通用的，并通过系统信息块（SIB）进行广播。这时，K_{offset} 的值基于小区内 UE 可能经历的最大 RTT 值来确定。在 UE 进入 CONNECTED 模式并完成初始接入后，如果 UE 在 SIB 中接收到更新的 K_{offset} 值，则可以更新其 K_{offset} 值。此外，在初始接入后，为了对 UE 特定的 K_{offset} 值进行更新，UE 还需要向 gNB 报告其 TA 值。目前，3GPP RAN1 正在研究 UE TA 报告的内容设计。需要 UE TA 报告的原因在下面详细说明。

14.4.2 上行链路时间同步与频率同步

本节将分析 NTN 在上行链路时间同步和频率同步方面的主要增强功能。本节分为两部分：第一部分解释了与上行链路时间同步相关的问题；第二部分讨论了为上行链路频率同步引入的增强功能。

1. 上行链路时间同步

在传统的地面系统中，如 5G NR，上行链路同步是通过 RACH 过程实现的。在 RACH 过程中，UE 首先从与其他 UE 共享的一组前导码中随机选择一个发送，这就是所谓的消息 1（MSG1）。这意味着多个 UE 可能会选择相同的前导码，从而引发竞争。

接下来，gNB 会计算相应 UE 的传播延迟，并在消息 2（MSG2），即 RAR 中，将 TA 命令发送给 UE。RAR 还为 UE 提供了消息 2（MSG3）的频率和时域资源。一般来说，交换 MSG3 和 MSG4 的主要目的是解决多个 UE 发送相同 MSG1 前导码时的竞争事件。RACH 过程如图 14.8 所示。

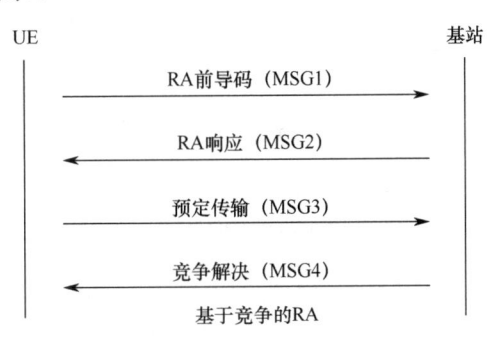

图 14.8 RACH 过程

如前所述，TA 命令是通过 gNB 作为 RAR 的一部分发送给 UE 的。下面首先回顾一下 5G NR 中的 TA 过程，然后将讨论针对 NTN UE 的 TA 计算方面的增强内容。

（1）在 5G NR 中，TA 用于调整单个 UE 的上行链路传输时间，确保所有 UE 的上行链路传输在被 gNB 接收时能够同步。特别地，上行链路同步的最终效果是克服单个 UE 连续上行链路传输间的符号干扰，以及多个 UE 间上行链路传输的干扰。TA 值与 UE 所经历的传播延迟密切相关，传播延迟越高，TA 值也就越大。因此，位于小区边缘的 UE 必须应用更大的 TA 值。例如，图 14.9 展示了 TA 值对两个样本 UE 的上行链路/下行链路帧定时的影响。在 5G NR 中，TA 值的计算方法为：$2 \times$ 传播延迟 $+ N_{\text{TA\_offset}} \times T_{\text{C}}$。其中，$T_{\text{C}} = 1/(480000 \times 4096)$（单位：s）是一个参考时间单位；$N_{\text{TA\_offset}} \times T_{\text{C}}$ 用来提供适当的余量，确保上行链路无线电帧在随后下行链路无线电帧开始前结束。这一余量对于 TDD 基站来说是必需的，以补偿激活其发射机所关联的延迟。文献[18]中考虑的 TDD 基站激活延迟，在 FR1 频段是 10μs，在 FR2 频段是 3μs。$N_{\text{TA\_offset}} \times T_{\text{C}}$ 余量的另一个应用场景是克服基站间（BTS-to-BTS）干扰，这种干扰可能来自非理想的基站同步[17]。它规定，具有重叠覆盖区域的基站允许的最大定时误差为 3μs。结合上述讨论，5G NR 中 UE 所应用的 TA 值计算如下：

$$T_{\text{TA}} = (N_{\text{TA}} + N_{\text{TA\_offset}}) \times T_{\text{C}} \tag{14.4}$$

式中，$N_{\text{TA}} \times T_{\text{C}}$ 考虑了 UE 与基站之间的往返延迟。具体来说，UE 通过两个步骤来计算 N_{TA} 的值：首先，UE 会在 RAR 或 MSG2 中接收其第一个 TA 命令。在这一步中，一个 12 位数用来提供变量 TA（记为 T_{A}）的取值范围，这个范围为 0～3846。其次，UE 利用得到的 T_{A} 值推导出 N_{TA}：

$$N_{\text{TA}} = T_{\text{A}} \times 16 \times \frac{64}{2^{\mu}} \tag{14.5}$$

式中，$\mu = \{0,1,2,3\}$ 分别对应于不同的 SCS=$\{15,30,60,120\}$。这意味着 TA 所使用的时间分辨率与 SCS 成正比。

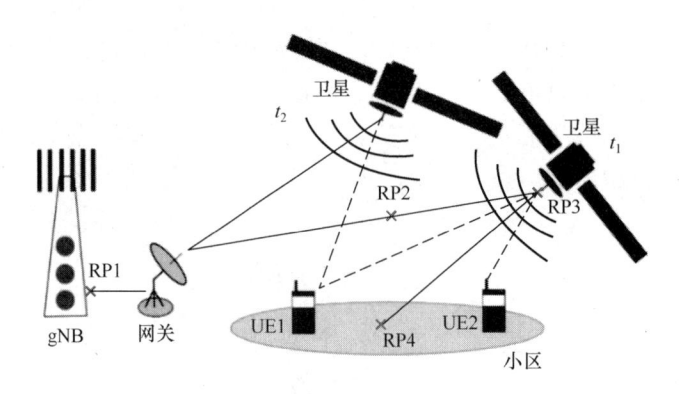

图 14.9　NTN UE 到 gNB 的延迟组成部分

（2）在 5G NR 针对 NTN UE 的 TA 机制中，正如前述讨论的那样，TA 与 UE 所经历的实时动态码相位差分技术（RTD）紧密相关。接下来，首先，我们探讨在 NTN 场景中如何考量 E2E（UE 到 gNB）延迟。换言之，我们将讨论 NTN UE 到 gNB 延迟的组成部分。然后，我们将提供针对 NTN UE 的 TA 值计算方法。此外，假设在 Rel.17 中，NTN UE 配备了 GNSS 单元。特别是，GNSS 单元结合卫星星历数据能够帮助 UE 估计其到卫星的距离。UE 到卫星距离估算的重要性在后续讨论 NTN UE 的 TA 值计算时会变得清晰。

UE-gNB RTT 组件：一般来说，NTN UE 所经历的 E2E 延迟可以分为两大主要部分，即 UE 特定延迟和 UE 共享延迟。这两种延迟的计算都取决于所谓的参考点（RP）的选择。具体来说，3GPP RAN1 将 RP 视为这样一个点：在 UE 通过 RACH 过程应用 TA 命令后，或者自主获取 TA 之后，下行链路帧和上行链路帧将会与此参考点对齐。因此，TA 的值就是相对于 RP 来计算的。通常情况下，RP 可以选择位于 gNB、馈线链路、卫星，或者服务链路上的某个点处。RAN1 已经决定，RP 的选择是任意的，但必须由网络控制，并且至少应包括 gNB 上的 RP（见图 14.9）。例如，当选择 RP 位于卫星上时（见图 14.9 中的 RP3），则下行链路帧和上行链路帧在卫星上对齐，而 gNB 需要处理未对齐的下行链路帧和上行链路帧定时，并基于馈线链路的 RTT 进行后期定时补偿。如果选择 RP 位于 gNB 上（见图 14.9 中的 RP1），则上行链路帧和下行链路帧在 gNB 上对齐。基于上述 RP 的定义，我们可以将 UE 特定延迟和 UE 共享延迟定义如下。

UE 特定延迟：UE 到卫星的延迟。在 Rel.17 中，假定 NTN UE 配备了 GNSS 单元，因此，具备 GNSS 功能的 UE 可以通过卫星星历数据估算到卫星的距离，进而计算 UE 到卫星的延迟。

UE 共享延迟：卫星到 RP 的延迟。根据 RP 的位置，UE 共享延迟可以按照以下方式获得。

- 当 RP 设置在卫星上时（如图 14.9 中的 RP3），UE 共享延迟可以设置为零。
- 当 RP 设置在服务链路上时（如图 14.9 中的 RP4），UE 共享延迟可以捕获服务链路的部分延迟。

- 当 RP 设置在 gNB 上时（如图 14.9 中的 RP1），UE 共享延迟则可以捕获整个馈线链路的延迟，即 gNB 到卫星网关再到卫星的全程延迟。

除了共享延迟，我们还定义了馈线链路延迟，即 gNB 到卫星的延迟。值得强调的是，RAN1 和 RAN2 中的许多流程都需要了解 UE 到 gNB 的 E2E 延迟。依据上述 UE 特定延迟和 UE 共享延迟的定义，除非 RP 设置在 gNB 上，在计算 UE 到 gNB 的总延迟时，通常需要网络向 UE 传递共享延迟和馈线链路延迟的信号信息。

注：在本章剩余部分，为了表述简洁，我们将馈线链路延迟和共享延迟统称为共享延迟。也就是说，默认情况下我们认为 RP 位于 gNB 上。但是，接下来介绍的程序也同样适用于其他 RP 位置。

对于 NTN UE 的 TA 值，考虑 UE 到 RP 各个组成部分的延迟，其计算方法如下：

$$T_{TA} = (N_{TA} + N_{TA\_offset} + N_{TA,UE\_Specific} + N_{TA,UE\_Common}) \times T_C \tag{14.6}$$

式中，$N_{TA,UE\_Specific}$ 被称为 UE 特有的 TA，用于反映服务链路（UE 到卫星）的延迟；N_{TA,UE_Common} 被称为 UE 共享 TA，用于反映所有 UE 共有的卫星-RP 延迟。值得注意的是，鉴于假定 NTN UE 都配备了 GNSS 接收机，并能接收到卫星星历数据的广播，所以每个 UE 都能够独立自主地获取 $N_{TA,UE\_Specific}$ 值。N_{TA,UE_Common} 需要通过网络广播的方式传送给 UE。当前，3GPP RAN1 正在进行关于 N_{TA,UE_Common} 的信令设计工作。尤其在设计中，已考虑馈线链路延迟的一些特点，如卫星可见窗口期间馈线链路延迟随时间变化的情况，以降低 N_{TA,UE_Common} 所需的信令开销。另外，我们注意到，对于 NR NTN UE 在空闲/非活动模式下的 MSG1（针对 4 步 RACH）或 MSGA（针对 2 步 RACH）传输，基于式（14.6）的 TA 值选择会导致 MSG2（针对 4 步 RACH）或 MSGB（针对 2 步 RACH）中直接使用现有的 12 位 TA 命令字段，而无须对其进行扩展。

2. 上行链路频率同步

在 5G-NTN 中，针对服务链路（UE 与卫星间）和馈线链路（卫星与地面网关间）的多普勒补偿采用了两种不同的方法。具体来说，3GPP 规定服务链路的多普勒补偿由 UE 执行，而馈线链路的多普勒补偿对于网络和 UE 是透明的，即不需要 UE 参与补偿过程。下面简要说明相较于地面 5G NR，5G-NTN 在上行链路频率同步方面的增强措施。

- 服务链路：在 RRC_CONNECTED 状态下运行的 NR NTN UE 应当具备至少利用其获取的 GNSS 位置信息和卫星星历数据来进行频率预补偿的功能，以对抗服务链路上的多普勒频移现象。
- 馈线链路：对于馈线链路上的多普勒补偿问题，各方同意在 Rel.17 中，无论是下行链路还是上行链路，通过馈线链路产生的多普勒频移及其转发器频率误差，都将由地面网关和卫星有效载荷共同补偿，而不影响 Rel.17 的原有规格要求。这意味着 UE 和网络不必关心馈线链路的多普勒补偿问题，该补偿过程在网关和卫星层级就已经透明地完成了。

14.4.3 极化信号

3GPP Rel.17 引入了一些关于极化信号传输的改进功能。在简要回顾这些改进功能之前，值得一提的是，在 NTN 中，极化可以作为一种可选方案纳入波束–频率规划。换句话说，极化可以根据需要启用，并与频率复用因子一起用于波束布局规划。然而，启用极化复用应当仅在 UE 天线支持圆形极化的情况下才考虑。举例来说，当频率复用因子为 3，且启用极化复用时，一个波束布局规划的示例如图 14.10 所示。在这个例子中，假设 UE 天线支持右旋圆极化（Right-hand-side Circular Polarization，RHCP）和左旋圆极化（Left-hand-side Circular Polarization，LHCP）。

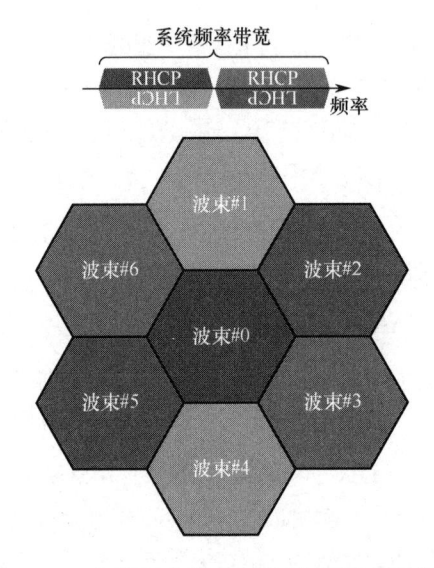

图 14.10　文献[5]中的"选项 3"波束布局规划

由于潜在支持 RHCP 和 LHCP，3GPP Rel.17 引入了几项改进措施。第一个改进与极化指示有关，该指示由网络完成。此外，3GPP 针对下行链路和上行链路的极化进行了区分。后来，3GPP 就极化指示的方式展开了讨论，提出了隐式和显式两种指示方式。最终，出于设计清晰简洁的考虑，3GPP 决定采用显式指示方式。第二项改进与极化指示的信令传输有关。在此过程中，3GPP 讨论了 RRC 信令、基于 DCI 的指示及 SIB 信令等多种可能性，最终达成共识，决定通过 SIB 来传送极化指示信息。具体来说，SIB 使用相应的极化类型参数来指示 RHCP、LHCP 或线性极化，以此传达下行链路或上行链路的极化信息。另外，当 SIB 中缺少上行链路极化信息时，UE 会假定上行链路和下行链路采用相同的极化方式。

14.5　结论

3GPP Rel.17 是 5G 标准化进程中的一个重要里程碑，旨在制定并批准 TS，首次实现了通过卫星链路的直接接入技术。其目标是在 2025 年左右将 NTN 融入 5G 体系，以应对移动网络运营商在确保无间断覆盖、高可用性及强大韧性等方面所面临的挑战。卫星产业对该新兴话题的兴趣日益浓厚，多家卫星公司甚至积极参与传统地面通信标准化组织的工作。文献[19]中已经报告了 Rel.17 5G-NTN 技术元素的预标准试验。

鉴于由 3GPP 制定的蜂窝标准持续演进，针对 5G-NTN 的功能扩展也在 Rel.18 中进行了讨论。文献[20] 汇总了 5G NR 的多个讨论议题，同时基于 Rel.17 规划对物联网 NTN（IoT-NTN）的潜在扩展功能进行了描述。在 Rel.18 中，NR-NTN 最终批准的功能包括 NTN 覆盖范围增强、在 10GHz 以上频段部署 NR-NTN、NTN-TN、NTN-NTN 的移动性和服务连续性增强，以及基于网络的 UE 定位[21]。文献[22]介绍了 Rel.18 LTE 基础上的 IoT-NTN，其已批准的目标是性能和移动性增强，以及对不连续覆盖的潜在增强。

本章原书参考资料

[1] 3GPP. TR 22.822. '3rd generation partnership project; study on using satellite access in 5G'. 2020.

[2] 3GPP. TR 23.737. '3rd generation partnership project; study on architecture aspects for using satellite access in 5G'. 2020.

[3] 3GPP SP-191335. New WID: integration of satellite systems in the 5G architecture (proposed for Rel-17, 5GSAT ARCH). Sitges, Spain: SA2 WG2; 2019.

[4] 3GPP TR 38.811. '3rd generation partnership project; technical specification group radio access network; study on new radio (NR) to support non terrestrial networks (release 15)'. 2019.

[5] 3GPP TR 38.821. '3rd generation partnership project; technical reportgroup radio access network; study on solutions for NR to support nonterrestrial networks (NTN)'. 2020.

[6] 3GPP RP-213691. 'Solutions for NR to support non-terrestrial networks (NTN)'. Thales. 2021.

[7] Sirotkin S. (ed.) 5G radio access network architecture. Wiley; 2020.

[8] 3GPP. TR 36.763. '3rd generation partnership project; study on narrow-band internet of things (NB-IoT) / enhanced machine type communication (EMTC) support for non-terrestrial networks (NTN) Release (17)'. 2021.

[9] 3GPP RP-211601. 'WID on NB-IoT/EMTC support for NTN'. Mediatek, Eutelsat. 2021.

[10] 3GPP R1-2005548. 'NR-NTN: timing relationship enhancements'. Fraunhofer IIS, Fraunhofer HHI. 2020.

[11] 3GPP R1-2008722. 'Discussion on timing relationship enhancements for NTN'. Fraunhofer IIS, Fraunhofer HHI. 2020.

[12] 3GPP R1-2101694. 'Discussion on timing relationship enhancements for NTN'. Fraunhofer IIS, Fraunhofer HHI. 2021.

[13] 3GPP R1-2103655. 'Discussion on UL time synchronization for NTN'. Fraunhofer IIS, Fraunhofer HHI. 2021.

[14] 3GPP R1-2101694. 'Discussion on timing relationship enhancements for NTN'. Fraunhofer IIS, Fraunhofer HHI. 2021.

[15] 3GPP R1-2105272. 'Discussion on UL time synchronization for NTN'. Fraunhofer IIS, Fraunhofer HHI. 2021.

[16] 3GPP. TR 38.214. '3rd generation partnership project; technical specification group radio access network; NR; physical layer procedures for data'. 2020.378 Non-geostationary satellite communications systems.

[17] 3GPP. TR 38.133. '3rd generation partnership project; requirements for support of radio resource management'. 2020.

[18] 3GPP. TR 38.104. '3rd generation partnership project; base station (BS) radio transmission and reception'. 2020.

[19] First software-defined 5G new radio demonstration over GEO satellite. 2021.

[20] 3GPP RP-211658. 'Moderator's summary for discussion [ran93e-r18prep-08] NTN evolution, AT&T'. 2021.

[21] 3GPP RP-213690. 'NR NTN (non-terrestrial networks) enhancements'. Thales. 2021.

[22] 3GPP RP-213596. 'IoT NTN (non-terrestrial networks) enhancements'. Thales. 2021.

第 15 章　NGSO 系统的抗干扰解决方案

韩晨[1]，佟鑫海[2]，霍良玉[3]

NGSO 系统的抗干扰通信日益受到关注，这是智能干扰及卫星运动引起的高动态特性所致的。本章探讨了针对 NGSO 系统的抗干扰方案，旨在通过采用斯塔克尔伯格博弈和深度强化学习（Deep Reinforcement Learning，DRL）方法，在干扰威胁下最小化路由成本。15.2 节将抗干扰路由问题抽象为一个分层抗干扰斯塔克尔伯格博弈模型，并证明了所提出的博弈中存在斯塔克尔伯格均衡（Stackelberg Equilibrium，SE）策略。15.3 节介绍了适用于 NGSO 系统的抗干扰方案，该方案包含两个阶段：可用路由选择和快速抗干扰决策。为了应对间歇性中断和意外拥塞引起的高动态特性，本章提出了一种基于 DRL 的路由（Deep Reinforcement Learning-based Routing，DRLR）算法，用于获取一组可用的路由集合。在此基础上，本章进一步提出了一个快速响应抗干扰（Fast Response Anti-jamming，FRA）算法，用于快速做出抗干扰决策。卫星利用 DRLR 算法和 FRA 算法对干扰者的策略进行经验分析，并依据动态且未知的干扰环境自适应地做出抗干扰决策。15.4 节展示了所提出的算法相比于现有方法具有更低的路由成本和更好的抗干扰性能，其抗干扰策略能够收敛至 SE 点。15.5 节是对本章内容的总结。

15.1　卫星路由

NGSO 系统能够实现大范围、高速且可靠的传输，并且也是保障国防应用中安全通信不可或缺的系统。因此，可靠传输是 NGSO 系统的基本要求。随着 AI 技术在无线网络领域的广泛应用，它为干扰者提供了更多样化且智能化的干扰攻击手段。对于 NGSO 系统而言，实现智能抗干扰通信是一项迫切且不可避免的选择。此外，由于 NGSO 系统中间歇性中断和不可预见的拥堵导致的高动态特性[1]，智能抗干扰的难度进一步加大。

卫星因其周期可见性和固定轨道而易遭受恶意干扰攻击[2]。文献[3]中指出，广播干扰器可以对 GNSS 发起扫频干扰攻击。文献[4]中讨论了一些其他的常见干扰类型，如恒定干扰、欺骗干扰及脉冲干扰等。尽管存在许多传统的抗干扰方法，比如基于频率的抗干扰技术，包括直接序列扩频（DSSS）和跳频扩频（FHSS），以及空间域的抗干扰技

1　国防科技大学第六十三研究所。
2　陆军工程大学通信工程学院。
3　北京航空航天大学电子信息工程学院。

术，如多波束天线、自适应零陷天线和自适应抗干扰路由技术等，然而，这些抗干扰方法无法有效应对利用学习和推理调整干扰行为的智能干扰，这严重威胁到NGSO系统的可靠性。例如，文献[5]中提出的智能干扰能够自动调节干扰通道；文献[6]中提出了一种新型智能干扰器，其通过自适应调整干扰功率和干扰通道来最大限度地提升干扰效果。为了对抗来自智能干扰的威胁，卫星系统也需要获得学习和推理能力，以实现智能抗干扰通信。当前公开的研究文献大多关注时间域和频率域的智能抗干扰防御，而对于空间域的抗干扰技术（如路由抗干扰技术）的关注和研究相对较少。

实际上，针对NGSO系统已有多种路由技术方案被提出。其中包括基于虚拟节点的路由方法[7]、基于虚拟拓扑的路由方法[8]，以及原本用于移动自组织网络（Mobile Ad-Hoc Network，MANET）[9]的路由策略，如自组织按需距离矢量（Ad-Hoc On-Demand Distance Vector，AODV）算法[10]、独立区域路由（Independent Zone Routing，IZR）算法[11]及优化链路状态路由（Optimized Link State Routing，OLSR）算法[12]。但是，上述这些路由技术并未考虑抗干扰防护设计，并且无法有效应对智能干扰问题。此外，这些路由选择策略主要专注于已知网络拓扑结构时的路由优化，没有充分解决卫星运动及突发传输模式带来的间歇性连接问题和意外拥塞情况[13-15]。大规模高动态卫星网络极大地增加了用户在路由决策时的选择范围，不确定的突发流量要求用户探索未知环境，而智能干扰又迫使用户具备学习、推理和预测能力，这些因素都加剧了构建智能抗干扰路由的难度。

本章提出了一种针对NGSO系统的空间抗干扰方案（Spatial Anti-Jamming Scheme，SAS），将智能干扰器与卫星用户之间的通信对抗建模为斯塔克尔伯格抗干扰路由博弈。一方面，NGSO系统的高动态特性导致决策空间急剧增大，而DL技术可以用来提取有效的环境特征；另一方面，鉴于智能干扰器的智能特性，运用强化学习（Reinforcement Learning，RL）技术可以应对卫星与未知干扰环境之间的动态互动。因此，本方案采用DRL技术来解决NGSO系统的路由选择问题。通过DRL技术，我们可以维护一组可用的路由子集，简化斯塔克尔伯格抗干扰路由博弈的决策空间。接着，在此基础上，我们利用Q学习技术快速响应智能干扰，适时调整抗干扰策略，以确保卫星通信系统的稳定性和可靠性。

15.2 NGSO系统的抗干扰路由问题

在本章中，NGSO系统由多个LEO星座组成。由于卫星的运动特性，NGSO系统中卫星间的距离及其连通性会随时间发生变化。本章考虑的智能干扰器为功率受限的干扰源，它可以将卫星通信网络分割为若干个区域。

如图15.1所示，智能干扰器会选择某一区域发动干扰攻击。此时，从源卫星节点n_S到目标卫星节点n_D的第k条链路L_k的信道速率可由文献[16]给出的公式计算：

$$C_k = B_k \log_2 \left(1 + \frac{p_k f_k^2 / d_k^2}{n_{0,k} B_k (4\pi/v_c)^2 + p_k^J f_J^2 / d_{J,k}^2} \right) \quad (15.1)$$

式中，B_k、p_k、$n_{0,k}$ 和 d_k 分别表示链路 L_k 的信道带宽、传输功率、信道噪声和卫星间距离；f_k 和 v_c 分别为通信频率和光速；p_k^J、$d_{J,k}$ 和 f_J 分别为 L_k 中的干扰功率、干扰距离和干扰频率。传入的数据由 N_D 位组成，并且在 L_k 中发送和接收所需的处理时间表示为

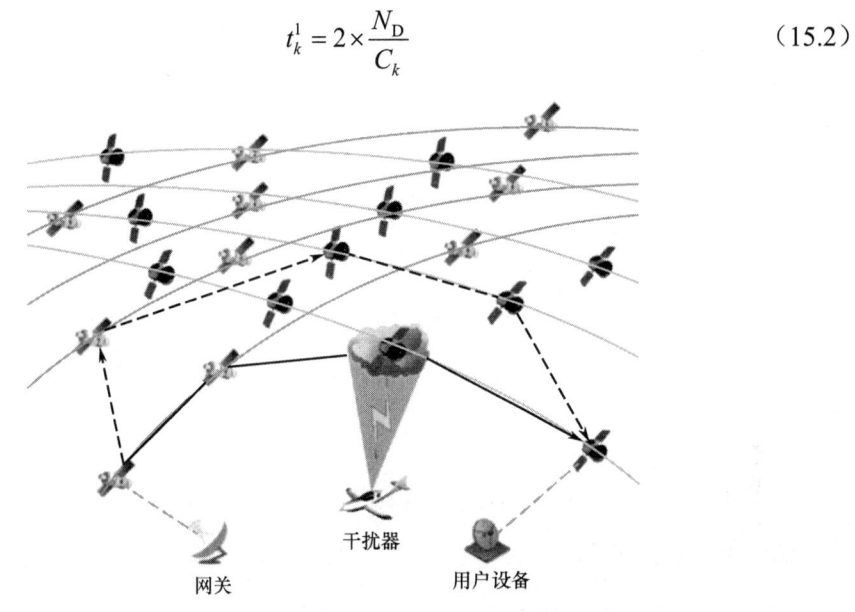

$$t_k^1 = 2 \times \frac{N_D}{C_k} \tag{15.2}$$

图 15.1 干扰模型示意图，黑实线代表被干扰的路径，黑虚线代表重构的路径

如图 15.2 所示，n_k 和 n_{k+1} 之间的通信延迟不仅与传入的流量 N_D 有关，而且还依赖 n_k 中现有的本地流量。当前节点中已经存在的流量 X_k 遵循参数为 λ_k 的泊松分布[17]：

$$\Pr(X_k = x_k) = \frac{(\lambda_k)^{x_k}}{(x_k)!} e^{-\lambda_k} \tag{15.3}$$

第 k 次传输前的排队时间为

$$t_k^2 = \frac{x_k}{C_k} \tag{15.4}$$

因此，在智能干扰威胁下，受干扰路由路径的总通信延迟可表示为

$$\tau = \sum_{k=1}^{\zeta}(t_k^1 + t_k^2) \tag{15.5}$$

式中，ζ 是总跳数。

现有的路由算法大多采用简单的路由度量标准，如最少跳数[14,18-19]、最低延迟[7,20-21]及最小拥塞概率[22-24]，但针对多目标路由优化的研究相对较少。考虑用户的实际需求，卫星通信服务可能对信道速率和排队延迟等因素十分敏感。因此，本章提出的多目标路由成本函数如下：

$$c = \sum_{k=1}^{\zeta} \ln(1 + w_1 t_k^1 + w_2 t_k^2) \tag{15.6}$$

式中，w_1 表示对高数据吞吐量的倾向程度；t_k^J 仅依赖信道速率，信道状态的改善会降低功耗；w_2 表示用户对排队延迟的容忍程度。

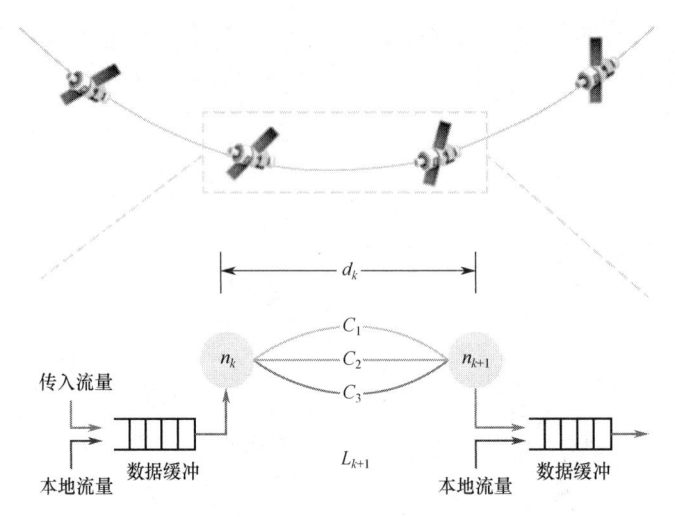

图 15.2　现有流量下的传输链路模型

本章提出的抗干扰路由问题旨在最小化面临干扰威胁时的路由成本，这个问题被细分为两个子问题：路由选择问题和快速响应抗干扰问题。

15.2.1　NGSO 系统的路由选择问题

对于一项传输任务，通常在 DRL 范式中会使用一个称为"用户"的代理来选择节点。L_k 中的节点选择只依赖 L_{k-1} 中的节点选择。因此，L_k 中的节点选择问题可以被视为一个马尔可夫决策过程（Markov Decision Process，MDP）。用户的状态集合 S 定义为 $\{s_k \in S \mid S = n_1, n_2, \cdots, n_N\}$，其中 s_k 表示 L_k 的源节点。A_k 是可能动作的集合，定义为 $\{a_k \in A_k \mid A_k = A^{s_k}\}$，其中 a_k 是 L_k 的目标节点。状态-动作对 $\{a_k \mid s_k\}$ 表示在状态 s_k 下选择动作 a_k。接下来，即时路由成本可以表示为

$$c_k = \ln(1 + w_1 t_k^J + w_2 t_k'') \tag{15.7}$$

用户的目标是获得一个最优策略 π_U^*，该策略能够概率性地将状态 s_k 映射到动作 a_k。根据策略 π_U^*，用户可以做出最佳决策 $a_U^* \sim \pi_U^*$。

$$\pi_U^* = \{\Pr(a_k^* \mid s_k) \mid k = 1, 2, \cdots, \zeta\} \tag{15.8}$$

$$a_U^* = \{a_1^*, a_1^*, \cdots, a_\zeta^*\} \tag{15.9}$$

然后，用户可以找到可用的路由路径集合 R，其中包括满足通信需求 R_0（$c \leqslant R_0$）的所有路由路径。

$$\text{find } R = \{a_U^0 \mid a_U^0 = \arg_{a_U}\{c \leqslant R_0\}\} \tag{15.10}$$

15.2.2　快速响应抗干扰问题

随着智能干扰的实施，网络环境会发生变化，用户需要探索新的环境并相应调整抗

干扰路由策略。然而，由于干扰器的功率限制，智能干扰导致的变化可能仅影响少数节点，因此大规模重新学习没有必要，它会耗费大量资源。特别是在面对智能干扰的威胁时，能否快速响应和迅速决策是衡量抗干扰性能的重要因素。因此，我们提出了基于可用路由路径集合 R 的快速响应抗干扰问题。

Ω 是由 R 中所有节点组成的子网络。对于智能干扰器而言，只有对 Ω 中的节点实施干扰，针对用户路由的干扰才会被认为是成功的。基于学习，干扰器会将有效的干扰范围缩小至 Ω。干扰器会针对 Ω 中的一个节点发动干扰攻击，使用干扰功率 p_J 来降低该节点的信道速率。A_J 是一组被干扰的节点集合：

$$\{a_{J,m} \in A_J \mid A_J = a_{J,1}, a_{J,2}, \cdots, a_{J,G}\} \tag{15.11}$$

式中，G 是 Ω 中的节点数。

干扰器能够感知 NGSO 系统的状态，并估算传输时间 τ。干扰器的效用函数定义为

$$r_J = \vartheta \times (\tau - \tau_{\min}) - \lambda_J \times p_{J,v} \tag{15.12}$$

式中，$p_{J,v} \in [p_{J,1}, p_{J,2}, \cdots, p_{J,V}]$ 表示干扰器的可用干扰功率，λ_J 表示每单位功率的干扰成本，$\tau_{\min}$ 表示用户在不受干扰情况下估计的最短传输时间。然而，干扰器无法获取精确的干扰效果反馈，因此引入 $\vartheta \sim N(\mu, \delta)$ 来评估干扰效果的不完全估计。

用户的可用路由路径集合记为 $\{R = a_{U,1}^0, a_{U,2}^0, \cdots, a_{U,F}^0\}$，$F$ 表示集合中可用路由路径的数量。用户在路由选择上的效用函数为

$$r_U = c \tag{15.13}$$

基于 Q 学习算法，用户会选择在干扰威胁下最大化效用的最佳路由。若 $c_U > 1.2R_0$，则认为网络状态发生了变化。这时，会重启 DRL 过程以更新可用路由路径集合 R。

15.2.3 抗干扰路由博弈

受到文献[6]的启发，我们将抗干扰路由选择问题建模为一个分层斯塔克尔伯格路由博弈 $G = \{J, U, \pi_J, \pi_U, r_J, r_U\}$。其中，$J$ 和 U 分别代表干扰器和用户；π_J 表示干扰器在节点选择和功率选择上的混合策略；π_U 表示用户在路由选择上的混合策略；r_J 和 r_U 分别表示干扰器和用户的路由博弈效用。

用户和干扰器都采用混合策略，这种策略为所有可能的动作（包括用户选择的路由路径，以及干扰器选择的干扰节点和干扰功率）定义了一种概率分布。依据各自的策略，干扰器会选择最佳的干扰节点和干扰功率，以最大化其干扰效用：

$$(a_J^*, p_J^*) = \arg \max_{a_{J,m}, p_{J,v}} \{r_J(a_{J,m}, p_{J,v})\} \tag{15.14}$$

用户选择最佳路由路径以最大化其路由效用：

$$a_U^{0*} = \arg \max_{a_{U,n}^0} \{r_U(a_{U,n}^0, a_{J,m}, p_{J,v})\} \tag{15.15}$$

预期效用表示为 $r(\pi_U, \pi_J) = E[r \mid \pi_U, \pi_J]$，且 SE 的定义如下。

定理 15.1：如果满足式（15.16）中的条件，则策略组合 (π_U^*, π_J^*) 构成了 SE。这意味着，在所提出的博弈模型框架内，没有任何玩家能够通过单方面改变策略来进一步增加自身的效用。

$$\begin{cases}\hat{r}_U(\pi_U^*,\pi_J^*) \geq \hat{r}_U(\pi_U,\pi_J^*) \\ \hat{r}_J(\pi_U^*,\pi_J^*) \geq \hat{r}_J(\pi_U^*,\pi_J)\end{cases} \tag{15.16}$$

定理 15.2：在这场博弈中，存在用户和干扰器的稳定策略，它们共同构成了 SE。

证明：根据文献[25]所述，有限的对策博弈具有混合策略均衡，因此，在我们提出的博弈中，按照平稳策略的意义，确实存在至少一个 SE 点。结合定理 15.1，并且考虑用户的目的是最大化其效用，用户的最优策略可由式（15.17）给出。

$$\pi_U^* = \arg\max_{\pi_U}\{\hat{r}_U(\pi_U,\pi_J)\} \tag{15.17}$$

干扰器的最优策略表示为

$$\pi_J^* = \arg\max_{\pi_J}\{\hat{r}_J(\pi_J,\pi_U(\pi_J))\} \tag{15.18}$$

因此，$(\pi_J^*,\pi_U^*(\pi_J^*))$ 构成了一个稳定的 SE。

15.3 NGSO 系统抗干扰方案

针对 NGSO 系统设计的抗干扰方案包含了两个算法。首先，DRLR 算法用于解决大规模 NGSO 系统中的路由选择问题。其次，FRA 算法可处理快速响应问题。

15.3.1 DRLR 算法

具体来说，如图 15.3 所示，在链路 L_k 的路由选择过程中，SAS 代理将当前节点 n_k 的位置作为状态 s_k 进行观察，然后从可访问的卫星节点集合 A^{s_k} 中选择下一个节点作为动作 a_k。同时，卫星通信网络（在 DRL 模型中被称为环境）会更新其内部状态，并响应一个环境奖励 r_k。

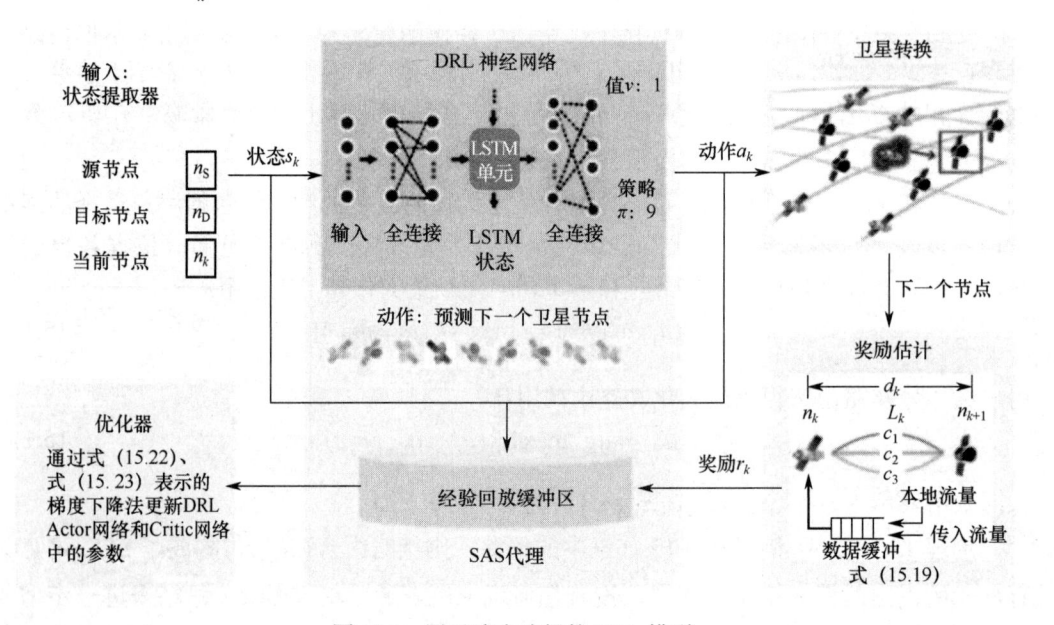

图 15.3 用于路由选择的 DRL 模型

根据 ε-贪心探索策略，代理会随机抽样一个动作 $a_k \sim \pi(s_k)$，并在环境中执行。卫星网络会根据转移概率 $\Pr(s_{k+1}|s_k,a_k)$ 更新其内部状态。需要注意的是，由于在 DRL 中直接使用当前位置作为观察状态，由 SAS 代理引起的状态转移概率是确定的。另外，对于卫星网络内部状态中不可观察的转移规则，延迟时间会根据当前位置和相应的信道信息进行更新，而排队时间则在每个时间步长通过重新生成泊松分布进行更新。回顾一下，这部分卫星网络内部状态的转移情况并不会被 SAS 代理观察到。之后，代理会接到即时奖励 r_k 来评估所产生策略的有效性，然后观察到一个新的状态 s_{k+1}，并据此做出下一个选择。

代理的目标是在每个回合（Episode）中最大化累计奖励，我们将其称为回合返回值（Episodic Return）。在 DRL 模型中，我们将 SAS 代理从源节点到目标节点找到的完整路由路径视为一个回合。即时奖励 r_k 可以定义如下：

$$r_k(s_k,a_k,s_{k+1}) = -c_k \tag{15.19}$$

因此，在一个回合期间，由 SAS 代理产生的策略 π 所得到的累计奖励可以表示为

$$R(\pi) = \sum_{k=1}^{\zeta} \eta^k r_k(s_k,a_k,s_{k+1}) \tag{15.20}$$

式中，$\eta \in (0,1]$ 是一个折扣因子，表示未来路由选择对于当前时刻的重要性。一般来说，折扣因子 η 设置为接近 1 的小数，这样可以迫使代理在关注当前决策的同时，考虑整条路径的总回报。此外，在探索的早期阶段，SAS 代理不一定每次都能到达目标节点。因此，为了加速对目标节点的探索进程，算法为引导代理到达目标节点的动作附加了一个额外奖励 Γ，表示如下：

$$r_k = \begin{cases} r_k + \Gamma, a_k = n_D \\ r_k, a_k \neq n_D \end{cases} \tag{15.21}$$

在每次回合交互中，一旦当前节点变为目标节点，或者所选节点数量超过了最大路径长度，此次交互便结束。此外，代理还会记录下最优路径 $a_U^* = \{a_1,a_2,\cdots,a_\zeta\}$ 及其对应的路由成本 c_U。

1. 路由选择的 DRL 训练

在 NGSO 系统的路由选择问题上，我们采用了深度神经网络来提取以往的经验特征，尤其是针对具有动态空间连接特性的卫星通信网络。随后，我们利用这些特征生成相应的路由选择策略 $\pi(s_k)$。在此过程中，最常用的 DRL 模型的 Actor-Critic 算法被用来训练代理。具体来说，Actor-Critic DRL 由两个独立的神经网络组成，即 Actor 网络和 Critic 网络。Actor 网络负责生成路由选择策略 π，而 Critic 网络则用于评估每个卫星节点处采取某一动作后潜在的预期累计路由成本。

深度神经网络的结构如图 15.3 中所示。通常情况下，该网络包含两层全连接层（每层节点数为 128 个）及一层长短期记忆（Long Short-Term Memory，LSTM）单元层（节点数同样为 128 个），其目的是提取卫星的特征信息[26]。接着，从 LSTM 输出的特征向量（记作 h_k）会被输入到另一个全连接层中，以此生成最终的路由选择策略 $\pi(s_k)$ 及状

态值函数 $v(s_k)$。如前所述，$\pi(s_k)$ 是由 Softmax 函数在所有可访问的卫星节点上计算出的一个概率分布。

同时，LSTM 产生的特征向量 h_k 也会被输出并保存下来。这是为了当 DRL 神经网络下次加载与时间相关的不断变化的卫星网络信息时，代理能够生成相应的策略。请注意，此处使用的 LSTM 属于循环神经网络范畴。在 NGSO 系统中，当前可访问的状态 s_k 仅指示当前节点的位置，并不包括整个卫星通信网络中不同节点之间的效用信息。因此，这个过程可以被视为一个部分可观测马尔可夫决策过程（Partial Observable MDP，POMDP）。已有研究表明，循环神经网络在解决 POMDP 问题时表现出色[27]。因此，为了鼓励代理在连续的时间步长考虑不断变化的空间位置和连通性，LSTM 被用来记录不同卫星节点的效用规律。然后，代理依据生成的策略从当前可用的相邻节点中采样一个节点，并将其作为环境中选定的节点执行操作，随之会收到即时奖励 r_k。最后，DRL 的交互经验，即参考序列 $(s_k, a_k, s_{k+1}, r_k, h_k)$ 被保存在经验回放缓冲区中。神经网络参数的经验通过 DRL 训练更新。整个交互过程如下。

（1）在第 k 次路由选择时，代理首先提取卫星节点的当前位置作为状态 s_k，然后将这个状态与上一时间步长从 LSTM 中获取的定时相关特征相结合，形成输入内容，馈送到 DRL 神经网络中进行处理。

（2）在 DRL 模型中，Critic 网络输出一个价值函数 $v(s_k)$，用于评估状态 s_k 处的预期奖励。与此同时，Actor 网络输出与之相应的策略 $\pi(s_k)$。

（3）对于给定的策略 $\pi(s_k)$，代理会根据一个标准扰动变量随机采样一个动作 a_k。这样做是为了保持对卫星通信网络其他部分进行探索的可能性。

（4）环境会根据动作 a_k 进行更新。具体而言，当前卫星节点更新为 $s_k \leftarrow a_k$，观测到的状态更新为 $s_k \leftarrow s_{k+1}$，LSTM 特征缓存更新为 $h_k \leftarrow h_{k+1}$。此外，传播时间和排队时间会根据当前节点的邻接关系及重新生成的泊松分布进行更新。最后，环境返回即时奖励 r_k。

（5）交互经验 $(s_k, a_k, s_{k+1}, r_k, h_k)$ 被保存在经验回放缓冲区中。

（6）一旦时间步长 k 满足终止条件，即 $s_k = n_D$ 或者 $k = \zeta_{\max}$，环境将返回一个额外奖励，且交互过程将被中断。实质上，经验回放缓冲区会向优化器提供一批随机采样的经验，用于更新 Actor 网络和 Critic 网络中的参数。

（7）代理记录下已完成的路径及其对应的路由成本。在整个训练过程结束后，DRL 模型输出一个满足通信需求（$c_U \leqslant R_0$）的路由路径集合 R。

2. 路由选择的 DRL 更新

下面重点介绍 DRLR 算法的更新流程。考虑 DRL 的特点，通常直接使用交互经验来更新参数会导致数据利用率和探索效率较低。A3C（Asynchronous Advantage Actor-Critic）[28]是 Actor-Critic 算法的一种典型代表，它结合了经典深度 Q 网络（DQN）[13]和策略梯度方法[30]的优点。为了进一步提高数据利用率，基于重要性采样的信任区域策略优化（Trust Region Policy Optimization，TRPO）[31]被提出，其在离散和连续状态空间上均有良好表现。

在本章中，神经网络参数是根据近端策略优化（Proximal Policy Optimization，PPO）[32]进行训练和更新的。PPO 是 TRPO 的一种简化形式，能够在降低计算复杂度的同时保留核心优势。本章采用的是一个同步版本的 PPO 算法，该算法能够通过时变交互策略交替采样经验。

具体来说，在每个回合展开之前，子模型从主模型复制参数，然后计算梯度，并将其统一收集到主模型中。根据 PPO 原则，与卫星网络当前交互的策略不应与旧策略 $\pi_{\text{old}}(a_k|s_k)$ 有显著差异。因此，KL 散度惩罚被引入以限制这种差异，进而构造一个替代优化目标。此外，为了稳定收敛，该目标还会进一步进行裁剪。本章省略了裁剪函数的细节，读者可参考文献[32]以获取更多信息。经过 PPO 处理后，标准化梯度同步更新参数。需要注意的是，每个工作流中的神经网络和环境彼此独立。符号 θ_π 和 θ_v 分别用于参数化 Actor 网络和 Critic 网络。为了最大化 DRL 奖励，代理根据式（15.19）使用随机梯度下降法来更新 θ_π 和 θ_v。另外，由于某些节点之间存在不可达条件，在我们的实验中，DRL 算法往往容易收敛到局部最优解，因此需要引入最大熵正则化以鼓励探索，同时保持在卫星网络不同效用情况下的泛化能力。θ_π 和 θ_v 按照式（15.22）和式（15.23）进行更新。

$$\theta_v \leftarrow \theta_v + \phi_v \sum_{k=1}^{K} \nabla_{\theta_v}(r_k + \eta V(s_{k+1};\theta_v) - V(s_k;\theta_v))^2 \qquad (15.22)$$

$$\theta_\pi \leftarrow \theta_\pi + \phi_\pi \sum_{k=1}^{K} \left\{ \begin{array}{l} \nabla_{\theta_v} \ln \dfrac{\pi(a_k|s_k)}{\pi_{\text{old}}(a_k|s_k)}(r_k + \eta V(s_{k+1};\theta_v) - V(s_k;\theta_v)) - \\ \beta K_L(\pi(s_k)|\pi_{\text{old}}(s_k)) + \gamma H(\pi(s_k;\theta_\pi)) \end{array} \right\} \qquad (15.23)$$

式中，ϕ_π 和 ϕ_v 分别表示 Actor 网络和 Critic 网络的梯度学习速率；K_L 和 H 分别表示 KL 散度函数和熵函数，β 和 γ 分别表示与之对应的系数。

15.3.2 FRA 算法

在得到 R 之后，用户利用 Q 学习从 R 中选择一条可靠的路径进行抗干扰防御。这种设计具有诸多优点：首先，能够快速响应智能干扰并做出有效的抗干扰决策；其次，可以减少用户竞争具有最小路由成本的最佳路径导致的网络拥塞，因为 R 中的所有路径都满足通信需求；最后，能够监督网络动态，如果当前最优选择的路由成本仍不满足需求，用户将重启 DRL 过程，探索新的网络状态以更新 R。

用户的 Q 路由函数定义为 $Q_{R,t}(a_{U,n}^0)$，其更新方式如下：

$$Q_{R,t+1}(a_{U,n}^0) = (1-\alpha)Q_{R,t}(a_{U,n}^0) + \alpha(r_U + \eta \max_{n'} Q_{R,t}(a_{U,n'}^0)) \qquad (15.24)$$

式中，$\alpha \in (0,1)$ 是学习速率，$\alpha = \alpha_0/(\omega(a)\lg(\omega(a)))$，且有

$$\sum_{l=0}^{\infty} \alpha_l = \infty, \ \sum_{l=0}^{\infty} \alpha_l^2 < \infty \qquad (15.25)$$

其中，α_0 为初始学习步长，$\omega(a)$ 表示动作 a 被选择的次数。

$\pi_U(t) = \pi_{U,1}(t),\pi_{U,2}(t),\cdots,\pi_{U,F}(t)$ 表示路由选择的混合策略，其中 $\sum_{n=1}^{F}\pi_{U,n}(t) = 1$，$\pi_{U,n}(t)$ 表示选择路由路径 $a_{U,n}^0 \in [a_{U,1}^0, a_{U,2}^0, \cdots, a_{U,F}^0]$ 的概率。特别是，$\pi_{U,n}(t)$ 的更新如下：

$$\pi_{\mathrm{U},n}(t+1) = \frac{e^{Q_{R,t}(a_{\mathrm{U},n}^0)/\xi}}{\sum_{n'=1}^{F} e^{Q_{R,t}(a_{\mathrm{U},n'}^0)/\xi}} \tag{15.26}$$

式中，ξ 为玻尔兹曼模型的参数，其计算如下：

$$\begin{cases} \xi = \xi_0 e^{-\upsilon t}, \xi \geq \hat{\xi} \\ \xi = \hat{\xi}, \xi < \hat{\xi} \end{cases} \tag{15.27}$$

式中，ξ_0 与探索时间有关，$\hat{\xi}$ 表示探索状态中的结束条件，υ 影响从探索到利用的转变过程。

干扰器的 Q 函数为 $Q_{\mathrm{J},\varsigma}(a_{\mathrm{J},m}, p_{\mathrm{J},v})$，其更新方式如下：

$$Q_{\mathrm{J},\varsigma+1}(a_{\mathrm{J},m}, p_{\mathrm{J},v}) = Q_{\mathrm{J},\varsigma}(a_{\mathrm{J},m}, p_{\mathrm{J},v}) + \alpha(r_{\mathrm{J}} - Q_{\mathrm{J},\varsigma}(a_{\mathrm{J},m}, p_{\mathrm{J},v})) \tag{15.28}$$

在时刻 ς，$\pi_p^{\mathrm{J}}(\varsigma) = [\pi_{p,1}^{\mathrm{J}}(\varsigma), \pi_{p,2}^{\mathrm{J}}(\varsigma), \cdots, \pi_{p,V}^{\mathrm{J}}(\varsigma)]$ 和 $\pi_n^{\mathrm{J}}(\varsigma) = [\pi_{n,1}^{\mathrm{J}}(\varsigma), \pi_{n,2}^{\mathrm{J}}(\varsigma), \cdots, \pi_{n,G}^{\mathrm{J}}(\varsigma)]$ 分别表示干扰器的干扰功率和节点的混合策略。同样地，$\pi_{p,v}^{\mathrm{J}}(\varsigma)$ 和 $\pi_{n,m}^{\mathrm{J}}(\varsigma)$ 分别表示选择干扰功率 $p_{\mathrm{J},v} \in [p_{\mathrm{J},1}, p_{\mathrm{J},2}, \cdots, p_{\mathrm{J},V}]$ 和干扰节点 $a_{\mathrm{J},m} \in [a_{\mathrm{J},1}, a_{\mathrm{J},2}, \cdots, a_{\mathrm{J},G}]$ 的概率，它们的更新方式如下：

$$\pi_{p,v}^{\mathrm{J}}(\varsigma+1) = \frac{e^{\frac{1}{G\xi}\sum_{m'=1}^{G} Q_{\mathrm{J},\varsigma}(a_{\mathrm{J},m'}, p_{\mathrm{J},v})}}{\sum_{v'=1}^{V} e^{\frac{1}{G\xi}\sum_{m'=1}^{G} Q_{\mathrm{J},\varsigma}(a_{\mathrm{J},m'}, p_{\mathrm{J},v'})}} \tag{15.29}$$

$$\pi_{n,m}^{\mathrm{J}}(\varsigma+1) = \frac{e^{Q_{\mathrm{J},\varsigma}(a_{\mathrm{J},m}, p_{\mathrm{J},v})/\xi}}{\sum_{m'=1}^{G} e^{Q_{\mathrm{J},\varsigma}(a_{\mathrm{J},m'}, p_{\mathrm{J},v})/\xi}} \tag{15.30}$$

15.3.3 对所提方案的分析

本章使用 DRLR 算法获取可用路由路径集合 R，以简化抗干扰博弈的决策空间。若在获取 R 之前智能干扰已启动，干扰的影响等同于改变了环境的动态，用户仍然可以通过 DRLR 算法获取 R。相反，若在获取 R 之后启动干扰，集合 R 会变小。然而，它仍包含当前状态下的所有可用路径。

此外，若干扰器未攻击 R 中的关键节点，则干扰无效。相反，若干扰器攻击 R 中的节点，受干扰的路由路径将被从 R 中删除，用户将获得可用路由路径集合 R'，其中 $R' \subset R$。经过动态抗干扰博弈后，R' 将进一步缩小直至收敛至由 SE 确定的 R^*。然而，如前所述，智能干扰导致的环境变化可能仅影响少数节点。因此，虽然确实可以重启 DRL 过程，但这既没有必要也代价高昂。实际上，用户只需要维护可用路由路径集合 R^* 的有效性，即可很好地满足当前通信需求并迅速应对智能干扰。因此，基于由 DRLR 算法获取的 R，我们提出了 FRA 算法，以实现快速、可靠的抗干扰路由。以下对 FRA 算法所获抗干扰策略的 SE 进行分析。

从斯塔克尔伯格抗干扰博弈的角度看，干扰器首先确定干扰策略，并根据干扰效果自动调整策略。对于用户而言，其在 DRL 过程中探索干扰环境，获得 R 作为 FRA 算法抗干扰路由博弈的动作集合。由于 R 中的卫星节点有限，用户和干扰器的策略都是有限的。根据定理 15.2，用户与智能干扰器之间存在稳定的 SE。

根据文献[33]，Q 函数可由微分方程描述：

$$\frac{\mathrm{d}Q(\varsigma+1)}{\mathrm{d}\varsigma} = \alpha(r - Q(\varsigma)) \tag{15.31}$$

将式（15.30）代入微分方程式（15.31），得到式（15.32）。

$$\frac{\mathrm{d}\pi_{n,m}^{\mathrm{J}}(\varsigma)}{\mathrm{d}\varsigma} = \pi_{n,m}^{\mathrm{J}}(\varsigma)\frac{\alpha_j}{\xi_j}\left\{\left[r_{\mathrm{J},m}(\varsigma-1) - \sum_{m'=1}^{G}\pi_{n,m'}^{\mathrm{J}}(\varsigma)r_{\mathrm{J},m'}(\varsigma-1)\right] - \xi_j\sum_{m'=1}^{G}\pi_{n,m'}^{\mathrm{J}}(\varsigma)\ln\left(\frac{\pi_{n,m}^{\mathrm{J}}(\varsigma)}{\pi_{n,m'}^{\mathrm{J}}(\varsigma)}\right)\right\} \tag{15.32}$$

文献[33]中已证明，通过式（15.33）可以获得干扰功率的稳定策略。

$$\pi_{n,s}^{\mathrm{J}*} = \frac{\mathrm{e}^{r_{\mathrm{J},s}/\xi_j}}{\sum_{s'=1}^{G}\mathrm{e}^{r_{\mathrm{J},s'}/\xi_j}} \tag{15.33}$$

对于干扰功率策略和用户策略，我们可以得到类似的结果。

设用户和干扰器的策略为 $\pi(\varsigma) = (\pi_{\mathrm{J}}(\varsigma), \pi_{\mathrm{U}}(\varsigma))$，$\pi(\varsigma)$ 的收敛性可以利用常微分方程分析。设式（15.32）等号的右边为 $f(\pi)$。当 $\alpha \to 0$ 时，$\pi(\varsigma)$ 将弱收敛于 $(\pi_{\mathrm{J}}^*, \pi_{\mathrm{U}}^*(\pi_{\mathrm{J}}^*))$，$(\pi_{\mathrm{J}}^*, \pi_{\mathrm{U}}^*(\pi_{\mathrm{J}}^*))$ 是对于任意初值 $\pi(0) = \pi_0$，$\mathrm{d}\pi/\mathrm{d}\varsigma = f(\pi)$ 的解。根据文献[6]，如果学习速率满足式（15.25），Q 学习算法可以获得最优策略。因此，所提出的 FRA 算法可以收敛到最优策略。然后，可以通过反证法证明最优策略是一个稳定的 SE 点。假设最优策略不是 SE 点，根据文献[34]，Q 学习过程收敛到一个平稳点，这是常微分方程的解。因此，非 SE 策略是稳定的，这与定理 15.1 相矛盾。

因此，所提方案能够获得一个最优策略，且该策略是稳定的 SE。

15.4 实验与讨论

仿真实验可以验证所提方案的性能。NGSO 系统包含 120 个卫星节点，分布在两个圆形极地轨道星座网络 R_1 和 R_2 中。其中，R_1 包含编号为 1～60 的 60 个节点，R_2 包含编号为 61～120 的 60 个节点。其他参数在表 15.1 中给出。

表 15.1 仿真参数

参　　数	值	参　　数	值
R_1 和 R_2 的轨道倾角	$\varphi = 90°$	传输功率	$P_u = 1000\mathrm{W}$
R_1 和 R_2 的轨道周期	$T = 120\mathrm{min}$	传输数据	$N_\mathrm{D} = 400\mathrm{Mbit}$
R_1 和 R_2 的轨道高度	$H_1 = 800\mathrm{km}, H_2 = 1200\mathrm{km}$	通信需求	$R_0 = 2.2000$
R_1 和 R_2 中使用的频率	$f_1 = 1.5\mathrm{GHz}, f_2 = 3\mathrm{GHz}$	干扰器的观测精度	$\vartheta \sim N(1, 0.5)$
R_1 中的泊松参数	$\lambda_1 \sim U(800\mathrm{M}, 900\mathrm{M})$ bit	单位功率干扰成本	$\lambda_j = 0.001$
R_2 中的泊松参数	$\lambda_2 \sim U(300\mathrm{M}, 400\mathrm{M})$ bit	折扣因子	$\eta = 0.99$
R_1 的信道噪声	$n_{01} = -180\mathrm{dBmW}$	KL 散度惩罚权重	$\beta = 0.1$
R_2 的信道噪声	$n_{02} = -185\mathrm{dBmW}$	熵探索权重	$\gamma = 0.1$
距离阈值	$d_\mathrm{th} = 6500\mathrm{km}$	DRLR 学习速率	$\phi_v = \phi_\pi = 0.0003$
信道带宽	$B = 10\mathrm{MHz}$	玻尔兹曼系数 $\xi_0, \hat{\xi}, \upsilon$	$10^7, 0.1, 0.1$

15.4.1 多目标路由代价函数的性能

带权重的多目标路由代价函数如式（15.6）所示，其中包含了参数 w_1 和 w_2。如图 15.4 所示，路由性能会随着不同权重参数的变化而变化。这证明了随着 w_1 从 0 增加到 1，数据吞吐量也升高，因为较大的 w_1 意味着应优先选择具有较大信道速率的路径。同时，随着 w_2 的增加，排队时间减少，这反映了用户对排队时间的容忍程度，并指导我们选择具有较少本地不确定流量的路径。

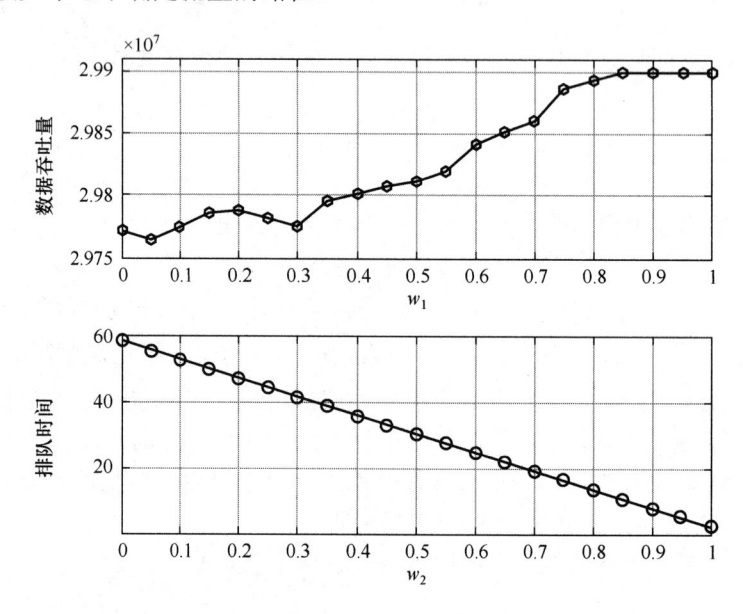

图 15.4 权重参数的对比实验，路由时间为第 20 时隙

15.4.2 DRLR 算法的性能

正如 Ruiz-De-Azua 等人[35]所指出的，OLSR 方案可以很好地应用于 NGSO 系统，并具有良好的路由性能。因此，我们将所提出的 DRLR 算法与采用不同路由度量标准（包括最小跳数和最短距离）的 OLSR 方案进行了比较。图 15.5 展示了 DRLR 算法与 OLSR 方案从第 60 个节点到第 90 个节点的路由性能比较。绿色虚线表示通过具有完整信息的最优路由选择获得的最小路由代价；橙色实线表示考虑不确定突发流量的平均路由代价；绿色实线和蓝色虚线分别表示采用最短距离和最小跳数度量的 OLSR 方案的路由代价。如图 15.5 所示，最短距离 OLSR 方案的路由代价低于最小跳数 OLSR 方案，但两者均高于理论值。然而，DRLR 算法在性能上有了显著的改进，并近似收敛到平均值。

图 15.6 和图 15.7 展示了四分之一周期内的路由代价比较。我们可以看到，DRLR 算法的性能始终优于 OLSR 方案，并逐渐收敛到最优值。

第 15 章　NGSO 系统的抗干扰解决方案

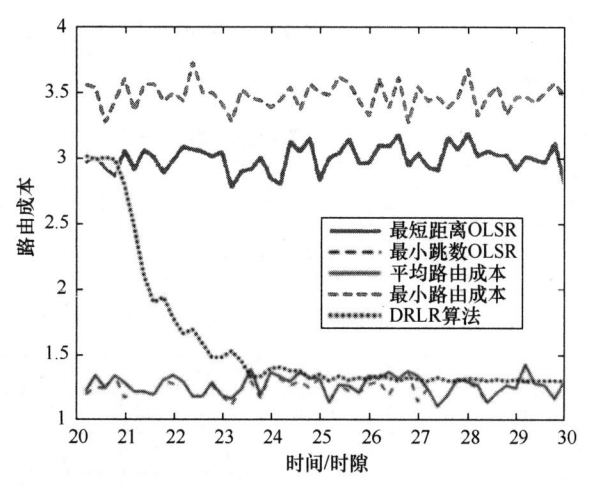

图 15.5　第 60 个节点到第 90 个节点的路由性能对比，路由时间从第 20 时隙至第 30 时隙，$w_1 = w_2 = 0.5$

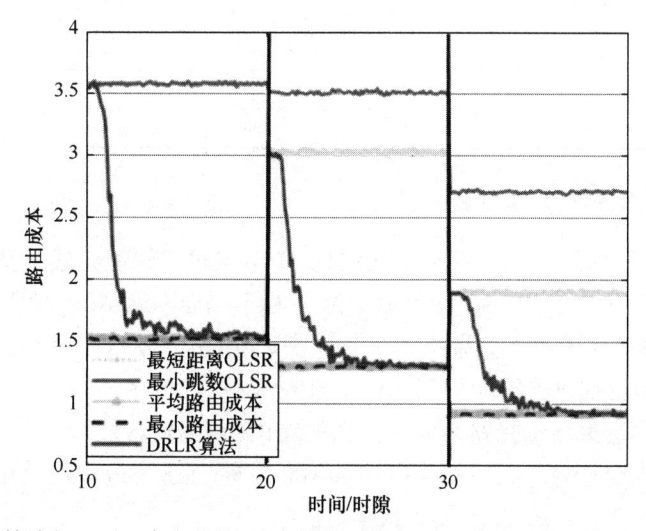

图 15.6　DRLR 算法与 OLSR 方案从第 60 个节点到第 90 个节点的路由性能对比，$w_1 = w_2 = 0.5$

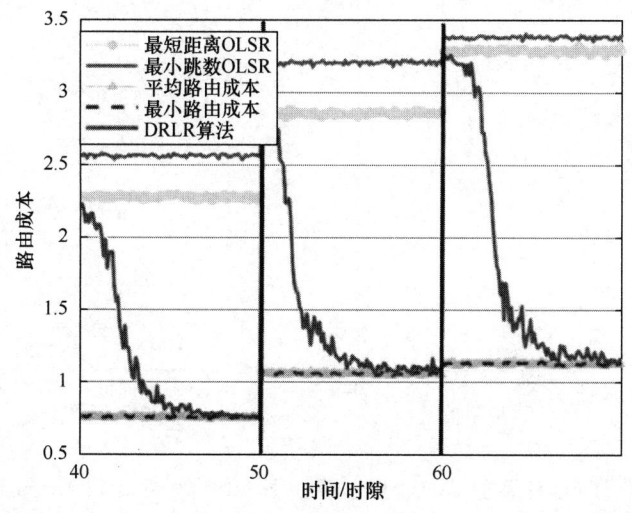

图 15.7　DRLR 算法与 OLSR 方案从第 1 个节点到第 30 个节点的路由性能对比，$w_1 = w_2 = 0.5$

在第 20 时隙，当 $w_1 = w_2 = 0.5$ 时，从第 60 个节点到第 90 个节点，通过 DRLR 算法获得的可用路由路径集合如表 15.2 所示。

表 15.2 可用路由路径集合 R

序　号	路　　　径	路 由 成 本
1	60→110→40→90	1.2984
2	60→110→100→90	1.3056
3	60→110→50→100→90	1.4851
4	60→110→100→40→90	1.4882
5	60→120→110→100→90	1.4911
6	60→110→100→30→90	1.4926
7	60→110→21→90	1.5534
8	60→110→21→81→90	1.7335
9	60→110→91→81→90	1.8168
10	60→110→31→81→90	1.8183
11	60→111→101→91→81→90	1.9694
12	60→50→100→90	2.1457

15.4.3　FRA 算法的性能

如图 15.8（a）所示，当干扰针对第 110 个节点时，代理会根据受干扰的网络自动更新路由路径，路由代价从 1.30 上升到 1.97。由于当前网络结构的限制，几乎所有更好的路径都包含第 110 个节点。如果第 110 个节点受到干扰，次优路径是 60→111→101→91→81→90，路由代价大约增加到 1.97。在图 15.8（b）中，当干扰器对第 40 个节点发起干扰时，代理会重新选择路由路径，新的路由代价仍然约为 1.3，因为如果第 40 个节点受到干扰，当前选择的路径 60→110→100→90 几乎与最优路径相等。

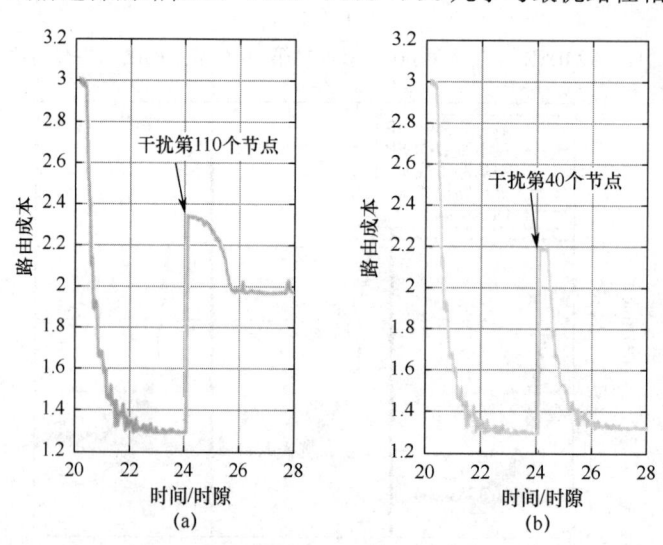

图 15.8　基于简单 DRL 算法的抗干扰性能，路由时间为第 20 时隙，$w_1 = w_2 = 0.5$

对于用户而言，路由路径选择是一个无状态问题。动作集和奖励分别是 R 和 r_U。用户希望选择具有更低路由代价的更好路径。对于干扰器而言，干扰功率和干扰节点都是优化目标，干扰器的目的是以最低功率对最关键的节点发起干扰攻击。用户的状态集是 $p_{J,v} \in [200\mathrm{W}, 500\mathrm{W}, 1000\mathrm{W}, 1500\mathrm{W}]$，动作集是 Ω（见表 15.3），干扰器的奖励是 r_J。

表 15.3 干扰节点的动作集 Ω

节点序号	1	2	3	4	5	6	7	8	9	10	11	12
对应节点	21	30	31	40	50	81	91	100	101	110	111	120

干扰功率选择策略如图 15.9 所示。考虑干扰效果和功耗，功率 2（500W）是智能干扰器的最佳功率选择。干扰节点选择策略如图 15.10 所示。如前所述，节点 10（第 110 个节点）是关键节点，干扰器选择第 110 个节点进行干扰，以便能够获得最好的干扰效果。

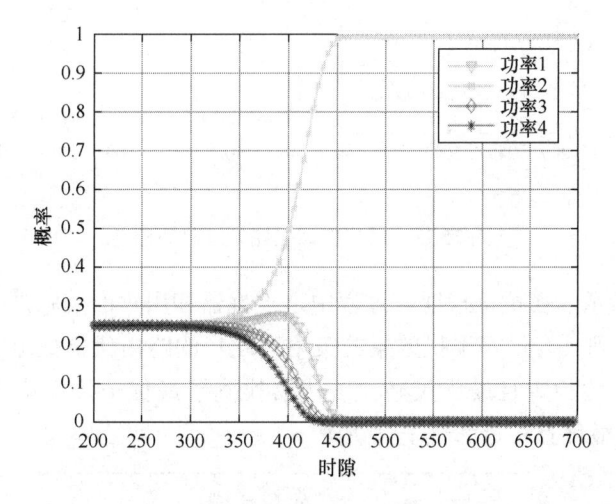

图 15.9 干扰器的干扰功率选择策略

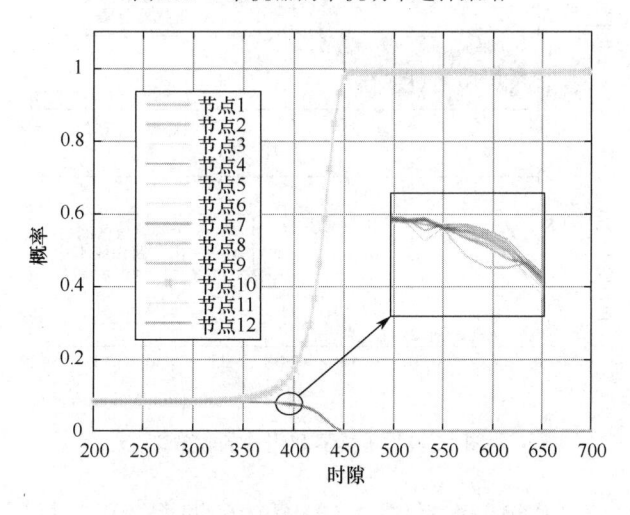

图 15.10 干扰器的干扰节点选择策略

用户的路由路径选择策略如图 15.11 所示。干扰器选择第 110 个节点发起干扰攻击，那么具有较低路由代价的前十条路由路径都被中断，因此用户重新选择路径 11 进行可靠通信。由于路径 12 的路由代价与路径 11 非常接近，因此路径 11 的选择概率并没有完全收敛到 1。

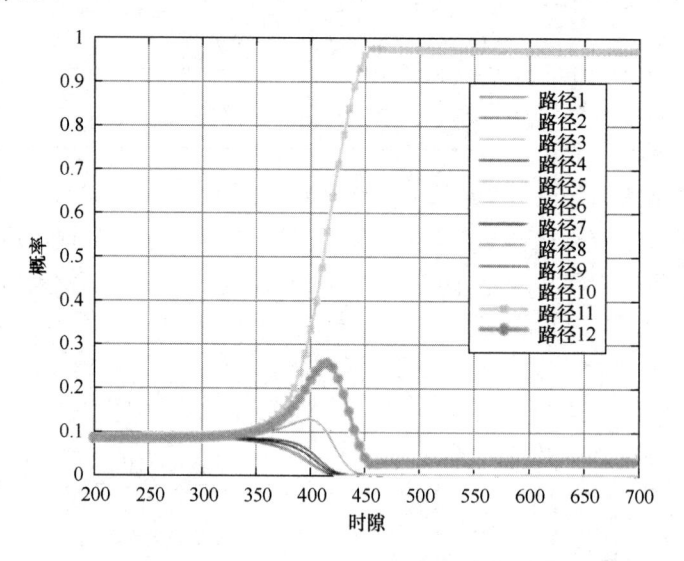

图 15.11 用户的路由路径选择策略

如图 15.12 所示，在抗干扰博弈过程中，干扰器和用户的奖励都收敛到均衡点。随着干扰器逐渐收敛到具有最好干扰效果的策略，用户的路由代价被迫上升，但仍然收敛到当前干扰环境下的稳定且最优策略。干扰器找到了最优干扰策略并不再偏离它。然后，用户也做出了最优且稳定的抗干扰决策。

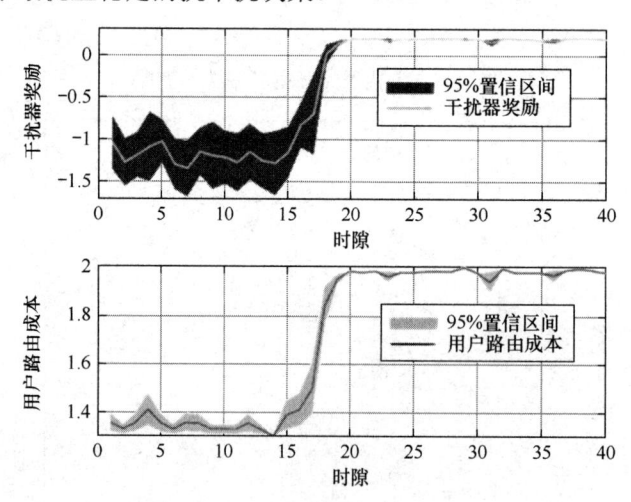

图 15.12 干扰器和用户的收敛性

随机选择抗干扰（RSA）算法与 FRA 算法之间的路由代价比较如图 15.13 所示。图 15.13（a）显示了整个抗干扰过程中的路由代价比较，而图 15.13（b）则详细阐述了干扰策略收敛到均衡点后的路由代价比较。已经证明,与 RSA 算法相比,所提出的 FRA 算法具有更好的抗干扰性能,且具有更低的路由代价和更好的收敛性。

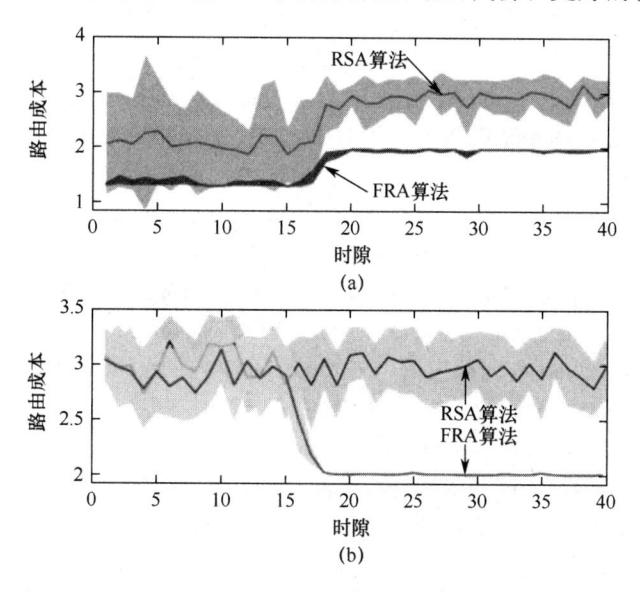

图 15.13 RSA 算法与 FRA 算法的路由成本对比,阴影区域代表 95%置信区间

15.5 总结

本章研究了 NGSO 系统的抗干扰路由选择问题。首先,我们将用户与智能干扰器之间的抗干扰路由选择问题建模为分层斯塔克尔伯格抗干扰路由博弈问题。其次,我们提出 DRLR 算法以获取可用的路由路径集合。基于这个集合,FRA 算法被提出,用以做出快速的抗干扰决策。干扰器可以根据干扰效果自动调整目标节点和干扰功率,而用户则利用 DRLR 算法和 FRA 算法主动探索动态网络,经验性地分析干扰器的策略,并自适应地做出抗干扰决策。最后,仿真证明,与现有方法相比,本章所提出方案具有更好的性能,并且抗干扰策略收敛到 SE 点。

本章原书参考资料

[1] Liu J., Shi Y., Fadlullah Z.M., Kato N. 'Space-air-ground integrated network: a survey'. IEEE Communications Surveys & Tutorials. 2019, vol. 20(4), pp. 2714-2741.

[2] Ziebold R., Medina D., Romanovas M., Lass C., Gewies S. 'Performance characterization of GNSS/IMU/DVL integration under real maritime jamming conditions'. Sensors (Basel, Switzerland). 2018, vol. 18(9), pp. 2954-2974.

[3] Wang P., Wang Y., Cetin E., Dempster A.G., Wu S. 'GNSS jamming mitigation using adaptive-partitioned subspace projection technique'. IEEE Transactions on Aerospace and Electronic Systems. 2019, vol. 55(1), pp. 343-355.

[4] Zou Y., Zhu J., Wang X., Hanzo L. 'A survey on wireless security: technical challenges, recent advances,

and future trends'. Proceedings of the IEEE. 2019, vol. 104(9), pp. 1727-1765.

[5] Yao F., Jia L., Sun Y., Xu Y., Feng S., Zhu Y. 'A hierarchical learning approach to anti-jamming channel selection strategies'. Wireless Networks. 2019, vol. 25(1), pp. 201-213.

[6] Han C., Niu Y. 'Cross-layer anti-jamming scheme: A hierarchical learning approach'. IEEE Access: Practical Innovations, Open Solutions. 2011, vol. 6, pp. 34874-34883.

[7] Fischer D., Basin D., Eckstein K., Engel T. 'Predictable mobile routing for spacecraft networks'. IEEE Transactions on Mobile Computing. 2011, vol. 12(6), pp. 1174-1187.

[8] Lu Y., Sun F., Zhao Y. 'Virtual topology for LEO satellite networks based on earth-fixed footprint mode'. IEEE Communications Letters. 2006, vol. 17(2), pp. 357-360.

[9] Boukerche A., Turgut B., Aydin N., Ahmad M.Z., Bölöni L., Turgut D. 'Routing protocols in AD hoc networks: a survey'. Computer Networks. 2011, vol. 55(13), pp. 3032-3080.

[10] Marina M.K., Das S.R. 'Ad hoc on-demand multipath distance vector routing'. Wireless Communications and Mobile Computing. 2006, vol. 6(7), pp. 969-988.

[11] Samar P., Pearlman M.R., Haas Z.J. 'Independent zone routing: an adaptive hybrid routing framework for ad hoc wireless networks'. IEEE/ACM Transactions on Networking. 2004, vol. 12(4), pp. 595-608.

[12] Toutouh J., Garcia-Nieto J., Alba E. 'Intelligent OLSR routing protocol optimization for vanets'. IEEE Transactions on Vehicular Technology. 2004, vol.61(4), pp. 1884-1894.

[13] Radhakrishnan R., Edmonson W.W., Afghah F., Rodriguez-Osorio R.M., Pinto F., Burleigh S.C. 'Survey of inter-satellite communication for small satellite systems: physical layer to network layer view'. IEEE Communications Surveys & Tutorials. 2004, vol. 18(4), pp. 2442-2473.

[14] Asadpour M., Hummel K.A., Giustiniano D., Draskovic S. 'Route or carry: motion-driven packet forwarding in micro aerial vehicle networks'. IEEE Transactions on Mobile Computing. 2004, vol. 16(3), pp. 843-856.

[15] Tang F., Mao B., Fadlullah Z.M. 'On removing routing protocol from future wireless networks: A real-time deep learning approach for intelligent traffic control'. IEEE Wireless Communications. 2004, vol. 25(1), pp. 154-160.

[16] Han C., Huo L., Tong X., Wang H., Liu X. 'Spatial anti-jamming scheme for internet of satellites based on the deep reinforcement learning and Stackelberg game'. IEEE Transactions on Vehicular Technology. 2018, vol. 69(5), pp. 5331-5342.

[17] Moscholios I.D., Vassilakis V.G., Sarigiannidis P.G., Sagias N.C., Logothetis M.D. 'An analytical framework in LEO mobile satellite systems servicing batched poisson traffic'. IET Communications. 2018, vol. 12(1), pp. 18-25.

[18] Korçak Ö., Alagöz F., Jamalipour A. 'Priority-based adaptive routing in NGEO satellite networks'. International Journal of Communication Systems. 2007, vol. 20(3), pp. 313-333.

[19] Kim H.-S., Paek J., Bahk S. 'QU-RPL: queue utilization based RPL for load balancing in large scale industrial applications'. 2th Annual IEEE International Conference on Sensing, Communication, and Networking (SECON); Seattle, WA, 2018. pp. 265-273.

[20] Kawamoto Y., Nishiyama H., Kato N., Kadowaki N. 'A traffic distribution technique to minimize packet delivery delay in multilayered satellite networks'. IEEE Transactions on Vehicular Technology. 2018, vol. 62(7), pp. 3315-3324.

[21] Michael N., Tang A. 'HALO: hop-by-hop adaptive link-state optimal routing'. IEEE/ACM Transactions on Networking. 2015, vol. 23(6), pp. 1862-1875.

[22] Taleb T., Mashimo D., Jamalipour A., Kato N., Nemoto Y. 'Explicit load balancing technique for NGEO satellite IP networks with on-board processing capabilities'. IEEE/ACM Transactions on Networking. 2009, vol. 17(1), pp. 281-293.

[23] Song G., Chao M., Yang B., Zheng Y. 'TLR: a traffic-light-based intelligent routing strategy for NGEO satellite IP networks'. IEEE Transactions on Wireless Communications. 2014, vol. 13(6), pp. 3380-3393.

[24] Alagoz F., Korcak O., Jamalipour A. 'Exploring the routing strategies in nextgeneration satellite networks'. IEEE Wireless Communications. 2007, vol. 14(3), pp. 79-88.

[25] Han Z., Niyato D., Saad W., Başar T., Hjørungnes A. Game theory in wireless and communication networks [online]. Cambridge University Press; 2011 Oct 20.

[26] Zhao Z., Chen W., Wu X., Chen P.C.Y., Liu J. 'LSTM network: a deep learning approach for short-term traffic forecast'. IET Intelligent Transport Systems. 1999, vol. 11(2), pp. 68-75.

[27] Sutton R.S., Precup D., Singh S. 'Between MDPS and semi-MDPS: A framework for temporal abstraction in reinforcement learning'. Artificial Intelligence. 1999, vol. 112(1-2), pp. 181-211.

[28] Mnih V., Badia A.P., Mirza M., Graves A, et al. 'Asynchronous methods for deep reinforcement learning'. Proc. ICML; 2016. pp. 1928-1937.

[29] Mnih V., Kavukcuoglu K., Silver D, et al. 'Human-level control through deep reinforcement learning'. Nature. 2015, vol. 518(7540), pp. 529-533.

[30] Schulman J., Moritz P., Levine S., Jordan M, et al. 'High-dimensional continuous control using generalized advantage estimation'. ArXiv Preprint ArXiv:1506.02438. 2015.

[31] Schulman J., Levine S., Moritz P., Jordan M.I, et al. 'Trust region policy optimization'. Proceedings of ICML; 2015. pp. 1889-1897.

[32] Schulman J., Wolski F., Dhariwal P., Radford A, et al. 'Proximal policy optimization algorithms'. ArXiv Preprint ArXiv:1707.06347. 2017.

[33] Kianercy A., Galstyan A. 'Dynamics of Boltzmann Q learning in two-player two-action games'. Physical Review E. 2012, vol. 85(4), pp. 1574-1604.

[34] Sastry P.S., Phansalkar V.V., Thathachar M.A.L. 'Decentralized learning of nash equilibria in multi-person stochastic games with incomplete information'. IEEE Transactions on Systems, Man, and Cybernetics. 1994, vol. 24(5), pp. 769-777.

[35] Ruiz-De-Azua J.A., Camps A., Calveras Auge A. 'Benefits of using mobile ad-hoc network protocols in federated satellite systems for polar satellite missions'. IEEE Access: Practical Innovations, Open Solutions. 1994, vol. 6, pp. 56356-56367.

第 16 章　5G 及 B5G 的 NTN 测试平台

乔治・奎罗尔[1]，苏米特・库马尔[1]，奥尔特约恩・科德里[1]，
阿卜杜勒拉赫曼・阿斯特罗[1]，胡安・邓肯[1]，穆罕默德・高拉米安[1]，
拉凯什・帕利塞蒂[1]，西米昂・查齐诺塔斯[1]，
托马斯・海恩[2]，吉多・卡萨蒂[2]，赵波[2]

5G 带来了大量新的通信模式、场景和服务。其中，TN 与 NTN 的融合是为卫星通信提供无处不在的无缝连接和规模经济效益的关键技术之一。本章介绍了一些最关键的实验测试平台，用于展示 5G 及 B5G 技术在 NTN 中的适应性。在本章前几部分，我们呈现了当前最先进的技术综述，其中包括主要硬件和软件组件的描述，并特别强调了最为突出的开源 5G 堆栈 OpenAirInterface（OAI）。OAI 对于推动 5G 技术创新及其在 NTN 中的应用具有重要意义。在本章后续部分，我们详细介绍了基于 OAI 的最先进的 5G NTN 测试平台——5G-SpaceLab 和 5G-Lab 的特性与功能。

16.1　最先进的 NGSO 测试平台

16.1.1　NGSO 测试平台概述

本节着重介绍了一些正在开发的和已经完成的 NGSO 测试平台及其运行特性。我们将探讨那些提供空中测试和卫星信道仿真能力的基于硬件的测试平台。具体讨论的测试平台包括但不限于以下几种。

（1）Sat5G 测试平台。
（2）英国萨里大学 5G 测试平台。
（3）5G 空间通信实验室。
（4）IoT-ANCSAT 测试平台。
（5）SATis5G 测试平台。

1. Sat5G 测试平台

Sat5G 测试平台通过制定最佳的基于卫星的回传和流量卸载解决方案，成功将卫星通信融入了 5G 网络，其采用实时 MEO 和模拟 GEO 进行实验。同时，它还借助现有的商业化 5G CN 实现了 E2E 连接服务。该测试平台成功实现了 3GPP 标准与卫星链路的集

---

[1] 卢森堡大学安全、可靠和可信跨学科中心（SnT）。
[2] 德国弗劳恩霍夫集成电路研究所。

成，这样一来，在 5G CN 中，卫星网关可以扮演 gNB 的角色，而卫星远程终端则作为 UE。Sat5G 测试平台的一大亮点在于，它能够在实时 GEO 和 MEO 卫星链路上实现多播功能，同时降低内容获取和向网络边缘广播的延迟[1]。

2. 英国萨里大学 5G 测试平台

英国萨里大学 5G 测试平台提供了卫星数据回传能力，并具备多种地面链路星地互联功能。测试平台中的网关和 UE 遵循 3GPP Rel.15/16 规范。然而，其空中接口并不符合 3GPP 标准，而是采用了 DVB-S2x 技术。不过，相关的研究目前正在进行，并计划在不久的将来将 5G NR 作为其空中接口进行实施。值得注意的是，该测试平台曾成功通过 Telesat 的 Ka 频段 LEO 卫星实现 E2E 5G 连接。此外，该测试平台还在 SES 公司的 O3b MEO 系统上展示了 5G 移动平台的使用案例，利用实际的 UE 和商用 5G CN 进行测试。该测试平台已被广泛应用于演示 5G 回传、内容至边缘的分发和缓存，以及综合利用卫星和 TN 的多链路连接等多种功能。

3. 5G 空间通信实验室

卢森堡大学的 5G 空间通信实验室能够对两种不同场景下的空间运行进行测试、验证和演示，这两种场景分别是地球轨道卫星通信和地月通信。该测试平台正在开发中，并采用基于软件定义无线电（SDR）的方法来实现 5G 及卫星节点技术。该测试平台采用了开源的 5G 协议堆栈 OAI 5G[2]以支持 5G RAN，并且通过自主研发的卫星链路仿真器模拟 MEO 和 GEO 卫星链路。此外，该测试平台还具备仿真 ISL 的能力。

4. IoT-ANCSAT 测试平台

IoT-ANCSAT 测试平台是卢森堡大学正在研发的一个先进测试平台，其主要目标是促进基于卫星的物联网连接技术的研究与实践。该测试平台涵盖了全部三种卫星轨道场景，包括 LEO、MEO 及 GEO。这一测试平台是在 OQtech 的技术支持下进行开发的，其将构建一个基于模拟器的测试环境。IoT-ANCSAT 测试平台的主要任务之一是设计基于 5G 技术的虚拟网络功能（Virtual Network Functions，VNF），这些 VNF 可以整合成卫星网络切片，以便在测试平台上展示物联网卫星网络切片。

5. SATis5G 测试平台

SATis5G 测试平台聚焦卫星网络与 TN 的深度融合，旨在为用户提供全面评估这种融合网络能力的工具。该测试平台利用 GEO 和 MEO 星座，在两种连通模式下进行实验：一种作为地面 5G 网络回传连接的补充，另一种则直接提供 5G 连接服务。与 SAT5G 测试平台类似，SATis5G 测试平台同样采用了符合 5G 标准的 CN 架构，确保所有实验和验证活动均建立在行业公认的标准基础上。

除了学术界的持续努力，工业界也通过发展 LEO 和 MEO 星座极大地促进了全球互联互通。然而，这类平台通常具有商业性质，一般不对外开放。表 16.1 列出了由工业界开发的一些新型 NGSO 星座示例。感兴趣的读者可以查阅相应的文献以获取详细内容。这些卫星星座的建设和运营，不仅有助于扩大网络覆盖范围，提升通信质量，还能为全球偏远地区提供互联网接入服务，进一步推动 5G 及其他先进技术在全球范围内的普及和应用。

表 16.1　新型 NGSO 星座示例

平　台	星　座	参考文献序号
OneWeb	LEO	[3]
Starlink	LEO	[4]
O3b mPower	MEO	[5]
Kuiper	LEO	[5]
Inmarsat-Orchestra	LEO	—

16.1.2　硬件组件

NGSO 测试平台允许设计、开发、测试和验证面向 5G 及 B5G 的 NTN。这些测试平台在使用专有软件堆栈时会采用专用硬件；或者在采用开源软件堆栈的情况下使用 SDR。软件定义的组件提供了一种快速的方法来验证和确认当前的无线技术，或设计并开发全新的无线技术。这是因为它具有物理层、MAC 层乃至更高层次功能的软件定义特性，使得最终用户和开发者能够从波形到应用层全程掌控整个软件堆栈。

商用现成的 SDR 单元与处理单元的组合提供了一种即插即用的解决方案，可用于构建小型化、低成本且灵活的系统，以支持广泛的新一代 NGSO 应用和使用场景。

1. 处理单元

处理单元负责在基于 Intel 的架构上运行不同版本的 3GPP 软件堆栈。选择配备 Intel 处理器的处理单元，主要原因在于其针对数字信号处理（DSP）功能做了深度优化，这些功能依赖单指令、多数据（Single Instruction, Multiple Data，SIMD）指令集（如 SSE、SSE2、SSSE3、SSE4 和 AVX2），能够提供高效的计算能力。不过，根据软件的可移植性和模块化程度，这些需求也可以适当放宽：软件堆栈也能在基于 ARM 架构的硬件上运行，尽管其性能或功能会受到一定的限制。硬件的整体性能是由多个指标综合决定的，这些指标包括处理器频率、内核数、线程数、内存大小、缓存容量及物理网络接口等。所有这些指标都是硬件功能、需求和预期性能约束的一部分，设计者可以根据实际需求和期望性能进行适度调整与优化。

表 16.2 中提供了一份非详尽的工作站最低配置列表，这些配置能够满足现行 3GPP 标准，尤其是 LTE 和 5G-NR 标准的要求。举例来说，对于 gNB 的最简化配置需求，CPU 主频至少需要达到 3GHz；否则当面对繁重的计算负载时，系统可能会表现得力不从心。此外，缓存容量、内核数及线程数也对多线程和多进程处理性能产生了直接影响。因此，正确选择硬件平台能够保证达到期望的性能指标，比如符合 5G-NR 要求的下行链路和上行链路的吞吐量等。

表 16.2　处理单元组件规格

规格	Precision 7920 机架式工作站	Precision 3640 塔式工作站	Z2 迷你 G5 工作站
供应商	戴尔	戴尔	惠普
处理器	Intel Xeon Gold 6248 2.5GHz（3.9GHz Turbo）	Intel Core i9-10900K 第 10 代 3.7GHz（5.3GHz Turbo）	Intel Core i9-10850K 3.6GHz（5.2GHz Turbo）

(续表)

内核数	16	10	10
缓存容量	27.5MB	20MB	20MB
内存大小	48GB DDR4	64GB DDR4	64GB DDR4
硬盘	512GB SSD	1.0TB SSD	1.0TB SSD
接口	USB 3.2 Type A； RJ45 网络连接； 串口； 针对 iDRAC 的 RJ45； SFP+	USB 3.2, Type A； USB 3.2, Type C； RJ45 网络连接； 串口	USB 3.2, Type A； USB 3.2, Type C； RJ45 网络连接

2. SDR 单元

RF 前传部分基于 SDR 组件构建。测试平台可以采用多种现成的商业 SDR 设备，如来自 Ettus Research/National Instrument 的通用软件无线电外设（Universal Software Radio Peripheral，USRP）系列，或者来自 GomSpace 的太空级适用的 SDR 设备。在测试平台中部署的部分 RF 单元可采用以下型号。

- 基于 Ettus Research 的 SDR 设备（如 USRP N310、USRP B210 和 USRP X310）[3-5]。
- 基于 GomSpace 的太空级适用的 SDR 设备（NanoCom SDR）[6]。

根据之前提到的使用案例、硬件功能和应用需求，我们可以有针对性地选择 RF 前端设备，关注其最大可用带宽、可配置 RF 信道的数量及板载现场可编程门阵列（Field Programmable Gate Array，FPGA）的性能。表 16.3 中总结了一些经过测试的 SDR 设备规格及其与 3GPP 标准 4G 和 5G 的兼容性。

表 16.3　SDR 单元组件规格

规格	USRP N310	USRP B210	USRP X310	NanoCom SR2000
供应商	Ettus Research	Ettus Research	Ettus Research	GomSpace
驱动	USRP 硬件驱动程序	USRP 硬件驱动程序	USRP 硬件驱动程序	Industrial I/O
RF 频率范围	10MHz～6GHz	70MHz～6GHz	DC～6GHz*	70MHz～6GHz
双工	FDD 或 TDD	FDD 或 TDD	FDD 或 TDD	FDD 或 TDD
开源	FPGA/driver-UHD	FPGA/driver-UHD	FPGA/driver-UHD	FPGA/driver-IIO
MIMO	4×4 MIMO	2×1 MIMO； 2×2 MIMO	2×2 MIMO	2×2 MIMO
接口	USB Type A 接口（主机模式）； micro-USB 端口（串行控制台，JTAG）； RJ45-1 GbE； SFP+	USB 3.0	USB Type A 接口（主机模式）； micro-USB 端口（串行控制台，JTAG）； RJ45-1 GbE； SFP+； PCIe	USB 转 UART； CAN； I2C； RS422； LVDS（TR-600）
通信	SFP+	USB 3.0	RJ45/SFP+/PCIe	CAN/UART
兼容性	4G/5G（最高 100MHz）	4G/5G (40MHz, 使用 3/4 采样)	4G/5G (80MHz, 使用 3/4 采样)	N/A 透明有效载荷

*取决于子板。

3．FPGA 单元

诸如多普勒效应、延迟、链路预算等多种信道损伤都可以在 FPGA 上实现。我们可以选择不同的基于 FPGA 的开发板来模拟延迟和多普勒效应，如 Xilinx 的 Zynq UltraScale RFSoC 系列[7]，它将用于多频段、多模式蜂窝无线电的关键子系统集成到一个 SoC 平台上，这个平台包含基于 ARM 的处理系统。除了信道仿真用例，FPGA 板卡还可以用作加速器，将物理层中计算密集型的任务从基于 Intel 的处理器卸载到 FPGA 上。因此，处理过程可以被分配和平衡到各个处理单元与 FPGA 板卡之间，它们之间的连接可以通过 PCIe、以太网等任何标准接口实现。另外，位于 SDR 内部的 FPGA 可以用于执行物理层（低物理层或高物理层）的一部分功能。然而，如果处理器的资源（逻辑单元数量、块 RAM 大小、DSP 块等）满足卸载任务的要求，则无须额外的 FPGA 板卡。

4．硬件集成

正如图 16.1 所示，通过不同的硬件组合，我们可以根据所需场景、使用案例和规格构建基站、UE 或卫星。

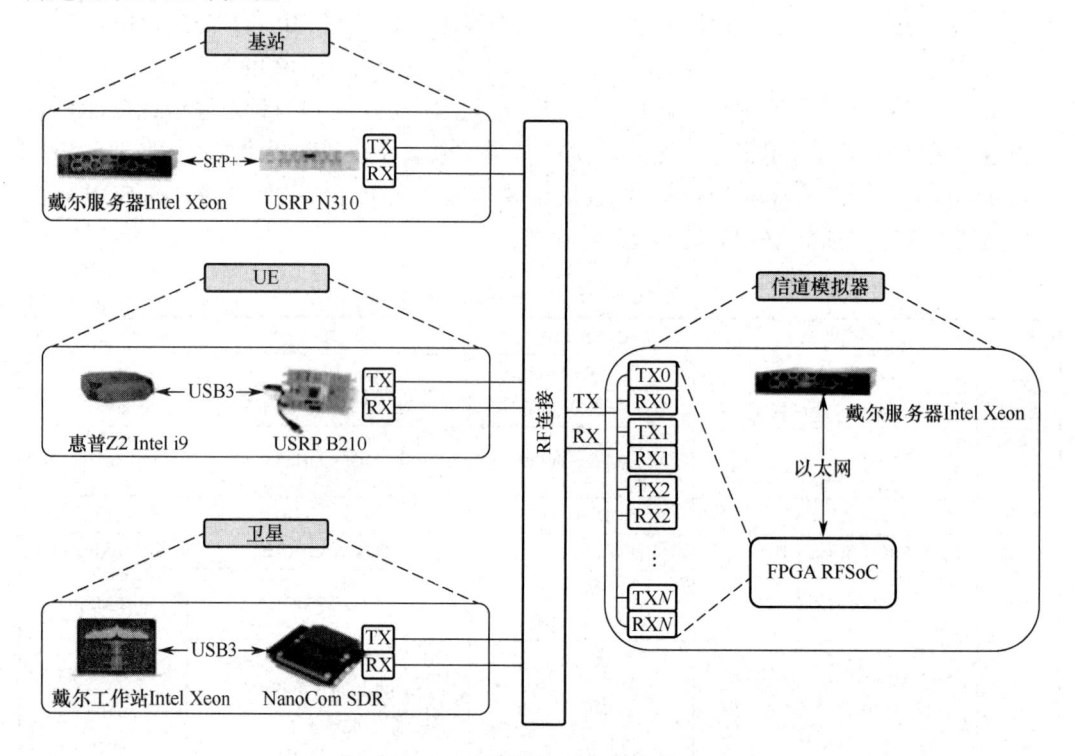

图 16.1 硬件组件的互联和接口

例如，可以通过以下方式构建一个软件定义的基站：首先，将运行 3GPP 软件堆栈 LTE 或 5G-NR 版本的基于 Intel Xeon 的戴尔服务器，通过 SFP+链路连接到 SDR USRP N310 设备上。服务器与 USRP N310 之间的 SFP+通信链路可以支持高达 10 Gbps 的比特率，确保了数据的高速传输。接下来，USRP N310 会进一步通过 RF 电缆与信道模拟器连接，从而实现模拟信号的发送和接收。

我们也可以按照类似的方式构建软件定义的 UE。实际上，基站与 UE 的主要区别在于运行在服务器上的软件配置不同，软件配置可以控制 SDR 实现基站或 UE 的不同功能。因此，只需改变软件配置，就能用同样的方法构建软件定义的 UE。类似地，一个软件定义的 UE 可以使用具有更宽松需求的不同硬件组件进行建模。这是通过将基于 Intel i9 的惠普紧凑型工作站与 SDR USRP B210 设备连接在一起，利用 USB3 接口实现数据传输而达成的。在这种配置下，通信链路能够实现实时 RF 带宽高达 56MHz 的数据流传输。同理，USRP B210 也通过 RF 电缆与信道模拟器相连，模拟真实的 UE 在卫星通信链路上的接收和发送行为。

USRP 与服务器/工作站之间的通信链路是通过 USRP 硬件驱动（UHD）[8]实现的。UHD 驱动支持多种标准接口，包括 USB3、以太网、PCIe 和 SFP+等。因此，运行在服务器上的软件可以通过 UHD 对所有接收和发送信号的链路进行全面控制。这是通过在运行在服务器上的软件堆栈内部部署 UHD API 函数来达成的。

还可以构建软件定义的卫星，使用 GomSpace SDR 平台来实现。该卫星表现为一个即插即用的 S 频段的独立无线电设备。例如，为了建立 ISL，该 SDR 采用了 Analog Devices 生产的 AD9361 收发器，这是一种高性能、高度集成的 RF 敏捷收发器。与 USRP 不同的是，对 GomSpace SDR 的控制是通过 Industrial I/O（IIO）Linux 子系统驱动程序[9]来完成的。

5．结论

总之，我们在 NGSO 测试平台中定义了各种硬件组件。大多数无线电都是软件定义的，具有极大的灵活性，并且通过在 NGSO 测试平台中引入可用于 5G 及以上用例的多功能无线电，可提供缩短开发时间的敏捷解决方案。

16.1.3 软件堆栈

开源软件堆栈在实现 3GPP 标准化的蜂窝通信技术增强功能方面至关重要。本节将概述适用于 4G 和 5G NR 组件的开源 SDR 平台，重点关注 UE、eNodeB（eNB）及 gNB 组件，同时也讨论了开源 CN 实现的可能性。

1．GNU Radio

在 GNU Radio 生态系统中，目前并没有可供使用的开源 5G NR 实现方案，但是有两个专注于 LTE 系统不同部分的项目：gr-lte（在 GitHub 上发布的 UE 实现）和 openLTE[SourceForge 托管的 eNB 和 EPC（Evolved Packet Core，演进分组核心网）实现]。GNU Radio 通过 gr-lte 提供了简单的 LTE UE 实现，通过 openLTE 提供了 LTE 的 eNB 和 EPC 实现。然而，GNU Radio 目前尚没有针对 5G NR 的活动或进展。

2．软件无线电系统

软件无线电系统有限公司是一家爱尔兰企业，其提供了自家的 srsUE、srsENB 和 srsEPC 的开源实现版本。此外，该公司还在这些开源开发成果的基础上销售其 AirScope 工具的许可证，并且通过咨询、培训和测试平台开发等方式提供服务。

该公司为 UE、eNB 和 EPC 提供了几种 LTE 功能的开源实现。版本 21.04 包含了首个开源的 5G 非独立组网（NSA）UE，该设备包含适用于 x86 架构并优化了 SIMD 指令集的 LDPC 编码器/解码器的 5G NR 物理层，与第三方 RAN 和 CN 解决方案兼容，并已通过测试。同时，此版本还支持通过辅助小区组（SCG）承载的 5G 数据流量。2021 年 10 月，21.10 版本发布，其包含 5G NSA eNB/gNB 应用程序。2022 年 4 月发布的 22.04 版本包含 5G 独立组网（SA）的首批元素。

3. O-RAN

O-RAN 联盟由运营商发起成立，旨在明确界定需求并构建一个供应链生态系统，以实现其目标。因此，O-RAN 联盟在 O-RAN 网站上指定了整体的 5G RAN 架构，该架构并不包括 UE 或 CN 组件。除了 O-RAN 联盟，还有 O-RAN 软件社区，这是 O-RAN 联盟与 Linux 基金会的合作项目，其为 RAN 软件的开发提供支持。

O-RAN 软件社区最近发布的三个版本——Amber（2019 年 11 月）、Bronze（2020 年 6 月）和 Cherry（2020 年 12 月）——主要聚焦于 RAN 智能控制器（RIC）。O-RAN 软件社区同时发布了其他 RAN 组件的软件。在 Amber 版本中，O-RAN 中央单元（OCU）的代码主要基于 openLTE，包含 LTE S1AP、RRC、PDCP、RLC 和 MAC 等模块。到了 Bronze 版本，这些模块被初步的 5G 用户平面功能所取代，包括 5G NR SDAP 层和 PDCP 层。此外，Cherry 版本还增加了用于控制平面功能的 5G NR RRC。

O-RAN 分布式单元（O-DU）模块被划分为 O-DU 高阶模块和 O-DU 低阶模块。其中，O-DU 高阶模块主要包含 5G NR MAC 层和 5G NR RLC 层；而 O-DU 低阶模块包含物理高阶层。O-DU 高阶模块与 O-DU 低阶模块之间的接口是 FAPI 接口。

在 Amber 版本中，O-DU 高阶模块的代码主要包含了 F1AP、5G NR MAC 和 RLC 模块的初级版本。而 Bronze 版本对 O-DU 高阶模块的 MAC、RLC 和应用模块进行了改进，同时优化了 F1-U 接口和 F1-C，以支持额外的 F1AP 消息和基础 FAPI 消息。到了 Cherry 版本，又实现了一系列新的目标，包括但不限于支持下行链路中的 64QAM 和上行链路中的 16QAM，支持所有短 PRACH 格式，将 O-DU 高阶模块与 O-DU 低阶模块进行整合，并为 CM 建立 O1 接口的 Netconf 会话。

O-DU 低阶模块的 Amber 版本包含了 Open 前传（O-FH）库的实现。

Bronze 版本已经实现了符合 O-RAN 前传规范的无线电到 Layer 1 接口的新模块和扩展，以及符合 FAPI 标准的 Layer 1 至 Layer 2 的接口。迄今为止，O-RAN 软件社区尚未提供开源的 Layer 1 实现方案。相反，为了获得高性能的 Layer 1 堆栈，社区目前引用的是 Intel 仅提供二进制文件的 FlexRAN 解决方案。

Cherry 版本完成了 O-DU 低阶模块与 O-DU 高阶模块的集成，以及 O-DU 低阶模块与 O-RU/RRU 模拟器的集成，并按照 RSAC 和 INT 项目对齐的功能与范围进行了 E2E 整合。尽管如此，为了验证 UE 的接入和数据流量，O-DU 低阶模块还与第三方商业软件进行了集成。

O-DU 的发展潜力巨大，因为它包含了开放前传接口库、5G NR 的 MAC 和 RLC 实现，以及 F1 接口。同时，O-RAN 集中式单元（O-CU）也在不断演进，其已初步完成了 SDAP 层和 PDCP 层的设计实现。从 O-DU 低阶模块中的闭源 L1 实现可以看出，该项目更注重接口的开放实现，而非组件功能本身的开放实现。

4．FlexRAN

"FlexRAN"这个名字被至少两个不同的项目所使用，即 Mosaic5G FlexRAN 项目和 Intel FlexRAN 项目。

Mosaic5G FlexRAN 是 Mosaic5G 项目的一个子项目，它定义了一种类似于 O-RAN E2 接口的接口，用于监控和控制 RAN。除了接口规格本身，该项目还提供了 FlexRAN 实时控制器和 FlexRAN 运行环境。FlexRAN 运行环境嵌入每个 RAN 模块中，而 FlexRAN 实时控制器则与这些 RAN 模块相连接，主要用于 RAN 优化。OAI 的 LTE 实现已经集成了 FlexRAN 运行环境。

Intel FlexRAN 是一组针对 Intel 处理器优化的库文件集合，主要用于处理 LTE 和 5G NR FEC 模块中计算密集的部分。Intel FlexRAN 库是一个有前景的解决方案，用于优化编码/解码领域的物理层模块，其与开源的 5G NR 堆栈（如 OAI）结合使用会很有趣。尽管如此，Intel FlexRAN 库仍被用于 O-RAN SC DU Low 中的闭源 L1 实现。

5．NVIDIA

NVIDIA Aerial SDK 包含两个 SDK：cuVNF 和 cuBB。由于这两个 SDK 都针对位于分布式单元的 5G NR 物理层（L1 层），因此前缀"cu"并不代表集中式单元，而是指 Cuda。NVIDIA cuVNF SDK 提供优化的 I/O 及内存分配，支持网络数据流和处理用例。其利用 NVIDIA GPU 的多核计算能力，提升信号处理性能。NVIDIA cuBB SDK 提供了一个完全卸载的 5G 物理层处理流水线（5G L1），整个处理过程都在 GPU 的高性能内存中进行，实现了前所未有的吞吐量和效率。通过在 GPU 上运行基于 5G NR 的上行链路和下行链路，cuBB SDK 为延迟和带宽利用率提供了高性能支持。NVIDIA cuPHY SDK 则提供波束成形、LDPC 编解码等物理层流水线所需的其他功能。目前，这些 SDK 的访问权限仅在签署保密协议（NDA）后的早期访问计划中提供。

6．free5GC

free5GC 是一个开源项目，但仅针对 3GPP Rel.15 及以后版本定义的 5G CN。此外，5G RAN 并不在 free5GC 的范围内。

7．open5GS

open5GS 项目使用 C 语言实现了针对私有 LTE 或 5G 网络的 5GC 和 EPC。与 free5GC 项目一样，RAN 的开发并不包括在内。此外，该项目还使用 Node.JS 和 React 实现了一个 WebUI，供测试用。

8．UERANSIM

开源项目 UERANSIM 使用 GPL-3.0 许可证，并涵盖了 5G UE 和 5G 独立 gNB 集中式单元。根据仓库中的状态，物理层、MAC 层和 SDAP 层的实现仍处于待完成状态。

9．OAI

OAI 是一个开源的软件平台，用于模拟和仿真 3GPP 移动网络。该开源项目的贡献来自 OAI 软件联盟（OSA）的成员。OSA 是一个非营利联盟，旨在促进由工业界和学术界贡献者组成的社区的发展。

OAI 提供了一个实时的、完整的 LTE 实验性实现（Rel.8，部分 Rel.10），该实现在 Linux 下针对 x86 进行了优化，并具备交互功能。这包括 EUTRAN（eNB 和 UE）和 EPC（MME、xGW 和 HSS）的组件。在 5G 方面，OAI 目前包含了用于 5G CN（AMF、SMF、NRF、AUSF、UDM、UDR）、gNB（5G 独立软件栈）及 UE 的软件组件。目前，OSA 的成员正在致力于将软件演进到 3GPP 的未来 5G 版本。

10. 结论

总结来说，OAI 目前是 5G 系统实现的最先进的开源堆栈之一，这与文献[10]中的描述一致。下面将描述在 OAI 中所做的修改，以支持 5G 中的 NGSO 卫星。

16.2 OAI 的修改

3GPP 5G NR 更新的一般原则已经在前述关于 3GPP 集成的内容中进行了介绍。本节将专门介绍在 OAI 中为支持 5G NR NTN 所做的修改。

16.2.1 对 OAI 物理层/MAC 层的修改

1. OAI 实现与 3GPP 标准的比较

3GPP 已经为 NR 支持 NTN 提供了一些解决方案[11]，并在[RP-212969]中打包了几个已批准的变更请求。目前，OAI 尚未涵盖 3GPP 在 Rel.17 中为物理层提出的所有变更。然而，OAI 已经做了一些重要的修改。例如，在改进传输时间调整的过程中，假定 gNB 和 UE 都了解高延迟的情况，OAI 通过命令行使用了 k_{offset} 参数。k_{offset} 可以按照[RP-212969]中的提议在 RRC 配置中进行配置。此外，OAI 还应进一步考虑在 CSI 参考资源定义、HARQ-ACK 报告等方面使用 k_{offset}，以符合[RP-212969]的要求。目前的 OAI 由于简化考虑，已经停用了 HARQ 进程（OAI 为 NTN 传输使用了一个 HARQ 进程）。如有必要，OAI 可以根据[RP-212969]中的提及，将 HARQ 进程的数量从 16 扩展到 32。

弗劳恩霍夫集成电路研究所在 OAI 中实施的、用于支持 LEO 卫星通信的修改，并不仅仅局限于 3GPP 的提案。例如，UE 在无法获取 GNSS 位置和卫星星历的情况下，必须自行找到初始化频率同步的方法。下面将描述 OAI 中针对时间和频率同步在物理层/MAC 层所做的修改。

2. 多普勒频移预补偿和后补偿

对于 LEO 系统，文献[11]建议在网络侧对点波束中心进行公共频率偏移的预补偿和后补偿。UE 特有的频率偏移可以由 UE 自行估计和补偿，或者由网络指示。与剩余的 UE 特有的频率偏移相比，公共频率偏移要大得多。如果在下行链路中没有进行预补偿，那么 UE 接收机需要额外的复杂度才能基于 Rel.15 的同步信号块实现稳健的下行链路初始同步性能。为了避免在 UE 接收机处增加这种复杂度，我们假设在 OAI 中，公共频率偏移对于 gNB 来说是已知的，并将在 gNB 处进行补偿。

在 OAI 中，gNB 使用写入/读取函数来向 RF 模拟器或硬件（如 USRP）发送/接收 I/Q 样本。预补偿和后补偿的应用方式如下。

（1）根据式（16.1），常见频率偏移的加法逆元被用来计算类多普勒因子。

$$\mathrm{e}^{\mathrm{j}2\pi \frac{f_c}{f_s} n} = \cos\left(2\pi \frac{f_c}{f_s} n\right) + \mathrm{j}\sin\left(2\pi \frac{f_c}{f_s} n\right) \tag{16.1}$$

式中，f_c 是公共频率，f_s 是采样频率，n 是采样索引。

（2）这个类多普勒因子会在写入函数之前和读取函数之后与每个 I/Q 样本相乘。

鉴于正弦函数和余弦函数在浮点数运算中的特性，以及每个样本都使用正弦/余弦函数进行操作相当耗时，当使用硬件进行仿真时，如使用 USRP 和信道模拟器时，我们通常会采用正弦/余弦函数查找表来缩短处理时间。

3．UE 初始频率同步

对于初始频率同步，在无法保证 gNB 端的精确预/后补偿或根本没有预/后补偿的情况下，UE 需要通过在一定频段内测量和搜索来自 gNB 的同步信号来调整其载波频率。

从其载波频率开始，UE 不断地对其接收的信号施加一个固定步长（目前为 ±40kHz）的正/负频率偏移量。如果同步信号可以成功解码，UE 将永久应用当前的频率偏移，剩余频率偏移可以通过以下动态补偿算法进行补偿。

4．动态剩余频率偏移补偿

在 LEO 系统中，多普勒频移范围可达数百千赫兹。文献[11]假设网络端存在公共的频率偏移，即卫星应具备预/后补偿功能。这可以对多普勒频移的主要部分进行补偿。然而，如果 UE 偏离点波束中心，那么在 UE 端仍会存在剩余频率偏移。这部分剩余频率偏移应当借助 DMRS 符号来进行估计和补偿。

在撰写本章时，发布的 OAI 版本只实现了基于 SS 块的单次初始频率偏移估计，对频率偏移没有进行连续跟踪和补偿。通过以下动态剩余频率偏移估计和补偿算法，最大可补偿的多普勒频移为 ±1975 Hz。

（1）在时隙内使用多个 DMRS 符号是估算多普勒效应导致的频率偏移所必需的，因为在处理信号时总是逐时隙进行的。假设在一个时隙内信道不发生变化，不同 DMRS 符号的信道估计仅在相位上发生旋转，这个旋转的角度取决于多普勒频移、采样频率及时间间隔。通过测量不同 DMRS 符号之间的相位差，可以推导出多普勒频移。若在一个时隙内有多于两个 DMRS 符号，则应采用平均方法来提高估算的准确性。

（2）平均多普勒频移，然后将其输入一个 PI（比例-积分）控制器。PI 控制器的输出是估计的多普勒频移，将被 UE 端的补偿使用。该控制器的系数是基于试错法计算的，原因在于估计多普勒频移和补偿之间的延迟。如果没有适当的控制器，频率偏移的跟踪可能会波动或与实际值保持恒定的非零距离。

（3）在下行链路的 I/Q 样本接收之后和上行链路的 I/Q 样本发送之前，立即在时域应用估计的多普勒频移。

5．定时漂移补偿和自主定时提前更新

由于多普勒效应，UE 接收的频率会与卫星发射的频率有所不同。另外，由于 LEO 卫星的高速运动，UE 接收的信号会出现挤压或拉伸的现象。在地面通信场景中，由于地面通信用户的移动速度远低于 LEO 卫星，这种挤压或拉伸效应可以忽略不计，通常不需要频繁补偿。然而，在 NTN 通信中，如果样本偏移补偿不够频繁，时间漂移或偏移将会累积，最终导致丢失时间同步。

假设 LEO 卫星的速度为 7800m/s，在卫星直接朝向 UE 移动的极端情况下，1 帧（10ms）内的定时漂移为 0.26μs。在示例配置中（FFT 大小为 2048，正常循环前缀，每个时隙有 30720 个样本），这大约对应 16 个样本。目前，OAI 每帧只能进行一次样本偏移。在这种情况下，定时偏移将不断累积并导致同步错误。因此，应该增强对定时漂移的估计和补偿。

定时漂移补偿的增强包括以下步骤。

（1）在 SS 块中，UE 通过 PBCH DMRS 定期（每 2 帧一次）从 PBCH 信道进行估计。来自 SS 块的时域信道估计（信道脉冲响应）的峰值位置提供了定时信息，如图 16.2 所示。

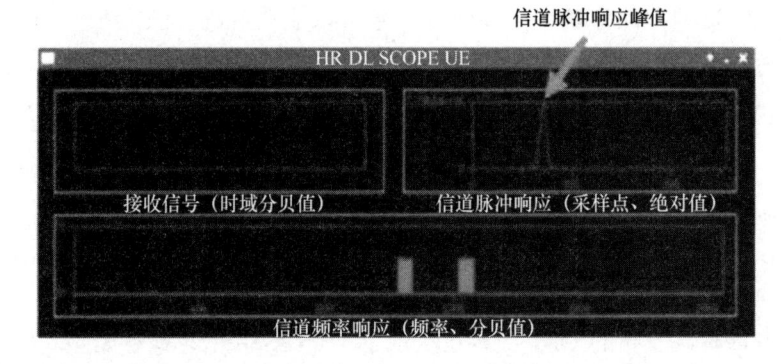

图 16.2　OAI UE 范围内 PBCH 信道的信道脉冲响应峰值

（2）每次计算信道估计的峰值时，都将其与目标位置进行比较，并计算差异（误差）。然后，将这个差异作为输入传递给 PI 控制器。控制器的输出被 UE 用于读取/接收更少或更多的样本。这个原因类似于动态剩余频率偏移补偿。由于估计的定时漂移值和补偿之间存在延迟，可能会出现差异（误差）的波动或恒定的非零差异。为了最小化差异并稳定整个补偿过程，我们选择使用 PI 控制器。

（3）峰值和控制器输出都是每 2 帧计算一次。为了更频繁地调整定时以避免定时漂移的累积，我们在每个时隙都进行补偿。控制器输出值均匀地应用于每个时隙的末尾。

（4）由于定时漂移发生在下行链路和上行链路两个方向，UE 还可以使用来自 PI 控制器的估计偏移对上行链路信号进行预补偿。上行链路传输时间按每个时隙补偿值的两倍进行调整，以使到达 gNB 的信号同步。除了正常的 TA 值更新，这种上行链路时间调

整可以视为自主定时提前更新，如图 16.3 所示。

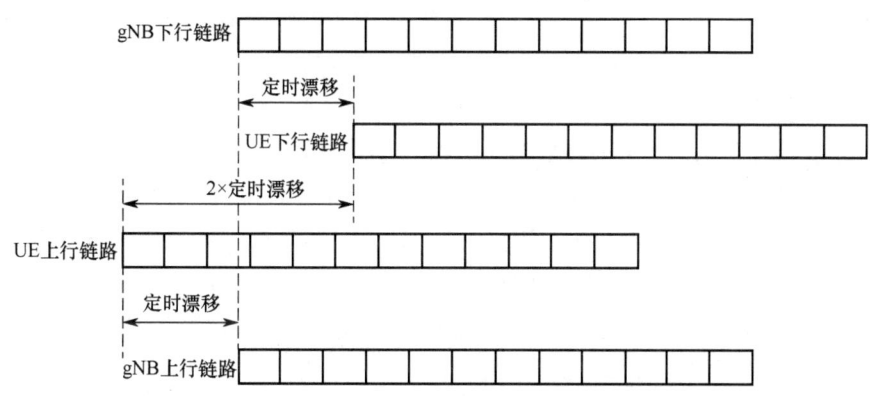

图 16.3　上行链路传输的定时漂移补偿

6. 定时提前更新

为了确保在应用旧的 TA 值更新之后才计算新的 TA 值更新，OAI 中将 TA 值更新周期从 10 帧增加到 50 帧。TA 值更新周期必须至少是 gNB 和 UE 之间的单程延迟的两倍。

7. RA 过程的修改

RA 过程是 5G 系统中非常重要的机制，主要用于实现用户之间的上行链路同步。它包括用户和基站之间的四条消息交换，简要描述如下。

- 消息 1：当存在随机接入机会（RAO）时，用户向服务基站发送一个前导码，以启动 RA 过程。这样可以在基站端估计每个用户的 RTT。在这一步中，所有用户都竞争相同的无线电资源，这意味着 RAO 对所有用户都是相同的，因此可能发生前导码碰撞。为了减小碰撞的概率，标准中定义了一系列可能的前导码，UE 随机选择其中一个。值得注意的是，如果两个 UE 随机选择相同的前导码来启动 RA 过程，将会发生碰撞，导致 RA 过程失败。在这种情况下，UE 将在一段退避时间后和功率递增后再次尝试发送前导码。
- 消息 2：基站利用来自各个用户的前导码的到达时间来估计 RTT，并计算 TA 值。然后，基站将 TA 值报告给成功进行 RA 过程的用户，以便在后续的消息交换中对其上行链路数据传输进行对齐。此外，消息 2 还提供有关消息 3 调度的信息。
- 消息 3：在这个阶段，用户发起争用请求，目的是在网络中标识自己并获得唯一的 ID。这个阶段也被称为争用解决阶段。请注意，在无争用 RA 的情况下，会跳过消息 3 和消息 4 的传输。用户还可以报告其数据量状态和功率余量，以便为后续的传输提供调度和功率分配算法的支持。
- 消息 4：在这最后一步中，用户在网络中被授予永久的唯一 ID，并建立用户与基站之间的连接。

对于 NTN，需要考虑的主要问题之一是通信链路中的 RTT 升高，而受影响的第一个过程是 RA 过程，这是由于用户与基站之间帧的错位超过了子帧长度。图 16.4 通过比较说明了这个问题，该图对比了在 TN 中出现的小幅度帧错位（对于一个半径为 100km

的小区计算得出约为 0.67ms）与在 NTN 中经历的帧错位情况，此处 NTN 终端位于 600km 高的轨道上。为了克服这个挑战，需要在 3GPP 协议中进行修改，主要分为两个方面：①用户端的子帧级别的 TA；②基站端的子帧级别的 TD。

- 子帧级别的 TA：目前的 TA 概念只能在采样级别上实现。因此，一旦帧对齐超出 TN 支持的限制，典型的 TA 无法实施，导致 RA 过程失败。为了解决这个问题，用户可以应用子帧级别的 TA，以便在通信链路 RTT 值很大的情况下实现帧对齐。为了做到这一点，需要两个参数：用户的位置估计和卫星轨迹数据。这使得地面上的特定用户可以估计 RTT 并在启动 RA 过程之前应用子帧级别的 TA。

- 子帧级别的 TD：还可以在基站应用子帧级别的 TD。这样，基站可以考虑 NTN 信道上存在的 RTT，对所有的信道和过程进行处理。显然，基站必须了解 NTN 的高度及其波束中心所经历的 RTT。这些信息可以包含在网络的部署阶段，因为它们在一段时间内是固定的。在基站端解决这个问题的优势是减少了用户端额外的处理和算法需求。

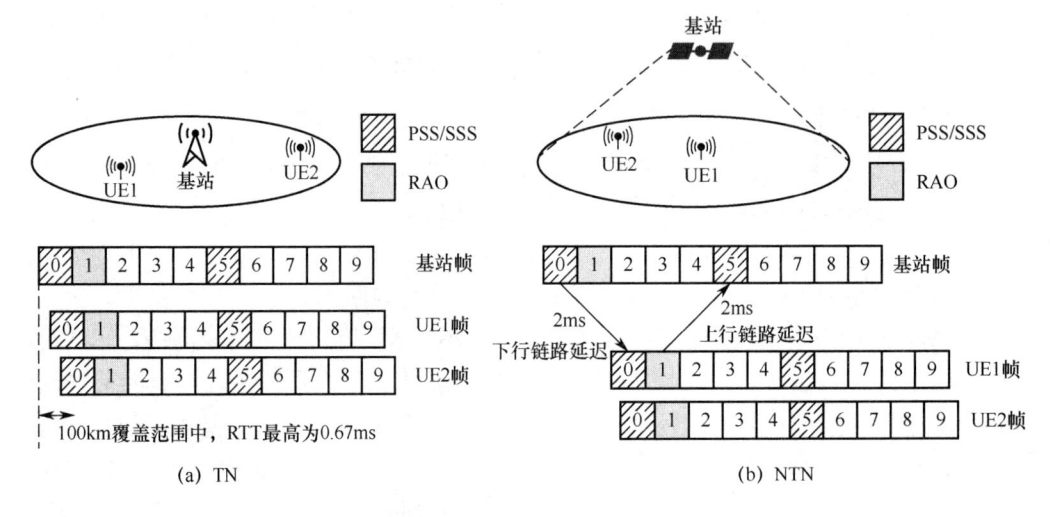

图 16.4 UE 与 gNB 之间的帧错位

16.2.2 OAI RLC/PDCP/RRC 层的修改

同样，在物理层和 MAC 层上，需要在 gNB 和 UE 两侧，以及用户层面和控制层面进行必要的修改，以应对 LEO 卫星和 MEO 卫星观察到的高 RTT。在用户层面，需要考虑的层包括 RLC、PDCP 和 SDAP，而在控制层面需要考虑的层包括 RLC、PDCP 和 RRC。我们将使用图 16.5 中显示的协议堆栈作为进一步讨论的参考。

1. RLC

RLC 是负责从 PDCP 接收服务数据单元（Service Data Unit，SDU）并将其传递给相应的对等实体（UE 或 gNB）的层。RLC 支持三种传输模式：透明模式（TM）、无确认模式（UM）和确认模式（AM）。RLC 层的一些主要职责包括通过 ARQ 进行丢失检测和错误纠正，对 RLC SDU 进行分段和重组，以及丢弃 RLC SDU。RLC 的配置与正在使用的 5G 数值无关。

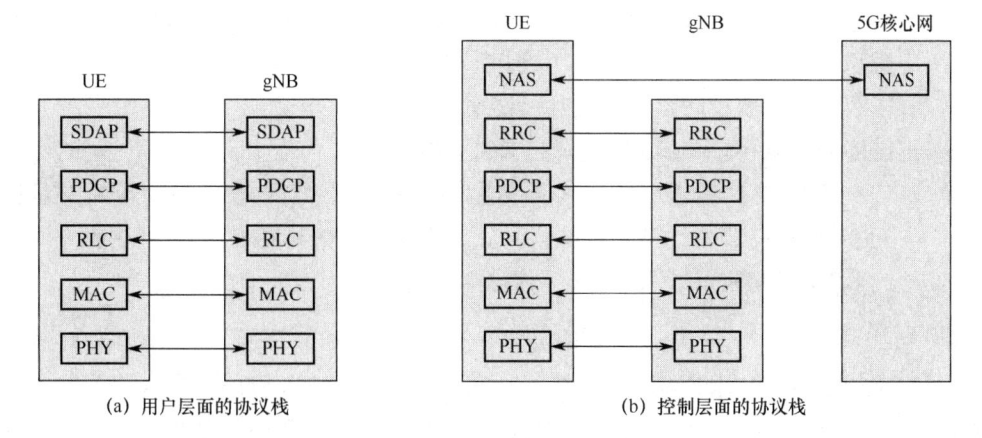

图 16.5 针对用户层面和控制层面的 5G 协议栈

- 状态报告：状态报告可通过轮询过程触发，或者通过检测确认模式数据 PDU 接收失败来触发，这由重组超时计时器（t-Reassembly Timer）的过期来指示。当从较低层接收到确认模式数据 PDU 段，将其放置在接收缓冲区中，且至少有一个字节的相应 SDU 段未被接收到，同时相应的计时器尚未启动时，该计时器开始计时。通过重组超时计时器过期来检测较低层 RLC PDU 丢失的过程，既应用于 RLC 确认模式也应用于 RLC 无确认模式。重组超时计时器可配置为 0~200ms 的任意值。对于地面情况，该计时器覆盖了最大的时间间隔，在此时间间隔内，由于 SDU 分割或 HARQ 重传，相应 SDU 的各个段必须无序到达接收器，从而触发参数传输。此外，如果在 NTN 中启用 HARQ，需要修改重组超时计时器的值，因为计时器应该覆盖 HARQ 传输允许的最大时间。
- 缓解 HARQ/ARQ 交互作用：在 5G-NR 中，物理层的 HARQ 和 RLC 层确认模式下的 ARQ 可以独立重传，以减少物理信道上的传输错误。此外，HARQ 和 ARQ 相互作用以改进重传。从 HARQ 接收到的反馈信息/错误被报告给 ARQ，使得 ARQ 能够执行重传并处理任何 HARQ 反馈错误。对于基于 NTN 的 NR 接入，建议禁用 HARQ 机制，以应对 NR 用户链路上较高的传播延迟。因此，禁用 HARQ 也涉及改变 HARQ/RLC 的交互方式，以避免 HARQ 接收的反馈错误导致 RLC 进行无用的重传。然而，如果未禁用 HARQ，则不需要进行此修改。

2．PDCP

PDCP[13]层从更高层接收 SDU，并将其传递给相应的对等实体（UE 或 gNB）。PDCP 层的主要职责包括维护 PDCP 序列号（SN）；对数据进行加密和解密；提供完整性保护和验证机制；基于计时器丢弃 SDU；实现数据包重排序；检测并丢弃重复数据包。为了适应 NTN 的运行环境，下面列举了一些针对 PDCP 层的修改建议。

- 扩展 SDU 丢弃计时器：传输的 PDCP 实体在 PDCP SDU 的丢弃计时器过期或状态报告确认成功传输[12]时，应丢弃 PDCP SDU。丢弃计时器可以配置为 10~

1500ms,也可以选择无限关闭[14]。丢弃计时器主要反映了属于某项服务的数据包的 QoS 要求。然而,在选择丢弃计时器的过期时间或确定 QoS 要求时,必须考虑 RTD 及 RLC 层或 HARQ 机制下的重传次数。增加丢弃计时器的过期时间时,应注意扩展计时器值将增加所需缓冲区的内存量。
- 重排序和按顺序传递:为了检测 PDCP 数据 PDU 的丢失,重组超时计时器在将 PDCP SDU 交付给上层时启动或重置[12]。重组超时计时器最大可配置的过期时间为 3000ms;然而,在 TN 设置中,该计时器根据最高 RTT 进行配置。因此,根据 LEO 和 MEO 的不同情况,该计时器需要进行相应的调整。

3. SDAP

SDAP[15]是 5G 中新引入的一层协议。在其众多功能中,SDAP 最关键的任务之一是映射 QoS 流和数据无线电承载之间的关系。研究发现,NTN 运行所带来的高传播延迟并不会对 SDAP 层造成影响。

4. RRC

RRC[30]是一个控制层面的协议层,其主要职责包括:广播与接入层(AS)和非接入层(NAS)相关的系统信息,负责 UE 与 gNB 之间 RRC 连接的建立、维护及释放(包括数据和信令承载),执行安全功能,处理切换操作,进行小区的选择与重选,以及确保从 UE 到 AMF 的 NAS 消息传送。

RRC 层负责确保许多程序的可靠运行,包括 RRC 建立请求、RRC 重建、RRC 恢复、RRC 挂起等。所有这些程序都与计时器关联,计时器的超时会导致程序重新启动。通常,当从 UE 向 gNB(反之亦然)发送任何 RRC 消息时,启动这些计时器,并在收到对方响应后关闭计时器。如果在计时器过期前未收到响应,则会采取相应的措施。这些计时器及其关联值的具体列表可参见文献[30]。这些计时器的设定是基于 TN 中的 RTT 的,相较于在卫星链路中观察到的 RTT,TN 的 RTT 显著较低。因此,为了应对卫星链路中较高的 RTT,需要扩展这些计时器的值。

16.3 5G-SpaceLab 测试平台

16.3.1 概述

5G-SpaceLab 是一个跨学科的实验测试平台,汇聚了卢森堡大学 SnT 内多个实验室的专业知识和实验设施。5G-SpaceLab 是一个独特的综合且跨学科的空间通信与控制仿真平台,它能对下一代空间应用进行测试、验证和展示。该平台的主要能力包括 5G NTN 通信、NGSO 卫星及信道仿真、小型卫星有效载荷的设计与实现、基于空间的边缘计算、月球车控制与远程操控、人工智能增强的控制与通信,以及基于空间的物联网应用。一个由 20 多名研究人员组成的团队正在合作参与一系列包含高技术成熟度开发组件的国家和国际项目。

本部分重点讨论与 5G NTN 及 NGSO 卫星通信信道仿真实验相关的 5G-SpaceLab 的

组成部分，以及在 5G-SpaceLab 测试平台上实现并验证的两个案例研究。

16.3.2 SnT 卫星信道模拟器

1. 概述

SnT 卫星信道模拟器（以下简称信道模拟器）是由卢森堡大学 SnT SIGCOM 研究组研发的一款硬件设备，它利用一个逼真的转发器来复制卫星信道的效果。信道模拟器的一个显著特征是能够在 MIMO 配置下运行，这意味着它能够模拟多波束卫星系统中不同载波间的干扰场景。为了最大化其实现的灵活性，信道模拟器采用了 SDR 工具进行设计和构建。当前版本的信道模拟器在一个完整的 MIMO 配置中拥有八个信道，且是通过两种不同的硬件平台实现的：一是 Zynq® UltraScale+™ RFSoC ZCU111 评估套件，该套件配备了 Zynq UltraScale+ RFSoC 芯片，支持八个 12 位 4.096GSPS ADC、八个 14 位 6.554GSPS DAC，并在可编程逻辑（PL）部分集成了 4GB DDR4 内存；二是 AMC574 FPGA 板卡，这是一个基于 Xilinx FPGA XCZU29DR RFSoC 定制的工业级板卡，支持 16 信道的 ADC 和 DAC，并在 PL 部分配备了 8GB DDR4 内存。

信道模拟器实现了通信卫星有效载荷的典型损伤。图 16.6 详细描述了在信道模拟器中实现的不同损伤类型。

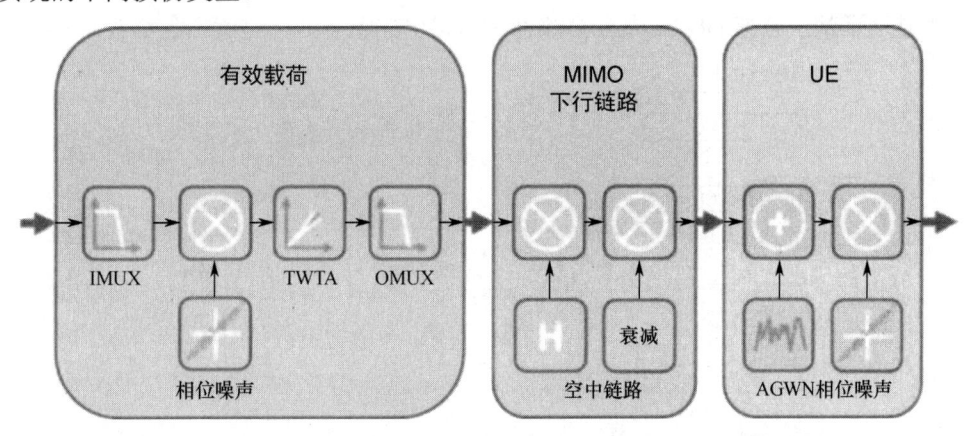

图 16.6 信道模拟器的功能框图

信道模拟器在 IF 频率上进行输入和输出，并通过数字方式生成在 RF 频率上发生的失真。采用这种方法，信道模拟器可以复制从发射机端的 IF 接口到接收机端 LNB 输出的 IF 接口的 E2E 行为（地面发射机处的 RF 失真被认为是可以忽略的）。实际 RF 频段中发生的效应在负载仿真器中得以模拟。

因此，信道模拟器被划分为三个主要模块（见图 16.6），分别是有效载荷模块、MIMO 下行链路模块及 UE 模块。其中，有效载荷模块负责对输入信号施加线性及非线性失真，并针对转发器中的特定频率转换应用相位噪声效应。MIMO 下行链路模块在不同输入流和不同衰减模式之间施加干扰矩阵，模拟多输入多输出系统中的多径传播与空间多样性影响。UE 模块则模拟了通常会影响低成本终端 RF 设备的热噪声和相位噪声。

2. STK 轨道

为了设计和模拟卫星轨道，我们利用了卫星工具包（Satellite Tool Kit，STK）这一分析和可视化复杂系统的平台。同时，我们能够从中提取有用参数，供其他硬件或软件组件使用。例如，在 LEO 卫星的情况下，随着时间推移，我们需要改变的一个参数是信号延迟。这一延迟可以直接从 STK 中提取出来，随后作为输入提供给信道模拟器，以便后者能够模仿卫星通信信道中的各种损伤效应。下面我们会看到其具体如何实现。

3. 延迟仿真

通过使用深度先进先出（FIFO）缓冲器，实现了非地面信道通信的 RTT，该缓冲器利用了外部双倍数据速率（DDR）同步动态随机存取存储器（SDRAM）芯片组。实现的延迟高低取决于数据写入和从深度 FIFO 读取的频率，以及 FIFO 缓冲区的深度。通过将采样频率固定在硬件的最大性能上，并改变深度 FIFO，我们能够根据目标卫星的轨道来模拟不同的延迟值，从 LEO 的几毫秒到 GEO 的几百毫秒（RTT 约 250ms）不等。此外，本节还考虑了深空通信的情况。例如，为了模拟绕月球 L2 点轨道运行的月球中继卫星，所需的 RTT 延迟约为 400 ms。当前实现的所有信道的最大聚合延迟为 1.4s。图 16.7 显示了基于外部 DDR4 内存的深度 FIFO 的实现。

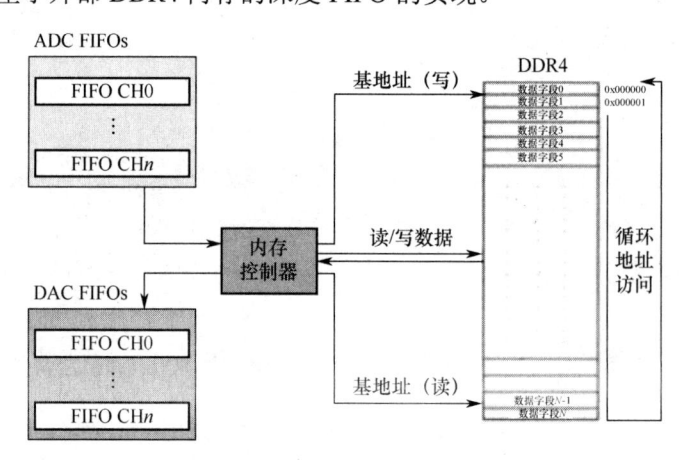

图 16.7 将 DDR4 更改为深度 FIFO 的框图

4. 多普勒效应仿真

与具有恒定传播延迟的 GSO 卫星相反，NGSO 卫星涉及运动，这会导致传播延迟随时间变化。在实践中，需要跟踪和补偿 NGSO 传播延迟的这些变化，以避免接收端的数据包错误。这些延迟变化导致了不希望的多普勒效应，从而扩大或缩小了原始信号的频谱范围。

在本节中，受到接收端常用的补偿方法的启发，我们将提出并介绍重采样器法，用于模拟 NGSO（或多普勒效应）的变化的传播延迟。信道仿真器中实现的重采样器应用了多项式定时补偿，其中包括表 16.4 所示的五个可能的多项式系数。这个多项式重采样器是文献[16]中描述的三次多项式重采样器的改进版本。我们实际实现的重采样器可以处理正向和负向的时间补偿。

表 16.4 多项式重采样器的系数集

系数	$\mu < 0$	$\mu \geq 0$
c_{-1}	$\dfrac{\mu^3 - \mu}{6}$	0
c_{-2}	$\dfrac{-\mu^3 + \mu^2 + 2\mu}{2}$	$\dfrac{-\mu^3 + 3\mu^2 - 3\mu}{6}$
c_{-3}	$\dfrac{\mu^3 - 2\mu^2 - \mu + 2}{2}$	$\dfrac{\mu^3 - 2\mu^2 - \mu + 2}{2}$
c_{-4}	$\dfrac{-\mu^3 + 3\mu^2 - 3\mu}{6}$	$\dfrac{-\mu^3 + \mu^2 + 2\mu}{2}$
c_{-5}	0	$\dfrac{\mu^3 - \mu}{6}$

系数作为 FIR 滤波器的系数应用于输入的数据样本，如图 16.8 所示。为了模拟这些可变延迟，我们采用了先前提到的数字重采样器。整数延迟的值可以使用 FIFO 内存来实现。小数延迟作为输入被提供给 FIR 滤波器模块，该模块生成可变系数，并在重采样器模块中应用于输入的数据样本（见图 16.8）。这些滤波器系数改变了采样点的位置，从而施加了小数延迟。通过这种方式，利用 FIR 滤波器系数和重采样器补偿了可变小数延迟，而整数延迟则通过 FIFO 实时执行，从而引入了定时延迟。简而言之，该过程结合了 FIR 滤波器的自适应系数应用与数字重采样技术，以实现实时、精确的信号延迟调整，既包括了小数部分的精细调整，又涵盖了整数部分的延迟处理。

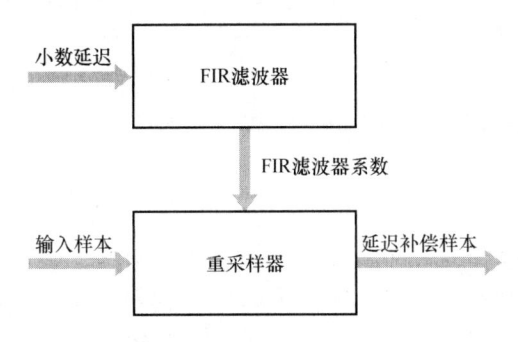

图 16.8 使用重采样器的多普勒延迟仿真器的框图

该原型使用 NI USRP FPGA 和 LabVIEW 实现了实时多普勒延迟仿真器。这些模块之间的通信通过 AXI4-Stream 协议进行管理，并使用 FIFO 来实时处理输入并接收补偿后的样本。

16.3.3 案例研究："NTN 上的 RA 过程"

通过修改 3GPP 协议中的现有 RA 过程，可以容忍更高的 RTT，如 16.2.1 节所述，我们在 5G-SpaceLab 上展示了一个成功的接入阶段，并测量了单个用户在不同 NTN RTT 值下访问网络所需的时间。结果如图 16.9 所示，其展示了提出的两种方法（TA 和

TD）的访问时间。由图可知，TD 方法表现出阶跃函数的特性，这是因为基站向用户报告的计时器数值是离散的；而 TA 方法的曲线是连续的，这是因为 TA 方法根据用户端的 RTT 值估计结果，对计时器的数值进行了修正。

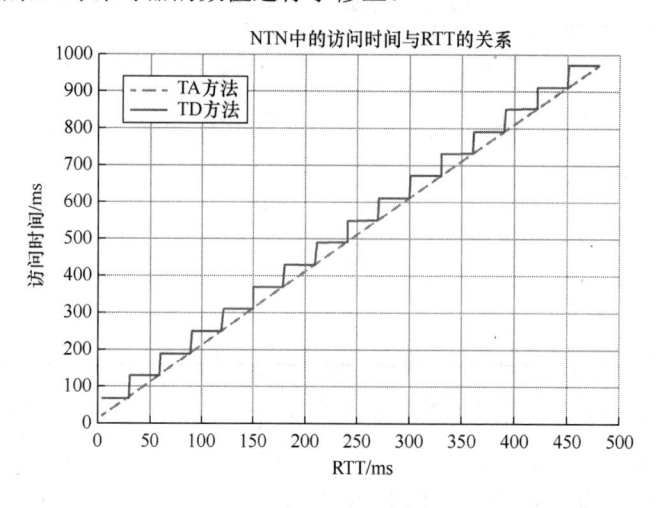

图 16.9　单个用户的访问时间

从图 16.9 可以看出，在具有透明有效载荷的 GEO 卫星的最坏情况下，单个用户的接入时间可以高达 970ms。值得注意的是，这些结果仅代表下限，因为实验中只使用了一个用户，因此不会发生碰撞。在许多用户同时尝试访问网络的情况下，RA 过程中的碰撞将导致用户接入时间进一步增加。然而，所获结果对于 NTN 系统来说是一个重要的进步，因为技术成熟度得以提高。

16.4　弗劳恩霍夫 5G 实验室

16.4.1　实验室环境

弗劳恩霍夫集成电路研究所的 5G 实验室由多个硬件和软件部门组成，可以模拟广泛的 5G NR 场景。其部署的测试平台适用于运行两个主要的 SDR 平台，用于模拟和仿真 3GPP 移动网络：Amarisoft[17]是最先进的商业软件实现之一，用于 5G NR；OAI 是最灵活的开源 5G NR 实现，已在 16.1.3 节介绍过。这两个软件选项都可以在针对 x86 体系结构优化的 Linux 下实时仿真 5G NR，且物理层在 COTS 硬件上运行。弗劳恩霍夫集成电路研究所的仿真平台和用于 NGSO 仿真的相关硬件组件如图 16.10 所示。

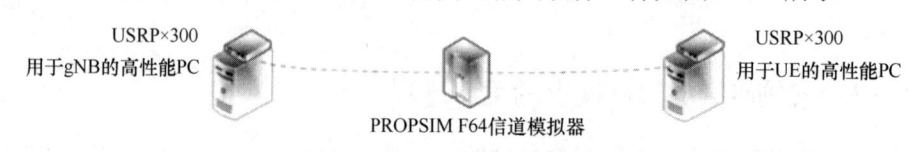

图 16.10　NGSO 软件定义的硬件组件

实时 5G-NR 调制解调器的运行需要高性能硬件的支持。SDR 系统能够在通用计算机上执行大部分 DSP 任务，并可根据需要结合专用硬件，如信号处理器或 FPGA。SDR 的特点在于，接收的 RF 信号在天线或混频器之后尽可能早地被数字化，并作为数字信号进行后续处理。RF 部分及其模拟混频器和其他射频电路则是通过数字设计实现的。仅发射侧的 RF PA 仍保持模拟形式。SDR 的关键特性在于，无线电信号的主要参数（如波形、调制方式、编码、带宽）能够通过执行 DSP 程序轻松配置，从一种配置切换到另一种只需对代码进行微小改动。SDR 的这些特点带来了一个显著的优势，即灵活性和低成本的软件升级，这使得系统能快速适应市场或无线电通信标准的变化。其目的是尽可能降低硬件支出，而不是在软件中执行整个基带信号处理操作。这种系统绝不局限于发射侧，也可以用作高移动性应用中的接收器。为了实现这个系统，需要高性能的 PC 来进行高数据传输速率的实时处理。

测试平台采用高性能的多核 PC 来承载 SDR 软件，并使用 NI 的 Ettus USRP X300、X310 和 N310[6]作为 RF 前端。这些高性能 PC 配备了 Intel® Core™ i7-7820X（或 i7-9800X）处理器，包含八个带有超线程技术的内核，时钟频率可高达 4.5GHz。支持这些处理器的计算机还配备了 32GB 的高速 RAM。USRP X300 配备了两个 CBX-120 扩展板。CBX-120 扩展板具有以下关键参数。

- 频率范围：1200～6000MHz。
- 带宽：高达 120MHz。
- 双工模式：TDD 或 FDD。
- 最大输出功率：22dBm（低于 3GHz），12～22dBm（高于 3GHz）。
- 1 个发射/接收端口，1 个接收端口。

每个 USRP X300 都包含两个 CBX-120 扩展板，可以进行完整的 2×2 MIMO。为了实现高性能 PC 和 USRP 之间的最高吞吐量和低延迟，测试平台使用了四通道 PCIe 连接。X310 和 N310 与 5G NR 的较大带宽兼容。X310 提供高达 160MHz 的带宽，但 NR 的最大可用带宽仅为 80MHz（217 个物理资源块，这是由于主时钟速率为 184.32Msps 并且要求使用 3/4 的采样率）。与此同时，N310 系列每个信道提供高达 100MHz 的最大瞬时带宽，并且具有可配置的采样率（如 122.88Msps、125Msps 和 153.6Msps）。

使用由是德科技公司[18]设计的 PROPSIM F64 信道模拟器，可以实现对卫星信道的仿真。该硬件设备能够在受控的实验室环境中进行无线电信道传播效应的双向仿真，包括动态多径传播、路径损耗、阴影效应、快速衰减、多普勒频移、噪声和干扰等。广泛的 5G 快速衰减轮廓和 RF 信道模型可用于再现大量不同的用例和测试场景（例如：恒定衰减、瑞利衰减、莱斯衰减、Nakagami 衰减）。信道容量和带宽可扩展，并允许仿真具有挑战性的 5G 场景（例如：高达 64 个 MIMO 信道和 100MHz 带宽）。NTN 信道仿真是通过航空航天选项（ASO）特性实现的，该特性能够仿真具有大的多普勒频移（达 ±1.5 MHz）、高传播延迟扩展（达 1.3s）和高范围速率的 SISO 拓扑。虽然输入信号的频率范围限制在 6GHz，但模拟器允许选择与仿真中心频率不同的 RF 中心频率。PROPSIM 的每个信道单元都配备了 RF 输入/输出双工端口和 RF 连接器，可以与要测试的第三方设备（如 SDR）互连（无论系统技术或调制如何）。该模拟器还配备了外部本地振荡器和与实验室硬件的接口（DVI 显示端口和用于外部 I/O 的 USB），用于监控和控制。

16.4.2 案例研究："使用仿真 LEO 卫星进行的 5G 实验室测试"

通过使用 PROPSIM F64 提供的 ASO 功能，弗劳恩霍夫集成电路研究所成功地实现了在 LEO 卫星信道下的 5G 通信仿真。该 LEO 卫星信道模型具有比地面场景更大的多普勒频移和更高的传播延迟。

在这个案例研究中，假设只有一个 gNB 和一个 UE。为了在 UE 和 gNB 之间建立成功的连接，开源平台 OAI 在两台 PC 上运行。在撰写本章时，OAI 的公开版本支持符合 5G 标准的地面通信。为了便于卫星通信，弗劳恩霍夫集成电路研究所根据 16.2.1 节的描述，对软件堆栈进行了修改。

这个案例研究的目的是证明利用 OAI 通过 LEO 卫星进行通信的可行性。在这样的仿真场景中，主要挑战是检查在 LEO 卫星信道条件下是否能够保持时间和频率同步。为此，仿真的信道模型重现了 LEO 卫星的影响，即高延迟（达几十毫秒）和时变的多普勒频移（达数百千赫兹）。表 16.5 给出了示例 LEO 信道模型的参数设置。中心频率为 3.61908GHz，因为所使用的 USRP X300 仅支持最大为 6GHz 的频率范围。该模型仿真了一个透明的卫星有效载荷，这意味着 UE 和 gNB 位于地面上，卫星高度约为 1950km。信道模拟器将最大延迟变化限制为每个步骤 0.003s。为了创建具有大延迟变化的模型，需要插入许多步骤。在这个案例研究中，我们不关注延迟的变化，而更关注高延迟。因此，延迟在时间上变化不大。多普勒频移在最初的 30s 保持恒定，然后以-6 kHz/s 的多普勒变化率递减。最大多普勒频移为 ±900 kHz。这些值符合文献[11]中给出的数值。仿真时间设置为 330s，仿真 RF 频率为 3.61908GHz。

表 16.5 使用 PROPSIM 配置 LEO 信道模型

步　　骤	时间/s	延迟/s	多普勒频移/kHz	增益/dB
1	0	0.013	900	0
2	30	0.013	900	0
3	180	0.0127	0	0
4	330	0.013	−900	0

测试的过程包括依次运行信道模型，以及 OAI gNB 和 UE 的仿真。一旦开始，gNB 会持续发送同步信号，而 UE 能够成功解码该信号。图 16.11 显示了在 OAI 中解码同步信号后的 UE 界面。在 UE 端可以清晰地看到传输的 QPSK 符号，这意味着连接是稳定的。在整个仿真过程（330s）中，UE 观测窗口能够持续稳定地显示接收的 PBCH 信号的星座图和峰值，表明时间和频率同步可以相当好地维持。

这个案例研究假设了一个具有大多普勒频移、多普勒速率和高延迟的简单 LEO 卫星信道模型。为了创建和仿真更准确的 LEO 信道模型，需要进行进一步的研究。此外，在实际的卫星通信中，还需要进一步调整发送/接收功率增益并微调其他参数。

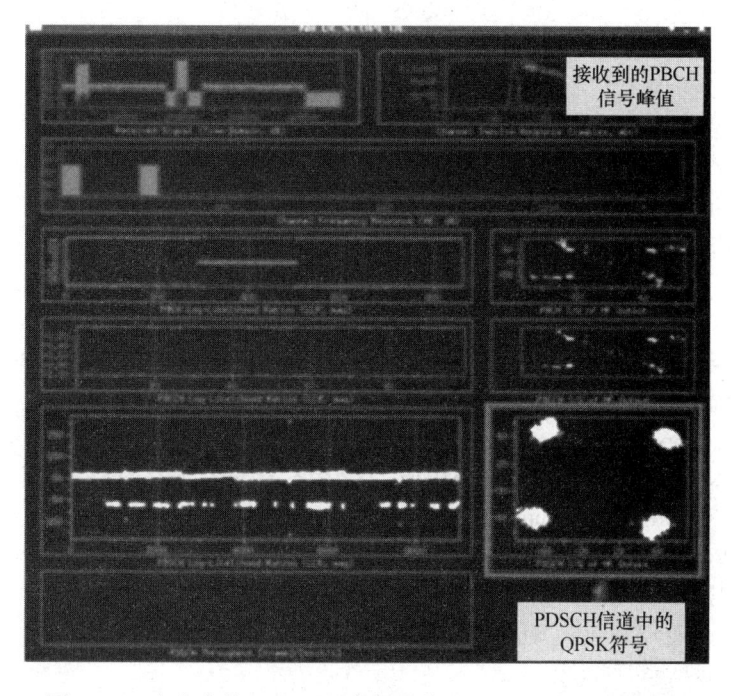

图 16.11 在仿真的 LEO 卫星信道条件下，OAI UE 的观测窗口

16.4.3 结论

弗劳恩霍夫集成电路研究所部署的 NGSO 测试平台的优势来源于快速原型设计和增量开发方法的结合。在 OAI 中实验性地实现 5G NR 功能，以支持 NTN，且与 3GPP 标准化过程并行进行，这带来了显著的灵活性，使得开发团队能够在标准发布之前在实验室环境中测试这些功能。一旦实验室测试成功完成，可以轻松移除信道模拟器，并通过卫星枢纽设备将其替换成实际的卫星信道，这包括上下变频至工作频段及卫星 RF 和 UE 的配置。这种渐进的方法将风险降到最低，避免了在不稳定版本的代码下直接进行空中传输，从而实现了对昂贵的卫星资源的经济高效利用。

本章原书参考资料

[1] Liolis K., Geurtz A., Sperber R., et al. 'Use cases and scenarios of 5G integrated satellite-terrestrial networks for enhanced mobile broadband: the sat5g approach'. International Journal of Satellite Communications and Networking. 2019, vol. 37(2), pp. 91-112.

[2] OpenAirInterface project. 2021.

[3] Henri Y. 'The oneweb satellite system", in handbook of small satellites: technology, design'. Manufacture, Applications, Economics and Regulation. 2020, pp. 1-10.

[4] McDowell J.C. 'The low earth orbit satellite population and impacts of the spacex starlink constellation'. The Astrophysical Journal. 2020, vol. 892(2), L36.

[5] Huang J., Cao J. 'Recent development of commercial satellite communications systems'.Artificial Intelligence in China. 2020, pp. 531-536.

[6] Ettus USRP N310, 2021.
[7] Ettus USRP B210, 2021.
[8] Ettus USRP X300, 2021.
[9] GomSpace nanocom. 2021.
[10] Zynq ultrascale+ rfsoc. 2021.
[11] uhd software API. 2021.
[12] Industrial I/O — the linux kernel documentation, online. 2021.
[13] Sirotkin S. (ed.) 5G radio access network architecture; 2020.
[14] 3GPP TR 38.821. '3rd generation partnership project; technical specification group radio access network; solutions for NR to support non-terrestrial networks (Ntn)'. Release. 2021, vol. 16.
[15] Introduction of non-terrestrial network operation innr.. 2021
[16] 'TS 38.323; NR; packet data convergence protocol (PDCP) specification'. Release, vol. 16.
[17] Ts 38.331; NR; radio resource control (RRC) protocol specification'. Release, vol. 16.
[18] Radio Resource Control (RRC) Protocol Specification, vol. 16.
[19] 3GPP. 'Ts 37.324; E-UTRA and NR; service data adaptation protocol (SDAP) specification'. Release 16.
[20] Mengali U. Synchronization Techniques for Digital Receivers. 2013.
[21] Keysight technologies. 2021.

第 17 章 总结与展望

伊娃·拉古纳斯[1]，西米昂·查齐诺塔斯[1]
安康[2]，巴塞尔·F. 贝达斯[3]

NGSO 星座之所以受欢迎，主要是由于其具备更高的宽带速度、更低的延迟和更广泛的覆盖范围。虽然用于宽带的 NGSO 星座目前仍处于开发和部署的初期阶段，但预计在未来几十年内，我们将见证发射到空间的 NGSO 卫星数量的大幅增加。在本书中，我们概述了即将部署的这类巨型卫星星座所带来的主要不确定性问题，以及为了确保其成功和高效运行所需要考虑的关键因素。其中一些挑战包括与传统卫星和地面无线通信系统的共存或整合、灵活的无线电资源分配和干扰管理、星座设计和可靠性保证等。这些开放性挑战是密切关联的难题，它们必须相互配合，以释放 NGSO 系统的全部潜力。

然而，NGSO 运营商如何实现盈利仍在讨论中。尽管频谱法规的演变可能影响竞争格局，但目前 NGSO 终端用户的硬件成本仍然很高，NGSO 运营商提供的服务费率也远未达到地面竞争对手的水平。后者的原因在于，协调和运营如此复杂网状网络（NGSO 星座）所需的基础设施成本极高。只有在农村或偏远地区，NGSO 宽带才有可能在价格上与地面替代方案形成竞争。

另外，大多数设想中的大型 NGSO 星座都考虑了完全网状的星间网络，这通常与包含大量地面站的复杂地面网络相结合。显然，要实现全球覆盖，一般要求每颗卫星在其覆盖区域内"至少"有一个地面站。然而，这并不总是可行的。因此，随着空间段技术的进步，地面段的发展也成了讨论的核心。如何优化地面站的布局、在减少所需地面站数量的同时保证网络效率和覆盖范围，是当前研究与规划的重点之一。链路可用性、切换次数、与基于云的服务的接近程度及地理位置的主权是决定 NGSO 星座地面段规模这一复杂问题的不同因素。针对 Q/V 频段馈线链路的潜在应用及随后天气影响导致的链路阻断，需要先进的天气统计与预测模型，以及用于流量卸载的自动地面站切换技术。

总而言之，NGSO 星座将为革命性的应用场景铺平道路，同时也伴随着相应的挑战。以下是我们列出的一些新颖应用场景，这些场景无疑需要在不久的将来仔细研究。

- **作为 NGSO 互联网用户的 LEO 任务**。通常情况下，NGSO 系统被认为是互联网服务提供商。然而，设想这样一个场景，即 LEO 卫星（普遍指空间任务）通过基于太空的互联网服务提供商接入互联网，那么这些卫星就能实现全天候永久

---

[1] 卢森堡大学安全、可靠和可信跨学科中心（SnT）。
[2] 国防科技大学第六十三研究所。
[3] 美国休斯高级开发集团。

性地连接至网络。这一颠覆性的变革，将导致从依赖地面站每绕地球一圈才下载一次 LEO 卫星数据（或向卫星发送数据）的传统模式转变为按需随时访问数据（全天候 24 小时不间断）。通过互联网按需进行卫星通信（无论是下行链路还是上行链路）的能力，可以显著改善以下几个重要方面：①吞吐量；②实时任务调度；③数据及时性；④选择性下行链路；⑤运营成本。

- **地面站网络即服务**。借鉴地面服务模型中被称为"网络即服务"的趋势，NGSO 系统的地面部分也可以受益于这种模式，即基础设施由第三方拥有，卫星运营商则从基础设施所有者那里租赁馈线链路服务。这种做法被称为"地面站网络即服务"，其主要优点包括：①避免了使用少量地面站造成的延迟，提高了数据传输的时效性；②减少了基础设施部署和维护的成本；③提升了可用性，以便更好地应对通信障碍及管理卫星功能异常。

- **面向空间的 ORAN**。ORAN 架构在蜂窝网络中已经成为一种广泛应用的方法，它虚拟化了传统上依赖特定硬件和软件处理的部分网络功能。通过采用 ORAN 架构，可以减少对特定供应商在提供通信基础设施上的依赖，并解决供应商多样性缺乏的问题。对于空间领域来说，ORAN 技术的关键在于其灵活性，其能够整合多个供应商的创新成果，用最新技术来升级空间通信基础设施。如果在下一代蜂窝网络中应用 ORAN 技术，将可能带来更多的机会，并促进非地面系统与网络的无缝集成。

- **卫星物联网**。物联网无疑是 NGSO 系统的关键优秀应用场景之一。在许多情况下，物联网设备分布在广阔且偏远的地区，从 TN 直接接入较为困难。卫星物联网能够收集大量的信息，这些信息可能是来自多个卫星或传感器的多源数据，有时数据冗余度较高或熵值较低。在这种情况下，为了有效运营此类系统，数据融合与高级分析技术将必不可少。

- **分布式卫星系统**。按照定义，NGSO 星座本质上是一种分布式系统，即通过协同运作多颗卫星以实现共同的目标。早期星座构想并未充分利用优化分布式系统的优势，比如自组织能力、编队飞行调整、相干通信和波束成形技术，以及联合姿态与通信优化等众多潜在的可能性。

- **空间边缘处理**。与上述几点紧密相关的是，空间边缘处理或者说在轨数据处理能力正逐渐受到重视并取得进展。预处理、压缩/融合数据，以及执行某些计算后再下载到地面，对于在低轨道运行的新一代卫星处理器而言正逐渐成为现实。

- **面向空间的量子技术**。量子技术为远距离两点间的信息安全共享提供了一种途径。光纤通信虽在短距离通信中表现出色，但量子卫星通信则为长距离广域通信带来了机遇。目前，中国"墨子号"量子科学实验卫星已成功进行了初步测试，这表明量子密码学和量子计算机（具有卓越的速度和并行处理能力）在未来几年有望在航天领域大放异彩。

(a) 前视图　　　　　　　　　(b) 侧视图

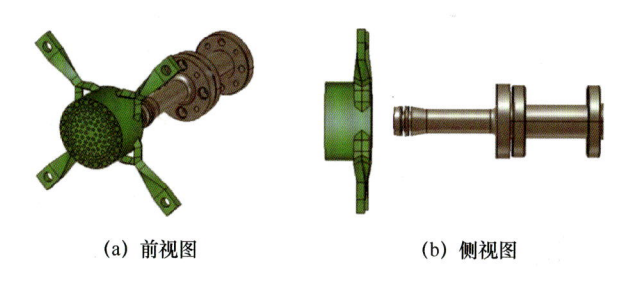

图 9.17　ISL 天线部件

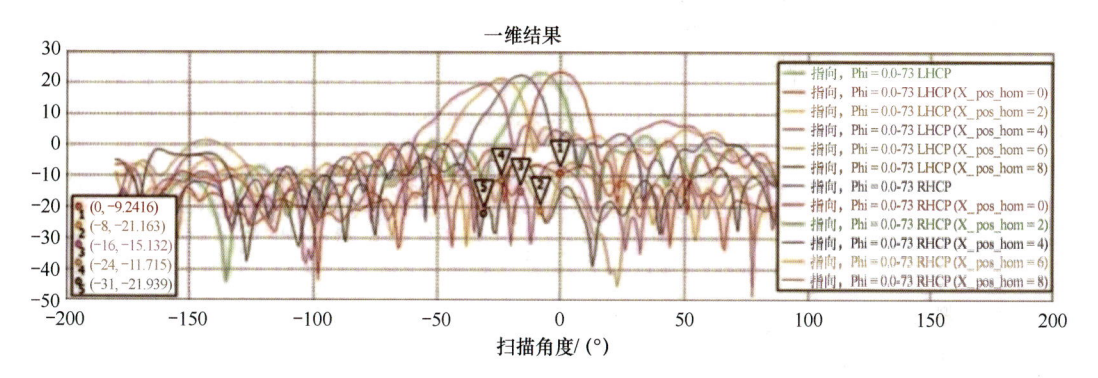

图 9.20　在 73GHz 频率下，针对不同扫描角度（相对于主波束 0°、-8°、-16°、-24° 和 -31°），对由单馈源与透镜组合形成的共极化和交叉极化天线模式进行模拟

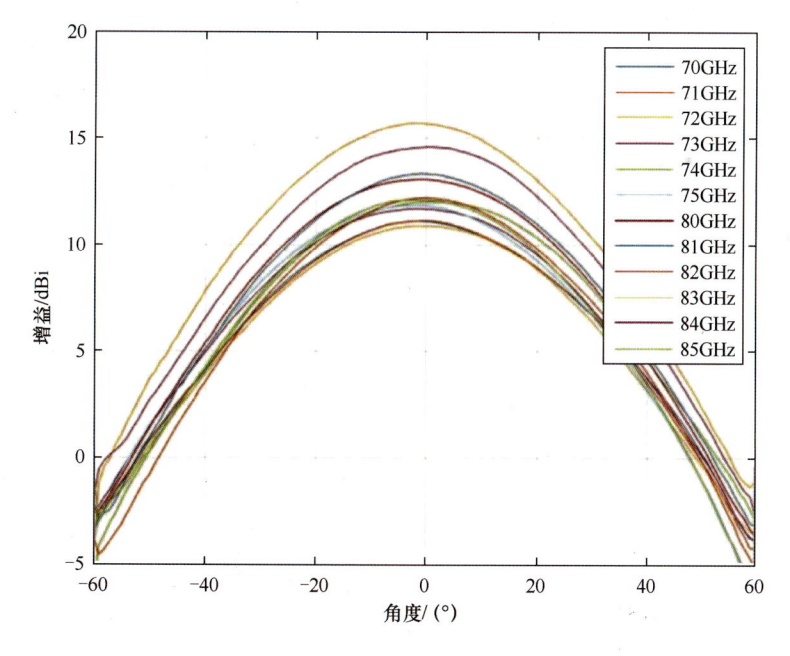

图 9.25　测量得到的喇叭天线（E 面）辐射模式

(a) E面模式

(b) H面模式

图 9.26 在微波暗室内，对 ISL 天线在 70~75GHz 频率范围内的主波束进行测量

(a) 扫描角度为16°(馈源偏移4mm)，H平面

(b) 扫描角度为30°(馈源偏移8mm)，H平面

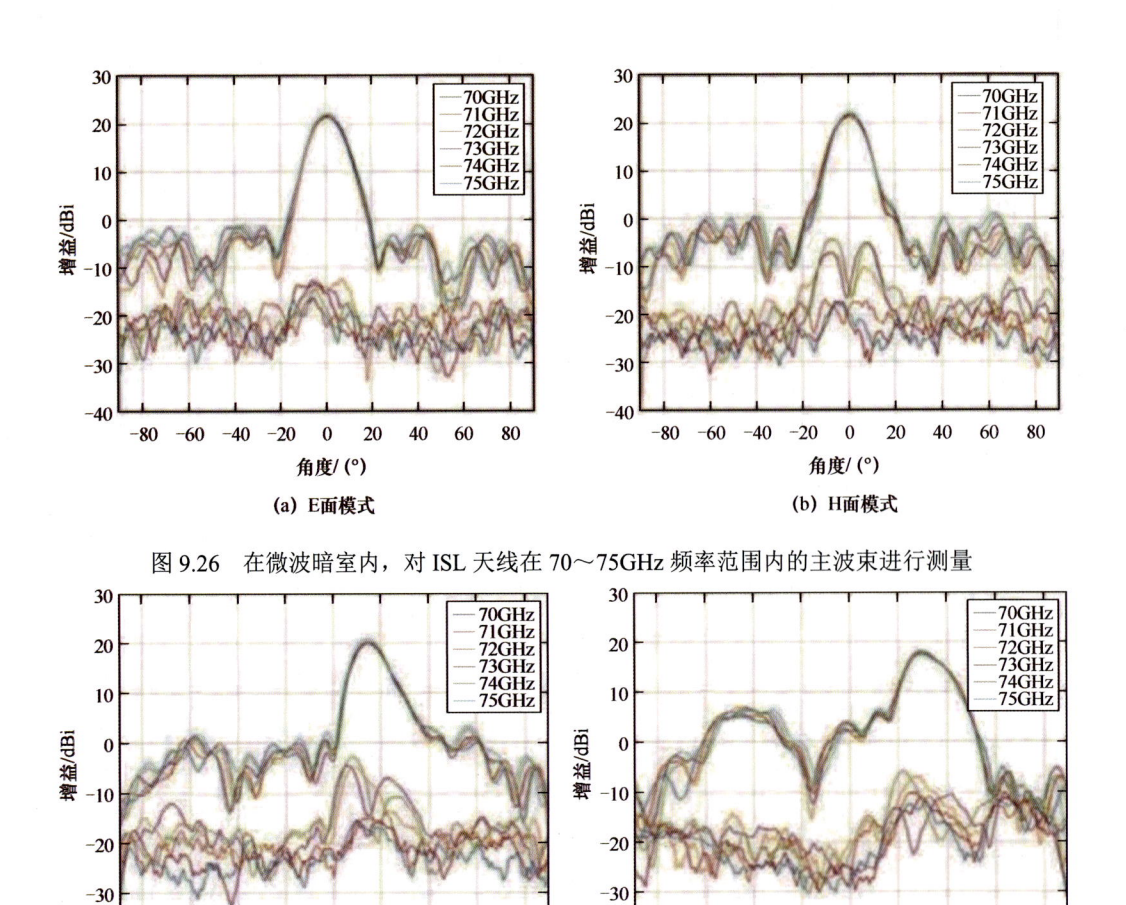

图 9.27 在微波暗室内，对 ISL 天线在 70~75GHz 频率范围内的辐射模式进行测量

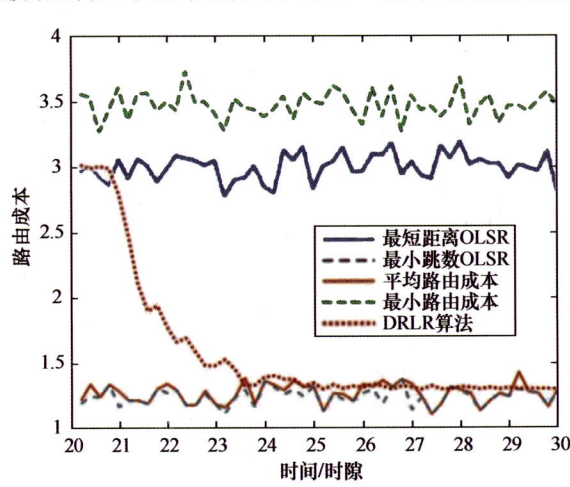

图 15.5 第 60 个节点到第 90 个节点的路由性能对比，路由时间从第 20 时隙至第 30 时隙，$w_1 = w_2 = 0.5$

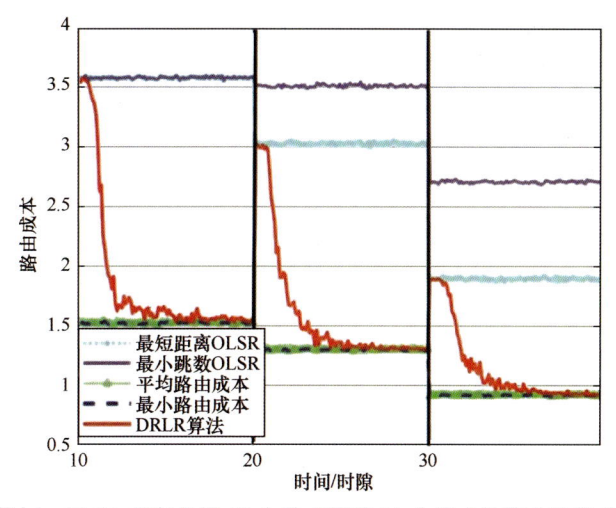

图 15.6　DRLR 算法与 OLSR 方案从第 60 个节点到第 90 个节点的路由性能对比，$w_1 = w_2 = 0.5$

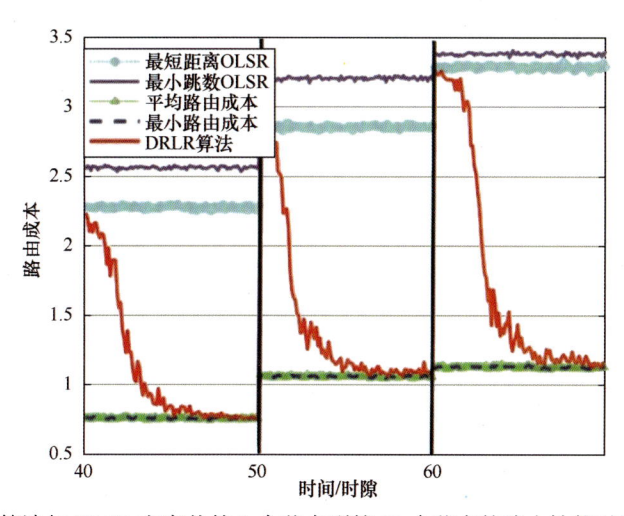

图 15.7　DRLR 算法与 OLSR 方案从第 1 个节点到第 30 个节点的路由性能对比，$w_1 = w_2 = 0.5$

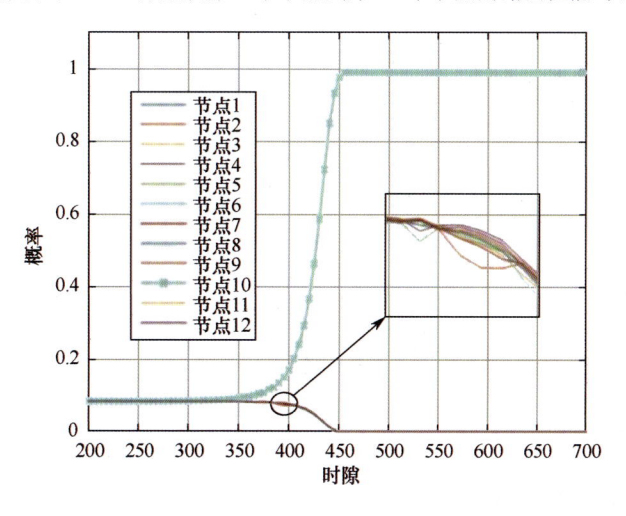

图 15.10　干扰器的干扰节点选择策略

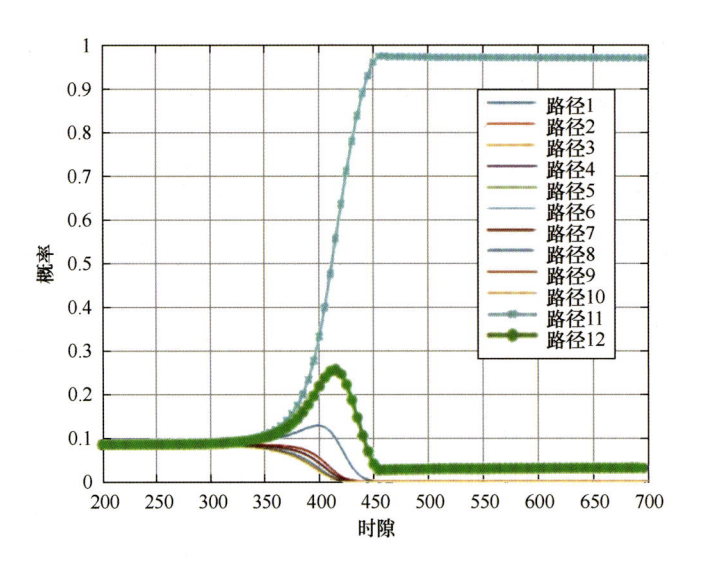

图 15.11 用户的路由路径选择策略